科学探索恐龙世界的无穷奥秘

恐龙探秘

陈镜宇　楚丽萍　编著

中国出版集团
中译出版社

图书在版编目（CIP）数据

恐龙探秘 / 陈镜宇，楚丽萍编著 . — 北京 : 中译出版社，2017.3
（第一阅读系列）
ISBN 978-7-5001-5094-7

Ⅰ . ①恐… Ⅱ . ①陈… ②楚… Ⅲ . ①恐龙—普及读物 Ⅳ . ① Q915.864-49

中国版本图书馆 CIP 数据核字（2017）第 061922 号

恐龙探秘

出版发行：中译出版社
地　　址：北京市西城区车公庄大街甲 4 号物华大厦 6 层
电　　话：（010）68359376　68359303　68359101
邮　　编：100044
传　　真：（010）68357870
电子邮箱：book@ctph.com.cn
责任编辑：顾客强　黎　娜　李翠香
封面设计：韩立强
部分插图：卡森插画工作室
印　　刷：北京德富泰印务有限公司
经　　销：新华书店
规　　格：720 毫米 × 1020 毫米　1/16
印　　张：24
字　　数：520 千字
版　　次：2017 年 4 月第 1 版
印　　次：2017 年 4 月第 1 次

ISBN 978-7-5001-5094-7　　定价：59.00 元

前言

陆地争霸、草原猎杀、神秘灭绝、千古迷踪、化石重塑……在遥远古老的中生代，地球上生活着一群神秘的庞然大物——恐龙。它们是当时世界的主宰，曾统治地球长达1.6亿年，无论是平原、森林，还是沼泽、湖泊，到处都可以看到它们的身影。然而，恐龙却在6500万年前突然间离奇地全体灭绝，给人们留下了无尽的疑问。

从19世纪中期人们第一次发掘出恐龙的骨架化石开始，一代代人，无论成人还是孩子，都对恐龙充满了好奇。那么，这种体型巨大的、称霸地球近1.6亿年的生物，又是谁发现的呢？它们的长相有什么奇特之处？性情各异的它们经历了怎样惨烈的争斗？它们生活的环境如何？是如何生存繁衍的？又是如何交流的呢？最后，它们又是因为什么而神秘消失的呢？所有这些问题都吸引着无数人想一探究竟，不仅仅是科研工作者，还有那些想走近恐龙的普通人。

这些神奇的恐龙各具特色：恐爪龙具有镰刀似的利爪，且身手敏捷，喜欢团队作战；包头龙身形巨大，喜欢独来独往，粗大的棒状尾骨威力无边；慈母龙对恐龙蛋和幼崽精心呵护，不离不弃；窃蛋龙行动敏捷，翅膀上长有可以孵蛋的羽毛，却背负了盗贼的污名……经过近两百年的研究，人们对恐龙的了解已经越来越深入，关于恐龙的发现与研究成果层出不穷，刊载于各个时期的各类文献资料中。但是作为普通读者，想要看到所有内容，从而全面了解恐龙几乎是不可能的。鉴于此，我们编写了这本《恐龙探秘》，献给广大恐龙爱好者。

恐龙的世界充满着传奇的色彩。本书分为恐龙到来之前、恐龙来了和恐龙“失踪”之后三部分，既纵向介绍了不同时期恐龙的生活状况，也横向介绍了每个时期存在的不同恐龙及其他物种；既有分门别类地对恐龙不同科属的介绍，也有对某一恐龙成员的详细描绘。书中以一种全新的视角向人们展示了神秘的恐龙世界，揭秘古生物学家对恐龙的考察、发掘过程，带领读者探寻世界各地的恐龙化石遗址，解读从中挖掘出的珍贵化石，系统讲解形形色色的恐龙，以及恐龙生活的方方面面，包罗万象，信息海量，你最想知道的、最想看到的还有意想不到的所有关于恐龙的内容，尽在其中！

多视角、生动的图解文字，系统展现史前地球完整生命画卷；细腻传神的珍贵插图重现真实史前生命，带给你超乎想象的视觉冲击；各具特色的不同物种纷纷登场，呈现空前绝后生物大绝灭之前的世界剪影。史前的庞然大物从侏罗纪公园中走到你的身边了！还等什么，快来展开一段奇妙的恐龙王国之旅吧！

目录

恐龙“失踪”之后………… 299

恐龙到来之前

原始生命的诞生

地球生命时间轴

宇宙浩瀚无边，它的广袤超出了人类的想象。在宇宙中，不仅有我们生活的地球，而且还有很多不同的星球，比如水星、火星等。不过，地球是目前唯一确定有生命存在的星球。那么，这些生命是怎样形成的呢？地球又有着怎样的历史呢？

这个问题的答案要问地质学家和古生物学家，他们可是这方面的专家。地质学家研究地球的地质构成，包括岩石、矿物质、化石等，由此来探索地球的历史。而古生物学家是研究古代生命，尤其是研究动植物化石的科学家，他们通常和地质学家一起工作。

古生物学家和地质学家会让我们少安毋躁，因为对于科学的研究可急不得，他们会首先告诉我们何为“地质年代”，只有了解这个概念后，我们才能更好地阅读后面的内容。地质年代就是地球从形成到现在的这段漫长岁月的总和，分为宙、代、纪、世、期，相对应的年代地层为宇、界、系、统、阶。而这些时间段的判断标准便来自沉积岩形成的时间间隔。这些沉积岩的形成经过了几百万年，里面含有与之同时代的各种动物和植物化石，因此可以把地球的历史永久地记录和区别开来。同时科学家根据岩石的岩性、变质程度或结构特征，以及与相邻地层的关系，创建了岩石地层单位：群、组、段、层。

接着科学家会告诉我们：地球形成于46亿年前，结构简单的细菌出现在38亿年前，而动物的种类和数量直到5.5亿年前才有了显著的增加，这种爆发式的生物演化被称为“寒武纪生命大爆炸”，从这一时期开始，地球的历史便被分为三个较长的时代：古生代——古老生物时代，中生代——恐龙时代，新生代——哺乳动物时代。

图中的翁戎螺，拥有螺旋形的外壳，它来自寒武纪。

如果此时的你还在云里雾里，科学家会给我们画出一根时间轴来简单说明地球的整个历程：

前寒武纪：冥古宙（地球诞生～38.5亿年前），太古宙（38.5亿～25亿年前），元古宙（25亿～5.41亿年前）。

古生代：寒武纪（5.41亿～4.85亿年前），奥陶纪（4.85亿～4.44亿年前），志留纪（4.44亿～4.19亿年前），泥盆纪（4.19亿～3.59亿年前），石炭纪（3.59～2.99亿年前），二叠纪（2.99亿～2.52亿年前）。

中生代：三叠纪（2.52亿～2.01亿年前），侏罗纪（2.01亿～1.45亿年前），白垩纪（1.45亿～6600万年前）。

新生代：古近纪（6600万～2303万年前），新近纪（2303万～258万年前），第四纪（258万年前至

奥陶纪大灭绝，发生于 4.38 亿年以前
可能诱因：气候变迁
主要发生在海洋中，有 50% 的物种绝迹

泥盆纪大灭绝，发生于 3.6 亿年以前
可能诱因：气候变迁
40% 的物种绝迹

二叠纪大灭绝，发生于 2.45 亿年以前
可能诱因：火山活动，气候变迁，盘古大陆的形成
超过 70% 的物种绝迹

三叠纪大灭绝，发生于 2.08 亿年以前
可能诱因：气候变迁
45% 的物种绝迹

白垩纪大灭绝，发生于 0.66 亿年以前
可能诱因：陨石撞击地球，火山爆发
45% 的物种绝迹

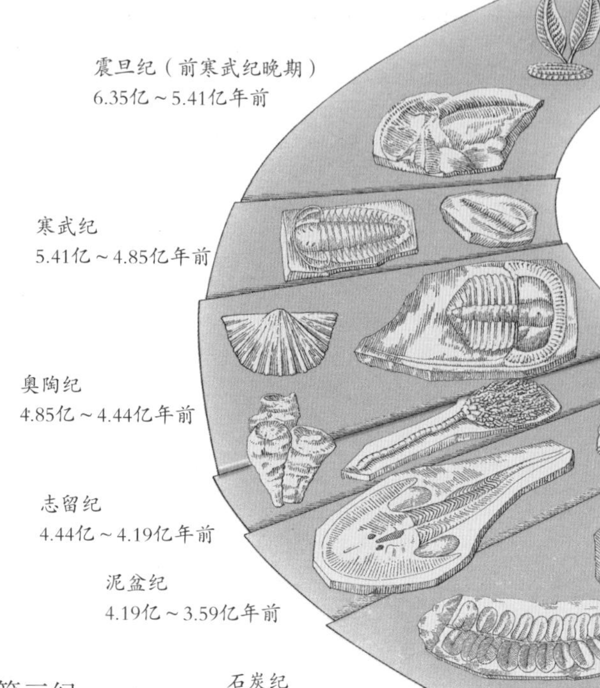

今）。其中古近纪与新近纪又被统称为第三纪。

那么，在这个时间轴上，发生过一些什么样的事情呢？让我们简要地回顾一下。

地球形成以后，在漫长的几十亿年中几乎一片死寂，还没有出现门类众多的生物，这个时期便是前寒武纪。

而到了古生代，地球便开始焕发出勃勃生机。古生代早期是海生无脊椎动物的发展时代，如寒武纪的节肢动物三叶虫、奥陶纪的笔石和头足类、泥盆纪的珊瑚类和腕足类等。最早的脊椎动物无颌鱼也在奥陶纪出现；植物以水生菌藻类为主，在志留纪末期出现了裸蕨植物。在晚古生代，脊椎动物开始在陆地上生活；鱼类在泥盆纪大量繁衍，并向原始两栖类演化。在石炭纪和二叠纪时，两栖类和爬行类动物已占主要地位。植物也进入依靠孢子繁殖的蕨类大发展时期，石炭纪和二叠纪因有蕨类森林而成为地质历史上的重要成煤期。除此之外，古生代的地

腕足动物酸浆贝在寒武纪非常普遍，它们的外壳长在茎梗上。

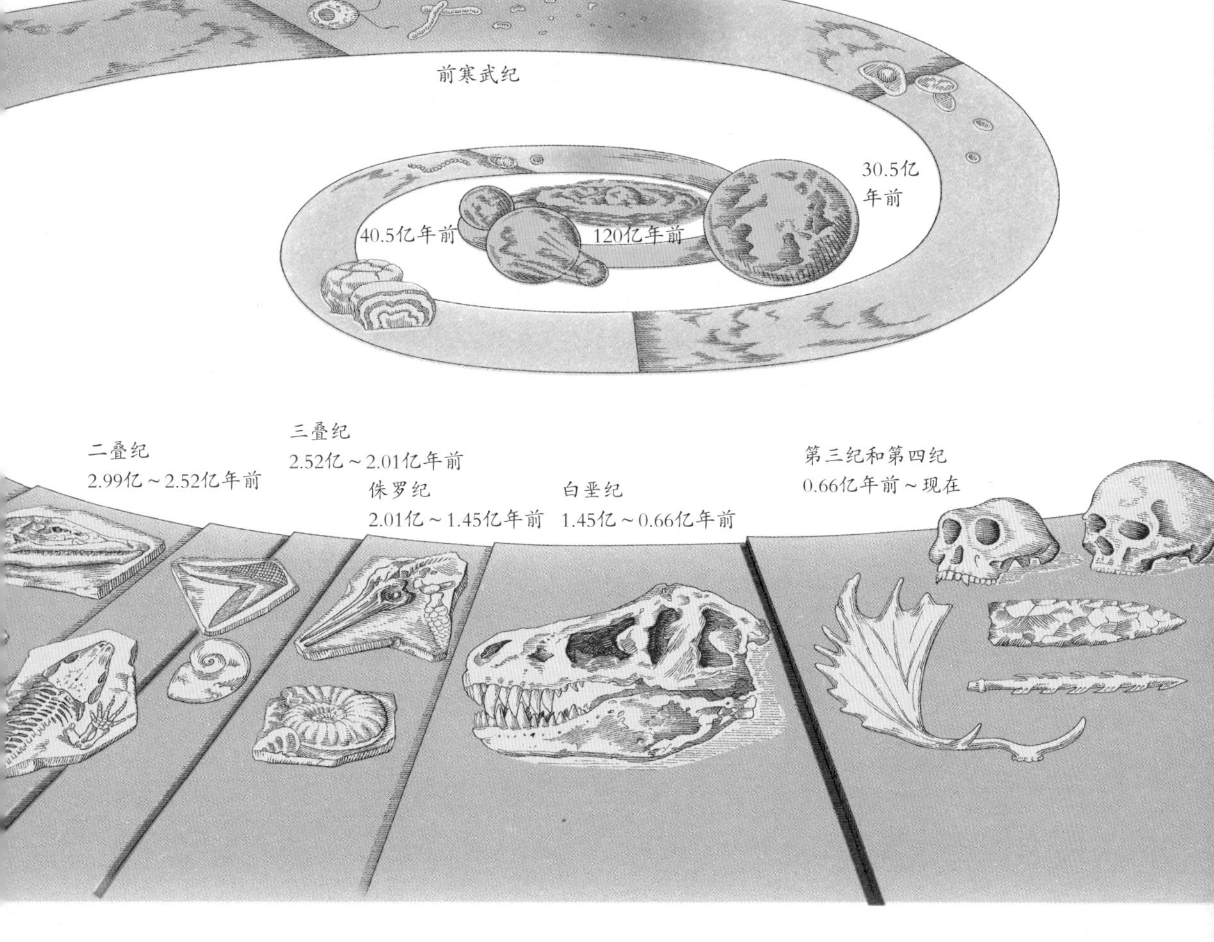

壳运动和气候变化深刻影响了自然环境的发展，不过，最终这个时代还是被史上最大的一场生物大灭绝所终结。

中生代介于古生代与新生代之间，由于这一时期的主要动物是爬行动物，尤其是恐龙，因此又被称为爬行动物时代。中生代也是板块、气候、生物演化改变极大的时代。在中生代开始时，各大陆连接为一块超大陆——盘古大陆。盘古大陆后来分裂成南北两片，北部大陆进一步分为北美和欧亚大陆，南部大陆分裂为南美、非洲、印度与马达加斯加、澳大利亚大陆和南极洲，而且只有澳大利亚大陆没有和南极洲完全分裂。中生代的气候非常温暖，这对动物的演化产生了微妙的影响。在中生代末期，已见现代生物哺乳动物的雏形，不过它们还十分弱小，但是在中生代末发生的著名的生物灭绝事件，特别是恐龙的灭绝，给哺乳动物的发展提供了宝贵的契机。

新生代以哺乳动物和被子植物的高度繁盛为特征，因此，新生代被称为哺乳动物时代或被子植物时代。由于生物界逐渐呈现了现代的面貌，故名新生代，即现代生物的时代。之前在中生代占统治地位的爬行动物的大部分灭绝、裸子植物的迅速衰退，被哺乳动物大发展和被子植物的极度繁盛所取代。在这个时期，哺乳动物进一步演化，适应了各种生态环境，分化为许多门类，并且到第三纪后期出现了最高等动物——原始人类，从此，人类主宰地球的时代被揭开了帷幕。

时间在流逝，地球依旧在运转之中，每一个时代的生物大灭绝都给下一个时代的

生物进化年表（单位：百万年）

时间	代	纪	
现在–2.58	新生代	第四纪	现代人类
2.58–66	新生代	第三纪	近代哺乳动物时期
66–145	中生代	白垩纪	最后的恐龙
145–201.3	中生代	侏罗纪	恐龙统治了世界
201.3–252.1	中生代	三叠纪	恐龙的起源；最早的哺乳动物
252.1–298.9	古生代	二叠纪	爬行动物时期，包括最早的植食性动物
298.9–358.9	古生代	石炭纪	两栖动物时期，最早的爬行动物
358.9–419.2	古生代	泥盆纪	鱼类时期，最早的陆生脊椎动物
419.2–443.8	古生代	志留纪	最早的陆生植物
443.8–485.4	古生代	奥陶纪	最早的脊椎动物
485.4–541	古生代	寒武纪	最早的有硬组织的动物
541–635	元古代	震旦纪	最早的软体动物 最早的多细胞动物
635–2 500	元古代		
2 500–3 850	太古代		最早的细菌和藻类
3 850–4 600			地球的起源

生物崛起提供了宝贵的契机，此起彼伏，地球的生命时间轴就这样不断地延续下去。

地球的诞生

我们知道，在恐龙还没出现的几十亿年前，地球就诞生了。“地球”这个名字最早是由古希腊学者亚里士多德提出来的，后来人们就把我们生活的星球称为地球。

地球的形成开始于距今约46亿年前。大约在50 ~ 60亿年前，光芒四射的原始太阳产生，原始太阳经过一个不稳定阶段，抛射出大量物质，这些物质参加到围绕它旋转的圆盘中去。在围绕太阳旋转的盘状星云赤道面上，尘埃物质作为气体凝聚的核集结成一个个大小团块，并沿赤道下沉，形成一圈圈有规律间隔的尘环。环内物质在不均匀引力作用下，大质点吸引小质点，逐渐聚结成为行星胚胎，最终形成行星，我们的地球就是这样形成的。而地球不仅围绕着太阳公转，同时自身也自转。

当时的地球还是一颗炙热的大火球，随着碰撞渐渐减少，它开始由外往内慢慢冷却，形成了一层薄薄的硬壳——地壳，但是这时地球内部还是呈现炽热的状态。

早期的地球表面覆盖着由融化的岩石形成的海洋。随着时间的推移，这片海洋冷却成坚硬的岩石，但火山仍在继续喷发出滚烫的岩浆，同时还释放出地球内部深处的气体，其中带着大量的水蒸气。

幸运的是，由于地球距离太阳的位置并不太近，所以水蒸气不会完全蒸发掉，而地球本身的大小又有足够的引力将大气层拉住，因此地球便拥有了得天独厚的大气环境，拥有了大气层。不过，那时的大气中有着大量的有毒物质。

时间悄悄地逝去，在随后的数百万年间，地球的表面不断被彗星、小行星或较小的行星撞击，这样频繁的撞击导致并不坚固的地壳开裂，流出了更多的岩浆；与此同时，

地壳在刚形成的时候，有大规模的火山喷发活动。这其实有助于产生适合生命生存的环境，因为火山喷发产生了大量的水汽，而水汽最终冷却凝结形成了海洋，喷发同时还带来了大量的矿物质，成为早期细菌的能量来源。

这些来自外星系的小行星也为地球带来了水体。

随着地球慢慢冷却下来，大气层的温度也逐渐下降，滚烫的火山蒸汽凝结成了液态，以雨水的形式降下，形成了一场持续上百万年之久的滂沱暴雨，进而出现了海洋。众所周知，生命离不开液态水，海洋的形成为生命的出现创造了条件，而之前喷涌出来的岩浆也冷却下来变成了陆地，地球渐渐开始稳定下来。

原始生命的前奏：分子合成

如果把地球的整个历史拍成1个小时的影片，那么动物是在最后15分钟内出现的，陆地动物则是在剩下6分钟时才出现的，而爬行动物——让我们后人充满无限遐想的恐龙时代也不过经历了2分钟而已。可以说，这部1小时的电影绝大部分是没有台词的，只有当生命开始出现以后，才开始变得精彩和生动起来。

在人类乃至恐龙诞生之前，地球上就已经有了各种各样的生命，那么，最早的生命形式是什么样子的呢?

科学家告诉我们，在地球的组成物质中，无机物既不能利用能量进行生长，也不能进行生殖，那么究竟后来发生了什么，让这样毫无生气的开端发生改变，从而产生了38亿年前的生命呢?

碳、氢、氧、氮、硫和磷这六种生命元素构成了地球上生物体物质总量的98%，而这些元素是伴随着宇宙起源和演化过程而产生的。宇宙的状态和宇宙物质运动的基本规律和法则的特殊结合造就了生命起源和演化的可能性。

大多数科学家认可的答案是：由于原始大气富含甲烷、氨、二氧化碳、水汽等，这些气体里的分子在外界高能（紫外线、闪电、高温）的作用下，聚集为更大的分子，越变越复杂。到最后，由于某种未知原因形成了一个可以复制的分子，它能把简单分子组成与自身一样的分子，也就是说具备了自我复制的能力。因此地球上最初的生命形式并不是一个完整的生物体，甚至连一个细胞都不算——它只是一种可以进行自我复制的分子。

科学家一般认为，最

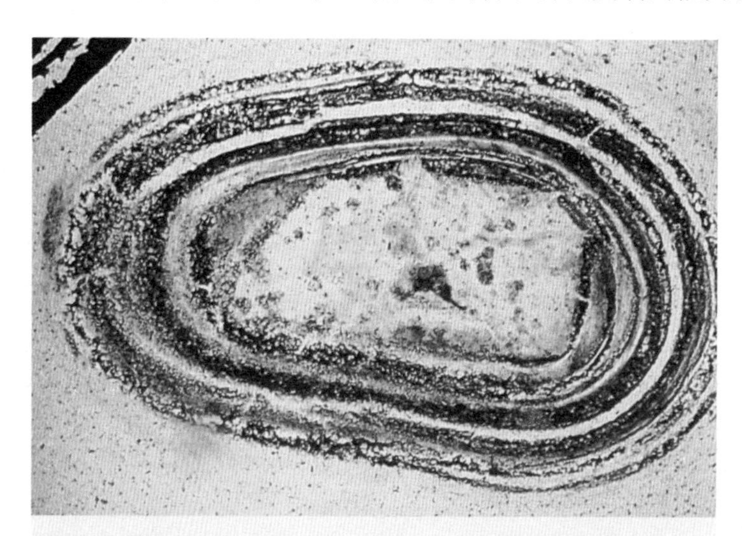

这块微化石来自于一种叫作枪击燧石的岩层，发现于加拿大的西安大略。这种岩层形成于20亿年前，含有一些已知最早的光合微生物的遗骸。

RNA：

核糖核酸，存在于生物细胞以及部分病毒、类病毒中的遗传信息载体。它是由至少几十个核糖核苷酸通过磷酸二酯键连接而成的一类核酸，因含核糖而得名，简称RNA。

早形成的这个自我复制分子应该是蛋白质或RNA（核糖核酸）分子。它所包含的生命信息，通过特定分子在蛋白质链或RNA链上的排列顺序来记录。

这便是由化学物质从无机到有机演化而来的最早的生命形式。

原始生命的诞生

生命之源——蛋白质在地球上诞生以后，经过无数年演变才出现了单细胞生命。细胞生命的产生是地球演化史上一次最大的飞跃，它使得地球历史从化学演化阶段转为生物演化阶段。别看恐龙那么大的个子，它也是由这些微小的细胞生命进化而来的。没有这些原始的细胞生命，就没有后面各种各样、种类繁多的生物。

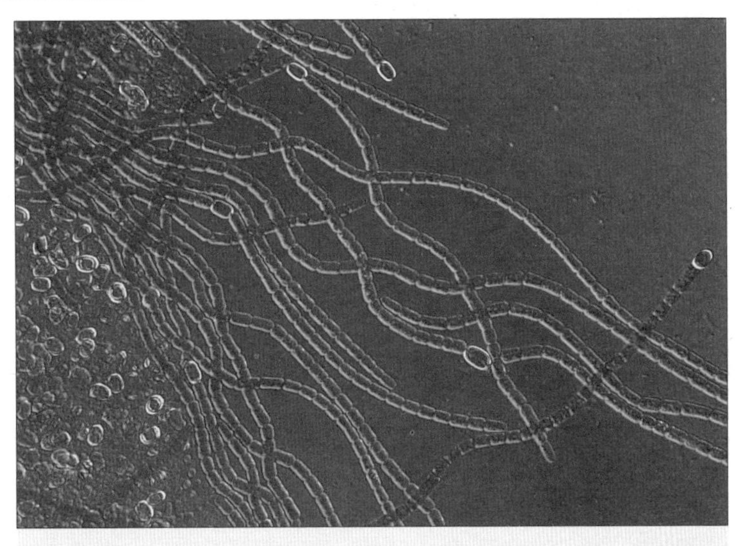

这些长长的细丝是鱼腥藻的纤维。鱼腥藻属于蓝绿藻类，生活在浅水域潮湿的地面上，它们的生长方式与最早的光和细菌不同。

让我们来温习一下原始生命的诞生吧，首先一些可以复制的蛋白质小分子合成氨基酸、脂肪酸等小分子有机化合物，然后这些小分子有机化合物在适当的条件下，会进一步结合成更复杂的蛋白质、核酸等大分子有机物质。经过进一步演化，能够不断地进行自我更新的、结构非常复杂的多分子体系便产生了，并且由此渐渐形成了原始生命。当非细胞形态的原始生命在地球上出现时，由于当时的大气环境中还没有氧气，因此这些原始生命是厌氧和异养类型。

这些最初的非细胞形态的生命，为了保证其有机体与外界正常的物质交换，在演化过程中形成了细胞膜，经过漫长的岁月，终于进化产生了具有细胞结构的原核生物。要知道，细胞是生命的结构单元、功能单元和生殖单元，它的产生是生命史上一次重大的飞跃。地球上发现最早具有细胞结构的化石是在澳大利亚发现的——距今35亿年的瓦拉翁纳群中的丝状细菌化石。它的出现表明，生命的起源为化学演化过程，而这一过程大约发生在地球形成后的11亿年。

在以后漫长的岁月中，这种单细胞的细菌遍布海洋，孤独地生活了大约20亿年。这时的地球空旷、荒芜，而且空气是有毒的，根本无法呼吸。大气中既没有氧气，也没有保护生命的臭氧层，直射地面的强烈紫外线辐射在一个小时内就可杀死绝大多数生命。陆地上到处是光秃秃的山脉和大地，除了石头就是沙子，没有任何生命，也没有生命赖以生存的土壤。

快车道上的生命繁衍

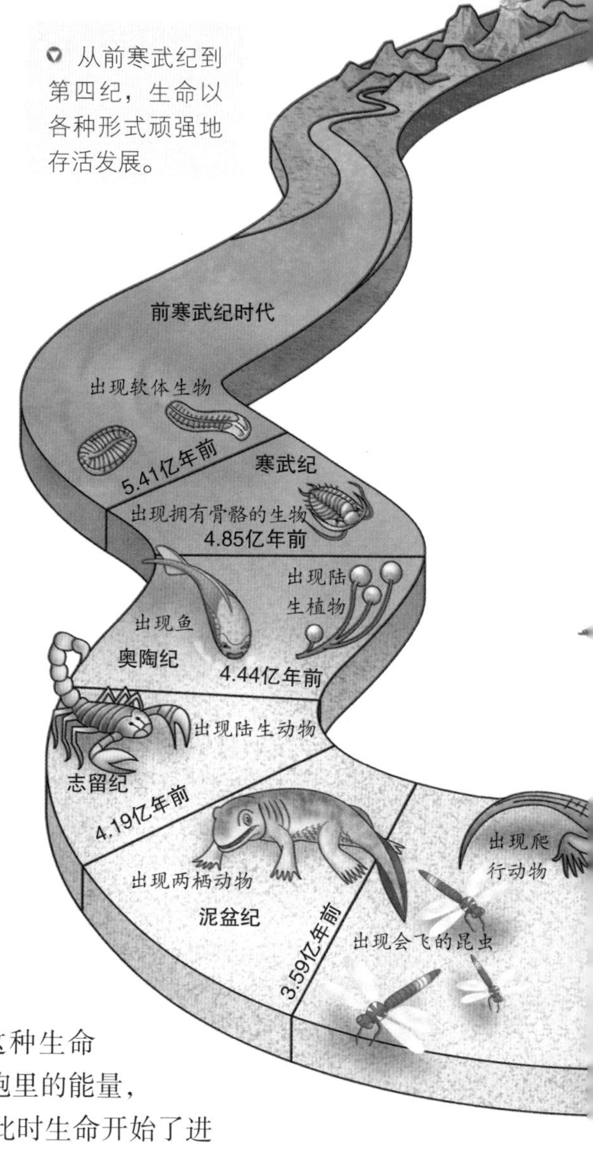

从前寒武纪到第四纪，生命以各种形式顽强地存活发展。

单细胞生物从海洋中溶解性的化学物质中获取能量，但是当它们的数量越来越多的时候，这些化学物质所提供的能量就越来越不足，于是一场生存竞争也就在所难免了。这是生命进化的一种特征，因为对于任何生物来说，资源总是供小于求，只有最顽强的生命才能活下来。大约7亿年前，一些细菌进化出了一项独特的本领：就像今天的植物一样，它们靠光合作用吸收二氧化碳，放出氧气。这样它们便拥有了直接从阳光中获取能量的能力。

在能进行光合作用的微生物出现之前，地球基本被氮气和二氧化碳所充斥，几乎没有一点氧气，而这些只能在显微镜下才能看清的小生命，用了漫长的时间，不断地利用光合作用，终于让地球大气中充满了氧气。氧气对于现在的我们来说，是必备的生存要素；而在当时对于很多原始的厌氧性细菌来说，则是一种过于高活性的反应物质，简直是致命的。因此这些厌氧性细菌不得不退到那些没有氧气的泥浆和沉淀物中。但是，随着地球空气含氧量的增加，生命又发生了进化，更加复杂的需氧型生命系统出现了。这种生命有机体能极大地利用氧气来“燃烧”自身细胞里的能量，从而适应了当时充满氧气的大气环境，而在此时生命开始了进化的加速期。

就这样，最早的地球生命就从简单的单细胞生物进化成一些更复杂的生命，海洋中开始出现软体生物，它们生活在海底的表面或者下面，这种生物很难形成化石，所留下的也只是一些非直接的线索，如洞穴和足迹。虽然这些早期的动物非常微小，但也在一段时间里非常繁盛，而世界上最早的动物群——埃迪卡拉动物群便是从中进化而来的。经过很多年的发展，寒武纪生命大爆发的奇迹，让地球上充满了生机，成千上万种新生物在海底诞生，其中一些生物是今天的蠕虫、有壳动物和脊椎动物的祖先。

时间飞逝，再经过了海生生物发展迅速的奥陶纪、生物开始登陆陆地的志留纪，以及鱼类空前发展的泥盆纪、大量植物出现的石炭纪之后，终于来到了生物界演化重要时期的二叠纪。这一时期出现了种类更多的脊椎动物，并最终迎来了在三叠纪华丽登场的恐龙。

生命的演化旅程

古生物化石告诉我们，地球上的生命总在不断变化中。随着时间的推移，老的物种消失，而新的物种又登场。这种老物种逐渐变化而产生新物种的过程，我们称之为演化。

史前动物是如何适应这个世界，又是如何绝迹的？这中间是否存在一些可循的规律

达尔文：

查尔斯·罗伯特·达尔文：英国生物学家，进化论的奠基者；曾乘“贝格尔”号舰作了历时五年的环球航行，对动植物和地质结构等进行了大量的观察和采集，出版了《物种起源》这一划时代的著作，提出了生物进化论学说，从而摧毁了各种唯心的神造论和物种不变论。除了生物学外，他的理论对人类学、心理学及哲学的发展都有不容忽视的影响。

呢？达尔文提出的进化论给了我们一个可能的解释。

达尔文的进化论认为，生命演化过程中最重要的自然规律便是自然选择，因为动物和植物都会产生不同的后代，它们中只有一部分能够存活下来。在这个过程中，自然选择会保留那些拥有最好特性、最能适应环境的个体，使得它们的优良特性能够传承给下一代。

事实上，从生命开始的时候，自然选择就一直存在。适应环境的就生存下去，不适应环境的就被淘汰，而生命在进化过程中，又不间断地影响和改变着环境。生命第一次从海洋爬上陆地后，就不断开发新的栖息地，直至布满地球上的每一个角落。

生命起源于海洋，然后逐渐分布到陆地上。以前生活在海洋里的水生动物一旦要在陆地上行走，就必须要克服自身的重力，于是它们的身体结构就要发生改变，以满足支撑身体和呼吸空气的需要，同时它们也要保证自己产在陆地上的卵不会变干；当爬行动物不再需要在水中或水边进行繁殖时，它们又开始分化为两类，其中主要的一类是蜥形类，逐渐进化为爬行动物和鸟；而另一类则最终进化为哺乳动物的下孔类。到了三叠纪初期，下孔类在地球上占据了统治地位；不过到了三叠纪晚期，更能适应干燥环境的蜥形类则开始占据上风，恐龙种族开始闪亮登场。

生命在拓展自己的生存空间时，不断适应新占领的环境，成功的便留下了自己的后代，失败的就从此灭绝。它们的尸骨有的留在岩石里，有的杳无踪迹，永远不为我们所知。在地球生命三十多亿年的进化史上，曾经生活着数以亿计的我们未曾见过的动物、植物和微生物，它们都是生命为创造今天的地球生态系统所付出的代价。

不过与此同时，生命还是源源不断地产生：在南极 -23℃的严寒冰层中，有自在生活着的藻类和真菌；在海底火山附近达到沸点的开水中，也有安详生活的生命。已知生活在世界最低处的动物，是一种像虫子一样的海洋生物；在珠穆朗玛峰海拔 6 千米以上的地方也有生命存在。

当今的生命只是自然选择中的幸存者。生命之所以变得如此多种多样，也正是几十亿年来生态环境共同演化的结果。

生物的遗传和进化

恐龙的形态是一成不变的吗？答案是否定的，从挖掘的恐龙化石中，我们可以清晰地看到：随着时间的推移，它们的外形和结构都发生了变化。不过我们平时所见到的某种动物的外形却并没有出现太大的变化，这又是为什么呢？其实原因出在我们身上：作为观察者的我们在自然界的进化史中存在的时间长度很短，而生物的进化往往需要成千上万年的时间，因此很多进化的过程单靠我们的双眼是无法见证的。

生物界各个物种和类群的自然进化是通过不同方式进行的。科学家研究发现，物种形成主要有两种方式：一种是渐进式形成，即由一个种逐渐演变为另一个或多个新种，达尔文所持的观念便是“渐进式的进化”——自然选择学说。在漫长的岁月中，生物进化出现了适者生存、不适者被淘汰的现象，比如最早的肉食性恐龙具有差异性，有的拥有快速、矫健的身躯和锋利的牙齿、爪子，因此总能捕捉到猎物，从而能更好地繁衍和生存；而有的则一出生就没有这么优异的条件，于是常常捕捉不到猎

威尔潘纳地质盆地宽17千米，是一个巨大的碗状砂岩带，位于南澳大利亚的弗林德斯山区。这个地区与首次发现埃迪卡拉动物化石的地方具有同样的地质构造。在5.4亿年前动物还没有进化出硬质外体的时候，这些连绵不绝的砂岩山脉就形成了。这些岩层中动物化石的发现，改变了人们关于生物进化的一些认识。

物，不仅会饥肠辘辘，甚至还会被同类所吃掉，因此这样的恐龙很快就消亡了。简单来说，那些适合生存环境的特征能一代代遗传下去，而那些不适合环境的特征就都消失了。

在渐进式选择中，除了大自然的选择外，人工选择也在物种进化中起到了极其重要的作用。比如今天在人类生活中扮演重要角色的家犬，并不是一开始就是人类的好助手。它们都拥有一个共同的祖先——狼，达尔文提出，动物饲养者改变动物品种的过程与自然选择十分相似，与其让自然选择保留什么样的动物，不如由饲养者自己来做选

歇息在同一棵树上的黑色桦尺蛾和灰色桦尺蛾。

渐进式的进化：

渐进式的进化时间较长，并不是一蹴而就的，不过人类依旧有观察到这种进化的记录。英国有一种桦尺蛾，在1850年前都是灰色类型，而在1850年人们在曼彻斯特发现了黑色的突变体。19世纪后半叶，随着工业化的发展，废气中的Hs杀死了树皮上的灰色地衣，煤烟又把树干熏成黑色。结果，原先歇息在地衣上得到保护的灰色类型，这时在黑色树干上却易被鸟类捕食；而黑色类型则因煤烟的掩护免遭鸟类捕食，反而得到发展。于是黑色类型的数量迅速提高，灰色类型的数量则不断下降。

自然选择学说：

自然选择学说最早是达尔文提出来的，主要内容有四点：过度繁殖、生存斗争（也叫生存竞争）、遗传和变异以及适者生存。在最早提出来这个学说的时候，达尔文受到了人们的嘲笑与讥讽，特别是他提出人类和类人猿有着亲缘关系时，更是被人们口诛笔伐。

染色体：

染色体是细胞核中载有遗传信息（基因）的物质，在显微镜下呈丝状或棒状，主要由脱氧核糖核酸和蛋白质组成，在细胞发生有丝分裂时期容易被碱性染料着色，因此而得名。

择。于是，那些符合人类需求的狼族特征被保留了下来，而不符合人类需求的特征则被摒弃。就这样过了一代又一代，形成了我们今天所见的家犬。

除了渐进式选择，另一种是爆发式形成，这种方式在有性生殖的动物中很少发生，但在植物的进化中相当普遍。世界上约有一半左右的植物是通过染色体数目的突然改变而产生的多倍体。而物类形成常常表现为爆发式的进化过程，从而使旧的类型和类群被迅速发展起来的新生的类型和类群所替代。

就这样，生物的进化既包含有缓慢的渐进，也包含有急剧的跃进；既是连续的，又是间断的。整个进化过程表现为渐进与跃进、连续与间断的辩证统一。

交替出现的春夏秋冬

在恐龙称霸的时代，地球上也是有四季的。虽然四季变化没有今天的明显，不过也影响了当时恐龙的分布与繁衍。地球上的生命离不开四季的变化，正因为有了春夏秋冬，我们人类的文明也才有了建立的可能，我们才会有如此多的丰富选择——春天万物生长，夏天勃勃生机，秋天五谷丰登，冬天银装素裹，这都是大自然慷慨的馈赠。

那么，交替出现的四季是怎样产生的呢？这还得从地球和太阳的关系说起，地球围绕太阳公转，并且自身围着地轴也在自转，不过地轴并不垂直于公转轨道面，而是有一个 66.5° 的倾角。正是因为这个倾角的存在，才会使太阳在地球表面的直射点在南、北回归线之间移动。这也就是说，当地球在一年中不同的时候，处在公转轨道的不同位置时，地球上各个地方受到的太阳光照是不一样的，接收到太阳的热量也不同，因此就有了季节的变化和冷热的差异。

当太阳直射在北回归线时，北半球获得的太阳热量较多，且白昼比黑夜长，所以北半球气温处于一年中最高的时候——夏季；这时太阳斜射在南半球，南半球获得的太阳热量较少，且黑夜比白昼长，因此，南半球处于一年中最冷的季节——冬季。当地球绕太阳再公转半圈时，太阳的直射点由北回归线移向南回归线，北半球获得的太阳热量逐渐减少，由夏季进入秋季，进而转入冬季；而南半球却正好相反，由冬季进入春季，进而过渡到夏季。此外，由于地球绕太阳公转的轨道并不是一个标准的正圆，因此南半球的夏天要稍稍比北半球的夏天热，而冬天则要比北半球的冷些。

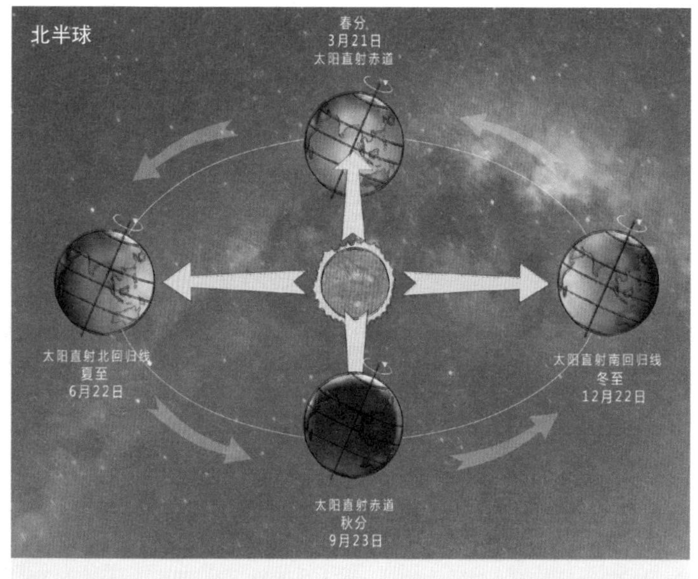

地球接收到的太阳热量的不同，形成了地球上的四个季节。

地球上的四季交替不仅表现为温度的周期性变化，还表现为昼夜长短和太阳高度的周期性变化。在气候上，四个季节是以温度来区分的，不过四季的递变全球不是统一的。在北半球，每年的3~5月为春季，6~8月为夏季，9~11月为秋季，12~2月为冬季，各个季节之间并没有明显的界限，季节的转换是逐渐进行的。

这6幅地球演化图显示了在过去的2.45亿年中，各个大陆之间发生了怎样的漂移。地球所经历的这段历史就是盘古大陆的分离史，盘古大陆是一个存在于爬行动物时代初期的超级大陆。直到1亿年以前，今天的南方大陆仍然连在一起，形成了盘古大陆的巨型断片——冈瓦纳古陆，后来南方大陆才慢慢地分离开来。

不过在今天，由于温室气体的排放以及自然环境的恶化，全球变暖已经成了一个迫切需要解决的问题。首先，全球气候变暖导致海平面上升，降水重新分布，改变了当前的世界气候格局；其次，全球气候变暖影响和破坏了食物链，带来更为严重的自然恶果。

到处旅游的大陆

如果我告诉你，地球大陆是会移动的，你会吃惊吗？

每一年，世界上都会有一些大陆漂移得越来越远，而另一些则会慢慢地靠得越来越近，这些移动改变着地球的面貌。

不过大陆一年只会漂移几厘米，在单个动物的一生中积累的距离非常小，即便是在整个物种的存在时期内，大陆的位置也没有什么大的变化，因此你可能无法用肉眼观察出这一过程的发生，不过如果历经几百万年，大陆漂移的距离就比较远了。

今天，在我们的地球版图上，存在着七个大洲。无论是从非洲到大洋洲，还是从北美洲到欧洲，都要穿过成千上万千米的外海，但在2.45亿年前的爬行动物出现初期，地球完全是另外一个样子。那时地球上所有的陆地都连接在一起，形成了一个巨大的超级大陆，被称为盘古大陆，剩下的部分则被广阔的古代海洋覆盖着。理论上来说，一只动物只要能够顺利越过高山，渡过河流，就可以一路往前走下去。

陆地为什么会漂移呢？这得归结于大陆漂移的动力机制。有些学者认为大陆漂移是由于板块扩张作用，地幔对流导致岩浆上涌，带动大洋脊两侧岩石圈板块作相背移动，而冷的硬的物质在俯冲带处大洋板块下沉；有的学者认为，地球自转速度变化似乎应有点作用；也有的学者认为是由于地球周期性的膨胀、收缩或有限膨胀导致的；还有的学者认为是巨大的陨石撞击作用导致岩石圈表层物质发生显著亏损，岩石圈由于均衡补偿作用，使得板块发生运移。

这张地图显示出了在上个冰河纪末，低海平线是如何令动物——当然也包括人类——从亚洲发展到北美洲的。其中绿色代表今天仍然存在的陆地；而浅褐色代表今天已经变成海洋的陆地。

“大陆漂移说”的说法是阿尔弗雷德·魏格纳1912年在一篇重要的学术论文中提出来的，并且在几年后出版的一部专著中加以发展和完善。人们几乎立刻就意识到了这个假说潜在的革命性质，因为它要求对地理学的全部基础进行重新修订。在20世纪20~30年代，地理学家对大陆运动的观念进行了广泛的讨论，结果，反对意见层出不穷。因此，魏格纳提出的“大陆漂移说”长期以来处于理论革命阶段。20世纪50年代中期，不断发现的新证据才越来越对大陆可能运动的假说有利。直到20世纪60年代，随着证据的不断被发现，“大陆漂移说”才被认可，一场地球科学革命才真正发生。

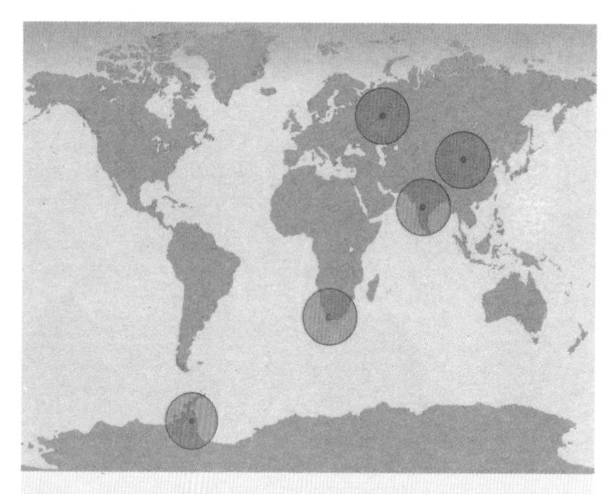

大陆漂移解释了为什么一些史前陆生动物的遗骸会分布在世界各地。上面的这张地图显示出了水龙兽化石的发现地。在2.2亿年以前的盘古大陆，这种动物到处都是。而自其绝迹以后，它们所生存的大陆就因漂移而分离了。

“大陆漂移说”解释了为什么一些史前陆生动物的化石会分布在世界各地。在爬行动物时代初期，盘古大陆还没有消失，所以很多爬行动物的种类都聚集在一起。等到盘古大陆分离以后，某些种类被隔离开来，再也没机会“碰面”，于是它们便根据各自生存的环境进行进化，最终呈现出不同的模样。而如今我们在各个大洲挖掘出的恐龙化石，也表明它们中有不少种类起源于同一个祖先。

同时，大陆的漂移也塑造了世界的气候。因为大陆的漂移会改变洋流的路线，将温热的水汽从热带传到地球上其他地方。此外，漂移的大陆还控制着世界上的冰层，因为冰盖只能在陆地上形成，如果极地附近没有大陆的话，极地海洋就只能冻结，而不能形成深层的冰盖。

地球上的冰层对于动物的繁衍有着非常重要的影响。冰盖里的冰越多，世界上的气

阿尔弗雷德·魏格纳：

魏格纳是德国气象学家、地球物理学家、天文学家，“大陆漂移说”的创始人。1880 年 11 月 1 日生于柏林，1930 年 11 月在格陵兰考察冰原时遇难。魏格纳去世 30 年后，板块构造学说席卷全球，人们终于承认了大陆漂移学说的正确性。

冰河期：

在漫长的地质史上，地球曾历经三次温度持续下降的时期，地理学家称之为“冰河期”，其中前寒武纪与古生代的冰河期持续了几千万年，新生代的冰河期则持续了两百万年。

候也就越寒冷干燥。同时，因为有太多的水被冻结，世界的海平面便会下降。如果海平面降得足够低，部分海床就会显露出来，这样动物即便不离开干燥的陆地，也可以在附近大陆之间活动和繁衍。比如在上一个冰河纪，那时候的动物就横穿白令海从亚洲迁移到北美洲。由此可见，冰层的存在对物种繁衍具有非常重要的意义。

“大陆漂移说”从被提出到如今，差不多有一百多年了。在今天，这个学说已经被广泛认同为一个科学事实，并且为后人所完善：移动的不仅仅只有大陆，整个地球外壳都在移动。古海洋消失，各个大陆便相撞在一起；新海洋的出现，将大陆分开。大陆的这些变化对动物的进化无疑会造成巨大的影响。

为地球提供氧气的最早植物

海洋和生命的起源密不可分。海洋是生命的摇篮，生物的演变和进化都离不开海洋。之前地球大气层中没有氧气，地球表面一片荒凉，没有任何生命的活动，只有剧烈的火山喷发和岩浆活动。大气圈厚而低沉，充满水蒸气、二氧化碳、氨、甲烷、氢和其他气体，而没有游离的氧。地表的水也比现在少，其中除了混杂一些泥沙外，没有任何生物。

蓝藻等原始藻类对地球表面从无氧变为有氧的大气环境起了巨大作用。最早能产生氧气的是海洋中的光合细菌。光合细菌具有细菌绿素，利用无机的硫化氢作为氢的供应者，产生了光系统。不过随着能进行光合作用的蓝藻类的产生，光合细菌类逐渐退居次要地位。原始藻类是从原始的光合细菌发展而来的。如蓝藻类所具有的叶绿素 a，很可能是由细菌绿素进化而来的。蓝藻细胞质中有很多叫类囊体的光合膜，各种光合色素均附于其上，利用海洋中广泛存在的水作为“氢”的供应者，通过光合作用产生了氧气。随着时光流逝，放氧型的蓝藻类逐渐成为占优势的种类，其释放出来的氧气逐渐改变了大气性质，从而使整个生物界朝着能量利用效率更高的喜氧生物方向发展。蓝藻可谓是生命进化的大功臣。它的主要特征是：植物体简单，单细胞，各式群体和丝状体；细胞中无真核，但细胞中央含有核物质，通常呈颗粒状或网状，没有核膜和核仁，具有核的功能，故我们将其称为原核。蓝藻不具叶绿体、线粒体、高尔基体、中心体、内质网和液泡等细胞器，唯一的细胞器是核糖体。正因如此，近代大多数学者主张将蓝藻从植物界中分出来，和具原核的细菌等一起，单立为原核生物界，不过在本书中，我们认为它是最早的植物。

或许有人会问：蓝藻都是蓝颜色的吗？答案是否定的，它的颜色有很多种。“红海”

△ 这些石堆是形成于西澳大利亚鲨鱼湾的叠层石。它们是由蓝细菌（蓝绿藻类原核生物）形成的。蓝细菌是一种从阳光中汲取能量的简单微生物，能够捕捉周围的沉淀物，那些沉淀物胶结在一起后，最终形成了一个个的小丘。鲨鱼湾的叠层石一般有着几千年的历史，但有的化石叠层石有着3.4亿年的历史，是地球上最早的生命迹象之一。

原核生物：

原核生物是没有成形的细胞核或线粒体的一类单细胞生物，包括细菌、古细菌、放线菌、立克次氏体、螺旋体、支原体和衣原体等。

这个名字大家都很熟悉，它是位于亚、非两大洲之间的一片狭长海域，由于海水呈红色，故而得名。海水通常是蔚蓝色的，为什么红海却是红色的呢？原来，红海海水中存在着一种叫作束毛藻的蓝藻，它的体内含有大量的红色素。当这种藻类在海水中大量繁殖的时候，海水就被它“染”红了。所以，蓝藻并不一定是蓝颜色的。

距今15亿年前，其他真核藻类也出现了，这一古老的植物数量相当庞大，它们通过光合作用放出大量的氧气，维持了地球上的气体平衡。

世界上的藻类植物有3万多种，它们主要生长在水中，也有的生长在岩石上、树干上或是土壤中，几乎地球上每个角落都有它们的“足迹”。藻类的“长相”各不相同，有小到几微米的“侏儒”，也有长到六十多米的“巨人”。别看外表的差别如此之大，它们却有着共同的特征——植物体没有根、茎、叶的分化。看到这里，你也许会感到奇怪：我们吃的海带，难道不是叶子吗？其实，那只是类似叶的叶状体。

藻类植物不但在大小、形态上多种多样，其颜色也不同，这是因为它们的体内存在着不同的色素。例如束毛藻含有藻红素，其他藻类体内含有藻黄素、藻蓝素、胡萝卜素等等。但是，每种藻类的体内都含有叶绿素，它们利用叶绿素来进行光合作用，制造自己所需要的营养物质。所以，藻类植物属于能“养活”自己的自养植物。

藻类含有丰富的营养，具有很高的食用价值。比如有一种螺旋藻含有50%的蛋白质，是近年来开发的一种新型的完美的食品；再如大家所熟悉的海带含有大量的碘，可以预防碘缺乏症。

此外，藻类植物在渔业、农业、工业以及环境保护方面对人类也有巨大的贡献。有不少藻类可以直接吸收大气中的氮，以提高土壤肥力，使作物增产。因此，可千万别小瞧了这一古老而原始的类群，虽然它们的结构在植物界中最为简单，可是对于人类的贡献却不亚于任何一类植物。无论是过去、现在和将来，它们都是不可缺少的。

神秘而奇异的最早动物

在被称为前寒武纪的漫长时期中，唯一的生命形式就是微型的单细胞生物，它们有的生活在海底，并随着时间的推移形成了叠层石，现在在澳大利亚依旧可以看到这种石头。

1946年，一个名叫拉格·斯普里格的科学家在澳大利亚的埃迪卡拉山野餐时，发现了一块看上去很像水母的化石，谁知道这却揭开了一项惊人的发现——它们是世界上最古老的动物化石群！后来，为了纪念这个意外的发现，其中一种化石便是以这个科学家的名字“斯普里格”来命名的，而所有与其同时期的化石都被称为埃迪卡拉动物群。

在这个化石群里，有距今6.7亿年前的环轮水母、距今5.75亿年的查恩海笔、距今5.6亿年的狄更逊水母、距今5.58亿年的帕文克尼亚虫和距今5.5亿年的斯普里格蠕虫等等。与大多数的现代动物不同，它们没有头、尾巴或者四肢，也没有嘴巴或者消化器官。不过，它们都拥有非常简单的盘状或叶状的柔软躯体，这种身体构造可能是因为它们不是靠觅食生存，而是靠从周围的水环境中获得营养的缘故。

最值得一提的是查恩海笔。它的身体形似羽毛，由一个枝干固定并生长在海底，以滤食水中的微生物为生，主体部分呈条纹状，由一排排的枝丫组成。有些专家认为它的身体可能寄生有原始藻类，并可以进行光合作用，它就好像一个承载者，让这些藻类源源不断地产生氧气，同时也能分享藻类从阳光中收集到的能量。

此外，斯普里格蠕虫也有很多特点。它可能是最早拥有前端与后端的动物，并且它的身体由很多体节构成，大部分都以不同的方式弯曲，这表明它拥有一个柔韧的身体，便于在海底移动，它甚至有一个长着眼睛和嘴巴的头部，这表明它可能是最早的掠食者。

在埃迪卡拉动物群被发现后的几十年里，它们在动物界中的地位一直是科学界争论的话题，不过，大多数研究者认为，埃迪卡拉化石里面的生物确实是一类动物，只是在震旦纪末期，它们的命运才有了不同的转向，有的演化成了寒武纪里更为著名的动物，有的则从动物界中消失了。

这是属于埃迪卡拉动物群中莫氏拟水母的化石，直径不足两厘米，看起来像是水母搁浅在海滩留下的遗迹。很多人都认为，这种动物可能是寒武纪水母的祖先。

海洋生物大爆发

寒武纪的生命大爆发

其实有一个问题一直困扰着信奉达尔文学说的学术界，那便是寒武纪生命大爆发：大约 5.4 亿年前，寒武纪时代开始，绝大多数无脊椎动物门在几百万年的很短时间内出现了。

这种几乎是同时地、突然地出现在寒武纪地层中门类众多的无脊椎动物化石（节肢动物、软体动物、腕足动物和环节动物等），而在寒武纪之前更为古老的地层中长期以来却找不到动物化石的现象，便是至今仍被国际学术界列为“十大科学难题”之一的“寒武纪生命大爆发”，简称“寒武爆发”。

达尔文在其《物种起源》的著作中也提到了这一事实，并大感迷惑，他认为这一事实会被用作反对其进化论的有力证据，而如今的现实也证实了这一点。

关于寒武爆发原因的讨论，到今天都没有停息。如今的生物学家从两个重要事件的出现来探索造成寒武爆发的原因，即有性生殖的产生和生物收割者的出现。

从化石资料来看，真核藻类大约在 9 亿年前出现了有性生殖，实际上，有性生殖出现得更早。

有性生殖的发生在整个生物界的进化过程中起着极其重大的作用，由于有性生殖提供了遗传变异性，从而有可能进一步增加了生物的多样性，这是造成寒武爆发的原因之一。

而生物收割者假说是美国生态学家斯坦利提出的，这是一种解释寒武爆发的生态学理论，即收割原则。斯坦利认为，在前寒武纪的 25 亿年的多数时间里，海洋是一个以原核蓝藻这样简单的初级生产者所组成的生态系统。

这一系统内的群落在生态学上属于单一不变的群落，营养级也是简单唯一的。由于物理空间被这种种类少但数量大的生物群落顽强地占据着，所以这种群落的进化非常缓慢，从未有过丰富的多样性。

斯坦利认为寒武爆发的关键是植食性“收割者”的出现和进化，即食用原核细胞（蓝藻）的原生动物的出现和进化。

收割者为生产者有更大的多样性制造了空间，而这种生产者多样性的增加又导致了更特异的“收割者”的进化。营养级金字塔按两个方向迅速发展：较低层次的生产者增加了许多新物种，丰富了物种多样性，在顶端又增加了新的“收割者”，丰富了营养级的多样性。从而使得整个生态系统的生物多样性不断丰富，最终导致了寒武纪生命大爆发的产生。

然而，这都只是科学家的一些猜测，寒武爆发作为地球史上的一大悬案一直为人们所关注，相信随着化石的不断发现及新理论的建立，这一谜团最终将大白于天下。

▲ 寒武纪被称为三叶虫的时代，因为这种动物是当时海底生命中不可或缺的重要角色。图中是布满了花瓶状古杯海绵的海底，几种不同的三叶虫在海底爬来爬去，头顶上还漂着游动的水母。大部分三叶虫的视力都很好，但是古球接子虫（前面最小的三叶虫）是个瞎子，它在自我防卫时会卷成一个球。肉红长虫（中间最大的三叶虫）一般有 20 厘米长，但有的也能达到 1 米长。

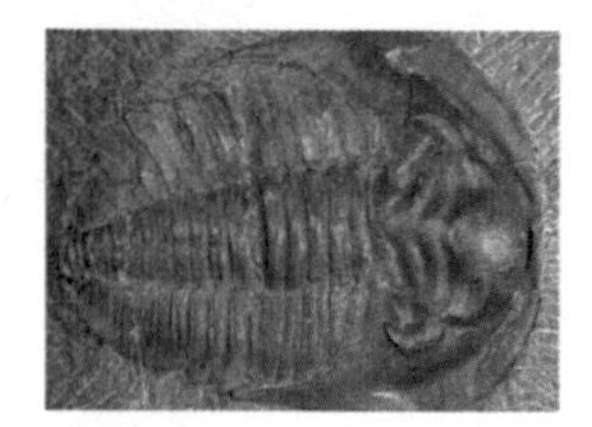
寒武纪三叶虫

奥陶纪三叶虫

志留纪三叶虫

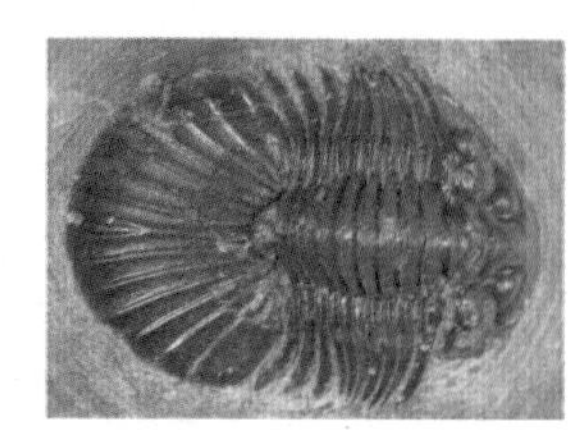
泥盆纪三叶虫

每种三叶虫都有自身的特点，以帮助它们适应不同的海床生活。岩层中所含三叶虫的形状和特性是古生物学家判定岩层年代的标准。

生命力顽强的三叶虫

三叶虫是雌雄异体的奇怪生物，如果从背部看上去，它的形态呈现卵形或椭圆形，身上包裹着层层骨板形成的“盔甲”，看起来威风凛凛。它的身体从结构上可分为头甲、胸甲和尾甲三部分，腹面的节肢成分是几丁质，十分坚硬，而其他部分则被柔软的薄膜所掩盖；胸甲则由许多形状相似的胸节组成，这些胸节相互衔接，并且可以活动，带有弯曲的功能，与绝大多数节肢动物的体节相似。不但如此，三叶虫的发育也很复杂，在它们的一生中，要经过多次的蜕壳，从幼虫到成虫一般要经历三个生长阶段，即幼年期、分节期和成虫期。没错，这点和现在很多节肢动物是一样

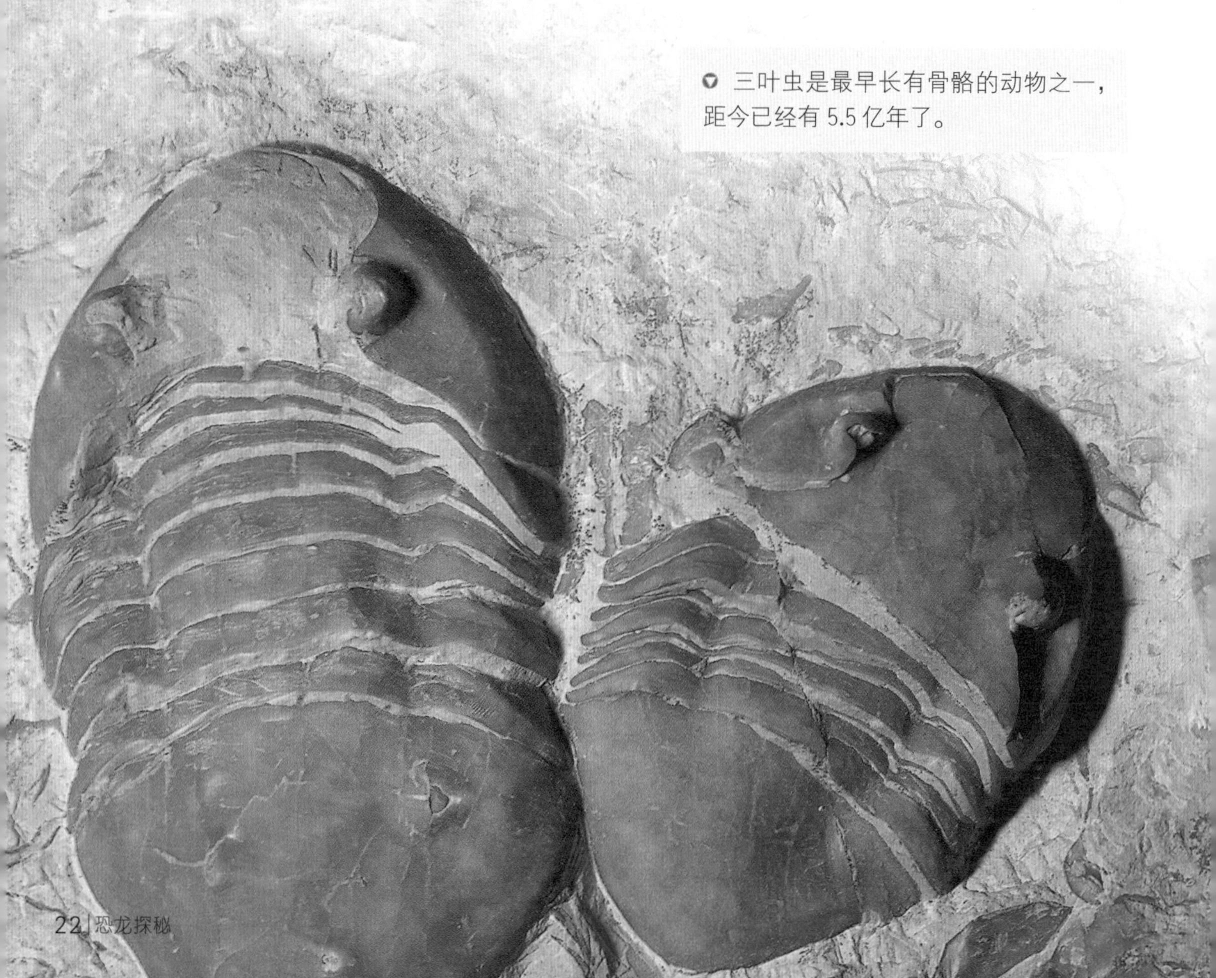
三叶虫是最早长有骨骼的动物之一，距今已经有 5.5 亿年了。

> **几丁质：**
> 几丁质又名甲壳胺，是甲壳类动物（如虾、蟹）、昆虫和其他无脊椎动物外壳中的甲壳中的甲壳质。

的，现在的许多节肢动物都承袭了三叶虫的生长方式。

由于三叶虫的生命力极其顽强，因此这个物种在存在的3亿年里，衍生和进化出各式各样的形态。比如生活在距今4.4亿年前的彗星虫的外表就很奇特，它的头部长有大量浆果状突起，同时它的眼睛很有可能长在其中某一个短短的茎状突起的末端，它一生的大部分时间都躲藏在海床上的淤泥间，而只把眼睛露出泥浆表面，非常小心地观察着四周情况。还有距今3.8亿年的镜眼虫，它长着大大的眼睛，并且视力超群，是最早进化出复杂眼部结构的动物之一；值得一提的是，受到袭击时它还会将身子弯曲，用来保护其柔软的腹部，这样的行为和现代的潮虫十分相似。

为什么从寒武纪开始会出现如此多的三叶虫呢？科学家通过对古生态学的研究认为，三叶虫具有很好地适应环境的生存方式。它们并不遵循着单一的生活模式，有些种类的三叶虫喜欢游泳，有些种类则喜欢漂浮在水面上，有些喜欢在海底爬行，还有些习惯于钻在泥沙中生活。它们占据了不同的生态空间，于是，寒武纪的海洋便成了三叶虫的世界。

形似海绵的古杯动物

古杯动物是早已绝灭的海洋生物，因外形似杯而得名。古杯动物出现在寒武纪早期，到侏罗纪时期才灭绝。它的单体为杯子状、锥状或圆柱状等，表面一般很光滑，但有的也具有瘤状突起，或者具有横向、纵向的褶皱。古杯动物单体高一般为10～30毫米，直径5～20毫米，骨骼由多孔的钙质骨板组成，具有外壁或由外壁及内壁组成的两个壁，并且内、外壁之间的空隙具有纵向排列的隔板及横向排列的横板等，内壁之内我们将其称为中央腔。此外，在古杯动物内、外壁及隔板、横板间均有小孔，具有很好的渗透性。

作为一种海生多细胞动物，古杯动物分为单体、群体或礁体。古杯类在动物界中的分类位置争论已久，过去科学家根据其外形及多孔等特点，认为它属于多孔动物门，因此称之为古杯海绵，但古杯骨骼穿有小孔，类型复杂，从未见有骨针，因此现在科学界多主张将古杯列为动物界一个独立的门。

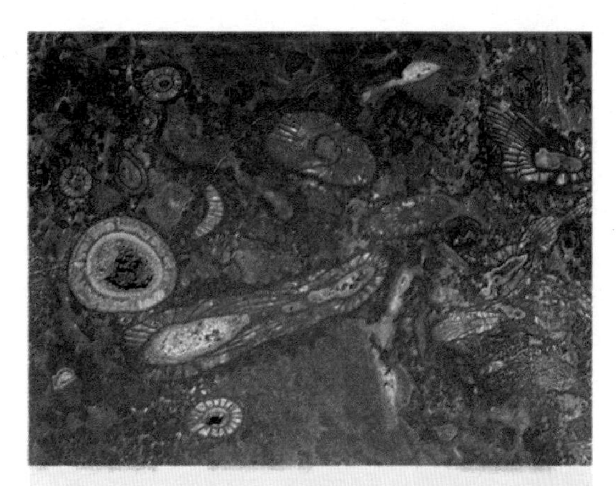

澳大利亚发现了一块富含化石的岩石，图中海绵状古杯动物遗骸可以追溯到5亿年前的寒武纪。

科学家猜测它可能只分布在南、北回归线之间温暖的海洋里，而且能够形成古杯丘或古杯层，但是由古杯动物形成的生物礁则较少见。由于是海洋底栖生物，所以它们大多数固着在海底生活，有些类群也可能会移动。我们现在发现的古杯动物化石大多保存在石灰岩里，而且常常与灰质藻、三叶虫、腕足动物、腹足动物以及软舌螺和锥壳类等动物共生在一起，因而证明它们是浅海动物。科学家根据共生的蓝绿藻推测，古杯动物最适宜的生活深度是20～30米，最深不超过50米。

古杯动物的幼虫可以在海水中漂浮，在成长发育过程中随着身体和骨骼的增长变为成虫后沉入海底，并以各种类型的根固着于海底。有些古杯动物的成虫可以呈盘状平卧在海底，而且还可以翻转。

由于构造奇特，现代生物中没有任何一种能够与古杯动物进行直接比较，再加上它们的骨骼形态繁多，因而至今科学家也没有对它们有充分的了解，至于其生活的具体方式就更难以得知了。

古怪的欧巴宾海蝎

在寒武纪生命大爆发的时候，许多新的物种争先恐后地出现，而欧巴宾海蝎就是在当时出现的。它是寒武纪的远古动物，生活于大约5.3亿年前的海洋之中。它是如此怪异，因为这种生物只有一种，以致科学家推测其也许是虾类的远亲，也许和现代存活的任何生物都无关。

一只欧巴宾海蝎正在捕捉艾姆维斯卡亚虫。艾姆维斯卡亚虫身体扁平，有一条水平状的尾巴。

因此，欧巴宾海蝎被誉为史上最古怪的史前动物之一，它被普遍认为生活在浅层海床，在理论上，这种生物应该是一种具有游泳能力的捕猎者。它看起来很像是科幻电影中的怪异动物，长约1.2米，利用14对像桨一样的鳃游泳，它的鳃与现代所有水生生物的鳃都不一样。同时它还长有未矿化的外骨骼，长度为40～70毫米，并且与身体三条最后的旗帜状附肢一同形成尾部。

不过，最奇怪之处还在于它的头部。与现今所有已知的，同样分体节的节肢动物不同的是，它的头部似乎并没有很清楚地与体节分开，上面长有五颗以眼柄支撑并突出的眼睛，因此它的视力范围很可能达到360°，从而完全没有死角，方便它猎取食物。而在它的头部下方则有一只修长灵活的鼻子，就像今天我们看到的大象鼻子一样，能吸吮、取食。在它鼻子的末端还有一个大爪，而这种结构则普遍被认为用以捕捉猎物，比如在捕捉海床洞穴内的小虫时，欧巴宾海蝎鼻子上的爪子可以很轻松地钻进洞里，不过另外一种可能是，它用长长的鼻子来卷起海床的泥沙，将躲藏于沙底的猎物暴露于眼底以搜索食物。如果这些猜测是正确的，欧巴宾海蝎很有可能像今天的大象一样，用鼻端的大爪将食物送到位于头部下的口内。

那么，欧巴宾海蝎是如何在海底游动的呢？原来它的身体具有环节结构，两侧则长着层层叠叠的片状物，通过交替移动这些片状物，使得身体呈现波浪状摇摆着在水中游动。

欧巴宾海蝎看起来与所有现生动物和史前动物全然不同，可谓是特立独行，但是如果真要用现在的生物和它比较的话，科学家认为它是节肢动物和长着分节肢体和外骨骼的无脊椎动物。

来自海底的声音：奥陶纪生物

根据考证，奥陶纪时期的海洋生物是现代动物的最早祖先，在这个时期存在着大量的生物。当时气候温和，浅海广布，世界许多地区都被浅海海水掩盖，海生生物空前发展，较寒武纪更为繁盛。

在当时，与现代牡蛎有关、看起来与软体动物相似的腕足动物和外壳卷曲的腹足动物生活在海底。在浩瀚的大海中，头足类——现生鱿鱼的堂兄弟，快速游过海底来搜寻猎物。但它并不是最大的猎食者，新出现的动物像萨卡班巴鱼这样的无颌类——地球上最早的脊椎动物之一，称霸着当时的海洋。它们没有上下颌，嘴很宽，头的边缘长着奇怪的骨板。也许这些骨板是发电器官，用来感觉距离或电击捕食动物。无颌类的摄食方法很简单，它们将含有微小动物和沉积物的水吸入口中，从而获取食物。并且这些无颌类可能是尾巴向上在海底游泳的！当然这只是一种猜测。与此同时，在奥陶纪这一时期仍然没有任何种类的动物生活在陆地上。

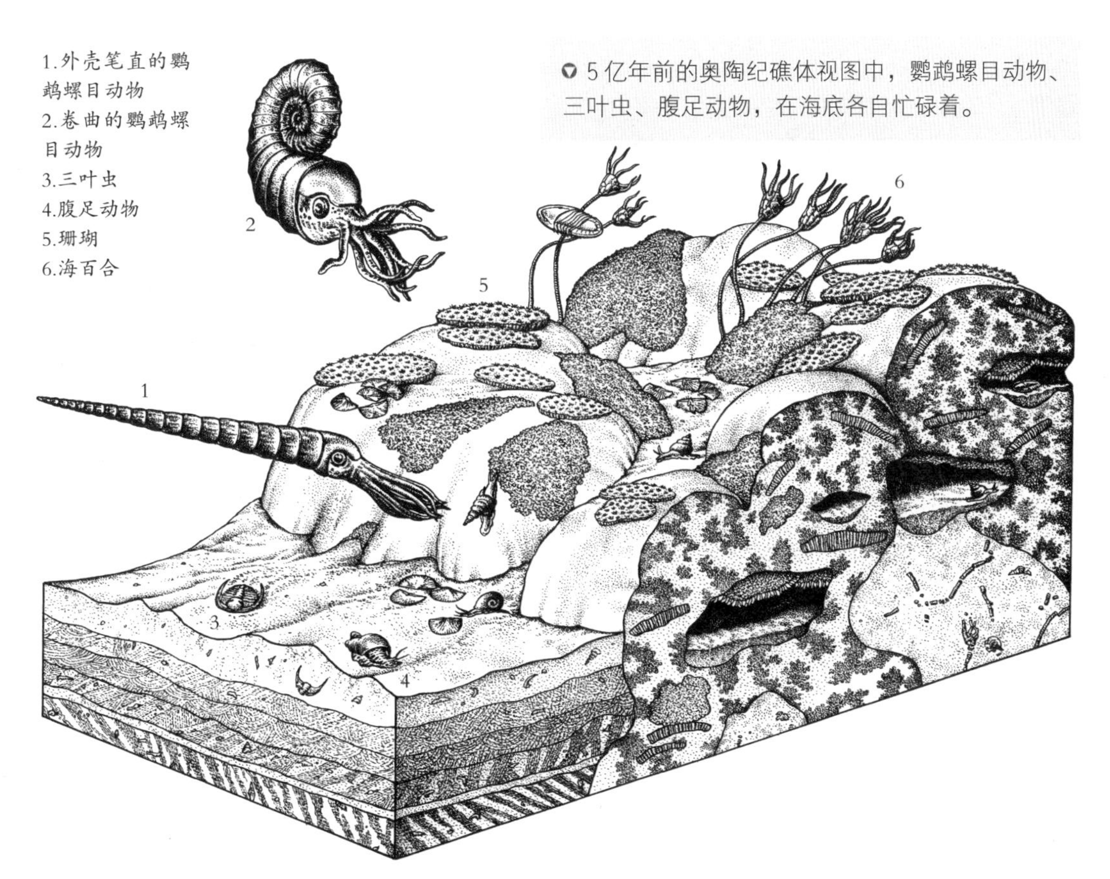

5亿年前的奥陶纪礁体视图中，鹦鹉螺目动物、三叶虫、腹足动物，在海底各自忙碌着。

笔石是奥陶纪最奇特的海洋动物类群，它们自早奥陶世开始即已兴盛繁育，分布广泛。由于其保存状态是被压扁成了碳质薄膜，很像铅笔在岩石层上书写的痕迹，因此才被科学家叫作“笔石”；同时腕足动物在这一时期演化迅速，大部分类群均已出现；鹦鹉螺进入繁盛时期，它们身体巨大，是当时海洋中凶猛的肉食性动物；要知道，此时奥陶纪海洋里大概生活着五百多种三叶虫，虽然没有寒武纪时期的种类多，但其数量仍是巨大的，这也是今天三叶虫化石如此普遍的原因之一。而且由于大量食肉类鹦鹉螺类的出现，为了防御，三叶虫在胸、尾长出许多针刺，以避免食肉动物的袭击或吞食；苔藓虫在奥陶纪开始出现，这些具有石灰质或角质外壳的微小动物呈块状或树丛状群落，生活在海底岩石或贝壳上。珊瑚和叫作星状动物的古老海星生长在海洋底。珊瑚自奥陶世中期开始大量出现，复体的珊瑚虽说还较原始，但已能够形成小型的礁体。由于海洋无脊椎动物的大发展，在前寒武纪时非常繁盛的叠层石在奥陶纪时急剧衰落。

奥陶纪是海生无脊椎动物的乐园，也是它们真正达到繁盛的时期，同时这些生物也发生了明显的进化差异，朝着各自的方向演变着。

身体对称的棘皮动物

在海边嬉戏时，我们可以不时在沙滩上看到海星和海胆，它们都属于一个古老的海生动物族群——棘皮动物，并且自远古以来，它们的外形就没有太大的变化。

棘皮动物是生活在海底的无脊椎动物，分为海星纲、海胆纲、蛇尾纲、海参纲和海百合纲五类，其身影遍布各大洋，它们的身体常呈圆形或星形，长着细小的腕足，没有头部和大脑这些内部器官，身体分为五等分，围绕中心圆盘呈现圆周分布，如水管系统、神经系统、血液系统和生殖系统也呈现一定的辐射对称，唯独消化系统例外。在棘皮动物身体底部有数排细小的吸盘样足，并且好玩的是，它们不分前后，并且雌雄体在外形上并无区别。

棘皮动物也长有骨骼，其中海胆的骨骼最为发达，已愈合成壳；海星、蛇尾和海百合的腕骨板呈椎骨状；海参骨骼最不发达，为微小的骨针或骨片，藏于表皮之下。

然而，我们也发现，棘皮动物的幼体和古老的化石棘皮动物都不是完全辐射对称的，所以现生棘皮动物的辐射对称是次生现象。严格说来，现生的棘皮动物也并非完全辐射对称，在一定程度上仍表现出两侧对称的形式。它们还有发达的体腔和三胚层，以及来源于中胚层的内骨骼，这都远比呈辐射对称的腔肠动物进步。

如果向前追溯，科学家发现早在 2.35 亿年前（三叠纪中期）就有棘皮动物的存在了，它的名字叫石莲。石莲利用一个茎状物附着于海底，用它的 10 只羽状臂捕捉水中漂过的小型生物，并用臂上的黏液粘住这些小型生物后，再用细毛将其扫入位于身体中央的口中。石莲属于棘皮动物中的海百合类，它的“后代”——海百合类动物迄今依然生活在海洋中。

次生现象：

次生现象指已经进化到新环境的生物，由于不能适应，重新回到祖先生活的地方，也恢复了祖先的生活方式，但在进化中已失去的、原来的适应性构造不能重新出现。

黏附于海底深处的石莲看起来非常美丽，但对海底的小型生物来说它非常危险，一不留神就会被它吞入口中。

一只趴在海底叶片上的五角海星。

同时还有一种棘皮动物，它的名字听起来似乎像植物，但其实不然，它就是古蓟子——属于原始的蛇尾，长着肥胖、中心呈盘状的身体，还有5条纤长多刺、用于在海床上蜿蜒爬行的腕足。当被掠食者袭击时，它可以利用5条腕足迅速逃离险境，在其身体腹面有一个星形口，内含5颗锋利的牙齿。古蓟子会利用腕足下方那些细小多肉的管状足将食物拨入口中，它锋利的牙齿便会将食物研磨粉碎。它没有眼睛，但根据分析，它也许可以利用足部来感知光线。

在恐龙时代，依旧有不少棘皮动物在海洋中活动着，比如生活在侏罗纪早期至白垩纪早期的五角海星，它跟现代的海星外形十分接近——长着5条腕足，嘴巴位于腹侧中央，腕足上有两排管状的腿；但与现代海星不同的是，它的腿不具备吸盘的功能，不能用来打开贝壳。

事实上，棘皮动物的存在对整个地球环境的维护有着重要的意义。科学研究发现，棘皮动物会吸收海水中的碳，以无机盐的形式（例如碳酸钙）形成外骨骼。它们死亡后，体内大部分含碳物质会留在海底，从而减少了从海洋进入大气层的碳。通过这种途径，棘皮动物大约每年吸收1亿吨的碳，为维护地球环境作出了自己的贡献。然而在今天，燃烧化石燃料产生的温室气体进入海洋后，海水酸性会上升，从而伤害珊瑚礁和贝类。酸性海水对棘皮动物的侵害也非常严重，令这类生物无法形成牢固的含钙外骨骼。因此减少温室气体排放无论从何角度看来，都是人类的当务之急。

蛇尾是棘皮动物大家族中成员最多的一支。据统计，全世界海洋中约有1800多种蛇尾类棘皮动物，中国沿海就有百余种。因为它们腕的形状和运动姿势很像蛇的尾巴，

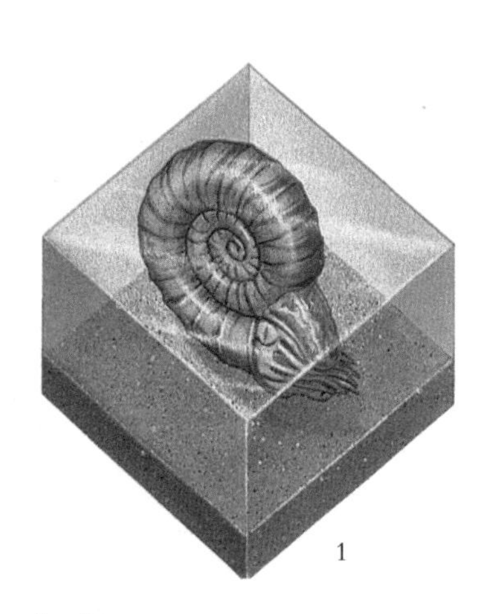

1

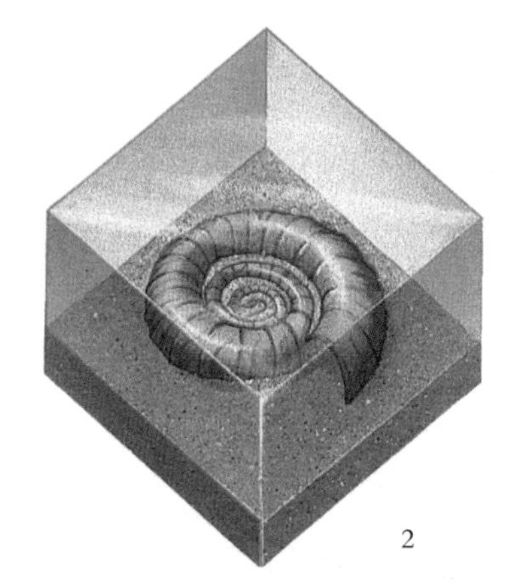

2

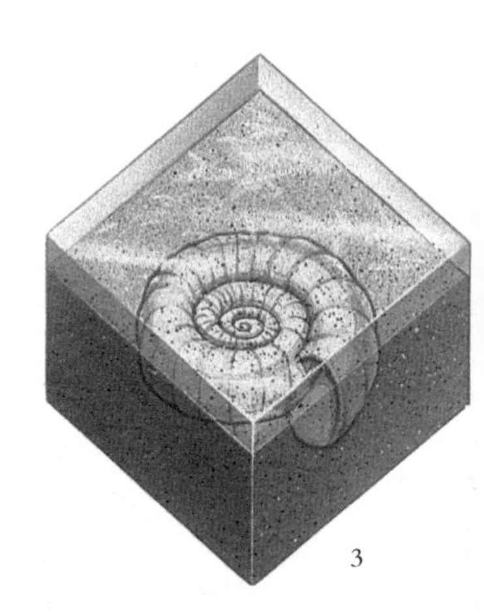

3

故得蛇尾一名。它们白天躲藏在珊瑚与岩石之间，只在夜晚外出觅食。蛇尾主要吃一些有机物质的碎屑和一些小的底栖生物，如硅藻、有孔虫、小型蠕虫和甲壳动物等。它的摄食器官主要是腕和口部的触手。

美丽的菊石类动物

菊石类化石拥有特殊而且美妙的螺旋状外形，这让其非常易于识别，并且也被人类所喜爱。它们最早出现于距今 4.25 亿年前，并在恐龙时代遍布于海洋。在距今 6500 万年前，它们和恐龙一起灭绝了。

菊石是现生章鱼和乌贼的近亲，但它们藏在硬硬的外壳里，外壳是一个以碳酸钙为主要成分的锥形管。壳管的始端细小，通常呈球形或桶形，称为胎壳。绝大多数菊石的壳体以胎壳为中心在一个平面内呈螺旋状分布，少数壳体呈直壳、螺卷或其他不规则形状。菊石类壳体的大小差别很大，一般的壳只有几厘米或者几十厘米，最小的仅有 1 厘米；最大的却比轮胎还要大，可达到 2 米。随着逐渐生长，菊石的外壳会增加新腔室，而柔软的躯体位于最外层的腔室中，其壳体也慢慢变大，形成一个新的螺旋。菊石遍布在海洋中，通过喷水在水中行进，而壳内中空的内腔室里则充满了空气，因此起到了气室的作用，可以帮助它们浮上水面。不过由于内腔室一般位于菊石身体的上方，因此菊石在游动的时候头在下方。

在漫长的进化中，菊石也衍化出了许多有趣的品种，比如距今 6500 万 ~ 1.44 亿年的船菊石，它的外壳并不是清晰规整的螺旋状，而是歪歪斜斜的，这种歪斜导致它外壳的开口越来越小，使得它的头部都无法伸出壳外，以至于无法进食，最终因为饥饿而死亡。科学家推测船菊石可能就跟章鱼一样只能存活到产卵时，其后便很快死去。

距今 2 亿年前，存活在侏罗纪早期的原微菊石，由于海洋中氧气缺少而大量死亡以后，使得海底铺满了它们的壳。随着时间的推移，这些硬壳全部都变成了化石，因此形成一种名为“马斯顿大理石”的奇妙岩石，这种岩石中除了菊石，几乎没有其他成分，因此非常美丽。

由于菊石壳形状多变，内部的构造复杂，在形成化石的过程中又发生了矿物的交替、填充等作用，所以在现代，经过切割、打磨和抛光工艺以后的菊石化石会显现出多

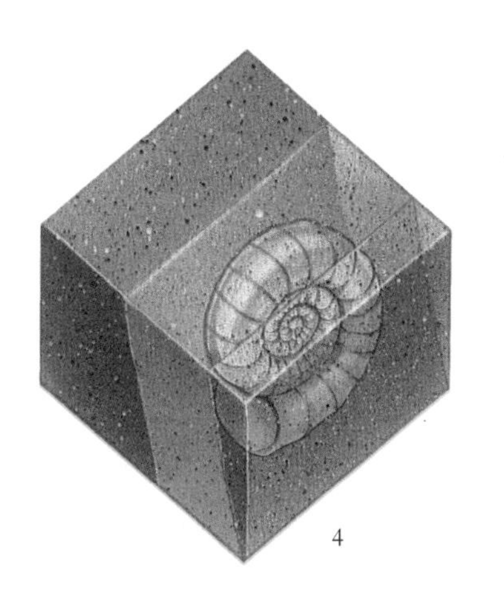

4

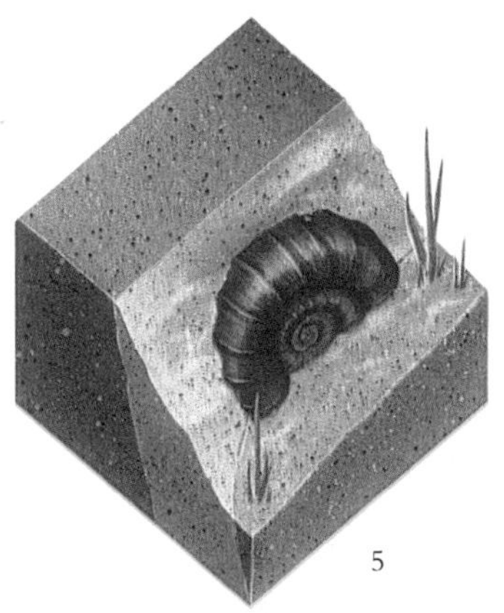

5

鹦鹉螺化石的形成：
1.鹦鹉螺的身体嵌进了海床里无法动弹，慢慢老死。
2.海水中的细小沙粒漂过，慢慢将其掩埋。
3.鹦鹉螺被慢慢岩化，壳中的无机物发生变化，变得像砂石一样坚硬。
4.化石上面进一步形成岩层。
5.岩层经过风化和冲刷慢慢消失，化石显现出来。

彩的颜色、鲜艳的光泽和优美而特殊的花纹状曲线，这使得它们成为人们欣赏和收藏的佳品。

海洋中凶猛的鹦鹉螺

鹦鹉螺已经在地球上经历了数亿年的演变，但外形、习性等变化很小，被称作海洋中的“活化石”，在研究生物进化和古生物学等方面有很高的价值。它的名字事实上就是源自拉丁文“水手”一词，古代人们因为发现了成群鹦鹉螺的空壳随波逐流而给它取了这个名字，而到今天也被人们约定俗成了。如今的鹦鹉螺分布不广，仅存于印度洋和太平洋海区。

鹦鹉螺是拥有螺旋状外壳的软体动物，是现代章鱼、乌贼类的亲戚。它柔软的身体占据壳的最后一室，其他部分则充满空气以增加浮力。它有 90 只腕手，无吸盘，其叶状或丝状的触手用于捕食及爬行，因此十分凶悍。当遇到危险，它的肉体缩到贝壳里的时候，就用触手来盖住壳口以保护自己，这与腹足类甲衣的作用相当。它生性警惕，就算在休息时，都会有几条触手负责警戒。在所有触手的下方，有一个类似鼓风夹子的漏斗状结构，通过肌肉收缩向外排水，以推动鹦鹉螺的身体移动。鹦鹉螺有近于脊椎动物水平的发达的脑，它的循环、神经系统也很发达，心脏、卵巢、胃等器官生长在靠近螺壁的地方，保护得很好。

鹦鹉螺的贝壳很美丽，构造也颇具特色。这种石灰质的外壳大而厚，左右对称，沿一个平面作背腹旋转，呈螺旋形。贝壳外表光滑，呈灰白色，后方间杂着许多橙红色的波纹状。这在各国发行的鹦鹉螺邮票上均可以很清楚地看到。壳由两层物质组成，外层是磁质层，内层是富有光泽的珍珠层。壳的内腔由隔层分为三十多个壳室，鹦鹉螺藏身于最后一个隔板的前边，即被称为“住室”的最大壳室中。其他各层由于充满气体均称为“气室”。每一隔层凹面向着壳口，中央有一个不大的圆孔，被体后引出的索状物穿过，彼此之间以此相联系。当鹦鹉螺不断成长时，房室也周期性向外侧推进，并在腔内形成新的隔板，隔板中间贯穿并连通一个细管，用以输送气体进到各房室之中，这样就可以通过壳内气体的多少来掌控身体的浮沉与移行。

被解剖的鹦鹉螺，像是旋转的楼梯，又像一条百褶裙，一个个隔间由小到大顺势旋开，这决定了鹦鹉螺的沉浮，这正是开启潜艇构想的钥匙，世界上第一艘蓄电池潜艇和第一艘核潜艇因此被命名为“鹦鹉螺”号。

鹦鹉螺通常夜间活跃，白天则在海洋底质上歇息，以触手黏在底质岩石上。通过可以调节气体含量的“气室”，从海洋表层一直到 600 米深，鹦鹉螺可以适应不同深度的压力。当它死亡后，身躯软体脱壳而沉没，外壳则终生漂泊海上。

鹦鹉螺号：

除了现实生活中存在“鹦鹉螺”号，小说里也有它的存在，那就是凡尔纳经典科幻小说《海底两万里》里的“鹦鹉螺”号，这是一艘理想化的潜艇，船体所需能源和船员的生活必需品都来自于大海，它完全不需要陆地的补给，可以无限期地在海上航行。

图中的鹦鹉螺目动物正在觅食，他们外形多样，有笔直的，也有卷曲的。它们能在海底上面悬停，凭借良好的视力寻找猎物，或者通过空腔往后喷射水流，在海水中掠行。

斐波拉契数列：

斐波拉契数列指的是这样一个数列：1、1、2、3、5、8、13、21、34……

这个数列从第三项开始，每一项都等于前两项之和。

看到上面的描述，相信你一定发现了菊石和鹦鹉螺很多相似的地方，没错，尽管菊石和恐龙同时灭绝了，但它的近亲鹦鹉螺幸存下来，比如无管角石就是在距今6500万年前存在的鹦鹉螺类，它的游速很快，并且很可能以鱼类和虾类为食，不过它的外壳就没有菊石美丽了，而是向着实用性的进化方向发展——表面光滑并且呈现流线型，适合快速游动。

鹦鹉螺有着多重迷人的身世。它被古生物学家称为无脊椎动物中的“拉蒂曼鱼”——一种活化石的代名词。这些具有分隔房室的鹦鹉螺，历经6500万年演化，外形似乎鲜少变化，这让科学家惊叹不已，而它们的祖先族群多达30多种，却在6500万年前那场大劫难中，与恐龙同遭灭绝的命运。

不仅考古学家和工程师喜欢鹦鹉螺，数学家更着迷于鹦鹉螺外壳切面所呈现出的优美的螺线，它的螺旋中暗含了斐波拉契数列，而斐波拉契数列的两项间比值也是无限接近黄金分割数的，总之，我们人类从它身上获取了不少知识。

五彩缤纷的珊瑚虫

珊瑚虫对于我们来说并不陌生，它的外骨骼珊瑚在我们的生活中常常被提起。珊瑚不仅外形像树枝，颜色鲜艳，可以做装饰品，并且它还有很高的药用价值。

经过科学家的考证，珊瑚虫早在5亿多年前的寒武纪末期、奥陶纪早期便出现了，是腔肠动物门中最大的一个纲。珊瑚虫也属于无脊椎动物。它的身体由2个胚层组成：位于外面的细胞层为外胚层，里面的细胞层为内胚层，内外两胚层之间很薄的、没有细胞结构的为中胶层。珊瑚虫无头与躯干之分，身体呈圆筒状，有八个或八个以上的触手。触手用以收集食物，可作一定程度的伸展，上有特化的细胞（刺细胞），刺细胞受刺激时翻出刺丝囊，以刺丝麻痹猎物。触手中央有口，因此食物从口进入，而食物残渣也从口排出，并且它没有神经中枢，只有弥散神经系统，当受到外界刺激时，整个身体都有反应。

那么，珊瑚虫是如何生殖和繁衍的呢？它们的卵子和精子由隔膜上的生殖腺产生，经口排入海水中，于是受精通常发生于海水中，不过有时也发生在胃循环腔内。不过它们受精是要挑选对象的，仅发生于来自不同个体的卵子和精子之间。精子和卵子结合成受精卵以后，受精卵又发育为覆盖纤毛的幼体，能够游动。数日至数周后固着于之前珊瑚骨骼的表面上发育为水螅形体，就这样，新的水螅体生长发育时，老水螅个体死亡，但其骨骼仍留在群体上。

科学家研究发现，珊瑚虫喜欢在水流快、温度高的暖海地区生活，它的生活方式为自由漂浮或固着底层栖息地。珊瑚虫以捕食海洋里细小的浮游生物为食，在生长过程中能吸收海水中的钙和二氧化碳，然后分泌出石灰石，变为自己生存的外壳。每一个单体的珊瑚虫只有米粒那样大小，还在白色幼虫阶段时便自动固定在先辈珊瑚虫的石灰质遗骨堆上。它们一群一群地聚集在一起，一代代地新陈代谢，生长繁衍，同时不断分泌出石灰石，并黏合在一起。这些石灰石经过以后的压实、石化，其骨架不断扩大，从而形成形状万千、色彩斑斓的珊瑚礁。著名的大堡礁以及中国南海的东沙群岛和西沙群岛里的珊瑚岛都是这样形成的。由于珊瑚虫具有附着性，许多珊瑚礁的底部常常会附着大量的珊瑚虫。

珊瑚虫与藻类植物共同生活，这些藻类靠珊瑚虫排出的废物生活，同时给珊瑚虫提供氧气。藻类植物需要阳光和温暖的环境才能生存，珊瑚堆积得越高，越有利于藻类植物的生存。

科学家检测发现，珊瑚虫的外壳——珊瑚的化学成分主要为碳酸钙，以微晶方解石集合体形式存在，其成分中还有一定数量的有机质。珊瑚的形态多呈树枝状，上面有纵条纹，每个单体珊瑚横断面有同心圆状和放射状条纹，颜色常呈白色，也有少量蓝色和黑色。珊瑚虫的群体骨骼形态繁多，颜色各异。红珊瑚像枝条劲发的小树；石芝珊瑚像拔地而起的蘑菇；石脑珊瑚如同人的大脑；鹿角珊瑚似

海百合在古生代成为一种繁衍得较为成功的动物。它们的茎柄通常在其死后会脱落，但躯体的主要部分和进食用的肢臂常常能在化石中保存下来。

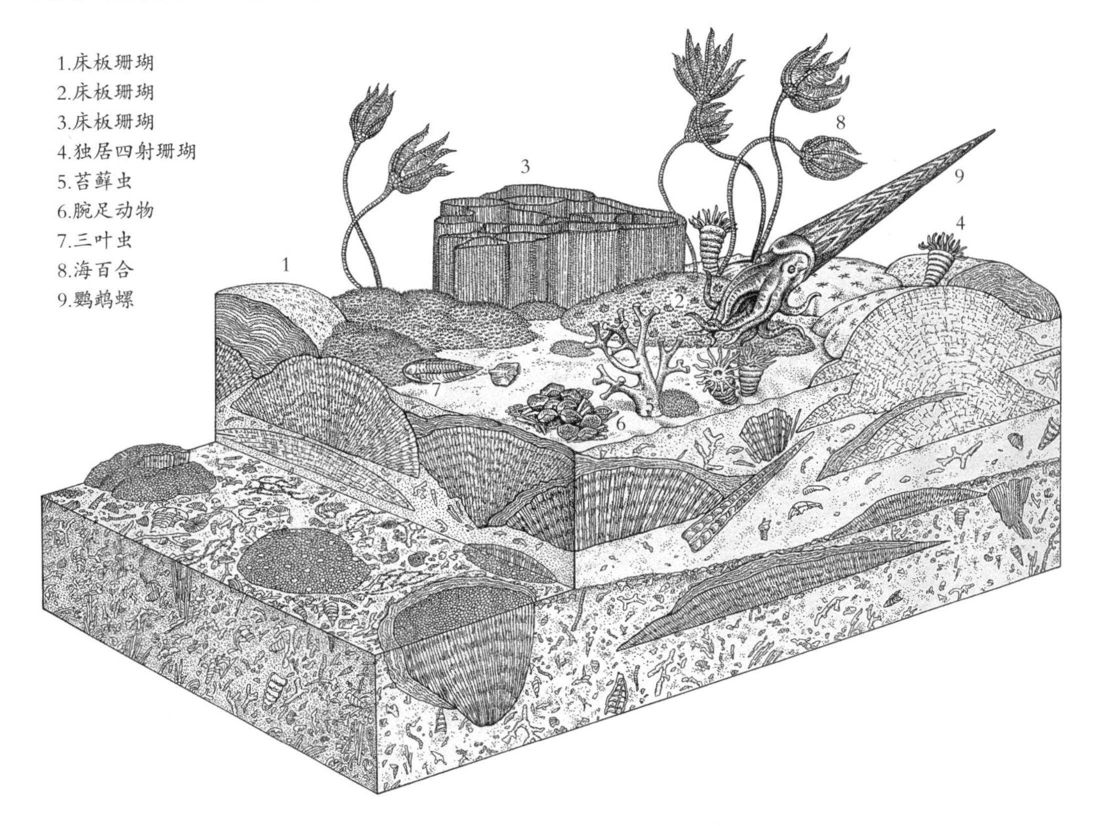

这是一幅志留纪礁体的示意图，建基于一块英国发现的化石上，大约有4.3亿年的历史。其中含有床板珊瑚和四射珊瑚——两种在古生代末期灭绝的族群。志留纪礁体为其他无脊椎动物，如腕足动物、苔藓虫和海百合，提供了安全停靠的“港湾”。

大堡礁：

世界最大、最长的珊瑚礁群，位于南半球，它纵贯于澳洲的东北沿海，北到托雷斯海峡，南到南回归线以南，绵延伸展共有 2011 千米，最宽处 161 千米，有 2900 个大小珊瑚礁岛，自然景观非常特殊。在落潮时，部分珊瑚礁露出水面以形成珊瑚岛。在礁群与海岸之间是一条极为方便的交通海路。风平浪静时，游船在此间通过，船下连绵不断、多彩的珊瑚景色就成为吸引世界各地游客来猎奇观赏的最佳海底奇观。

枝丫茂盛的鹿角；筒状珊瑚像嵌在岩石上的喇叭，颜色有浅绿、橙黄、粉红、蓝、紫、褐、白。这些千姿百态、五彩缤纷的珊瑚骨骼在海底构成了巧夺天工的水下花园。

由于大量珊瑚形成的珊瑚礁和珊瑚岛能够给鱼类创造良好的生存环境，同时能加固海边堤岸，扩大陆地面积，因此人们应当保护珊瑚虫。

从海洋到陆地的生物之旅：志留纪

志留纪是早古生代的最后一个纪，也是古生代第三个纪。由于志留系在波罗的海哥特兰岛上发育较好，因此曾一度被称为哥特兰系，志留纪可分早、中、晚三个世。

在当时，由于剧烈的造山运动，地球表面出现了较大的变化，海洋面积减小，大陆面积扩大。作为陆生高等植物的先驱，低等维管束植物开始出现并逐渐占领陆地，其中，裸蕨类和石松类是目前已知最早的陆生植物。伴随着陆生植物的发展，志留纪晚期还出现了最早的昆虫和蛛形类节肢动物。

在志留纪伊始，存在的鱼类都是无颌的，它们的进食方式因此也受到了限制，后来随着进化，有颌类鱼类诞生了，它们的进食方式更加多样化，也更加适合生存。

同时海洋无脊椎动物发生了重要的变化，繁盛一时的三叶虫逐渐衰退，板足鲎类开始出现，并且是当时海洋节肢动物中个头最大的种类。就无脊椎动物而言，志留纪有许多独特之处，这一时期最常见的有笔石、腕足类、珊瑚等。

笔石以单笔石类为主，如单笔石、弓笔石、锯笔石和耙笔石等，它们是志留纪海洋漂浮生态域中最引人注目的一类生物。笔石分布广、演化快，同一物种可以在世界上许多洲发现。笔石演化的阶段及特殊类型的地质历程在地层对比中有独特的价值，划分志留纪界线的主要依据就来源于笔石带。同时，志留纪腕足动物的数量相当多，在浅海底栖生物中常占有绝对优势。所以，志留纪也被誉为腕足类的壮年期，这些腕足动物始见于奥陶世晚期，在志留纪达到鼎盛。

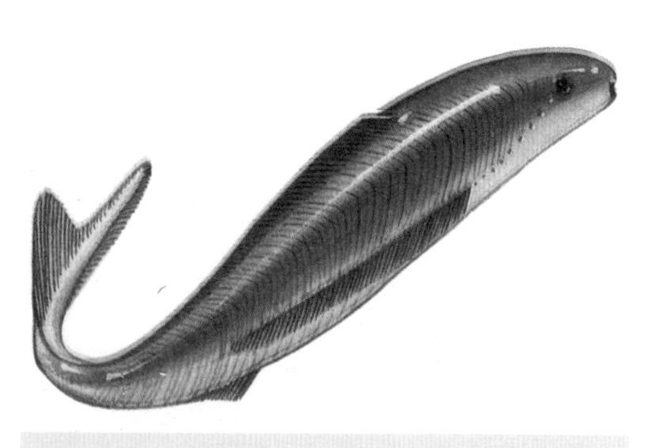

▲ 莫氏鱼是志留纪初期的一种缺甲类鱼群，它们利用像勺子一样的嘴巴来挖取沉淀物，这样的进食也限制了它们的进食方式。莫氏鱼体长三十多厘米，拥有十几个腮孔，全身长有三个长鳍。

在志留纪，动物在海洋中从奥陶纪的大灭绝中得到了复苏，地球上的气候也变得更加温暖和稳定，同时，动物也稳固了它们在陆地上的地位。志留纪的生物群特别是无脊椎动物，与奥陶纪生物的谱系关系密切，并且类别更加繁多；在奥陶纪出现的脊椎动物无颌鱼类进一步发展，得到大量繁衍，并且在志留纪中期，更先进的有颌鱼类开始出现，为随后出现的鱼类等高等脊椎动物的大发展奠定了基础。科学家普遍认为，陆生植物和有颌类的出现是志留纪生物革新的一个重要标志。

在海底狩猎的板足鲎

板足鲎，也叫海蝎，在寒武纪末期（4.88亿年前）出现，到二叠纪末（约2.5亿年前）绝灭，它是一类已绝灭的不常见的节肢动物成员，并且很少保存为化石，因此科学家对它的研究还处于摸索阶段。它的身体分为头部和腹部，头部由六个体节组成，腹面有六对附肢，最后一对呈板状，用来游泳。科学家认为板足鲎的一些种类是动作灵敏的食肉动物，也许能快速游泳并追捕猎物；但大多数板足鲎类是小动物，很可能以腐肉为食。板足鲎栖居在半咸水环境中，被认为是现代蝎子已经灭绝的水栖祖先——现代蝎子在后来的进化中长出了螯；不过它也可能是包括蜘蛛、虱子等在内的所有陆地节肢类动物的祖先。

志留纪最大的海洋动物是板足鲎中最凶猛的巨型板足鲎，当它们在海底漫游的时候，会给其他动物带来致命的威胁。它的食物主要是原始甲壳类和早期的无颌鱼类。和其他板足鲎一样，它们也有一副“装甲”武装的躯体，而且关节非常灵活，还能弯曲。板足鲎用四对足肢来行走，而第五对——最后面的那对，呈现扁平状，起到像船桨一样的作用，帮助身体前进和调整方向。在它的头部上面有一对菱形的眼睛，下面长有一副粗壮有力的螯，十分威武。当它如同装甲车一样在海底隆隆而过的时候，其他动物便会因为恐慌而四处逃散，因为这个时候只要被它的爪子刺中，就在劫难逃。

板足鲎既能生活在海洋中，也能生活在半咸水域中，适应环境能力很强，因此在志留纪它们作为水中最强大的捕食者迅速进入了全盛期。作为第一种从水中转移到陆上生活的动物，它们也知道怎样蜕壳，它们会聚集到海滩上交配和蜕壳。有时候，在这种大规模扎堆期间，它们会自相残杀，最早嗜杀同类的动物也许就是它们。至于这种节肢动物的体型为什么如此巨大，科学家目前尚不清楚。科学家推测，这可能是因为缺乏来自脊椎动物的竞争所致，随着脊椎动物的出现，这种巨型节肢动物便渐渐消失了。

◀ 像翼肢鲎这样的海蝎，对早期的鱼类来说有着莫大的危险性。但是经过不断进化，一些鱼游得越来越快，也就渐渐远离了来自这种大型动物的危险。

巨型板足鲎正在海底爬行，捕食猎物，它非常擅长对动作进行定位。

专业的掠食者：蜘蛛

在距今4亿年的志留纪晚期，蜘蛛便已经演化产生了，尽管它柔软和精致小巧的身体很难成为化石，但是人们仍然发现了成千上万种蜘蛛的遗骸，它们大多数被保留在琥珀之中——一种金黄色、透明的松脂化石之中。已知最早的蜘蛛网化石已经有1亿年的历史。

蜘蛛是专业的掠食者，它们先利用蛛丝结的网来活捉猎物，再用毒牙将致命的毒液注入猎物体内，使其毙命。除南极洲以外，从海平面到海拔5000米的高处都有它们的身影。

蜘蛛是卵生的，大部分雄性蜘蛛在与雌性蜘蛛交配后会被雌性蜘蛛吞噬，成为母蜘蛛的食物。

蜘蛛的身体分头胸部（前体）和腹部（后体）两部分。头胸部覆以背甲和胸板，有附肢两对，第一对为螯肢，有螯牙，螯牙尖端有毒腺开口；有的蜘蛛的螯肢前后活动，而另外一些的螯肢侧向运动及相向运动；第二对附肢为须肢，用以夹持食物及作感觉器官。在它的腹部腹面有纺器，少数原始的种类有8个，位置稍靠前；大多数种类有6个纺器，位于体后端肛门的前方；还有部分种类有4个纺器，纺器上有许多纺管，内连各种丝腺，由纺管纺出丝，给予蜘蛛缠网的能力。而蜘蛛的口器中含有毒腺，可以毒杀和麻痹猎物，让其动弹不得。

虽然在37000多个蜘蛛种类中，所有的蜘蛛都能吐丝，但只有一半种类可以用丝织网，按照它们的生活及捕食方式，我们可以将它们大致分成结网性蜘蛛和徘徊性蜘蛛。

结网性蜘蛛的最主要特征是它的结网行为，这类蜘蛛通过丝囊尖端的突起分泌黏液，而黏液一遇空气即可凝成很细的丝，以丝结成的网具有高度的黏性，是它的主要捕食手段。对黏上网的昆虫，蜘蛛会先对猎物注入一种特殊的液体消化酶。这种消化酶能使昆虫昏迷、抽搐直至死亡，并使肌体发生液化，液化后蜘蛛以吮吸的方式进食。

徘徊性蜘蛛则不会结网，而是四处游走或者就地伪装来捕食猎物，部分蜘蛛以小型动物为食。比如跳蛛视力佳，能在30厘米内靠近猎物，猛扑过去；蟹蛛在与其体色相

马蹄蟹出现在蜘蛛产生之前的奥陶纪，是一种普通的装甲节肢动物，与蜘蛛及蝎子同属一个群系。早期的马蹄蟹依靠5对足肢在海底爬行，现在这种“活化石”在北美洲和亚洲的东海岸上还有4个物种。

蜘蛛不作茧自缚的秘密：

为什么蜘蛛在结网过程中不会粘住自己呢？原来蜘蛛的腿跟部位能分泌一种特殊的油状液体，正是这种液体的润滑作用，让蜘蛛在网上可以来去自如，如履平地。

同时，蜘蛛腹部的末端有好几个纺丝器，可以纺出不同的蛛丝。有的蛛丝没有黏性（干丝），有的有黏性（黏丝）。蜘蛛织网的时候，先用不带黏性的蛛丝织出支架，以及由中心向外放射的辐丝，再用带黏性的蛛丝织出一圈圈螺旋状的螺丝。蜘蛛只要不碰到螺丝，就不会被黏住了。也就是说，蜘蛛都是在不带黏性的蜘蛛丝上移动，所以不会被黏住。

近的花上等候猎物；地蛛栖息在土中，并在土中筑巢，当有猎物经过时，它能迅速地从巢里吸住猎物。

到目前为止，最大的蜘蛛是南美洲潮湿森林中的格莱斯捕鸟蛛，它在树林中织网，以网来捕捉自投罗网的鸟类为食。雄性蜘蛛张开爪子时有 38 厘米宽。最小的蜘蛛为施展蜘蛛，科学家曾在西萨摩尔群岛采到一只成年雄性施展蜘蛛，体长只有 0.043 厘米，还没有印刷体文字中的句号那么大。中国饲养的捕鸟蛛，最大体长近 10 厘米，堪称“世界毒蜘蛛之王”。

人类在某种程度上应该感谢蜘蛛，因为在仿生学上，人类从它们身上学到了不少知识。另外蜘蛛除了用作药物外，还能捕食虫类，而且专吃活虫，因此是许多害虫的天敌，所以绝大多数的蜘蛛是益虫。利用蜘蛛控制害虫，不仅可以节省大量农药和人力、物力，而且可以防止污染、保护生态环境。当然，有毒性的蜘蛛会对人类的安全产生威胁，部分蜘蛛也会危害农作物。如果腹部为红色就是有毒的蜘蛛，真正的有毒蜘蛛有多少个品种，目前尚无确切统计数据。

鱼类出没的泥盆纪

泥盆纪开始于 4.19 亿年以前，那是一个地球面貌正在经历巨变的时代：气温开始变得温热，陆地上那些存活于志留纪的简单的矮生植物渐渐消失，取而代之的是那些能更好适应水生环境的植物，并且在泥盆纪要结束的时候，第一片森林形成了。在这个时间里，脊椎动物进入飞跃发展时期，各种鱼类空前繁盛，有颌类、甲胄鱼数量和种类增多，硬骨鱼开始出现。因此，泥盆纪常被称为“鱼类时代”。

在此时的海洋里，出现了大量的属于脊椎动物的鱼群，很多鱼类头部都有重甲防护，这样的“装甲鱼群”如今非常罕见，但在当时种类繁多，它们生活在海底、河流、湖泊之中，我们称之为盾皮鱼。此外，还有浑身都带有铠甲的甲胄鱼，可谓是千奇百怪。值得注意的是，在泥盆纪初期，还出现了世界上第一种肺鱼，肺鱼是硬骨鱼的一个类群，长有鱼鳃，并且能够在水中含氧量比较低的时候呼吸空气；最厉害的是，如果在干涸缺水的环境里，它们还可以把鳔当作肺来进行呼吸。肺鱼呼吸空气的本领让我们觉得它们可能是鱼类和陆生脊椎动物之间的一个中间过渡环节。

与此同时，海生无脊椎动物的组成发生了重大变化。古生代早期极为繁盛的三叶虫只剩下少数代表，而在奥陶纪和志留纪非常繁荣的笔石仅剩下少量的单笔石和树笔石类；同时鹦鹉螺类正逐渐取代菊石成为软体动物中的主要类群。腕足动物和珊瑚动物又

▲ 棘螈的外形类似于火蜥蜴，同时还有鱼的一些特征，头部流线型，身上的测线器能探测水中传播的震动。

▲ 一只身长大约 1 米的鱼石螈正用它的两颚钳住了一只蜈蚣。

进一步发展，但种类与奥陶纪和志留纪有所不同，这一时期的腕足动物主要以石燕类为主，而珊瑚则以床板珊瑚和四射珊瑚为主。

泥盆纪最大的变化在于出现了从鱼类演化而来的原始爬行动物——四足类（四足脊椎动物），其中两种就是鱼石螈和棘螈，它们的化石发现于格陵兰岛。它们虽然长有四条腿，但是长长的躯体和蹼状的尾巴都跟鱼很像。

它们虽然从鱼类进化而来，却能很好地适应陆地，既可以用肺呼吸，也可以通过皮肤呼吸，并且骨架也变得坚硬，因此可以承担离开水以后身体的负重。不过也有科学家分析，也许鱼石螈和棘螈平时还在淡水环境中进食和繁殖，当碰到捕食性鱼群的时候，它们才会跑到陆地上避难。

从整个生命发展进程来看，泥盆纪开始出现从水中到陆地的先驱动物，生物界的面貌出现了极大的变化。

活动能力差的甲胄鱼

在泥盆纪时期，早期的脊椎动物达到了繁盛时期，大量的泥盆纪脊椎动物化石在世界各地都有发现。这些最早的脊椎动物属于无颌纲，统称为甲胄鱼类。

甲胄鱼属于无颌脊椎动物，生活在距今 4 亿多年到 5 亿年间的古生代时期。它们中的大多数身体的前端都包着坚硬的骨质甲胄，所以我们将其称为“甲胄鱼”。

它们形似鱼类，但没有真正的偶鳍，也没有骨质的中轴骨骼，活动能力很差；因为它们没有上下颌骨，作为取食器官的口不能有效地张合，所以获取广泛食物资源的能力就很受限制。

活动能力很差的甲胄鱼，看起来更像是一件尘封千年的标本。

颌部既是重要的摄食器官，同时也是进攻的有力武器。甲胄鱼由于缺乏这样的有利器官，在取食上有赖于鳃的过滤，所以鳃的数目远比鱼类的要多，鳃区也在身体中占有相当大的比例，故而造成了它头大、尾小不相称的体形。没有进攻和摄食武器的甲胄鱼在防御上则借助于笨重的甲胄，只有被动的防守。与有颌的鱼类比较起来，这些自然是很大的弱点，因此它们最终不得不走向灭绝的境地。

甲胄鱼没办法主动去猎取食物，而只能被动获取，“不劳而获”，因此它们的食物范围很窄，甚至有可能活活被饿死。

这种种的缺点也让它们在泥盆纪没有存活太久的时间。

我们知道，甲胄鱼属于无颌鱼类，处于有颌脊椎动物发展的前一阶段，那么它们是否进化产生了有颌类呢？答案是否定的，这些无颌类在不少“原始结构”上高度特化。例如它的鼻孔形式就依旧保持着无颌类的特征，只有单鼻孔或只有内鼻孔；再如鳃弓中的类颌部非但没有向有颌的方向发展，而且在有些种类里已经退化了；以及分别开口向外界的鳃孔则发展为总的出鳃孔等，这些都说明这些无颌类在发展中已偏离了向有颌类发展的方向，而是自成一派。

长相丑陋的盾皮鱼

我们知道，动物的进化常常会出现反复，并且有的种类会不约而同地进化出同样的适应性或者特征。在盾皮鱼身上就发生过这样的事情：它并非是第一种有颌鱼的直接后代，但是它们拥有强壮有力的颌——像涡轮叶片一样的牙板，这样的牙板构成了锋利的牙齿，方便它们进行捕食。因此很多科学家认为，它们的颌是自己进化出来的。

由于头部拥有重甲保护，盾皮鱼外形很丑陋，同时包裹身体的护甲在有利于自我保护的同时，也让它们变得笨重，行动很不方便。因此它们大部分都是海栖生物，以软体动物和其他硬体动物为食。但到了泥盆纪晚期，另外一些盾皮鱼成了生活在开阔水域中的猎捕者，比如邓氏鱼。

邓氏鱼被描绘成为海洋中的暴龙，它是最大的盾皮鱼类之一，拥有强壮的类似于鲨鱼的纺锤形身躯，更加接近现代鱼类的体形，覆盖在巨大的头部与颈部外厚重且坚硬的骨骼让它可以更好地保护自己，并且甲胄板的骨板之间留有间隙，从而使它可以摇摆自己的身躯，而不是僵持地保持一个姿势。它没有牙齿，取而代之的是长在双颌边缘呈现鸟喙状的锐利骨板，因此它的咬合力极其强大——科学家估计足以将混凝土

△ 深海中凶猛的邓氏鱼正在追逐一头幼年裂口鲨，它有12颗三角形牙齿生长在颌的内边缘上，咬合力非常强大。

咬开。邓氏鱼以当时海洋中所有鱼类为食，在食物不充分的时候，甚至还会嗜食同类。研究发现，在某些邓氏鱼化石上的咬痕与它本身特殊的颌部结构相吻合，这表明它们可能会同类相食。

除了邓氏鱼，盾皮鱼中常见的物种还包括沟鳞鱼，这种鱼拥有一个半圆状的防护头盾和狭窄的胸鳍，就如同在胸前长了一对坚硬的翅膀一样，它能利用胸鳍来保持海底游动时的平衡性，甚至可能会用其在河床上“行走”。

还有一种盾皮鱼叫罗福鱼，它长得非常奇怪，有着长长的管状口鼻部，看上去非常像独角兽的角。那么，这个像“角”一样的口鼻部究竟是做什么的？科学家提出了两个猜想：罗福鱼可能用它来挖掘海沙，寻找藏匿起来的猎物，或者也可能是雄性用来吸引雌性的装饰品。和其他盾皮鱼一样，罗福鱼没有牙齿，而是在嘴巴后部长着扁平的骨板，这个骨板可以用来撬开螃蟹或者甲壳动物的外壳。

盾皮鱼类数量多，分布几乎遍及全球，而存活时间又相对较短，坚硬的骨甲易于保存成化石，因而对于生物地层的研究具有重要意义。

没有叶子的裸蕨植物

我们熟知的低等藻类植物在水域中生活了近10亿年的时间，在距今约4亿~4.4亿年前的志留纪末和泥盆纪时期，由于环境条件的巨大变化和植物体本身适应能力的不断增强，开始慢慢进军大陆。但是只有那些经过自然选择，能初步适应陆生环境的变异类型才能存活下来，这就是最早的以裸蕨植物为代表的陆生植物。

裸蕨植物在植物发展进程中起到一个承上启下的作用，因无叶而得此名，这类植物曾在距今3.7亿~3.9亿年前的泥盆纪早期和中期盛极一时，广布全球，是当时占据优势的陆生植物，直到距今3.6亿年的泥盆纪晚期才趋于灭绝。

我们现在将植物分为孢子植物和种子植物，而裸蕨植物则属于孢子植物。裸蕨植物不是裸子植物，裸子植物是原始的种子植物。它们是一群既古老又复杂的植物类群，在距今约4亿年前的志留纪晚期地层中出现，是最初的高等植物代表。

裸蕨植物一般体型矮小，结构简单，高的不过两米，矮的仅几十厘米。植物体没有真正的根、茎、叶的分化，但是出现了维管组织，在茎轴基部和拟根茎下面，又长出了假根。这不但有利于水分和养分的吸收及运输，而且加强了植物体的支持和固着能力。

孢子植物：

孢子植物是指能产生孢子的植物总称，主要包括藻类植物、菌类植物、地衣植物、苔藓植物和蕨类植物五类。孢子是早期植物繁衍后代的良好方式，因为一株植物可以产生数以百万计的孢子。孢子一般微小，单细胞。由于它的性状不同，发生过程和结构的差异而有种种名称。植物通过无性生殖产生的孢子叫“无性孢子”，通过有性生殖产生的孢子叫“有性孢子”，直接由营养细胞通过细胞壁加厚和贮存养料而能抵抗不良环境条件的孢子叫“厚垣孢子”“休眠孢子”等。孢子有性别差异时，两性孢子有同形和异形之分。前者大小相同；后者在大小上有区别，分别称大、小孢子，并分别发育成雌、雄配子体，这在高等植物中较为多见。

孢子一般都很微小，属于单细胞。一株植物可以产生数以百万计的孢子。

种子植物：

种子植物是植物界最高等的类群。所有的种子植物都有两个基本特征：（1）体内有维管组织——韧皮部和木质部；（2）能产生种子并用种子繁殖。种子植物可分为裸子植物和被子植物。裸子植物的种子裸露着，其外层没有果皮包被。被子植物的种子外层有果皮包被着。目前为止，世界上已分化出20余万种种子植物，它们是现今地球表面绿色的主体。

维管植物：

维管植物（或叫维管束植物）是指具有维管组织的植物，在这些组织中液体可快速地流动，还可在体内运输水分和养分。维管植物包括蕨类植物和种子植物，种子植物又分为裸子植物和被子植物。

与此同时，茎轴的表皮上产生了角质层和气孔，以调节水分的蒸腾；孢子囊长在枝轴顶端，并产生了具有孢粉质外壁的孢子，坚韧的外壁使其不易损伤和干瘪，有利于孢子的传播。这些结构都是裸蕨比它们的祖先藻类更能适应多变的陆生环境的新组织器官。而且因为它的茎轴暴露，故被命名为裸蕨。根据古植物化石推断，古代和现代生存的蕨类植物的共同祖先都是距今4亿年前出现的裸蕨植物。虽然这些组织器官与现代的高等植物相比，确实是非常简单和原始的，但是，裸蕨植物正是依靠这些简单的组织和器官解决了它们在陆生环境中所面临的一些主要问题，并且为沿着这样的道路继续衍生越来越高等的陆生植物奠定了初步的基础。由此看出，裸蕨植物是由水生到陆生的过渡植物，也是最原始的陆生维管植物。

裸蕨植物的出现是植物发展史上的又一次巨大飞跃。所有的陆生高等植物，除了苔藓植物以外，都是直接或间接起源于裸蕨植物，没有任何一种陆生维管植物能够绕过裸蕨植物而直接起源于水生藻类。因此，裸蕨植物在植物界的系统发育中，上承生活在水中的藻类，下启陆生的蕨类和前裸子植物，是植物界系统演化中的主干。

植物繁盛的石炭纪

石炭纪开始于3.6亿年前，可以分为两个时期：始石炭纪（又叫密西西比纪，距今3.59亿～3.23亿年前）和后石炭纪（又叫宾夕法尼亚纪，距今3.23亿～2.99亿年前），在那之前，生命刚刚经历了一场大灭绝，造成了70%的海洋生命因此而绝迹，在当时的西半球，陆地几乎是从南极一直延伸到北极，而东半球的大部分则是被一个和如今太平洋差不多大小的海洋覆盖着，因此气候变得温热、湿润。

在石炭纪陆生生物飞跃发展，更能适应环境的两栖类动物开始崛起，海生无脊椎动物也有所变化。在泥盆纪海洋中占支配作用的带有硬骨装甲的甲胄鱼等，在泥盆纪至石

裸子植物：

裸子植物是原始的种子植物，其发展历史悠久。最初的裸子植物出现在古生代，是中生代至新生代遍布各大陆的主要植物。现在的裸子植物有不少种类出现于第三纪，后又经过冰川时期而保留下来，之后繁衍至今。裸子植物在地球上最早用种子进行有性繁殖，在此之前出现的藻类和蕨类则都是以孢子进行有性生殖。裸子植物的优越性主要表现在用种子繁殖上。

炭纪的大灭绝后没有再存活下来。石炭纪海洋中的主要鱼类是活动灵便的辐鳍鱼类。与此同时，最早发现于泥盆纪的昆虫类在石炭纪得到进一步繁盛，已知的石炭纪、二叠纪的昆虫就达 1300 种以上。陆生脊椎动物进一步繁盛，两栖动物占据了统治地位。在石炭纪晚期，脊椎动物演化出现了一次飞跃，从此摆脱了对水的依赖，以适应更加广阔的生态领域。

石炭纪有个别名叫“巨虫时代”，因为当时的大气含氧量很高，所以虫子长得特别大。在当时的大陆上，生活着巨型蜘蛛和巨型马陆，天空中飞舞着巨大的蜻蜓。

不过在石炭纪最重要的变化还是植物世界的大繁荣。当时的气候湿润，为植物的生长创造了绝佳的生存条件，而这些植物的遗迹最终转变成了煤层，“石炭纪”也因此得名。据统计，属于这一时期的煤炭储量约占全世界总储量的 50% 以上。随着石炭纪陆地面积的扩大，陆生植物得以从滨海地带向大陆内部延伸，得到空前的繁荣发展，形成大规模的森林。在石炭纪的森林中，既有高大的乔木，也有低矮的灌木。比如乔木中的木贼根深叶茂，它的茎可以长到 20 ~ 40 厘米粗，它们喜爱潮湿的地方，广泛分布在河流沿岸和湖泊沼泽地带。而石松是另一类乔木，它们非常高大，成片分布，最高可达 40 米。虽然早期的裸子植物，如苏铁、松柏、银杏等，非常引人注目，但蕨类植物的

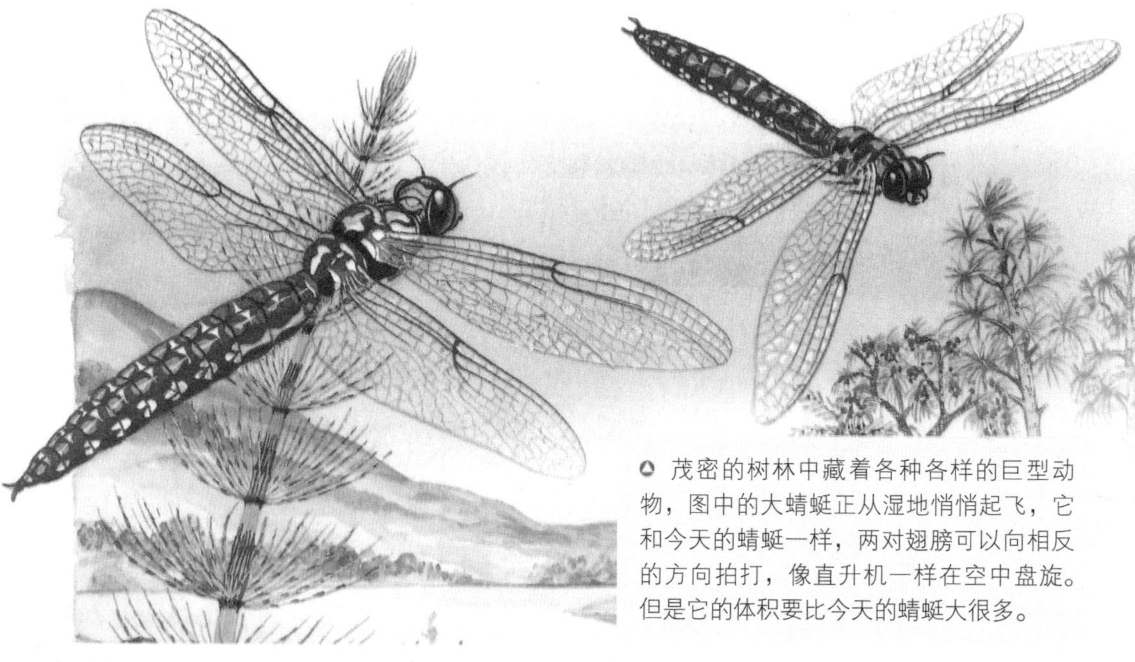

茂密的树林中藏着各种各样的巨型动物，图中的大蜻蜓正从湿地悄悄起飞，它和今天的蜻蜓一样，两对翅膀可以向相反的方向拍打，像直升机一样在空中盘旋。但是它的体积要比今天的蜻蜓大很多。

数量最为庞大。它们虽然低矮，却是灌木林中的旺族，大量占据了森林的下层空间，紧凑拥挤，生机勃勃。

> **还原环境：**
> 不含或含极微量游离氧和其他强氧化剂，富含大量有机残体和甲烷、氢等还原性物质的环境，是地表氧化还原环境类型之一。

石炭纪森林分布在地球陆地的许多地方，在中国北方的华北平原，就曾保存着石炭纪的广袤森林，山西的煤层应该是最好的证据。当我们今天享受着煤炭资源带给我们的便利时，有谁能够真正了解那些形形色色的史前植物呢？

那么植物是怎样变成煤炭的呢？由于石炭纪的植物种类繁多，生长迅速，它们死后即便有一部分很快腐烂，但仍有许多枝干倒伏后避免了风化作用和细菌、微生物的破坏。其中不少植物是生长在被水浸泡着的沼泽地，死亡后的植物枝干很快会下沉到稀泥中，那里实际上是一种封闭的还原环境，在这种环境中植物枝干避免了外界的破坏，并在种种因素作用下缓慢地演变成泥炭。年复一年，由植物形成的泥炭在地层中得到保存，又经历了成煤作用后成为初级的煤炭——褐煤。褐煤是一种劣质煤，褐煤再经过长时间的压实后，才能形成真正意义上的煤——烟煤。褐煤转化成烟煤要付出巨大的“代价”，据地质学家推算，要形成 0.3 米厚的烟煤，需要压缩 6 米厚的褐煤。

昆虫：生态圈的重要“人物”

远早于恐龙出现之前，地球便已经是昆虫的天下了。最早的昆虫出现于距今 4 亿年前，是一类细小、无翅、生活在地面上的动物，后来，它们进化出了翅膀，并成为世界上第一种会飞的动物。掌握飞翔的技巧使它们成为进化的胜利者，并演化出成千上万的新物种。现在，昆虫的种类已占到地球上所有动物物种的 3/4。

直到今天，科学家们还是没能弄清楚第一种有翅类的动物是什么时候，又是怎样进化出现的。有一种理论认为，昆虫的翅膀可能是从扁平的爪垫发展而来的，而某些物种化石的体节上就附有这种爪垫。最初，这些爪垫可能是用来调节温度或者是用来吸引异性注意的，但是如果这些爪垫变得足够大，就可以用来滑行了。而要演化为真正的翅膀，昆虫还需要在身体上进化出铰合点，同时也要产生适合飞行的肌肉来，当这些进化慢慢完成的时候，昆虫也真正从滑行者变成飞行者。

提到昆虫，蜜蜂可能是很多人想到的第一种动物，它是如何进化产生的呢？1 亿年前随着被子植物的出现，一些史前蜂类开始以花为食，而放弃了捕食其他昆虫，它们的后代就逐渐演化成了蜜蜂。现在，世界上有成千上万种不同的蜂类，它们有的独居生活，但大部分过着以一只蜂后为中心的群居生活。工蜂哺育幼蜂，并采集花蜜制成蜂蜜。在花朵上觅食的蜜蜂，身体会沾上黄色的花粉颗粒，当它落在另一朵花上时，身上的花粉便会落到这朵花上，这使得植物可以生成种子，这个过程被称为授粉。

也有不少种类的昆虫不具备飞翔的能力，比如大家痛恨的蟑螂。原始蟑螂在距今 3.5 亿年前的石炭纪便出现了，而到今天蟑螂的品种超过了 4500 种。亿万年来，它的外貌并没什么大的变化：身体扁平，呈现黑褐色，头虽然很小，却能灵活活动，触角为长丝状，它还拥有发达的复眼。它们在史前森林的地面上快速爬行，但生命力和适应力越来越顽强，一直繁衍到今天，广泛分布在世界各个角落。值得一提的是，一只无头的蟑螂可以存活 9 天，9 天后死亡的原因居然是过度饥饿。

蚂蚁也是一种常见的昆虫，它的祖先是移居到地面生活的黄蜂。蚂蚁庞大的群落由一只蚁后以及成百上千只工蚁和兵蚁构成，所有的工蚁和兵蚁都是无翼的雌性——它们都是蚁后的女儿。蚂蚁为典型的社会昆虫，具备社会昆虫的三大要素，即同种个体间能相互合作以照顾幼体；有明确的劳动分工；在蚁群内至少有两代成员，而且子代能在一段时间内照顾上一代。

最近的研究表明，全世界的昆虫可能有 1000 万种，约占地球所有生物物种的一半。但目前有名有姓的昆虫种类仅 100 万种，占动物界已知种类的 2/3 ~ 3/4。由此可见，世界上的昆虫还有 90% 的种类我们不认识；按最保守的估计，世界上至少有 300 万种昆虫，那也还有 200 万种昆虫有待我们去发现、描述和命名。到目前为止，种类最多的目为鞘翅目（甲虫）、鳞翅目（蝶、蛾）、膜翅目（蜂、蚁）和双翅目（蝇、蚊）。大多数昆虫体型较小，长一般为 0.5~3 厘米之间，但大小相差悬殊。有些极小，如寄生蜂；而某些热带昆虫则相当大，长可达 16 厘米。

昆虫的身体非常柔软，那些可以让我们仔细观察的昆虫化石常常存在于琥珀中，琥珀是一种坚硬的金黄色的远古树脂化石。树脂是树木创口分泌出的黏稠液体，在树脂上停留的昆虫常常被困在其中，因此保存到现在，这为我们提供了一份珍贵的史料。

中国幅员辽阔，自然条件复杂，是世界上唯一跨越两大动物地理区域的国家，因而是世界上昆虫种类最多的国家之一。一般来说，中国的昆虫种类占世界种类的 1/10。世

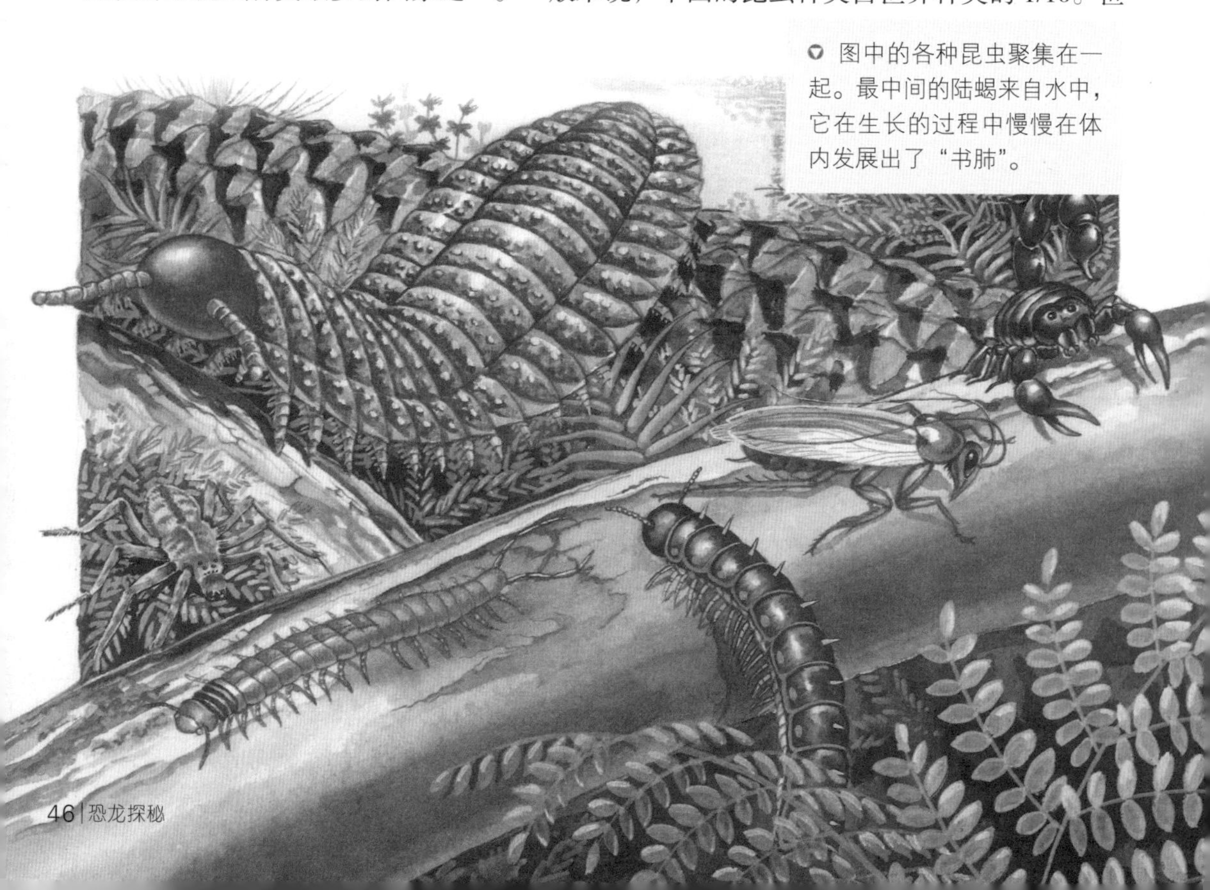

图中的各种昆虫聚集在一起。最中间的陆蝎来自水中，它在生长的过程中慢慢在体内发展出了“书肺”。

界已定名的昆虫种类为100万种，中国定名的昆虫应该在10万种左右，但是目前中国已发现定名的昆虫只有5万多种，要赶上世界目前的水平还需要一段时间。由此可见，中国还有太多昆虫的新种类等待着有志于研究昆虫的朋友去发现和命名。

全身覆盖盔甲的巨型千足虫

千足虫是最早行走在地球上的动物之一，早在距今4.28亿年前，它们就迈出了走向大陆的第一步。千足虫的学名意为“一千只脚”，但事实上，大部分千足虫只拥有100～300条腿。虽然拥有数量惊人的腿，但它们中有的只能波浪状地移动细小的腿部，行动很缓慢；有的却速度非常快，是行动敏捷的掠食者。

体型巨大的马陆看起来有些恐怖，像一只变异的大蜈蚣。

千足虫并不是一生下来就有这么多脚的，刚出生幼虫的脚并没有这么多，而是经过几次蜕皮以后开始增多；经过几次变态发育后，体节逐渐增多，脚也随之增加。当然，并不是所有千足虫都如同古代马陆这么巨大，还有许多体型很小的千足虫。它们的身体较小，才2毫米长，它们的足也少得多。千足虫虽然无毒颚，不会螯人，但它有防御的武器和本领。一受触动它就会立即蜷缩成一团，静止不动，或顺势滚到别处，等危险过了才慢慢伸展开来爬走。千足虫体节上有臭腺，能分泌一种有毒臭液，气味难闻，遇到危险时它就可以喷射出去，这使得家禽和鸟类都不敢啄它。

在石炭纪早期，千足虫的代表——古代马陆体型非常巨大，最大的和鳄鱼差不多，是有史以来生活在陆地上无脊椎动物中最大的巨无霸。它生活在石炭纪热带雨林暗黑而又潮湿的地面上，躯体由30体节构成，每节体节上都长着一对脚，在体节上还覆盖着厚厚的“盔甲”。

根据古代马陆的足迹化石，我们可以判断，它爬得很快，并且面对障碍物时会聪明地绕过，动作非常灵活。由于它的嘴部化石迄今尚未被发现，这使得人们无法得知它的食性，但在其消化系统内残留的蕨类植物显示，它可能以吃植物为主，但也不排除它以小型两栖类和无脊椎动物为食。尽管古代马陆可以在干燥的环境中呼吸，但它可能仍然需要时不时到潮湿的环境中，从而保持体表湿润。

科学家研究发现，千足虫是森林生态系统中重要的分解者，它以凋落物、朽木等植物残体为食，是生态系统物质分解的最初加工者之一，为整个生态平衡的稳定作出了极大的贡献。

眼睛又大又鼓的蜻蜓

就在脊椎动物缓慢登陆的时候，节肢动物的新门类——昆虫已经开始了征服天空的旅程。在石炭纪中期，出现了有翅膀的昆虫，而在石炭纪晚期，这些昆虫的体型达到了顶峰，并成了空中的霸主。巨脉蜻蜓就是其中的一员，它的化石于 1880 年在法国发现，并在 1885 年被法国古生物学家描述及命名。

巨脉蜻蜓并不是真正的蜻蜓，它是蜻蜓的近亲——原蜻蜓家族的一员，不过从外表看，它像是一只无比庞大的蜻蜓。恐怖的是，它的翼展可达 75 厘米，比现在的蜻蜓大 12 倍。翅膀上的纹理非常粗糙，这是支撑其巨大翅膀的支架，也是其名字中“巨脉”的含义所在。和现在的蜻蜓一样，它可以用不同速度扇动自己的前后翅，从而来操控飞行的速度和方向。巨脉蜻蜓的腿也比现在的蜻蜓要强壮得多，它在空中无比敏捷，可以盘旋翱翔、向后飞甚至瞬间转换方向。因此，这种会飞的怪物会利用它巨大的翅膀飞至半空中捕猎其他昆虫为食，让其他昆虫毫无还手之力。

那么，为什么巨脉蜻蜓会有如此巨大的体型呢？要知道，节肢动物的体型不会如此巨大，因为它们的呼吸管不断延长的同时也会消耗越来越多的氧气，空气到达呼吸管末端的氧气含量也会越来越低，当低于肌体需求的时候就会限制到节肢动物的体型，但是这种史前昆虫的体型似乎超越了这个限制。

为了解释这种现象，科学家提出了一个理论：之所以在石炭纪茂密的树林中，硕大无比的昆虫和其他无脊椎动物随处可见，是因为当时地球大气中的氧气浓度比现在高得多。这些身形巨大的巨脉蜻蜓凭借着空中优势，大肆捕食其他昆虫甚至小型两栖动物，几乎没有什么特别的天敌。但是令人惊讶的是，这种空中霸主在石炭纪末期产生后，很快就灭绝了。是什么原因导致了这个物种的灭亡？就如同它们兴起的原因一样，巨脉蜻蜓的灭绝可能是因为环境中氧气含量的下降，从而使它们的身体无法获得足够的氧气。据此，我们也可以判断它们肯定不能在现在的环境中生存。

二叠纪生命的辉煌

二叠纪是古生代最后一个纪，在二叠纪刚开始的时候，地球上的整个大陆板块是连接在一起的，形成了一个超级大陆——盘古大陆。

因为盘古大陆非常广阔，所以气候差异很大。在盘古大陆的南极是从石炭纪遗留下来的冰盖，气候寒冷；但在整个热带地区和大部分北方地区，却炎热少雨，在这样干旱的条件下，喜欢湿润环境的树木消失了，取而代之的是更加耐旱的针叶树和其他一些种子植物。海洋里的主要无脊椎动物仍是珊瑚、腕足类和菊石，但组成部分发生了重要变化，三叶虫只剩下少数代表种类，腹足类和双壳类有了新的发展。

面对环境的变化，动物只能去努力适应。爬行动物更好地适应了二叠纪更加干燥的环境，从而开始遍布整个超级大陆，并且随着进化，它们变得越来越耐旱，能像现在的很多爬行动物一样在沙漠环境里生活。

早期爬行动物也是冷血动物（变温动物），它们应对温度问题的方式和今天的冷血动物一样，在冷的时候借助阳光的热量，在温度过高的时候则躲藏在阴凉处。随着时间的推移，当时的一些爬行动物比如盘龙，就进化出了“脊帆”，可以像热交换器一样

蜥代龙站在延伸的树根上眺望远方，两只食草卡色龙懒洋洋地趴在沙岸上，它们头小并且尾巴长，肥胖的躯体笨拙地延展着。

发挥作用，帮助它们温暖身体；但在二叠纪晚期，盘龙的后代——兽孔目动物，进化出了与以往爬行动物不同的应对温度问题的方式，它们开始利用食物来产生能量，而不是靠太阳的热量获取能量，为了保持热量，它们还逐渐进化出一种非常新型的结构——毛皮。从此以后，恒温动物开始出现。

虽然科学家没有直接的证据证明此种变化——因为毛皮的化石实在是太少见了，不过根据兽孔目动物的化石我们可以发现，兽孔目动物在身体结构上出现了一些适应性变化，用来提高呼吸频率和增加氧气供应，这是分解食物、释放能量的必要条件；另外一个推论是兽孔目动物生活在盘古大陆非常寒冷的南方，这种低温只适合能保持自己体温恒定的恒温动物，因此毛皮的出现也成为顺理成章的事情了。

虽然哺乳动物是从兽孔目动物中进化而来的，但兽孔目动物本身并不是哺乳动物，它们和今天我们所知道的哺乳动物还是不一样的。我们要承认，恒温动物的产生是最大的进化，并最终使得脊椎动物可以征服地球上所有的生态环境，包括高山和极地冰川。

身形娇小的甲虫

在距今2.6亿年前的二叠纪晚期，甲虫悄然出现在地球大陆上，它由拥有两对翅膀的昆虫演化而成。在甲虫刚刚出现的时候，它的身体非常大，长可达到3～4米，这得归功于当时氧气含量超高的大气环境。随着大气环境中氧气含量的减少，它们的身形也越来越小，最终成为如今这样的模样。

甲虫和其他的昆虫一样，身体分头、胸、腹三部分，有六只脚。甲虫的头部有一对触角，触角的形状长短不一，大都分为10～11节，雄性触角比雌性发达。口器的构造适合咀嚼，也有的适合吸食汁液。腹部通常有10节。身体外部有硬壳，前翅是角质，厚而硬，后翅是膜质，但有的节已退化或变形，所以只能看到8或9节。它们最大的特征是前翅演化成坚硬的翅鞘，已经没有飞行的功能，只起到保护后翅和身体的作用。飞行时，甲虫会先举起翅鞘，然后张开薄薄的后翅，飞到空中。翅鞘的颜色多变，有发金光的，有带条子像虎纹的，有带斑点像豹皮的，也有的是杂色图案。还有些甲虫的翅鞘连在一起，后翅退化，不能飞了，如步行虫。

我们猜测，最早的被子植物可能就是由甲虫授粉的，它原始的正领口器，适宜给一些花大而平展（比如蝶形或碗状的花）、较原始类型的植物传粉，同时这些花朵释放出的气味也吸引着甲虫。被子植物利用甲虫传粉，能显著增强自己的生存能力。当被子植物不断衍生出新品种时，甲虫也随之扩散到世界各地，并且演化出更多的种类，现在已经达到了一百多万种。

根据生活习性的不同，甲虫脚的构造也不同。有的腿节发达，适合跳跃；有的长着适合游泳的纤毛。甲虫是完全变态的昆虫，成长分为卵、幼虫、蛹、成虫四个阶段，卵的大小和数量各不相同。它们的幼虫有的可自由活动，有的常躲在隐蔽处。幼虫大都在土里或隐蔽处化蛹，不结茧，不过也有些种类会结茧，用来保护蛹。有的甲虫从幼虫到成虫只要一个星期，有的却要用20年。根据食性、触角形状、翅脉等不同，甲虫可分为肉食性、多食性、有吻部三大类。

今天，甲虫已经遍布全球，其中的一些无毒、无攻击性的品种还作为观赏性的宠物为人们所喜欢。

△ 一只正在前进的甲虫。

完全变态：

完全变态发育是昆虫变态的两种类型之一。昆虫在个体发育中，经过卵、幼虫、蛹和成虫等四个时期叫完全变态。完全变态的幼虫与成虫在形态构造和生活习性上明显不同。例如，蜻蜓的发育过程是不完全变态过程，蝶、蚊则是经过完全变态而长成的昆虫。

二叠纪物种大灭绝

在距今 2.5 亿年前的二叠纪末期，地球发生了有史以来最严重的大灭绝事件，科学家估计地球上有大约 96% 的海洋生物和 70% 的陆地脊椎动物在那时灭绝。在这次大浩劫中，三叶虫、海蝎以及古代珊瑚类群全部消失，许多爬行类群也灭绝了。这次大灭绝使得占领海洋近 3 亿年的主要生物从此衰败并消失，并为恐龙类等爬行类动物的进化铺平了道路。

人们提出了很多理论尝试解释二叠纪的大灭绝，为人们所熟知和认可的理论有以下几种，但科学家也认为不排除这几种假设可能同时发生过。

假想一 火山活动

火山爆发会喷出大量气体和火山尘埃，进入大气层。火山灰、尘埃不仅会使动物窒息而死，也有可能遮蔽太阳光，使全球气温降低。所以，火山活动可能是二叠纪末期灭绝事件的原因之一。人们在西伯利亚就曾经发现当时火山猛烈爆发所喷出的物质。

假想二 陨石撞击

陨石或小行星撞击地球导致了二叠纪末期的生物大灭绝。如果这种撞击达到一定程度，便会在全球产生一股毁灭性的冲击波，引起气候的改变和生物的死亡。最近搜集到的一些证据引起了人们对这种观点的重视。

假想三 气候改变

气候的变化也许是造成这场大灾难的主要原因，因为二叠纪末期形成的岩石显示，当时某些地区气候变冷，在地球两极形成了冰盖。这些巨大的白色冰盖将吸收地面的热量，进一步降低全球气温，使陆上和海中的生物很难适应。此外，二叠纪的大陆板块碰撞形成了庞大的盘古大陆，来自海上的雨水和雾气再也无法深入内陆地区，于是二叠纪的某些区域就越来越干燥、炎热，致使沙漠范围越来越广，因此无法适应干旱环境的动植物就灭绝了。

二叠纪物种大灭绝是历史上最为严重的一次，却也是最具意义的一次。由于绝大多数物种都已灭绝，地球上的物种进行了一次彻底的更新换代，地球史也从古生代进入到中生代。经历了这次“洗牌”，在进入三叠纪之后，爬行动物成为地球上的绝对统治者，而恐龙、哺乳动物也开始出现。地球生命在经历这次重大的打击之后，又重新上路，向着更为高级、更具智慧、适应能力更强的形态不断进化，为人类的最终出现奠定了基础。

火山爆发是非常严重的自然灾害之一，体型巨大的恐龙也难逃厄运。

向陆地进发！

什么是脊椎动物

顾名思义，脊椎动物就是长有脊椎的动物。我们已经知道，鱼类是最早的脊椎动物，它们出现于距今5亿年前的海洋中，这些最早的鱼类并没有颌部，与现代的鱼类区别非常大。

脊椎动物可以划分为5类：哺乳类、鸟类、爬行类、两栖类和鱼类。根据不同的繁殖方式，哺乳类分为3类：第一类是有胎盘类，有胎盘类的可直接产下发育完全的幼崽，由于这一类动物的大脑普遍较发达，它的幼崽在母体中发育到较成熟时才出生，因此是哺乳类中最高等的一类。第二类，有袋类，因为产下的是未发育完全的幼崽，所以以其口袋状的育儿袋得名。它们繁殖的特征是早产，早产儿会待在母体的育儿袋里吸奶长大，育儿袋是一层覆盖乳头的皮肤，现今存活的此类动物如袋鼠、腹鼠和无尾熊。最后一种单孔类则更为特别，单孔目动物与爬虫类及鸟类一样，单靠产卵来繁殖下一代的生物，而且它们没有分肛门、尿道及产道，而是由一个总的排出腔代替。

讲完哺乳类，我们接着来看鸟类，如今，在世界上有一万种左右的鸟类，有人认为它们是掌握了飞翔技巧的恐龙后裔，也有人认为它们是独自进化而来的空中舞者。鸟类的羽毛除了帮助它们在空中飞翔外，还能起到保暖的作用。

在诗人歌颂的田园牧歌般的生活中，夕阳下的蛙鸣绝对是一个很有诗意的景象。青蛙就属于我们要说的两栖类。现代两栖类拥有湿润柔软的皮肤，它们中的大部分物种除了用肺呼吸外，还能通过皮肤吸收氧气。它们通常居住在陆地上，但生活环境必须要十分湿润才可以，并且大部分两栖类只能回到水中产卵。

在水中遨游自如的鱼类是世界上最早的脊椎动物，如今它的种类占所有脊椎动物物种的半数以上，凭借着鳃，它们可以在水下呼吸。如今长有四肢的脊椎动物——四足动物，都是由鱼类演化而来的。

介绍完脊椎动物，也许你会问，脊椎动物究竟比无脊椎动物先进在什么地方呢？首先，我们要知道脊椎动物拥有脊柱和内骨骼，而骨骼是脊椎动物特有的重量很轻的生命器官，骨骼可以凭借血液提供的养分不断生长（不像无脊椎动物，如螃蟹的硬壳则需要随着它们的成长而进行蜕换）。同时脊椎动物还有发达的神经系统和比无脊椎动物更大的脑部，因此往往更加聪明。脊椎动物利用肺进行呼吸，并且血液由心脏泵向全身各处进行循环，这为它们的身体提供养分和氧气，并且带走废物。这种种的改变，让脊椎动物更好地适应了环境。

最早的无颌鱼

无颌鱼类是最早的脊椎动物，但原始鱼类和现代鱼类看上去完全不一样，因为它们的双颌还未演化完成，因此早期鱼类是不能咀嚼的，而是通过吸吮或利用器官“刮”或者“削”来获取食物。它们的鳍很少，甚至有的还没有鳍，因此这些原始鱼类只能像蝌蚪一样通过摇摆尾巴在水中游动（前文介绍过的甲胄鱼以及盾皮鱼都属于无颌鱼）。

最早的无颌鱼类化石可以追溯到距今超过 5 亿年前的寒武纪，在泥盆纪它们的数量和种类达到巅峰，但同时多数也在距今 3.5 亿年前的泥盆纪晚期灭绝。

生活在志留纪中期的长鳞鱼是最早的无颌鱼之一，它没有鱼鳍，却是河流中身姿灵活的游泳能手，它以动植物的尸体为食，很可能利用敞开的嘴巴来吸吮水流中的碎屑。与绝大多数无颌鱼类不同，长鳞鱼的头部并没有坚硬的骨性外壳，而是被细小的鳞片包裹着，这也是它之所以被取名为“长鳞鱼”的原因。

有一种无颌鱼，迄今科学家对它仍有很多谜团没有解开，它就是生活在距今 4.1 亿年前泥盆纪早期的镰甲鱼。这种鱼长有扁平如桨的头部和狭窄的躯体，在泥盆纪的海底游弋觅食，和其他的无颌鱼一样，镰甲鱼也长着具有保护功能的骨甲。

不过它究竟以什么为食？科学家至今都没有得出最终结论，因为它无颌的嘴部朝上开启而不是向下，因此这让它很难利用嘴部铲起食物，也许它只能守株待兔，等待猎物游进它的嘴中，不过这显然有些违背进化的方向，因此，这个谜团依旧没有解开。

那么，今天世界上还有无颌鱼类吗？答案是肯定的，它们便是盲鳗类和七鳃鳗类。它们都是原始鱼类，幸运地经历了漫长的时光，直到今天依旧保持着原始的模样。这两种鱼都形似鳗鱼，没有骨骼、鳞片和鱼鳍。盲鳗类以蠕虫和海洋动物尸体为食；而七鳃鳗类则靠寄生在其他鱼类身上吸食血液为食，它的特点是嘴呈圆筒形，没有上下腭，身体没有鳞片，包着一层黏黏的液体。七鳃鳗的口内有锋利的牙齿，一旦吸住猎物，就可以通过啃咬的方式进入动物体内吸血和进食，甚至可以在其中待上长达三天之久。

海洋之王：鲨鱼

鲨鱼的牙齿在一生中不断脱落和生长，因此它的牙齿化石不断被人们所发现。而通过这些牙齿化石，我们可以清晰地知道这种“海中杀手”已经在海洋中遨游了超过 4 亿年之久，并且至今外形都没有多大改变，这也从侧面说明它的生存能力极强。

鲨鱼全身的骨架都由软骨构成，没有肋骨，软骨比骨头轻，更具有弹性。由于没有控制浮力的鱼鳔，因此鲨鱼必须不停游动，否则就会沉入海底。不过鲨鱼是可以一动不动地待在海底的，并不会因此窒息，同时为了增大在水中的浮力，鲨鱼的肝内具有大量的油，这也算是进化中的适应性吧。

已知最早的鲨鱼可以追溯到距今 4.2 亿年前的志留纪晚期，在那个时期，出现过许多种类的鲨鱼，而出现在泥盆纪晚期的胸脊鲨是所有史前鱼类中长相最怪异的一种，它形似熨衣板的背鳍顶端长着一撮像牙齿一样的鳞片，头上长着更多齿状鳞片，侧鳍后方则长着一根又长又尖的鞭子，这些特殊器官很可能只出现在雄性胸脊鲨身上，并可能是求偶的重要工具。胸脊鲨通常潜伏在沿岸的浅海中，四处搜寻小型鱼类和贝类为食。

在二叠纪晚期出现的弓鲛，属于鲨鱼进化中的一个分支，它曾一度广泛分布，最终于白垩纪消失。在三叠纪、侏罗纪及白垩纪期间，弓鲛类的生存非常成功，遍布世界各海域的浅水区。它们消失的原因至今都不清楚。

弓鲛长达 2 米，是高效率的掠食者，它们体型中等，保持了现代鲨鱼流线般的体形，由两条背鳍来精确控制身体。它的口部虽然不大，但可以吃多种猎物。弓鲛拥有两种不同的牙齿，食性较广，尖锐的牙齿用来捕捉光滑的猎物，扁平的牙齿则用来咬碎有壳的生物。另外，它们的背鳍前方长着长长的刀锋状脊刺，可能用于帮助背鳍更好地切割水体，并且是骨质的。雄鲛有鳍脚，可以将精子插入雌鲛中来帮助繁殖，现今鲨鱼也保有这个特征。弓鲛的第一颗牙齿化石于1845年在英格兰发现，自此在世界各地也不断发现其牙齿及脊骨。

还有一种鲨鱼从5600万年前出现一直存活到了今天，它便是哈那鲨。哈那鲨又名七鳃鲨，与大多数长着5个鳃裂的鲨鱼不同，它长有7个鳃裂。它每个强有力的牙齿上都长着许多尖锐的突起，形成一个个锯齿构造，这种锯齿状的牙齿能很轻易撕裂猎物的脂肪，方便哈那鲨猎食。它生活在世界各地较寒冷的海域中。

距今2500万年的巨齿鲨，可能是有史以来体型最大、最凶狠、最可怕的掠食者。巨齿鲨仅尾鳍高度就和大白鲨的体长相等，一条发育完全的巨齿鲨的体重至少是现存最大鲨鱼的20倍。它在海中称霸超过2000万年之久，依靠猎取鲸类和海豹为食。

巨齿鲨的撕咬力量能达到28吨，这也足以表明它是地球历史上最可怕的掠食性动物。相比之下，科学家认为有“暴君蜥蜴”之称的霸王龙并不是巨齿鲨的敌手。霸王龙最大的撕咬力量可达到4吨，比现今的大白鲨强，但远远无法与巨齿鲨相匹敌。同时巨齿鲨对猎物构成的致命伤害还是由于其可怕的牙齿，它的牙齿十分锋利，像牛排刀那样呈锯齿状，十分适合切割，因此它们不再需要更多的力量去刺破或撕破猎物的肉体。同时，它们的牙齿之间有运送带，可以持续长出一排排牙齿，因此在牙齿脱落或变钝之前会有新的牙齿进行替换。

成年巨齿鲨在开阔的大洋中猎食，幼年的则生活在离岸较近的海域中。巨齿鲨会攻击在海面换气的动物。它可以在短距离内快速游动，从猎物下方攻击。当猎食大型猎物时，巨齿鲨可能会先攻击其尾部或鳍，使其丧失游泳能力，再去撕咬对手的要害。然后远远地游到一旁等待猎物失血过多而死。远古时期其他物种也存在着类似的猎食特征，其中包括巨蜥和类似异龙的恐龙。

正因为有太多资料表明，鲨鱼的身体强壮、牙齿锋利、嗜血，因此在我们很多人的印象里，鲨鱼是非常凶残的动物，一直攻击人类，但其实鲨鱼十分胆小。它之所以会攻击人类，是因为我们人类闯进鲨鱼的地盘。说不定，在鲨鱼的眼里，我们人类也是非常恐怖的异类呢！

长着鞭子的鳐鱼

远在4.2亿年前的志留纪晚期，鳐鱼就已经演化产生了。身体扁平的鳐鱼属于软骨鱼类，它支撑身体的骨架都是软骨，没有坚硬的骨头，身体十分有弹性。

为了适应海底生活，同时也为了躲避敌害，鳐鱼长期将身体藏在海底沙地里，经过漫长的时间进化成现在的模样：头部和身体直接连接，没有脖子，眼睛和喷水孔长在头顶，口、鼻和鳃裂在底侧；身子呈现扁平状，并且身体周围长着一圈扇子一样的胸鳍；同时尾鳍退化，像一根又细又长的鞭子；它靠胸鳍波浪般地运动向前进，有些种类的鳐鱼的尾巴上长着一条或几条边缘生出锯齿的毒刺。根据目前掌握的情况来看，所有鳐鱼均为卵生，并且它的卵又被人们称为“美人鱼的荷包”：呈长方形，有革质壳保护。

幼年的鳐鱼以生活在海底的动物如蟹和龙虾为食，当它们长大以后，就会主要猎捕乌贼等软体动物。而它们捕猎的方式主要依靠嗅觉，它平时隐藏在沙里，安静地等待，一旦螃蟹和虾等猎物接近，就会被它察觉从而瞬间发起进攻，用牙齿立刻咬住猎物。它的牙齿形状像石臼，故而非常锋利，一切合就能造成猎物的大量失血，能很快就夺走猎物的生命。隐藏在海底的鳐鱼到底是如何呼吸的呢？原来它在海底利用特殊的闭口呼吸法尽量避免吸入泥沙，水通过头顶的管路吸入最后穿过腹面的腮裂流出。

与鲨鱼不同，鳐鱼并不凶悍，也不会主动袭击人，许多鳐鱼都是不爱游动的底栖鱼。不过有的鳐鱼也非常活跃，比如双吻前口蝠鲼。它是鳐鱼中的一种，体重 3 吨。它的个头和力气非常大，常使在海水中作业的潜水员害怕，因为它若发起怒来，只需用它那强有力的“双翅”一拍，就会碰断人的骨头，置人于死地，所以人们叫它“魔鬼鱼”。有时候蝠鲼用它的鳍把自己挂在小船的锚链上，拖着小船飞快地在海上跑来跑去，使渔民误以为这是“魔鬼”在作怪，实际上这是蝠鲼的恶作剧。

如果游泳的人不小心惊扰了鳐鱼，它就会用尾巴上强壮而坚硬的毒刺刺向来犯者。被刺者的伤口会疼痛难忍，一旦抢救不及时，甚至会有生命危险，这样的新闻在如今屡见不鲜。

一只鳐鱼正在海底潜行。

▲ 看起来有些吓人的利兹鱼其实并不可怕，它只会缓慢地游动，靠滤食水中的浮游生物和小鱼虾为食。

骨骼坚硬的硬骨鱼类

距今约4亿年前，一群更加进步的鱼类开始在海洋中遨游。与统治了这片水域数百万年的鲨鱼不同，这些新生的鱼类长有由钙质加固的坚硬骨骼，因此被称为“硬骨鱼”。原始的硬骨鱼类具有功能性的肺，但后来它们的肺大多转化成了有助于控制浮力的鳔。硬骨鱼类演化出很多新的种类，现存的鱼类中超过95%都属于硬骨鱼类，它们几乎栖居于地球上所有的水生环境——从淡水的湖泊、河流到咸水的大海和大洋。泥盆纪中期，硬骨鱼类进化为不同的两大分支：辐鳍鱼类（亚纲）和肉鳍鱼类（亚纲）。

硬骨鱼类的各个物种之间在体形和大小上的差别很悬殊，有些小鱼永远长不到1厘米以上，而有的可以长得非常巨大。硬骨鱼类身体的形状和生态适应类型也是千差万别、各有千秋。

比如生活在距今1.61亿~1.76亿年的侏罗纪中期的利兹鱼，它可能是有史以来最大的硬骨鱼类，身长9米，全身骨架由坚硬的硬骨构成，同时还拥有辐射状的鳍，这样它就可以利用鳍来控制移动的方向。它还长有鱼鳔（有气室的浮囊），可以在水中漂浮。虽然看起来是一个庞然大物，但是它不是凶猛的猎食者，它可能会缓慢地游过大洋的上层水体，吸入满满一口富含浮游生物的水，然后通过嘴后部巨大的网板把它们筛出来。这样的进食习惯类似于现代的蓝鲸，蓝鲸也靠吞食浮游生物和小鱼虾为食。

而生活在距今5500万年古近纪的始小鲈也是硬骨鱼的一种，它的身体却非常娇小，只有15厘米长，生活在北美洲的深湖中。现在，它的许多化石被人们发现于当地湖底的岩层之中。虽然比起那些庞然大物，它的大小几乎可以忽略不计，不过它有自己的独门武器——鳍部坚硬的棘刺可以刺穿那些试图将它吞入口中的掠食者的口腔。

和恐龙生存在一个时代的剑射鱼，浑身长满了肌肉，长约6米，体重约有1吨，是非常强壮的游泳健将。它拥有庞大的口部，因此很有可能将巨大的猎物一口吞下，科学家曾经在剑射鱼化石的胃里发现了足足有2米长的鱼类残骸，这个猎物对于剑射鱼来说实在是太大了，以至于它在剑射鱼腹中的痛苦挣扎最终导致了它的死亡。在外形上，剑射鱼有暗蓝色的背部和银亮的腹部，作为它对上方和下方的伪装色。在剑射鱼的嘴部有着利刃般的牙齿，尾巴强壮而有力，这样的身形使它成为一种强大的追击型的“猎人”。

长着一口尖利牙齿的剑射鱼，是非常可怕的海底猎人，它张开大嘴的时候，甚至可以把一条2米长的大鱼吞入腹内。

它善于捕食其他的大型鱼类，并随时准备扑向在水面的海鸟，这一切都归结于它的天赋——剑射鱼非常善于游泳，速度可以达到或超过当时海洋里的任何生物。它也许能够跃出水面捕食，同时借助水压

辐鳍鱼类和肉鳍鱼类：

辐鳍鱼类和肉鳍鱼类的演化历程截然不同。肉鳍鱼类对整个脊椎动物的演化而言，是一个举足轻重的类群，比如后来出现的四足类脊椎动物就是从肉鳍鱼类中演化出来的。而辐鳍鱼类则是鱼类自身演化历程中的主力军，是地球水域的真正征服者。今天几乎所有的鱼类都是从之进化而来，并且辐鳍鱼类除了属种众多的特点，还在形态、栖息地及生活习性等方面都表现出了极大的多样性。

帮助自己驱除皮肤上的寄生虫。然而它并不是无敌的。一旦受伤，它那巨大的尺寸就意味着很容易被其他对手发现，并成为鲨鱼和沧龙的猎物。

从总体上说，地球上所有生活在水里的动物没有任何一类取得了像硬骨鱼类这样的成功。即使是那些高度发展了的最完全的水生无脊椎动物，例如各种各样的软体动物以及中生代期间的菊石类，也远远达不到硬骨鱼类对水生生活的适应程度。而且，硬骨鱼类无论是在物种数量还是在个体数量上都远远超过其他脊椎动物的总和。因此，硬骨鱼类才是地球上真正的水域征服者。

用鳍走路的肉鳍鱼

在泥盆纪和石炭纪，属于硬骨鱼类的肉鳍鱼类是一个繁盛的家族。它们那时远比同属于硬骨鱼的辐鳍鱼多样化。在许多淡水水域和海洋中，顶级掠食者都是肉鳍鱼类。

肉鳍鱼类以它们发育良好的骨骼和由肌肉组成的胸鳍、腹鳍而得名。某些肉鳍鱼类还在颅骨的顶上有个对应的关节，以增加颌部的咬合力量，但这一特征在许多肺鱼类及与两栖动物关系密切的进步种类中都已经消失了。肉鳍鱼类只是近海霸王，不过当时的深海并无什么大型掠食者，要知道，那个时候的鲨鱼类一般不超过 2 米，一遇到大型肉鳍鱼类便会被撕成碎块，因此石炭纪的海洋里没有什么对手可跟肉鳍鱼类对抗，这让它们第一次称霸地球的海洋。

进化中的肉鳍鱼类不再用它们的鳍在水中游动，而是开始用鳍“走”在珊瑚礁的间隙中，推动自己沿着海底前进。随着岁月的流逝，它们的鳍变得粗壮有力，并且肌肉也越来越发达，不知不觉中开始了腿部演化的进程，并最终进化成了四足动物，这也使得它们成为中生代以来脊椎动物中最具优势的一大类动物。

在肉鳍鱼类中现在最为人类所熟知的就是腔棘鱼，腔棘鱼出现于 3.5 亿年以前，当时在地球上极其繁盛，由于科学家在白垩纪之后的地层中找不到它的踪影，因此认为见证肉鳍鱼从海洋到陆地的中间环节已经彻底断裂掉了。

1938 年的一天，在南非东伦敦附近的海面上，一艘拖网渔船捕获到一条奇特的鱼。这是一条长约 2 米左右、泛着青光的大鱼，鱼鳞像铠甲一样布满全身，尖尖的鱼头显得异常坚硬。特别引人注目的是，在它的胸部和腹部各长着两只与其他鱼类比起来既肥大又粗壮的鱼翅，看上去就像野兽的四肢一样。渔民将这条鱼带给了当地的科学家，令人震惊的是，这竟然是一条腔棘鱼！原来它并没有灭绝，而是生活在非常深的海底，并把自己隐藏在海底礁石的洞穴里。而在此之后，更多的腔棘鱼被人们所发现，从此，腔棘鱼便被称为“恐龙时代的活化石”。

如果我们将在海洋中生活的鱼类向陆地动物进化的经历比作青蛙成长的过程的话，

那么进化中的肉鳍鱼类恰好相当于生出四肢的蝌蚪。通过研究它们，我们就找到了打开生物进化之谜大门的钥匙。

身体闪闪发光的鳞齿鱼

辐鳍鱼类是脊椎动物中演化最为成功的类群之一，并且是当今最为繁盛的脊椎动物。我们在日常生活中见到的鱼类几乎全部属于辐鳍鱼类，毫不夸张地说，它与人类的日常生活密切相关。

由于每年都有不少新的属种发现，而且还有难以估量的未知种类，谁也无法准确统计出世界上到底有多少种辐鳍鱼类。但根据资料，现代的已知鱼类占脊椎动物物种总数的一半以上，而其中辐鳍鱼类占鱼类种数的96%以上，它的数量之庞大可见一斑。在形态、栖息地及生活习性等方面，它们更是表现出了极大的多样性。它们的体形可以从线形到球形，色彩从平淡无奇到艳丽多姿，游动方式更可以从优美动人到丑陋怪异。并且辐鳍鱼类的栖息地几乎包括了人类所有能够想象得到的水域环境。

辐鳍鱼类中有很多鱼类明星，比如生活在侏罗纪时代的鳞齿鱼，它的个头不小，身长可达到1.8米，在今天，它们的化石分布广泛，在世界各地都曾经发现过。鳞齿鱼体表的菱形鳞片可以反射光线，因此它们活着的时候浑身闪闪发光。试想一下，波光粼粼的水面下游弋着闪烁着光芒的鳞齿鱼，这是多么美丽的情景！鳞齿鱼的牙齿呈圆锥形，适合捕食猎物，并且在它捕猎的时候有一个绝招：它会将颌部向外推送，就像今天的鲤鱼那样，然后向后吸吮，这样贝类或者小型鱼类等猎物就被吸进了它的嘴里，贝类的外壳完全无法抵御它坚硬的钉状牙齿，一下就被咀嚼成了碎片。

我们的牙齿以及所有脊椎动物的牙齿，其实都是由史前鱼类的鳞片演化来的。鳞齿鱼的鳞片外部覆盖的硬壳含有珐琅质，这同时也是我们牙齿的组成成分，甚至这些鳞片的显微结构看上去和人类的牙齿都很相似。而鳞齿鱼的牙齿化石看上去很像小石子，曾经被误认为是蟾蜍石，人们都以为它拥有神奇的力量。

鱼类是自然界必不可少的一部分，它

蟾蜍石：

传说中的物品。据说，蟾蜍石产于年纪较大的蟾蜍大脑，呈紫色、银灰色或棕色。传说它可以在毒药中改变颜色及温度。这种石头在中世纪神话中经常出现在戒指和其他珠宝中，是有魔力的神奇石头。

在水中，浑身闪着磷光的鳞齿鱼非常美丽，但它那坚硬的钉状牙齿让人望而却步。

们不仅成为我们的食材，也给了我们无尽的灵感。生物进化就是如此地神奇，当我们面对餐桌上美味的鲜鱼时，可否想到过它们和我们其实来源于一个祖先？

水陆生活的两栖类动物

两栖类是一部分时间生活在水中，另一部分时间生活在陆地上的动物，它们在距今约3.7亿年前由鱼类进化而来，而鳍则逐渐演化成为成形的腿部，使得它们可以在陆地上行走。两栖类是最早的四足动物，是现存所有四足动物的祖先。从呱呱叫的青蛙到灵活敏捷的猎豹、稳重敦实的大象到缔造文明的人类，都是两栖类的后代。

最早的两栖动物是出现于古生代泥盆纪晚期的鱼石螈和棘螈。它们拥有较多鱼类的特征，如尚保留有尾鳍，且未能很好地适应陆地的生活。

鱼石螈生活在距今3.7亿年的泥盆纪晚期，它的化石在北美和格陵兰被考古学家所发现。它身长约1米，兼有鱼类和两栖类的特性。它的头部、身体和尾鳍都很像鱼，但是长有像青蛙一样的脚蹼。鱼石螈的肩部肌肉十分强壮有力，用于在陆地上支撑它的身体重量，并使得它能四处爬行。它的后肢并不强壮，并且后肢的主要作用也不是支撑身体和行走，而是像一对划水的桨，用于辅助游泳。而它的长尾巴是主要的划水工具，让它在水中自由游弋。一旦到了岸上，强壮的前肢是鱼石螈真正的运动工具，前肢“拖着”整个身体，包括后肢和尾巴，一点一点向前爬行，它的脊椎上也已经长出了允许脊柱弯曲活动的关节突。不过它还是不能很好地适应横向运动，因此只能靠着前肢“拖着”向前进。

鱼石螈除了利用肺进行呼吸以外，还能利用皮肤呼吸，由于可以在浅水和陆地间来回，它常在浅水捕食鱼类和其他动物。鱼石螈这些进化的特征说明它已经进入了一个演化发展的新阶段，成为最早登上陆地的脊椎动物。

几乎和鱼石螈生活于同一时代的棘螈的化石同样在格陵兰岛被科学家发现。棘螈主要生活在沼泽地区，这种生物已经演化出前后肢，但每肢都有8个具蹼的足趾，它也是从鱼类进化到两栖类的过渡产物，但同时它具有更多的鱼类特征，如有鳃、鳍和只能在水中起作用的感官。不过它同时也拥有不完整的肺部，因此可以在陆地上呼吸，它也许一生很少会离开水，但是化石研究表明，棘螈在浅水中可以用前肢撑起头部进行呼吸，就像成年的娃娃鱼一样。

> **娃娃鱼：**
> 娃娃鱼是两栖动物中体型最大，也是最珍贵的一种，学名叫大鲵，被称为“活化石”。娃娃鱼小时候用鳃呼吸，长大后用肺呼吸。

鱼石螈、棘螈等最早的两栖类的出现，意味着动物终于开始成功登陆陆地，这是生命史上的重要里程碑，进化史又进入了一个新的篇章。

个小眼大的双螈

在石炭纪晚期，地球的陆地上覆盖着茂密的热带森林和沼泽地，巨大的昆虫到处飞舞。和现在一样，那时的不少两栖类动物是以昆虫为食的，因此这些新近演化出来的两栖类开始在昆虫身后追逐，以它们为食。

在石炭纪有广阔的湿地，所以早期两栖动物几乎不会缺少繁殖的地方，它们将卵排在池塘和溪流中，它们的幼体也会经过一个水生蝌蚪的阶段，最初用羽状鳃进行呼吸。不过它们还是会遭受一些危险，比如在水里的鱼类会吃掉大量幼年的两栖动物。同时，两栖动物还面临着激烈的食物竞争，它们不仅要与鱼类等动物竞争，彼此之间也要相互竞争。

> **蝾螈：**
>
> 蝾螈是有尾两栖动物，体形和蜥蜴相似，但体表没有鳞，也是良好的观赏动物。蝾螈的体表因半透性，而导致水分散失，所以多数的蝾螈都栖息于潮湿的环境中，陆栖能力好一点的种类可以离水较远，但生活的环境仍以潮湿的苔藓环境为主，至于那些对水分较为依赖的种类，则多偏好生活在低温且水质清洁的环境中。

它们中有的跟现在鳄鱼差不多大小，也有的体型细小，和现在的蝾螈差不多大，比如双螈。双螈身上有许多现代蛙类和蝾螈的特征，可能是这些动物的祖先。双螈的生存离不开水源，它一般生活在河流附近的溪谷或沼泽地间，和现在的两栖类一样，它应该也能通过湿润的皮肤进行呼吸，所以必须待在潮湿的地方，以防皮肤干裂。它长着用以搜寻猎物的大眼睛，捕食时很可能会和青蛙一样站着不动，然后猎杀靠近身边的昆虫，并且它很可能需要回到水中才能繁殖和产卵。

对于早期的两栖动物来说，在陆地上最大的风险就是缺水。因此一部分两栖动物开始进化出更厚的皮肤，甚至还有鳞片装甲保护。这种保护性的“外衣”就像一件水密外套，能保住体内的大部分水分不外流，并且，它们还进化出了一种新型的幼卵——在多孔外壳内，还有一层叫作羊膜的坚硬膜层，并且膜层和外壳能够允许氧气进入，从而使发育着的胚胎可以呼吸，但同时内部的水不会向外流出，从而保护内部的生命。这种“羊膜卵”是进化中一个巨大的进步，因为这样两栖动物就能够脱离水环境进行繁殖。随着进化，它们的卵胎孵化出的不再是游泳的蝌蚪，而是跟双亲形态一样的幼体，完全适合陆地上的生活，从而更适应环境，爬行动物就这样慢慢演化产生，并最终可以在干燥的地方生活。

二叠纪奇特的动物

在二叠纪，盘龙目动物和兽孔目动物是主宰大陆的优势动物。盘龙目动物成为陆地上的优势动物长达400万年之久，随着进化，从它们中演化出的兽孔目逐渐掌握了大陆的话语权，盘龙目逐渐消失，而兽孔目一直延续到二叠纪生物大灭绝时才逐渐消失。

盘龙目动物形态奇异，除牙齿奇异外，脊椎的髓棘加长成很长的棘刺，在背部高高扬起，并张以皮膜，形如船帆。科学家对这个“帆”的功能曾有过各种猜测，比较合理的解释为：它是用来调节体温的。

兽孔目动物，早先被称为似哺乳爬行动物，在陆地生命中变得越来越“显眼”，虽然它们没有达到恐龙那样的巨型身躯，但是在同时代动物中也是体型最为庞大的霸主。兽孔目已经非常接近哺乳动物，四肢出现了肘向后、膝向前和肢体向下的哺乳动物姿势，但是这些动物的脑子仍然很小，头骨也较原始。

人们对于二叠纪兽孔目动物的大部分了解都来自出土于欧洲中部、南非卡鲁和俄罗斯的化石发现。特别是卡鲁化石中常常都包含着完整的骨架，因此我们可以对它们复原

麝足兽的牙齿呈凿子状，看上去庞大的身躯却藏着温柔的心。

到很小的细节。

麝足兽是卡鲁化石中最大的植食性动物之一，大约长4米。它们的尾巴比大多数最初的爬行动物都要短得多，并且有着一个典型的大型植食性动物的筒状躯体，依靠着强健的四肢着地。它们有着厚重的头颅——许多科学家认为这些动物借由以头彼此对撞来互相竞争，就和现在的山羊一样。虽然有些科学家认为厚重的头颅也许是一种疾病，比如骨质增生的后果，不过到今天也没有定论。如果厚重头颅是自然演化的，那短而重的尾巴可能用来保持厚重头颅的平衡。不过由于是植食性动物，所以它们可能是同一地区其他掠食性兽孔目动物的主要食物来源。

而在俄罗斯出土的兽孔目动物中，有一些动物的模样非常奇怪，其中最古老的一种是冠鳄兽。顾名思义，就是“有冠的鳄鱼”的意思，它体型庞大，尾巴短小，跟鳄鱼其实还是有一些区别。它的头冠是由四个犄角状的突起物组成的：两个从头顶伸出来，另外两个从面部两侧伸出来，这些突起物也许是用于防御的，但从这些突起物短小钝圆的形状来看，更可能是被用在求偶展示中来彰显地位，这也许能解释为何成年的雄性动物犄角最大。

茂密的森林中，一大群冠鳄兽正在湖边漫步，寻找水源。

二叠纪以后的中生代是爬行动物成为地球上生命主宰的时代，各种奇怪的动物层出不穷，而恐龙也在中生代的三叠纪晚期姗姗来迟地出现。

温暖干燥的三叠纪

“三叠纪”这个名字来源于拉丁语中的“三”，因为这个年代是从德国发现的三层岩石中鉴定出来的，故此得名。三叠纪开始于2.52亿年前，最初世界上大部分陆地都还锁连在盘古大陆上，直到三叠纪末期，盘古大陆才开始逐渐分离。

在三叠纪大部分时期，西半球的大部分都是连绵的陆地，陆地外是一片一望无际的超大海洋，这个海洋横跨两万多千米，面积大小和今天所有海洋的总面积差不多。而且由于当时地球上只有一片大陆，因此当时的海岸线比今天要短得多。当时的大陆大部分地区的气候都温热干燥，就连当时的南北极都没有任何冰川的迹象。

一只祖龙正悠闲地行走在曾经充满兽孔目动物的土地上。

当时在盘古大陆的中心地带，生长着包括树蕨、问荆和针叶树等大片的绿地，这些葱郁的植物对于植食性爬行动物的重要性不言而喻。在二叠纪如鱼得水的兽孔目在三叠纪匆忙谢幕，爬行动物里的一个新族群——祖龙，经过一场迅速的进化爆发之后，慢慢地将兽孔目动物挤出了历史舞台。不过在它们衰落的过程中，渐渐产生了最早的哺乳动物，当然在当时它们非常不起眼。

因为三叠纪是以一次灭绝事件开始的，因此其生物开始时分化很厉害。第一批被子植物和第一种会飞的脊椎动物（翼龙）可能也是这时候出现的；海生爬行类在三叠纪首次出现，由于适应水中生活，其身体呈流线型，四肢也变成桨形的鳍；而在三叠纪晚期，更是出现了未来地球的霸主——恐龙。恐龙有两个主要类型：较古老的蜥臀类和较进化的鸟臀类，而这两类后来又衍生出更多形形色色的恐龙。

同样，三叠纪也是以一场大灭绝作为结束的，尤其对海洋生物来说，它们的情况比较糟糕：在海洋中，大约一半的属种消失，牙形石灭绝，除鱼龙外所有的海生爬行动物消失，腕足动物、腹足动物和贝壳等无脊椎动物受到巨大冲击。但是这次灭绝事件并非在所有地方的摧残程度都一样，在有些地方几乎没有受到任何影响。在其他一些地方，许多早期的恐龙也遭灭绝，但在有些地方有恐龙幸存。

恐怖的波斯特鳄

在恐龙占领地球之前，这片广袤的陆地是被巨大的爬行类统治的，波斯特鳄便是其中的一员，它是北美地区顶级掠食者之一，以得克萨斯州的小镇波斯特命名。波斯特鳄是鳄鱼家族的近亲，这种可怕的动物和最早的小型恐龙居住在一起，并且有可能以后者为食。它体长 6 米，长有巨大的头骨以及强壮的身体，能杀死当时大多数动物，是一种令人恐惧的捕食动物。

波斯特鳄的头骨明显狭窄，沿着头顶两侧长有延长的脊椎突起，并且这些脊上具有小的角状装饰，在求偶和攻击中起到炫耀或者威慑的作用。

像其他初龙类动物一样，它的颌部长满了弯曲并且呈匕首状的利齿，可以轻易地撕裂猎物的身体，人们曾经在一具波斯特鳄的腹中发现过 4 种不同的动物遗骸化石，它的凶残可见一斑。

波斯特鳄的颈、背和尾部覆盖着像鳞片一样的盾甲状结构——鳞甲。波斯特鳄粗壮的后肢和细小的前肢意味着它们与后来出现的肉食性恐龙一样，都是身手矫健的食肉动物。它们脚踝的构造则与鳄鱼非常相似，并且它的脚上覆有多边形的鳞片，简直浑身上下都是武器。波斯特鳄可能像恐龙一样用后肢行走，然而，有的科学家仍然认为它通常以四足着地的方式行走，另外一些科学家则认为它只需要冲刺的时候才使用后肢发力。

两只饥饿的波斯特鳄正在树林中觅食。

科学家表示，像波斯特鳄这样的初龙类动物以其他三叠纪大型动物为食的直接证据来自后者骨头上保存的咬痕，虽然波斯特鳄的体型不适于快速奔跑，但它们具有比当时大而笨重的植食性动物较长而细的腿，它们可能从隐蔽处冲出，在猎物身体侧面造成致命伤口，从而猎杀它们。它们显然是一种令人生畏的捕食动物，较小的动物，包括当时的恐龙都会对它敬而远之。

波斯特鳄所属的爬行类族群灭绝于三叠纪晚期，原因可能是火山喷发引起的气候变化。它们的灭绝为恐龙随后在侏罗纪的崛起和统治世界扫清了道路。

灵鳄与龟鳖类

在三叠纪的大地上有着形形色色的爬行动物。其中有两种动物给人以神秘的感觉，他们就是灵鳄与龟鳖类。

灵鳄的学名源自于1947年美国新墨西哥州的幽灵牧场。它似乎没有辜负如此神秘诡异的名字——它的化石在博物馆未经处理的岩石块中隐藏了将近60年，也就是说，直到2006年，当岩块被打开的时候，这种动物的神秘面纱才被人们所揭开。

看着像恐龙的灵鳄其实只是爬行族谱中的一个分支。

虽然灵鳄和恐龙貌似有着千丝万缕的联系，但它并不是恐龙。这种生活在三叠纪的动物和鳄鱼、短吻鳄同样属于爬行类族谱中的一个分支，只不过它演化出了与似鸟龙类（兽脚类恐龙的一个分支）相似的体型——后者的出现要晚得多，大概在距今8000万年前。

灵鳄与恐龙有许多相同特征，从外形上来说，都拥有椭圆形的脑袋、大大的眼睛、短小的前肢、发达有力的后肢等特点，然而，它的脚踝构造却与鳄鱼的更相近。同时令人感到奇怪的是，灵鳄长有喙嘴，却没有牙齿，也就是说它无法利用尖牙来撕裂猎物的皮肉，这让人们难以推测它的食性，或许它用喙嘴来啄食松果或蛋类，也有可能捕猎特别小的动物，啄烂以后吞食。

从习性上来说，灵鳄也与恐龙非常相似。它常用后肢走路，并抬着长尾巴来保持平衡，而一遇到敌害和危险的情况就会疾速奔走，非常灵活。像灵鳄这样的爬行类在三叠纪晚期非常常见，但最终都因为火山喷发引起的气候变化而灭绝。

而龟鳖类在人类有文明传承以来，便和占卜、星象等神秘行为有了关联。龟鳖类是以甲壳为中心演化而来的爬行类动物，其特征是有坚固的甲壳护身。

已确定的最早的龟鳖类是生活于三叠纪的原颚龟，它的头骨数目比现在的龟类要略少，颌骨边缘没有牙齿，体躯被厚重的甲壳所保护，这些特征显然与现存的龟鳖类没有多大的不同。龟鳖类由椎骨、肋骨愈合成背甲，胸骨、锁骨愈合形成腹甲。同时龟类和鳖类的甲壳在组成和结构上明显不同。龟类甲壳分内、外两层，外层为角质，称为盾，各盾片之间由沟缝相接；内层为骨质，称为板，各板之间由骨缝相接。鳖类只有板而无盾。龟类背甲有边缘板，而鳖类则无边缘板，因此鳖类的防御盔甲远远没有龟类的结实。

与灵鳄不一样，龟鳖类在侏罗纪时便有了很大的发展，在中生代末期大量的爬行动物相继绝灭，而龟鳖类却依靠坚固甲壳的保护而繁衍至今。

时刻“备战”中的鳄形类

观看近代的影视片，和鳄鱼有关的惊悚片不在少数，的确，鳄鱼那凶悍的样子让人看着便不寒而栗。那么鳄鱼的祖先长什么样子呢？

鳄形类是活跃在三叠纪大陆上的一员，有的体型很小，有的则十分庞大，它们既可以生活在陆地上，也可以生活在海洋中，与它们的现存亲属鳄鱼和短吻鳄一样，它们是活跃的掠食者，时刻准备伏击鱼类或者陆生动物。

古鳄是三叠纪早期最大型的陆地爬行动物，身长 2 米左右。它的外表类似原始鳄鱼，两者拥有许多共同特征，比如向两侧伸展的四肢、富有力量的下颚以及尖利的锥形牙齿。但古鳄仍保有自己的特征，例如比现在鳄鱼要长的腿部、倒钩状的嘴部——这种嘴部使得遭到猎食的猎物几乎不可能从它嘴里逃脱。而且在休息的时候，它会将腹部伏到地上，而要运动时再抬起来。古鳄的习性如同大部分现代鳄鱼，依靠伏击来猎捕猎物，它的眼睛长在头部上方，使它们可躲在水面之下，等待猎物至水边饮水，再将水边的猎物拖入水中，在水面下展开攻击。身为伏击掠食者，意味着它一生中的大部分时间都处于潜伏状态，事实上，这种捕猎方式也是最节省体能的，它甚至可长达一个月不进食。

而古鳄的近亲引鳄身长约 5 米，高度约 2.1 米，是三叠纪早中期的大型掠食动物。与古鳄不同，它在陆地上进行捕食。引鳄以四肢行走，它的四肢以半直立方式位于身体之下，粗壮而富有力量，可以以很快的速度移动，并且它拥有长达 1 米、状似恐龙的巨大椭圆形头部，颌里具有多颗锐利、圆锥状牙齿，具有极大的杀伤力。在捕猎时，它用强有力的上下颌咬住猎物，再用锋利牙齿把猎物撕碎。

除了这些庞然大物以外，鳄形类中也有

古鳄有尖利的锥状牙齿，嘴的顶部还有次生牙齿，后来在进化中消失了。

古鳄的骨架有着元始祖龙的典型特征。

派克鳄有着锋利的牙齿，背后的骨板在大型肉食性动物攻击它的时候，起到了保护作用。

体态娇小的，比如生活在三叠纪晚期的派克鳄。它的化石发现于南非，以发现者英国科学家派克的名字命名。派克鳄体型较小，体长约 60 厘米，行动也相应地比较灵活。它的头部和恐龙一样呈椭圆形，颌骨上长着锋利的牙齿，后背上有一系列的骨质鳞片，并且尾巴长而有力，但它的四肢与鳄鱼的四肢非常不一样，除了更加直立以外，它的后肢也比前肢大了许多。从这种不同寻常的构造上来看，无论是为了躲避天敌还是追捕猎物，派克鳄都能够用后肢进行奔跑，这种移动奔跑的方式在早期的爬行动物中非常少见，但在恐龙时代就变得稀松平常了。这独特的“天赋”让派克鳄成为早期的两足爬行动物之一。

在鳄形类中，也有完全在海洋中活动的鳄类，比如达寇鳄。它就生活在浅海之中，存活于侏罗纪晚期到白垩纪早期之间，是一种凶猛的海生肉食性动物，长着如肉食性恐龙般的巨大脑袋以及锯齿状的牙齿，并且拥有强大的咬合力，可以轻松地撕裂其他海洋爬行类或粉碎菊石类的外壳。它的腿部已经演化成了桨状，尾巴也成了更加利于身体前进的鱼尾状，这些特征使得达寇鳄在水中的行动更加自如，并且可以追逐或者战胜比自己大一些的动物。

随着时间的推移，三叠纪晚期的不少鳄形类都灭绝了，但仍有不少种类延续到了恐龙时代，比如生活在白垩纪晚期以恐龙为食的恐鳄。恐鳄是最大的史前鳄鱼之一，长达 10 米，重达 7 ~ 8 吨，它的体型比现存最大的鳄鱼还要大 5 倍，非常强大。这种鳄鱼很有可能会捕食与自身大小差不多的恐龙，并且它还敢挑战凶残的肉食性恐龙，比如暴龙，因为我们在某些暴龙类化石上发现了明显的恐鳄的咬痕，恐鳄的凶残可见一斑。它通常被认为采取类似现今鳄鱼的猎食模式，将身体沉在水中，攻击接近岸边的恐龙或其他陆栖动物，然后将它们拖下水，小型猎物直接囫囵吞下，较大的猎物则会被它袭击，直到溺死，然而它会张开血盆大口将其撕为碎片。

在今天，我们依旧可以看到鳄鱼的身影。它们要么分布在丛林沼泽之中，要么分布在江河湖海之间，一提起它，我们就会不由地感到一丝恐惧，立刻会想到鳄鱼的血盆大口、密布的尖利牙齿、全身坚硬的盔甲和它时刻准备吃人的神态。对于就算武装到牙齿的人类来说，鳄鱼依旧是极其危险的存在。

称霸天空的翼龙类

翼龙是一个飞行爬行动物的演化支。它们生存于三叠纪晚期到白垩纪晚期，是第一类能主动飞行的脊椎动物。翼龙类的体型有非常大的差距，从小如鸟类的森林翼龙，到地球上曾出现的最大型飞行动物。它们不是恐龙，却是恐龙的近亲。翼龙的小脑叶片相当发达，其质量占脑质量的 7.5%，是目前已知的脊椎动物中比例最高的。与之相比，擅长飞行的鸟类的小脑叶片也只占其脑质量的 1% 到 2%。我们都知道小脑控制平衡，这也很好地解释了翼龙为何能在当时称霸天空。

翼龙的存在横跨了 1 亿多年，是天空上的霸主，并且拥有很多种类。目前已知最古老的翼龙类标本发现于意大利贝尔加莫，名叫真双型齿翼龙。它存在于三叠纪晚期，拥

翼龙是会飞的爬行动物，首次出现在三叠纪。

双型齿翼龙在飞行时要消费很多能量，它可能属于温血动物，有皮毛般的赤鳞来保持体温，经常在岩石上晒太阳。

有少数的原始特征，比如长长的尾巴和短小的颈部，这些特征在晚期出现的翼龙身上都已消失。真双型齿翼龙是最早飞上蓝天的翼龙之一，它的头骨由轻而紧密的骨骼组成，非常轻盈，颌部的牙齿为明显的异型齿，而这也是它名字的来源。真双型齿翼龙的颌部只有人的一个手指那么短，但其中密密麻麻地挤着一百多颗牙齿，它的门牙像獠牙一样向外伸出，这使得它能很轻易地叼住四处逃窜的鱼类，而它颌部深处的牙齿则像人类的颊齿一般，拥有很多小突起，用以咀嚼食物。

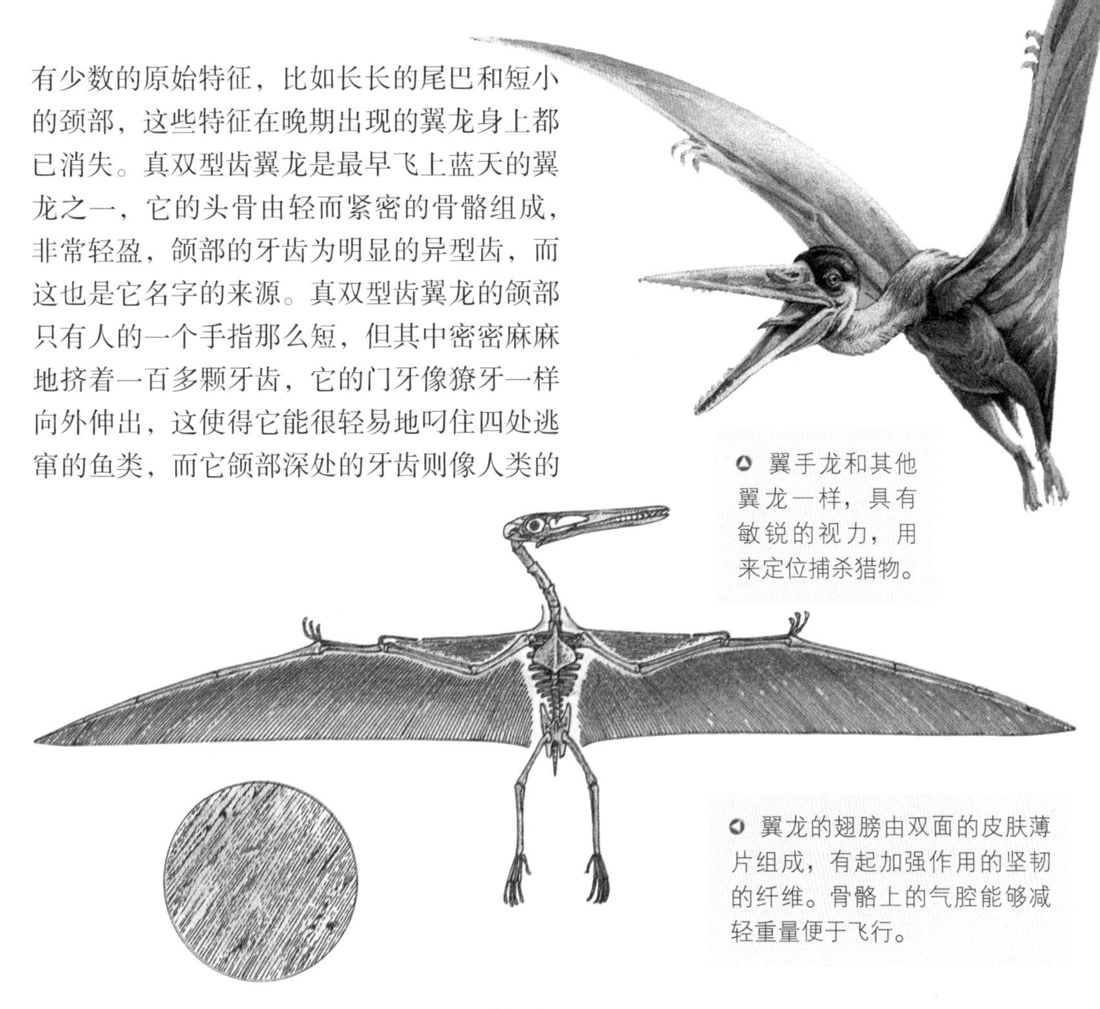

翼手龙和其他翼龙一样，具有敏锐的视力，用来定位捕杀猎物。

翼龙的翅膀由双面的皮肤薄片组成，有起加强作用的坚韧的纤维。骨骼上的气腔能够减轻重量便于飞行。

真双型齿翼龙利用由坚韧皮膜构成的翅膀来滑翔。它的前肢很长，与延长的第四指骨形成双翼，翅膀上覆盖着的皮膜和肌肉束则从双翼向后肢方向延伸，并且强健的胸部和前肢肌肉让它能滑翔很久，因此成了当时空中的霸主。

而由于大量被发现的、保存完整的骨架的缘故，生活在白垩纪的翼手龙是翼龙中最广为人知的一种。翼手龙所有成员都拥有长长的头部和短短的尾巴，其中一些体型大小如麻雀，另外一些可大到像鹰一样。它们以昆虫为食，有些可能觅食鱼类，甚至也许在蜥脚类恐龙身上吃寄生虫。其头部巨大，喙占了相当大的位置。它们体型较小，翼展约 100 厘米，而且长尾巴的末端可能有个钻石形标状物。这个标状物可能在飞行时充当舵使用。另外一种翼龙——风神翼龙的翅膀超过 15 米，比一架小型飞机还要长，但是它的骨骼相当轻盈，仅重约 250 千克，使它可以在白天做远距离的飞翔，搜寻小型恐龙或恐龙幼崽，并用其巨大而且无牙的双颌捕食它们。

风神翼龙的嘴巴又长又细，口中没有牙齿；喙前端不是尖锐的，而是钝的；眶前孔非常巨大，差不多占了头骨全长的 1/2，这无疑给它的头颅减轻了相当多的重量；头上有脊冠，位于眼眶前上方，这区别于该属其他翼龙，非常漂亮和显眼；它的脖子非常长，达 2 米多，由肩与头之间有形的肌腱和肌肉支撑；同时风神翼龙的腿很长，

风神翼龙正在寻找食物，盘旋在上空，脚下是正在奔跑的蜥脚龙群。

有平衡巨大的头颅的作用。那么风神翼龙是如何能滑翔那么远的呢？科学家分析指出，动物的滑翔能力依赖于一种叫作风力载荷的特征，即动物的翅膀面积与体重的比率。风神翼龙有像小型飞机一样的翅膀面积，但由于中空的骨骼和瘦小的躯干，它可能还没一个人重。因此它们能够借助上升气流快速地冲上云霄，并且拥有缓慢减速下降的能力。

根据目前已经发现的化石显示，翼龙类可能已演化出毛发。就这样，在侏罗纪和白垩纪，地球上出现了如此奇特的景象：地面上是“万兽奔腾”——形形色色的恐龙群，而天空中也有翱翔于山谷之间的翼龙类，一幅生机盎然的画卷尽收眼底。

翼龙是最早能够飞行的脊椎动物，但有人怀疑它只是徒有虚名，充其量只能在天空滑翔。然而，最新的研究表明，因其大脑中处理平衡信息的神经组织相当发达，翼龙不仅能像鸟类一样飞翔，而且很可能是飞行能手。更多的研究还在持续进行中，这依旧没有定论。

擅长捕鱼的幻龙类

在三叠纪中期，当最早的恐龙准备在陆地上扩张的时候，幻龙类还在海洋家园中繁衍生息。打个不确切的比喻，幻龙类有点类似今天的海豹和海狮，是一种既可以在陆地休憩，但其实生活在水中，又以捕鱼为生的动物。有些幻龙类还长着爪形足，这标志着它们仍然能在陆地上行走。

在距今 2.43 亿年的三叠纪时期，嘴里长满钉状尖牙的巨头幻龙是著名的“海洋杀手”。它们是最古老的海洋爬行动物之一，体型大小不一，最小的只有 36 厘米，最大的长达 6 米。幻龙拥有捕捉鱼类的细长针状牙齿，这些牙齿上下相扣形成笼状，可以把猎物困在口中。幻龙长着肌肉发达的长颈，一些专家认为它可以利用长颈玩一些“声东击西”的小把戏，如同鳄鱼一样扭头突袭路过的鱼类。

敏捷的幻龙可以捕捉许多种动物，例如菊石、头足动物、鱼和小爬虫等等。尽管它们天生是水栖动物，但还不能完全适应水里的生活。因为我们曾在海岸边及洞穴中发现它们幼年个体的化石，所以我们可以断定幻龙还是很喜欢到陆地上来晒太阳的，就如同今日的龟类和鳄鱼一样。幻龙有点像鳄鱼，都有扁长型的尾巴和四条短腿，但它的四肢并非如水生爬行动物一般呈鳍状，而是具有脚趾和蹼，因此可以断定幻龙可以长时间停留在陆地上以利于交配、生产等活动，到了繁殖季节，母幻龙也像今天的海龟一样拖着沉重的身体到沙滩上来产卵。

肿肋龙也是幻龙类化石中被我们大量发现的一个种类，它生活在三叠纪中期，距今 2.25 亿年，它的体型并不大，身长 30 ~ 40 厘米，是一种拥有修长的身体、长长的脖子和长尾巴的动物，它通过挥舞长而有力的尾巴来推动身体在波浪中前进，而它的蹼足很适合在陆地上行走，但同时也能帮助它在水中迅速地扭动，控制方向，转身以追逐猎物。

在三叠纪晚期的物种灭绝中，幻龙类也未能幸免，从而消失在这个世界里，只留下许多化石供我们人类研究。

幻龙的生活方式类似于海豹。幻龙是冷血动物，氧气消耗量很低，能在水下待好几分钟。它的鼻孔位于口鼻部的一半处。

以鱼类为食的蛇颈龙类

这次我们要讲到的主角之所以被人们所熟知，得归功于苏格兰尼斯湖水怪的故事。在 1934 年，一张著名的尼斯湖水怪的照片被人们所热炒，在照片上，一个“怪兽”伸长了脖子，漂浮在湖面上，十分诡异。当时人们推测它应该是生活在 7000 多万年到 1 亿多年前的一种巨大的水生爬行动物，也是恐龙的远亲——蛇颈龙。

蛇颈龙类是海洋中爬行类的一种。在侏罗纪和白垩纪，恐龙统治着陆地，而海洋则被蛇颈龙类主宰着，蛇颈龙类主要分为两个类型：长着蛇状长颈和细小、精巧头部的长颈蛇颈龙类，以及拥有硕大脑袋和布满锋利牙齿的短颈蛇颈龙类。

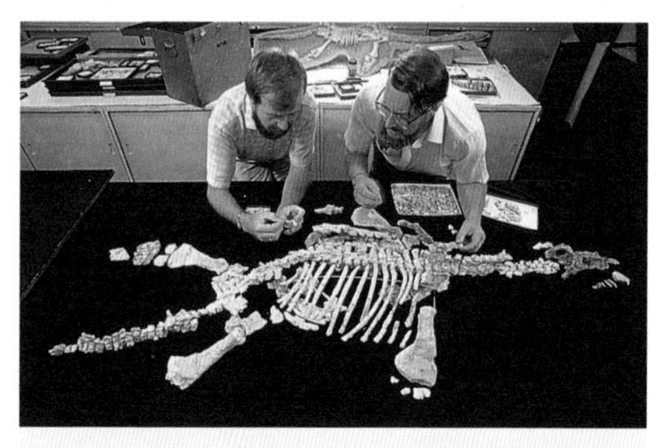

一具蛇颈龙的化石在澳大利亚的矿藏城镇库博佩迪被发现，两位古生物学家正在对其进行详细检验。

长颈蛇颈龙类主要生活在海洋中，脖子又细又长，活像一条蛇，伸缩自如，可以攫取相当远处的食物。身体宽扁，鳍脚犹如四只很大的划船的桨，使它们的身体进退自如，转动灵活。在侏罗纪早期，蛇颈龙类中最早的代表演化产生了。蛇颈龙属于海洋爬行类，有着宽而扁的身体以及修长的颈部，它会像乌龟一样通过滑动鳍状肢在水中滑行，而它的尾巴则因为太短而起不到什么作用。蛇颈龙游弋在鱼群中，左右摆动它长长的脖子来捕猎，“U”形的双颌可以大幅度张开，并用圆锥形的牙齿捕获猎物。

一条蛇颈龙利用灵活的脖子捕食鱼类和乌贼。

如果说蛇颈龙的脖子和身体还算比较协调的话，长颈蛇颈龙类里的薄片龙就显得非常奇特了。薄片龙是一种样子古怪的蛇颈龙，它的脖子和它余下的身体部分一样长。它同样生活在海洋之中，拥有着扁平的小脑袋、锋利的牙齿和尖尖的尾巴，身体显得非常狭长，它的四个鳍状肢看起来就像桨一样，不过速度却不怎么样，也许像海龟一样慢。薄片龙终生生活在水里，靠捕鱼为生，长长的脖子是薄片龙谋生的撒手锏，它可以利用距离优势，远远地对猎物进行偷袭而不必担心自己被猎物发现。在猎物进入射程以后，它们悄悄地等待时机，然后闪电般弹起脖子咬住猎物。不过薄片龙虽然身材巨大，达到 14 米，但它们脑袋很小，因此力气很小，不可能对大猎物发起攻击。任何事物都有其两面性，长脖子限制了薄片龙的攻击及自卫能力，使其不可能像自己的短颈蛇颈龙亲戚一样捕食大型的海生脊椎动物，并影响了它的反应速度，甚至常常丢掉性命。

薄片龙常去海床底部搜寻小鹅卵石吞食，这样不仅可以帮助胃部研磨食物，而且还稳定了它们身体的重心，以便游泳。它们往往要长途跋涉以寻找伴侣和繁殖地，有推测指出它们有时候会游到近海处，将后代产在沙滩附近，并且会抚养幼崽直到其能自力更生为止。

短颈蛇颈龙类比长颈蛇颈龙类显得更加有侵略性，1848 年，在英国约克郡的一个采石场发现了一个被嵌在岩石中的巨大生物骨骼化石，这便是可怕的肉食性动物——菱龙。菱龙是早期的短颈蛇颈龙，生存于距今 1.75 亿~ 2 亿年的侏罗纪早期，名字来自拉丁文“凶悍的蜥蜴”之意，它比蛇颈龙进步的地方在于它的内鼻腔已经移到外鼻孔的下前方，这样它在游泳时，水可以从嘴部流入，从而利用水流来嗅出猎物的方位，这样可使菱龙以类似现代鲨鱼的方式猎食。跟现存的大型海生动物一样，菱龙很可能腹部呈现白色，而背部皮肤颜色较深，这是一种被称为“反隐蔽”的保护色，这使得海生动物无论是从上方还是从下方都难以被天敌发现。

菱龙利用锥状的尖牙来袭击大型猎物，跟鳄鱼一样，它们会通过猛烈地扭动身躯来撕裂猎物，以便于吞咽。菱龙的游动跟今天我们看到的企鹅水中滑行一样，挥动自己的鳍状肢前进，因此在水中非常矫健。它的食谱非常广，涵盖了几乎所有当时的海洋爬行类。

让我们回到前面的“尼斯湖水怪”的问题上，那张让其震惊全球的照片后来被证明是伪作，但是关于尼斯湖里有水怪的传闻依旧甚嚣尘上，至今很多人还在探寻这个问题的真相。究竟是否真有类似蛇颈龙的动物存在湖中？它是蛇颈龙的后裔还是什么别的动物？我们依旧不得而知。

没有颈部的鱼龙类

在三叠纪中期，一群陆栖爬行动物逐渐回到海洋中生活，演化为鱼龙类，这个过程类似今天的海豚和鲸的演化过程，但鱼龙类的直系祖先至今还未能确定。

鱼龙类是史上最大的海生爬行类，它们已经极好地适应了水中生活，其中还有一些最后演化出了类似海豚的形态。跟海豚一样，它们在水中捕猎、繁殖和分娩，但是由于使用肺部进行呼吸，它们必须回到水面呼吸空气，然后再潜入海底。它们的体长一般在 2 ~ 8 米。头部类似于海豚，整个的头骨看上去就像一个三角形。在头部的两侧有一对大而圆的眼睛，眼睛直径最大可达 30 厘米，能在光线暗淡的夜间或深海里追捕乌贼、鱼类等猎物。它还拥有一个狭长而带齿的嘴，上下颌长着锥状的牙齿。鱼龙的体型适于

几种适应了海洋生活的爬行动物（左为鱼龙，右为蛇颈龙）。

一个鱼龙的家族群正在海底捕食。雌性鱼龙在照顾和引导幼小的鱼龙学会如何捕食。

快速游泳，身体呈纺锤形，两边微凹，一条脊椎骨紧紧地连在一起，其中尾椎狭长并且稍微向下弯曲以支撑尾巴。

虽然鱼龙生活在数百万年前，但是可以肯定这种海洋动物并非卵生而是胎生，为什么呢？原来我们发现了多块化石，里面记录着雌性鱼龙产崽的过程（总是尾部先分娩出），因此得出了这个结论。不过科学家认为鱼龙父母很无情，当它们产下幼崽以后并不会去照料和抚养它们。

狭翼鱼龙是鱼龙类中的一种，它具有娇小的头部、尖尖的嘴巴，嘴里还有很多锋利的牙齿，四肢呈鳍状。它一生都在海洋中度过，以鱼类、头足类和其他海洋动物为食。根据保存完好的狭翼鱼龙化石，我们可以推断出它是一个游泳健将，它的身体光滑，形状像鱼雷一样，还长着鳍状肢和鱼一样的尾巴，在游动中身体向两边摇摆，呈现“S”形向前运动，速度与现在最快的鱼类旗鼓相当，能够达到每小时100千米，因此，它能像龙卷风一样闯入鱼群中，并趁乱捕猎猎物。

鱼龙类已经完全适应了水中的生活，身体结构也已经高度特化，因此不可能在陆地上生活。假如它们不小心在海岸搁浅了，就会像现代的鲸或海豚一样，只能接受死亡的命运，而无法进行自救。

身体变得越来越大的沧龙类

在白垩纪，海洋从北美洲中部将这块大陆一分为二，其泥泞的海床现在已经变成了坚硬的岩石，形成了北美洲的尼奥布拉拉白垩层，这里蕴藏着种类丰富的化石宝藏，包括许多蛇颈龙的化石以及沧龙类的化石。

沧龙类动物是白垩纪后期演化产生的海生爬行动物，同样也在白垩纪末绝灭。沧龙类动物是蜥蜴和蛇的近亲，它们的祖先是小型的陆生蜥蜴，

沧龙是晚白垩世最致命的海洋掠食者之一。它的四肢进化成两对宽间距的鳍状肢。

海王龙的典型特征：弯曲的体形、小巧的四肢、狭窄的头部，眼睛周围还有一圈巩膜环，位于眼球的前面，具有保护板的作用。

为了觅食而慢慢地向水域演化。为了适应海中的生活，它们拥有锋利的牙齿，鼻孔后退到头顶部便于呼吸，四肢扁平成为鳍脚，尾巴扁长利于划水，明显有适应海中生活的形态构造。躯体也借由海水的浮力支撑而变得越来越大。

在沧龙类里数量最多的是板果龙，它是一种中型沧龙，能长到 7 米长，长着长而窄的下巴和尖锐锋利的牙齿，并且它还拥有较厚的耳膜，因此能够承受较大的压力，这种奇特的结构允许这种海中怪物进入深水追逐鱼儿。它的身体细长，长有宽大有蹼的脚掌，尾巴呈扁平状，强而有力，同时鳍状肢能控制前进方向，使得板果龙在水中能像蛇一样游动。在食物方面，板果龙非常挑剔，它漫游在浅海里寻找小鱼和鱿鱼。

白垩纪晚期的海洋里，沧龙类的早期物种海王龙类肆意游荡、纵横一方。它们是一种巨大的肉食性动物，善于在水中游动，体长大约 12 米，体重约 10 吨，头部较大，具有长而尖的嘴，嘴里长满尖利的牙齿；颈部极短，身体细长，四肢变成桨状的鳍脚，尤为突出的是，它们有一条约占身体长度 1/2 的长形桨状大尾，这是它们快速游泳的强力推进器。海王龙用长鼻子来定位猎物，猎物一旦进入它的攻击范围内就会被它整个儿吞下去，张嘴吞食猎物的时候，嘴里的两排牙齿让猎物无处可逃。海王龙吃大量的鱼类，也以海鸟、鲨鱼、蛇颈龙甚至其他沧龙为食。和其他顶级掠食者一样，海王龙的领地意识很强。它们几乎没有天敌，最大的威胁可能就是来自同类的竞争。为了争夺领地，海王龙会毫不犹豫地向同类发动进攻，而这种打斗往往是致命的。如今，在美国堪萨斯州发现了很多海王龙遗迹，这里曾经是一片宽阔海域，叫作西部内陆海道，曾经生活着大量的海王龙。

就在白垩纪即将结束之前，海洋中依然生活着一些只有神话传说中才存在如同海怪般恐怖的海中怪兽，它们就是沧龙。沧龙是沧龙类中第一个被命名的属，也是其中体型最大的一类。沧龙的身体呈长桶状，尾巴强壮，看起来像长着鳍状肢的鳄鱼。沧龙的前肢具有五趾，后肢具有四趾，四肢已演化成鳍状肢，前肢大于后肢。沧龙可能借由摆动身体而在水中前进，如同现代海蛇，它们虽然无法快速地长距离游动，但可能有着相当不俗的爆发速度。科学家们认为沧龙生活在阳光充足的海面上，捕猎那些行动缓慢的猎物——龟壳和菊石化石上都曾经发现过它们的牙痕。这类动物不仅捕食海中的动物，还可在海面上捕捉捕鱼的翼龙。由于下颚骨头间的关节紧密，因此沧龙无法像早期沧龙类（比如海王龙）将猎物整只吞下。沧龙的牙齿弯曲、锐利、呈圆锥状，它们应是将猎物撕裂后再吞下。

沧龙的发展过程证明了即使在演化中，时机还是最为重要的。浅海水域中温暖的海水创造出丰沛的食物来源，造就了最完美的生存环境。沧龙最主要的对手有金厨鲨等。金厨鲨是远古鲨鱼的一种，体长可达到 8 米，是兼具速度与耐力的强大掠食者。但是沧龙类动物的体型在演化中逐渐变得庞大，性格愈发凶猛，科学家推测，一只成年沧龙可以对抗几只金厨鲨，随着时间流逝，它们不再是对头，而变成了猎手与食物的关系。终于在 8200 万年前，金厨鲨被沧龙消灭了。

因此可以毫不夸张地说，沧龙是所有海洋生物中最成功的掠食动物之一。它们在 500 万年的时间里将竞争对象几乎赶尽杀绝，最终成为远古海洋的霸主。沧龙一直存活到白垩纪末期，和恐龙一起销声匿迹。相信如果不是那次生物大灭绝，今天我们应该也可以目睹它们的英姿。

小心，恐龙来了

认识恐龙

什么是恐龙

无论是在影视作品中，还是在科幻小说中，恐龙都常常被提到。这种看起来有些可怕的动物的真面目到底是怎样的呢?

恐龙生活在距今2.35亿年前的三叠纪晚期，灭绝于约6500年前的白垩纪晚期，是一种支配了地球历史长达1.6亿多年的爬行动物。如今，地球上已经没有恐龙的足迹。科学界认为，一般意义上的恐龙已经全部灭绝，它们和今天的爬行类相比，除与鳄鱼有较远的亲缘关系外，与爬行类主流相差甚远。

我们目前已经发现了约800种不同种类的恐龙，几乎每两个星期就会有一个新的种类被正式记录在册。一提到恐龙，人们眼前就会浮现出它们巨大而凶暴的样子，然而事实上，这并不适用于所有的恐龙。有的恐龙的确很大，能超过一辆公共汽车；有的恐龙却很小，只有一只鸡那么大。尽管恐龙的种类很多，但它们有许多共同的特征，比如绝大部分的恐龙脑子都很小，它们把蛋产在陆地上以繁衍后代等。

因为恐龙已经灭绝，所以，不能用研究现生动物的方法去研究了，只能凭借其在地球上遗留下来的化石进行研究。古生物学家们通过对恐龙化石的研究，推测恐龙的形态及习性。

在历史上，人类发现恐龙化石由来已久。只不过当时由于知识水平有限，还无法对这些化石进行正确的解释而已。

相传早在1700多年前的晋朝，中国四川省武城县就发现过恐龙化石。但是当时的人们并不知道那是恐龙的遗骸，而是把它们当作传说中的龙所遗留下来的骨头。现在，根据有记载的发现，最早发现恐龙的是英国的一位名叫吉迪恩·曼特尔的乡村医生，直到今天，在曼特尔故居的门上，人们还怀着尊敬的心情写着这么几个字：是他发现了禽龙。

三叠纪是恐龙出现的时代，那时的植物繁茂，种类颇多，多生长在气候干燥的地方，它们是植食性动物的生存乐园，为它们提供了生存的养料。

恐龙与其他爬行动物的最大区别在于它们的站立姿态和行进方式：恐龙具有全然直立的姿态，其四肢构建在其躯体的正下方。这样的架构要比其他各类的爬行动物（如鳄类，其四肢向外伸展）在走路和奔跑上更为有利。

根据恐龙身体构造特征不同，可以将其

划分为两大类：蜥臀目和鸟臀目。二者间的区别主要在于其腰带结构，不过无论是蜥臀目还是鸟臀目，它们的腰带都在肠骨、坐骨、耻骨之间留下了一个小孔，这个孔在其他各目的爬行动物中是没有的。正是这个孔表明，与所有其他各目的爬行动物相比，被称为恐龙的这两个目的动物之间有着最近的亲缘关系。

蜥臀目的腰带从侧面看是三射型，耻骨在肠骨下方向前延伸，坐骨则向后延伸，这样的结构与蜥蜴相似，十分难看。蜥臀目又分为蜥脚类和兽脚类，蜥脚类又可分为原蜥脚类和蜥脚形类。

原蜥脚类主要生活在晚三叠纪到早侏罗纪，是一类杂食性的中等体型的恐龙，例如生活在地球上的第一种巨型恐龙——板龙，生活在侏罗纪早期的安琪龙。

蜥脚形类主要生活在侏罗纪和白垩纪。它们绝大多数都是大型的素食恐龙。头小，脖子长，尾巴长，牙齿呈小匙状。蜥脚亚目的著名代表有产于中国四川、甘肃的生活于晚侏罗纪的马门溪龙，马门溪龙由 19 节颈椎组成的脖子长度约等于体长，是世界上已知体型最大的动物。

兽脚类生活在晚三叠纪至白垩纪。它们都是肉食龙，两足行走，趾端长有锐利的爪子，头部很发达，为最聪明的一类。嘴里长着匕首或小刀一样的利齿。霸王龙是著名代表，其余如异特龙、南方巨兽龙、棘龙等也颇具名气。

鸟臀目的腰带特征是：肠骨前后都大大扩张，耻骨前侧有一个大的前耻骨突，伸在肠骨的下方，后侧更是大大延伸，与坐骨平行伸向肠骨前下方。因此，骨盆从侧面看是四射型。它分为 5 类：鸟脚类、剑龙类、甲龙类、角龙类和肿头龙类。

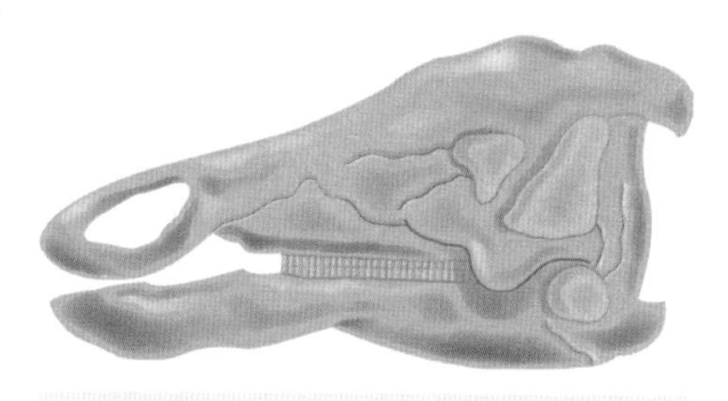

△ 鸭嘴龙长了几百颗臼齿，帮助它们顺利成为一名成功的植食性恐龙。

鸟脚类是鸟臀类中乃至整个恐龙大类中化石最多的一个类群。它们靠两足或四足行走，下颌骨有单独的前齿骨，牙齿仅生长在颊部，上颌牙齿齿冠向内弯曲，下颌牙齿齿冠向外弯曲。它们生活在晚三叠纪至白垩纪，全都是素

▷ 地图上的红色标记是世界上最主要的恐龙发现地。

食恐龙，如鸭嘴龙、禽龙等。

剑龙类以四足行走，背部长有直立的骨板，尾部有两对或多对骨质刺棒。剑龙类主要生活在侏罗纪到早白垩纪，是恐龙类最先灭亡的一个大类。其代表有被认为生活在平原上的剑龙、被发现于坦桑尼亚的肯氏龙。

甲龙类的恐龙体形低矮粗壮，全身披有骨质甲板，以植物为食，主要出现于白垩纪早期。例如生活在欧洲大陆的海拉尔龙，生活在英国的多刺甲龙，以及在美国的包头龙和蒙古的爱得蒙托龙。

角龙类是四足行走的素食恐龙，头骨后部扩大成颈盾，多数生活在白垩纪晚期。中国北方发现的鹦鹉嘴龙即属角龙类的祖先类型。与霸王龙齐名的三角龙、温顺的食草动物原角龙等就属于这个类型。

肿头龙类的主要特点是头骨肿厚，颞孔封闭，骨盆中耻骨被坐骨排挤，不参与组成腰带，主要生活在白垩纪。

正因为恐龙有着如此多的品种，每个品种又存在各种差异性以及各自的特色，它们才会如此吸引我们，关于它们的故事与资料才会层出不穷。

恐龙是怎样诞生的

恐龙是怎么来到这个世界的呢？实际上，人类发现恐龙化石的历史由来已久。早在发现禽龙之前，欧洲人就已经知道地下埋藏有许多奇形怪状的巨大骨骼化石。直到古生物学家曼特尔发现了禽龙并与鬣蜥进行了对比之后，科学界才初步确定这是一群类似于

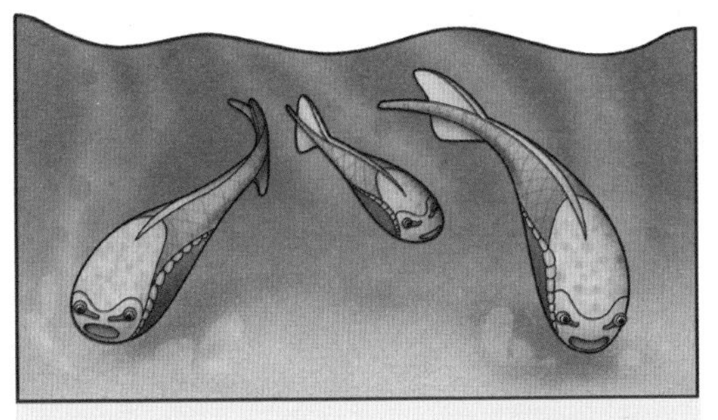

5 亿年前，出现了鱼类。它们拥有粗厚的皮肉，没有颚部。当时，地球上还不存在陆生动物。

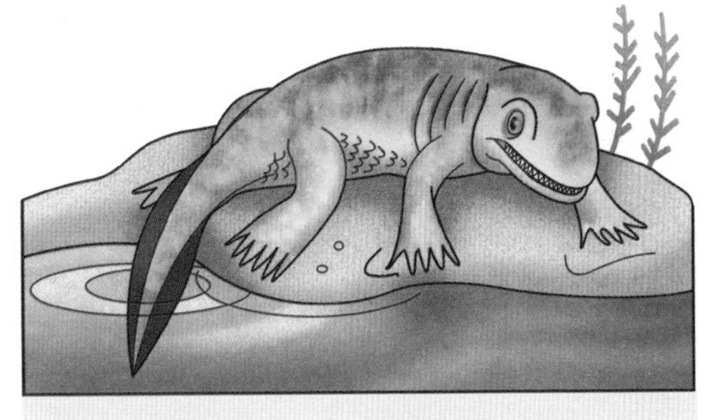

3.75 亿年前，一些水生动物也许为了躲避捕食者离开了水体。它们是最早的两栖动物。

3 亿年前，诞生了爬行动物。它们的身体更适合陆生生活。它们长有龟裂的鳞状皮肤，用来防止强烈阳光的照射。

大约 2.4 亿年前，一些爬行动物进化出足以支撑它们的身体离开地面的腿部，成了最初的恐龙。

蜥蜴的早已灭绝的爬行动物。

1842年，英国古生物学家查理德·欧文创建了“dinosaur”这一名词。英文的“dinosaur”来自希腊文“恐怖的蜥蜴”之意。对于当时的欧文来说，这“恐怖的蜥蜴”或“恐怖的爬行动物”是指大的灭绝的爬行动物。实际上，那时候发现的恐龙并不多。自从1989年南极洲发现恐龙化石后，全世界七大洲都已有了恐龙的遗迹。目前世界上被描述的恐龙至少有650～800个属（古生物学上的种属，不完全等同于现代动物的分类方式）。后来，日本等国受中国古代文化影响巨大的学者把它译为恐龙，原因是这些国家一向有关于龙的传说，认为龙是鳞虫之长，如蛇等就素有小龙的别称。

恐龙属于爬行类，而最古老的爬行类化石可追溯至古生代的石炭纪晚期（距今3.2亿年前~2.8亿年前）。追本溯源，当系由两栖类演化而来。两栖类的卵需在水中才能开始发育。爬行类演化出卵壳，可阻止卵中水分的散发。此一重大改变使爬行类可以离开水生活。

大部分古生物学者认为恐龙直接或者间接地演化自三叠纪早期或中期的祖龙类。有一派学者坚信恐龙的两个目具有一个共同的祖先型，而且是由单一的槽齿类族群演化而来。另一派则宣称恐龙是由三叠纪早期或中期的槽齿类演化成两个系谱家族。

一种观点认为，恐龙及现生爬行动物的共同祖先是像蜥蜴一样的小型动物，名叫“杨氏鳄”，约30厘米长，走起路来摇摇晃晃，靠捕捉虫子为生。它们的后代明显分出两支，一支是继续吃虫子的真正的蜥蜴，另一支是半水生的早期类型的初龙。其中后者也就是早期类型的初龙，与恐龙有较为可靠的亲缘关系。科学家们给我们描绘了初龙的大概模样，它的外貌与鳄鱼像极了，同样是铠甲护身，就连头骨上也有鳄鱼一样的坑洼。两者的主要差异是初龙的鼻孔靠近双眼，而鳄鱼的鼻孔位于头的最前端。早期的初龙类动物身上都长有骨甲，身后都拖着一条粗大有力的尾巴，能在海洋或者湖泊中起推动作用，以及控制前进的方向。

为了提高划水的速度，那时的初龙还进一步进化了身体的结构，后肢增长、加粗，成为水中的推进器。逐渐地，腿移到了身体下方。腿的位置变动和后腿的加长对它们取得生存优势是非常重要的。后来，经过很多年的进化，气候变得更加干燥了，初龙的后代们被迫移往陆地上生活，感觉到长短不齐的四条腿走起路来特别别扭，于是改用两条后腿行走。长而粗大的尾巴这时正好起到平衡身体前部重量的作用。由于姿态的改变，它们的步幅加大了，运动速度也提高了许多，这是向恐龙演变迈出的关键性一步。

不过，早期的初龙类动物身体条件尚不完善，还不太适应陆地生活，因此其大部分时间还是生活在水中，以免受到别的动物的惊扰。一旦身体结构更加完善，真正的恐龙便出现了，这类富有生气的动物在陆地上向似哺乳动物发起了“进攻”，并最终占领了

进化的过程

早期匍匐前进的祖龙类（1），进化成带有可旋转脚踝的不完全进化的行走者（2）。小型、轻盈的祖龙，例如兔鳄（3），进化成能够完全直立的两足动物。由它们进化出早期的恐龙，例如艾雷拉龙（4）和始盗龙（5），它们是目前所知最原始的肉食恐龙。所有的兽脚亚目恐龙都是由长相相似的祖先进化来的。

(5)
(4)
(3)
(2)
(1)

整个地球。

在距今 2.52 亿~ 6600 万年前的中生代，爬行类成了地球生态的支配者，故中生代又被称为爬行类时代。大型爬行类恐龙即出现于中生代早期，另有生活在海中的鱼龙与蛇颈龙及生活于空中的翼龙等共同构成了一个复杂而完善的生态体系（海生爬行动物与翼龙均不是恐龙）。

爬行类在地球上繁荣了约 1.8 亿年左右。这个时代的动物中，最为大家所熟知的便是恐龙了。人们一提到恐龙，眼前就会浮现出一个个巨大而凶暴的动物，其实恐龙中亦有小巧且温驯的种类，不少最早的恐龙更是与我们的想象大相径庭，在下一节里，我们将揭开它们神秘的面纱。

早期的恐龙长什么样

我们所熟悉的恐龙，不是高大威武、尖爪利齿，就是奇形怪状、灵巧敏捷。

但是，最早期的恐龙不怎么像样。它们外形一般，个头也不大，很难把它们与后来出现的那些五花八门的后代对上号，可见那时恐龙的分化还不十分明显。

早期的恐龙是指三叠纪的恐龙，那时它们刚从原始祖先演化出来不久。由于年代久远，而且恐龙初露头角，数量和种类都十分有限，所以留下的化石也不多。

在欧洲、非洲和南北美洲均发现有早期的恐龙化石，虽然化石较少，但可从它们的遗骸上获得“管中窥豹”的粗略印象。较有代表性的早期恐龙是发现于阿根廷西北部安第斯山的“始盗龙”，它是 2.2 亿年前（三叠纪晚期）的肉食恐龙。始盗龙体长 1 米，头骨长 12 厘米，体重约有 11 千克。它的后肢很粗壮，前肢比较短小，用两足行走；而且始盗龙还长有坚爪利齿，爪的形状如同鹰爪。从外形上看，始盗龙简直是一副十足的

埃雷拉龙身长 3 ~ 6 米，重达 360 ~ 450 千克。

埃雷拉龙的膝盖和脚都在身体的正下方，它的足爪细长，有三根加长的爪指组成。

“强盗嘴脸”。

在安第斯山还采得另一具保存完好的早期肉食恐龙的化石。它站立时高 1.8 米，身长 5 米，估计活着的时候重 110 千克，具有粗大的前爪和独特的、适于捕猎生活的颌骨及带锯齿的牙齿，能用后肢竖立行走或奔跑，生活于 2.3 亿年前的它就是埃雷拉龙。

而在美国的亚利桑那森林公园，多年前也曾出土过一具早期恐龙的相当完整的化石。它身长 2.5 米，臀高不到 1 米，活着时体重约 90 千克，四肢行走，也能用后肢站立。它的颈和尾都较长，是植食性的恐龙，估计它可能是后来那些身躯异常庞大的蜥脚类恐龙的祖先类型。科学家考证，这个祖先级别的植食性恐龙大约生活于 2.2 亿年前。

早期恐龙的化石告诉我们：恐龙的身躯是如何由小变大的，种类是如何由单一变多样的。还有一个重要的事实就是：早期的恐龙“走路”姿势已发生了较大变化，即变匍匐爬行为“走”的姿势。

它们能用后肢站立、行走或奔跑。而在那时，除恐龙外，还没有其他爬行类能做到这一点。

在中三叠世结束晚三叠世开始的时候，恐龙已经呈现出了多样化，而很多曾经存在的动物族群，如似哺乳动物的兽孔目动物，不是衰落了就是消失了，这些变化可能是由于当时气候的突变，从而引发旧生物的大灭绝，为恐龙的蓬勃发展扫清了道路。

薄板龙正在追踪一个鱼群，它的颈椎骨多达 71 节，脖子的总长度将近 6 米。

侏罗纪，恐龙繁荣时代

侏罗纪是以欧洲连绵不绝的山脉命名的，开始于2.08亿年前，与三叠纪相比，存在已久的超级大陆——盘古大陆，正在开始分离。地球上的气候也开始变得湿润而温暖。那时既没有绿草也没有鲜花，到处生长着的针叶类、苏铁类和蕨类植物形成了茂密的森林，海平面也有所上升，从而淹没了大片低洼地带。在陆地上，更加湿润的气候意味着植物性食物变得越来越多；而在海洋中，温暖的浅滩也为珊瑚礁创造了绝佳的生存环境。

因此此时恐龙开始繁盛起来，尤其是包括蜥脚类和兽脚类在内的蜥臀目恐龙。它们是大型的食草动物，最喜欢吃长在树冠上的嫩叶，一些蜥脚类恐龙比现在的不少建筑物都高；而兽脚类恐龙的繁衍速度更快，以植食性恐龙和其他爬行动物为食。

在侏罗纪伊始，恐龙就成了陆地上的霸主，它们已经分化成为几个群系，大部分都生存了将近1.5亿年，直到爬行动物时代的突然终结。在侏罗纪气候温暖湿润，有着大量的食物供应，因此为大型植食性动物的进化提供了理想的环境，而随着植食性动物体型的增大，以之为食的肉食性动物的体型也开始增大。

同时，在侏罗纪期间出现了几种新的海洋爬行动物，其中有长脖颈的蛇颈龙和薄板龙以及海洋中最大的肉食性恐龙——上龙。侏罗纪的海洋生命非常多，因为当时的海平面要比今天普遍高，被阳光照射的浅滩处有着丰富的沉积物，其中充满了各种各样的软体动物和其他一些小动物。而空中发生的变化则更加巨大，在晚三叠纪，进化出第一种可以飞行的爬行动物，我们称之为“翼龙”，它们用坚韧的翅膀取得了制空权，但同时在恐龙世界的另外一个分支兽脚亚目中，一种完全新型的飞行动物族群正在形成，它们飞行的臂膀不是皮质的而是由羽毛组成的，并且在侏罗纪时代结束以后它们就开始变得多种多样了，这就是我们所熟知的鸟类。

白垩纪，恐龙时代的终结

白垩纪开始于1.45亿年前，并持续了大约8000万年，那时的盘古大陆已经分裂成为位于南半球的冈瓦纳大陆和位于北半球的劳亚古陆，这种大陆漂移造成了地球上气候的重大变化，并使得海平面达到了历史最高点，比现在要高出200米。海洋中充满了微生物，海床广阔的浅滩聚集了微小的贝壳，并且最终变成了白垩（一种微细的碳酸钙的沉积物），于是，这个来源于拉丁文的词语因此成了这一时代的名字。

在白垩纪初，恐龙出现已经长达8000多万年，并成为这个时代的霸主。在白垩纪漫长的时光里，又形成了新的恐龙种族，比如甲龙、鸭嘴龙，并且还有暴龙这样陆地上最大的掠食者。而在海洋中，占据统治地位的同样是以恐龙为代表的爬行动物，其中有蛇颈龙、鱼龙以及一种新的族群——沧龙。沧龙是一种巨型的海生动物，在白垩纪晚期出现，并称霸海上。

与三叠纪或者侏罗纪不同的是，白垩纪与人们现在所知道的世界有一些相似之处，在地球很多地方，阔叶树都取代了针叶树，同时出现了开花植物。随着开花植物的进化，花粉媒虫也产生了进化，比如蜜蜂，这种非常成功的相伴关系就这样产生了，并一直持续到现在。而我们所熟悉的哺乳动物也在白垩纪的天空下生活着，不过与它们在三叠纪的祖先一样，这些哺乳动物都非常小。

◆ 图为白垩纪末期（大约 6500 万 ~7500 万年前）的情景。

在白垩纪末，地球上的生物又经历了一次重大的灭绝事件：在地表居统治地位的爬行动物大量消失，恐龙完全灭绝；一半以上的植物和其他陆生动物也同时消失。究竟是什么原因导致恐龙和大批生物突然灭绝？这个问题始终是地质历史中的一个难解之谜。目前普遍被大家接受的观点是陨石撞击说。引人注目的是，哺乳动物是这次灭绝事件的最大受益者，它们度过了这场危机，并在随后的新生代中占领了由恐龙等爬行动物退出的生态环境，迅速进化发展为地球上新的统治者。

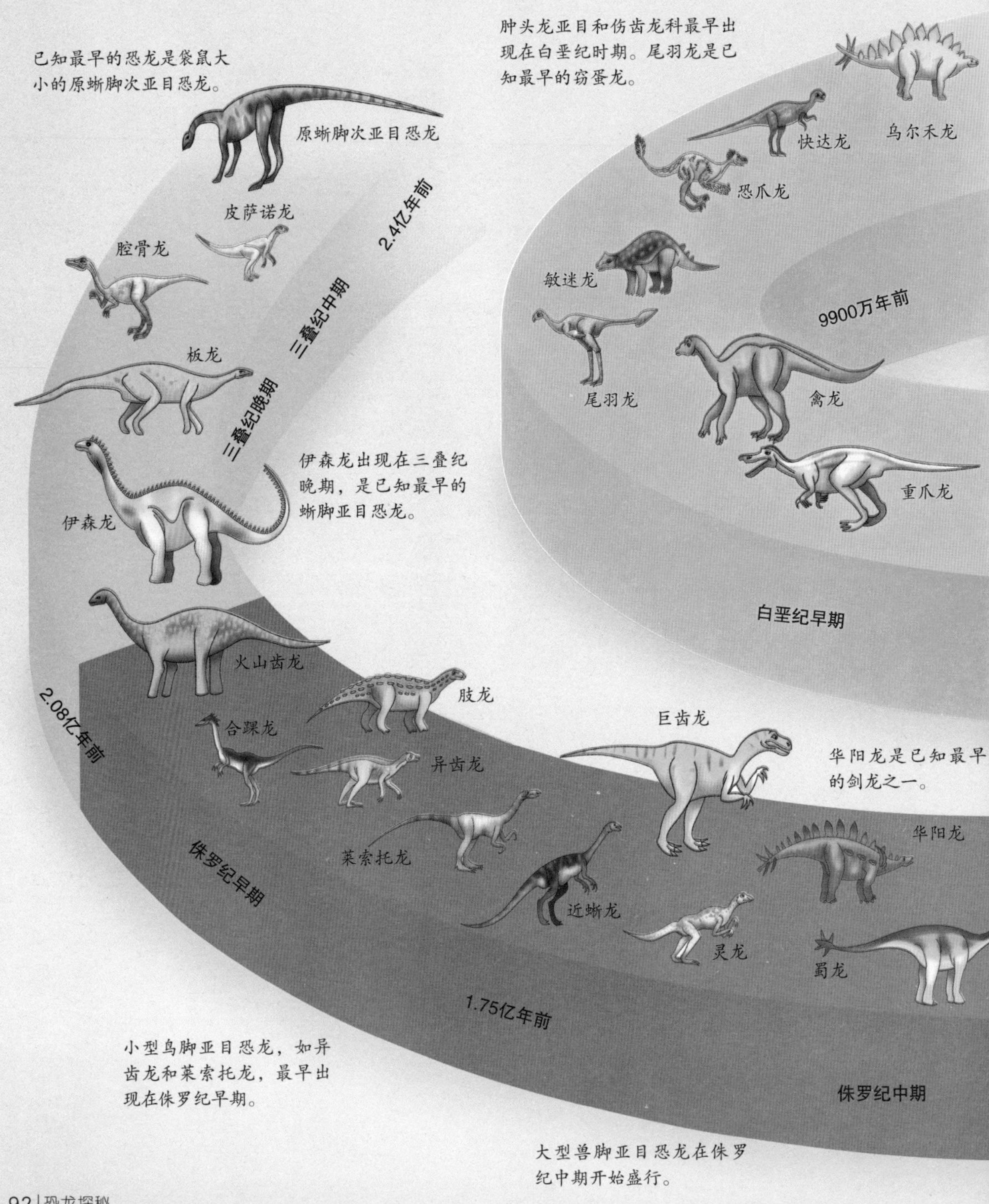

白垩纪晚期是恐龙最具多样性的时代。剑龙亚目在这个时期灭绝了，但更多新的种类出现了。

恐龙活动时间轴。

白垩纪晚期

6500万年前

最早的鸟类始祖鸟出现在侏罗纪晚期。

最晚的恐龙生活在6500万年前的地球上。迄今所知，没有一只恐龙在6500万年前这个时期以后存活。

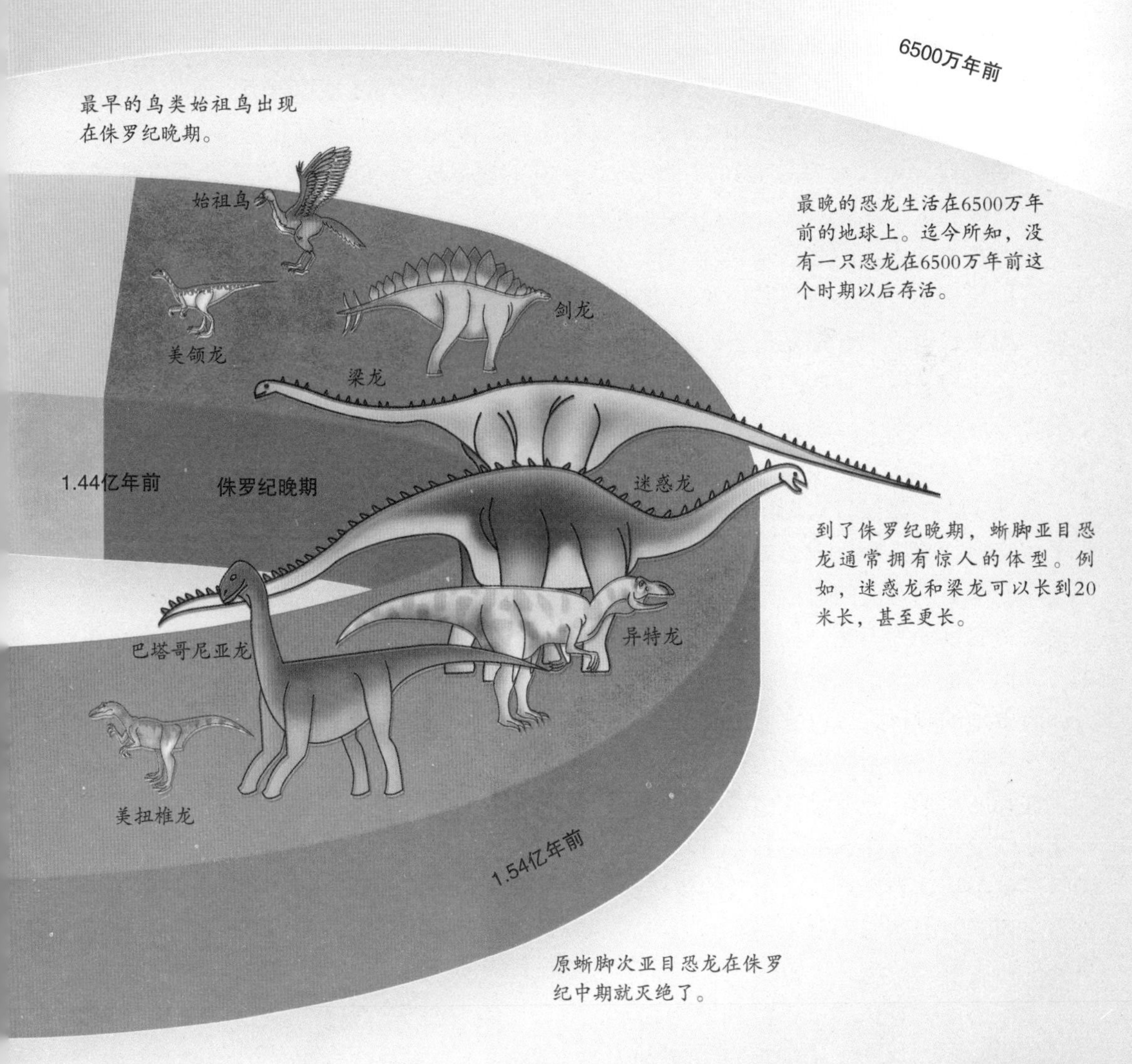

到了侏罗纪晚期，蜥脚亚目恐龙通常拥有惊人的体型。例如，迷惑龙和梁龙可以长到20米长，甚至更长。

原蜥脚次亚目恐龙在侏罗纪中期就灭绝了。

植食性恐龙大家族

「高个儿板龙

不要以为只有吃肉的恐龙才能长成大高个儿，不吃肉的恐龙照样可以拥有惊人的体型，不相信的话，看看板龙的个头就知道了。

板龙是早期植食性恐龙的重要代表，名字的意思是“平直的蜥蜴”，生存于距今2.08亿年前的三叠纪晚期，是一种群居性恐龙。在板龙出现之前，最大的植食性动物的身材也就像一头猪那么大，而板龙的身体则创造了新纪录。它有一辆公共汽车那么长，约为6~8米，站立时约4米，是当时整个地球上最大的动物之一，也是生活在地球上的第一种巨型恐龙。

让我们来看下板龙的身体构造。它的身体非常奇妙，头部细小而狭窄，口鼻部较厚，眼睛朝向两侧形成了无死角的视线范围，可以随时警戒和注意掠食者。在它的上颌与下颌之间，多颗牙齿分布其中。另外，板龙还有着像长颈鹿一样细长的颈部，站直伸长脖子的时候，可以很容易够到树上的叶子。它的尾巴厚实有力，能够平衡身体前端、颈部与身体的后半部分，保证自己不会摔倒。

板龙身躯庞大，四肢骨骼粗壮、有力。前肢相对来说比较短小，长有像人类手指一样的五根长短不一的手指，其中第四根和第五根手指比较短，中间的两根则相对比较长一些，拇指长短适中，却是最粗的一根。板龙的五个手指上都长有利爪，其中拇指上的爪子最长、最尖锐，这些利爪不仅能用来赶走敌人，也能抓摘食物。平时，它会把指爪像脚趾一样按在地上，想抓住什么东西时就会弯曲这五根手指，向前抓握，把东西紧紧攥住。

板龙走路的时候喜欢用四肢步行来寻觅地上的植物，这个时候为了保护大拇指上的爪子，它会把拇指翘起来。如果地面没有它喜欢的食物的话，它就会依靠自己强壮的后肢站立起来，用弯曲的拇指钩住树上的枝叶送到嘴里。不过，虽然它的后肢很强壮，但是站立对它来说并不是一件容易的事情。因为它修长而灵活的脖子虽然让它的外形变得美观，但是也带来了头重脚轻的问题，因此板龙不可能总是以两脚着地的姿态行走，只有四肢着地的步行方式对它才更加舒适自然。所以如果不是地面上的食物少得可怜或者低处的食物实在是不合自己的胃口，板龙一般是不会采取站立的方式来取食的。

在那一时期，板龙是体型最大的动物，它只有每天吃很多很多的东西才能维持身体所需的能量。板龙站起来的时候身高可以达到4米，能够很容易地获得树上的叶子。从低矮的蕨类植物到离地面4米处的树枝都是板龙可以轻易获得的食物。不过，吃掉了这么多东西，它的肠胃受得了吗？不用担心，板龙那强大的“霸王胃”几乎可以消化掉吃下去的所有鲜美植物。

由于板龙的牙齿和上下颌的结构都不大适合于咀嚼，所以它会事先吞下一些石头，

板龙有着筒状的身躯，脖短而头小，除四足步行外，也可直立，直立时高达4米，是三叠纪中最大的恐龙。

将这些石头储存在胃中。这样，当板龙吞下食物的时候，这些石头就会像一台碾磨机那样在胃里滚动着碾磨食物，直到把这些食物碾碎变成糊状。随着时间的流逝，这些胃石最终会变得很光滑，这也是板龙的骨架化石的腹腔处经常会出现光滑小石子的原因。

板龙是喜欢群居生活的动物，这样在觅食的时候它们可以互相保护，在面对残暴的敌人时集体的力量也能够保护更多的板龙个体。为了寻找食物，板龙有在干旱季节迁徙的习性。在干旱季节到来的时候，它们就会成群结队地向海边迁徙。要走到海边就必须穿过 120 千米左右的浩瀚沙漠。在这个过程中，年老体弱以及幼年的恐龙可能会经受不住恶劣的气候而集体暴死荒野。不过最可怕的集体死亡事件并不是老幼病残板龙的死亡，而是领路的板龙在漫天黄沙中迷失了方向，此时这一家族几乎所有的板龙都会集体死亡。死去的板龙尸体会被大风带来的沙子埋没。正是由于它们过着集体生活的原因，板龙化石出土的时候经常是大批堆积在一起的。

考古学家发现，板龙在死亡的时候都是保持着站立姿势的，看来，即便到了死亡之时，高个儿板龙也依然会以最高大、勇敢的姿态来面对这个世界。

板龙每天需要吃很多植物来维持身体所需的能量。图中的板龙站起来身高 4 米，以树上的叶子为食。

食性未明的大椎龙

古生物学家把活跃于1.78亿年~2.3亿年前的植食性恐龙称为原蜥脚类恐龙，前面介绍过的板龙就是这样一类恐龙，大椎龙也是其一。

大椎龙又被称作“巨椎龙”。从它的名字，我们就可以猜到这种恐龙的个头一定很高。没错，它有9节长颈椎、13节背椎、3节腰椎，以及至少40节尾椎。站起来的时候，它的头部几乎与现在的双层公交车一样高。大椎龙的身长可以达到4~6米，但是与后期出现的超级大块头恐龙来说，实在算不上大。但是仅仅与它所处年代的其他恐龙相比的话，个子已经很大了。

与同属一类的板龙相比，大椎龙的体型要小巧很多。它的胸部也要扁平一些，尾巴更加细长，四肢也更瘦弱一些。就自身的比例来说，大椎龙的脑袋真是小得可怜，这也许是为了减少它抬头时候的能量消耗。

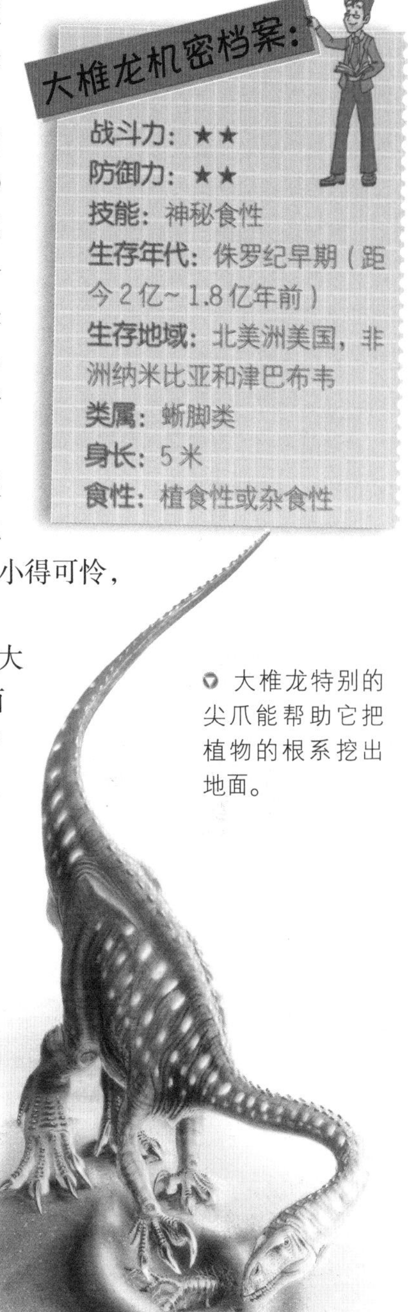

大椎龙特别的尖爪能帮助它把植物的根系挖出地面。

由于头部较小，嘴巴也不大，为了填饱肚子，大椎龙几乎把所有的时间都用在了寻找食物和吃东西上。在寻找食物的时候，大椎龙一般四肢着地。行走的时候，它会保持抬头挺胸的姿势，尾巴用来保持平衡。大椎龙前肢上的手很大，拇指上面长着大而弯曲的爪子，这样可以帮助它捡拾食物。

不过，这个大家伙的食物究竟是什么？科学界仍然在争论中。最初，古生物学家认为大椎龙绝对是以植物为食的，不过后来又有科学家认为它是一种肉食性恐龙，因为它嘴巴前面的牙齿很高，而且边缘呈锯齿形，这是一种典型的肉食性的牙齿。不过，目前的研究基本不支持大椎龙是肉食性的说法，大多数人支持杂食性说法，认为大椎龙应该是用前面的牙齿撕咬肉类，用后面的牙齿咀嚼叶片或者被前面牙齿撕下来的肉类。

看来，食性之谜要彻底解开，还需要发现更多的化石资料和更多的研究者加入进来才可以。

跑步健将 莱索托龙

莱索托龙机密档案：

战斗力：★

防御力：★

技能：弹簧脚、快速奔跑

生存年代：侏罗纪早期（距今2亿年前）

生存地域：非洲莱索托王国，南美洲委内瑞拉

类属：鸟脚类

身长：1米

食性：植食性

在非洲南部的南非境内，有一个“国中之国”，它就是莱索托王国。这个王国完全被南非包围，面积只有3万多平方千米。国家面积不大，在这里出土的恐龙化石也那么“迷你”，下面我们就来认识一下这个以国家名字命名的恐龙——莱索托龙。

莱索托龙是一种类似蜥蜴的鸟脚类恐龙，生活在侏罗纪早期的非洲地区，1978年由美国著名的古生物学家高尔顿发现。莱索托龙身形小巧，只有1米长，体重大约3.5千克。它虽然个头小，但由于身体结构上表现出很好的平衡性，因此它具有动作敏捷的特点，所以它能够在资源有限而又时刻潜伏着捕食者危机的环境里很好地生活着。

莱索托龙的脑袋比较小，头颅骨是短小平坦的。不过，莱索托龙的眼窝很大，这说明它有一双大眼睛。由于个子小，防御力和战斗力都很差，因此它们不得不时时刻刻保持警惕，这时候一双能够洞察周围环境的大眼睛是必需的装备。

在奔跑速度和弹跳力上，莱索托龙敏捷性很高。根据科学家的还原，它长得很像一只蜥蜴，只不过这只“大号的蜥蜴”是用两条后腿行走的。它的身体轻巧，后肢修长有力，因此奔跑起来速度很快，有“快跑能手”的称号。另外，它的大腿部分粗短健壮，小腿部分则又细又长，这是具有很强的弹跳力的特征，所以它又获得了“弹簧脚”的美誉。如果莱索托龙去参加奥运会，相信在跑步和跳高项目中都能取得很好的成绩。相对于后肢，莱索托龙的前肢比较短，但也很强壮，在采集食物的时候能够发挥强大的作用。为了在奔跑和跳跃中保持平衡，莱索托龙的骨骼非常坚实，尾巴总是伸得很直，此时全身的平衡点就落在臀部上。这也是以后肢行走的植食性恐龙的基本特征。

由于身高所限，莱索托龙一般以低矮的植物为食。它的口鼻部短而尖，嘴边有角质的覆盖物，这层覆盖物的作用是帮助它快速地把植物剪切下来。莱索托龙颌骨两边的牙齿像箭头一样，很适合咬住食物。

由于防御力极差，因此它们总是和同伴们一起生活，奔跑绝技和集体的力量让它们在恐龙世界中占有一席之地。

莱索托龙尖尖的牙齿是为植食性而生的，大大的眼睛则为逃生而准备。

长着海绵状骨头的鲸龙

鲸龙机密档案：

战斗力：★
防御力：★
技能：减重妙计
生存年代：侏罗纪中期（距今1.8亿~1.6亿年前）
生存地域：欧洲英国
类属：蜥脚类
身长：14~18米
食性：植食性

每个人都有自己的个性，有些人喜欢安静的森林，有些人喜欢澎湃的大海。其实，恐龙和人类一样，也有自己的偏好。我们今天要介绍的这种恐龙就喜欢生活在海边，它的名字也与大海有着密切的关系，它就是鲸龙。

在侏罗纪中期，英国的怀特岛郡是一片海洋，因此它的发现者认为鲸龙像鲸一样生活在海里。但是后来的研究表明，鲸龙是一种陆地生物，只是喜欢生活在海边。

鲸龙是最早被发现的蜥脚类恐龙，不过，它刚被发现的时候，世界上还没有“恐龙”这个名字。1841年，英国的古生物学家、比较解剖学家理查·欧文发现了它。在英格兰的怀特岛郡出土的一些脊椎、肋骨和前臂骨就是鲸龙最早的骨骼化石。1842年，理查·欧文创造了“恐龙”这个名字，但是鲸龙并没有被及时归入恐龙家族，因为欧文认为这些骨骼化石与鳄鱼更加接近。直到1869年，赫胥黎才把它正式归入恐龙家族。

鲸龙的身体和现生的鲸差不多大，体重相当于四五头成年的亚洲象，四肢和脊椎占了体重的大部分。鲸龙的身长可以达到14~18米，四肢粗壮，仅仅大腿骨就有2米高，比一个成年人还要高。鲸龙的前肢和后肢差不多长，因此可以推测是一种四肢行走的恐龙，而且行走的时候背部基本保持水平状态。

目前，古生物学家还

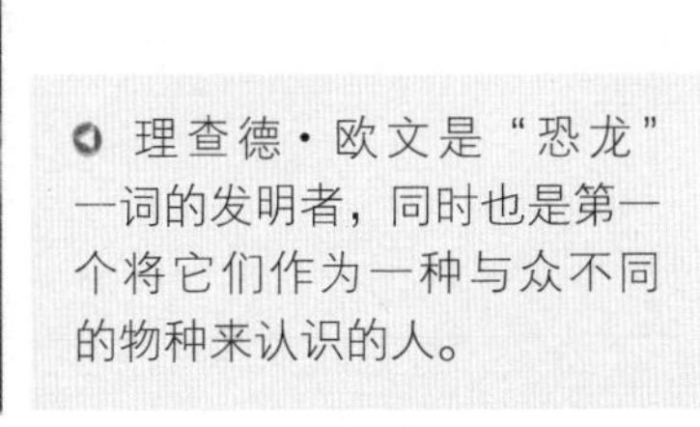

理查德·欧文是“恐龙”一词的发明者，同时也是第一个将它们作为一种与众不同的物种来认识的人。

长久以来，鲸龙一直都被科学界视为最大的陆生动物。但后来，人们又发现了很多其他种类的蜥脚龙化石。化石显示出，虽然鲸龙体型巨大，但在蜥脚龙族群中，它的体重事实上只算得上是中等水平。

一只鲸龙正在沼泽中央觅食，没有注意到远处向它袭来的一群腔骨龙，也许它的生命就要了结于此。

没有发现过完整的鲸龙头骨化石，所以无从判定它的头部结构和大小。鲸龙的牙齿像耙子一样，可以扯下植物的叶子。鲸龙的脖子很长，但是很不灵活，最多只能在3米的范围内左右晃动，只有低头对它来说才是丝毫不用费力气的事情，因此它最喜欢的食物应该是低矮的蕨类植物或者是一些小型树木的叶子。

最令人感到惊奇的是它减轻体重的妙计。为了支撑体重，鲸龙的脊椎骨都是实心的，非常结实厚重。但是如此大的重量压在四肢上，鲸龙的四肢也吃不消。那怎么办呢？科学家经过研究发现，它的脊椎骨上有很多海绵状的孔洞，这不但保持了骨骼的坚固性，而且有效减轻了重量，是一种非常聪明的进化策略。

虽然骨骼减重的计划非常完美，但是颈部活动的能力还是限制了鲸龙的发展，在自然的不断选择中，鲸龙最终还是销声匿迹了。

脖子最长的马门溪龙

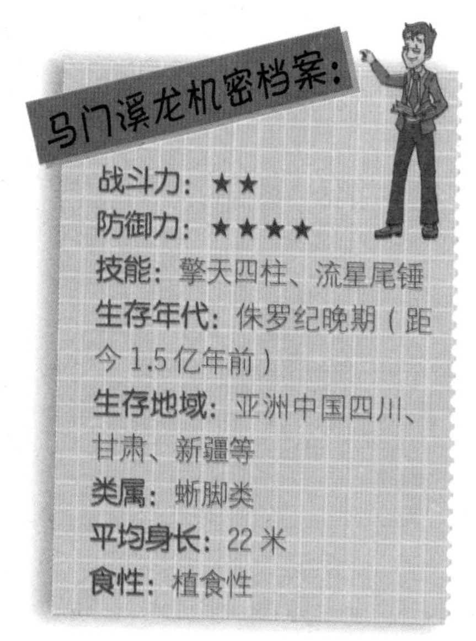

在古老的侏罗纪时期，一群庞然大物穿行于茂密的森林中，用它们小而钉状的牙齿啃吃树叶，以及别的恐龙够不着的树顶的嫩枝。它们靠四足行走，身后拖着又细又长的尾巴。天地间充盈回响着它们巨大的脚步声，让整个大地为之震颤，令其他生灵倍感恐慌。不用说，这是马门溪龙出场了。

马门溪龙是生活于侏罗纪晚期的蜥脚类恐龙，在沼泽地带活动，以植物为食，因发现于中国四川宜宾马鸣溪而得名。马门溪龙的第一具化石在1952年于四川省宜宾的马鸣溪渡口旁的公路建设工地上被发现。1954年，这具保存不是十分完整的蜥脚类恐龙化石被中国古生物学家杨钟健命名为马鸣溪龙。但由于口音问题，被人们误听为“马门溪”，于是，马门溪龙便取代了马鸣溪龙出现在后来的文字记载当中。

马门溪龙的长度约为22米，它的颈部特别长，占了身体全长的一半，可以伸进三层楼的窗户，是目前为止人们已知在地球上生活过的脖子最长的动物。另外，已发现的马门溪龙最长的颈肋可达2.1米，也是所有恐龙中最长的。2006年8月，在中国新疆奇台，发现了迄今为止最大的马门溪龙，全长达35米，刷新了全亚洲恐龙的历史纪录，当之无愧地被称为“亚洲第一龙”。

虽然马门溪龙拥有庞大的身躯和长长的脖子，但它的脑袋小得可怜，长度只有60厘米，还不如它自己的一块脊椎骨大。马门溪龙的头骨非常轻巧，头骨孔发达，鼻孔长在两侧，牙齿呈现出勺子的形状，下颌骨瘦长。它的眼眶里有一种叫巩膜环的东西，可以用来调节眼睛所接收到的光线，能够洞察到大范围内的食物和敌害等情况。

从外形上来看，马门溪龙四肢着地时活像一座小拱桥，粗壮的四肢是桥墩，支撑着庞大的桥身，长长的颈部和尾巴是引桥。马门溪龙那惊人的细长脖子由19块颈椎骨组成，这些颈椎骨相互叠压在一起，使它的脖子非常僵硬，只能慢慢地转动。它脖子上的肌肉非常强壮，支撑着它那像蛇一样的小脑袋。虽然马门溪龙重达27吨，但由于脖子长，身形还是显得非常苗条。由于它的脊椎骨中有许多空洞，所以这个体重相对于它的身躯来讲还是比较轻的。

马门溪龙腿的末端长有圆状的巨大脚掌，上面有短而粗壮的脚趾，在移动过程中，大大的脚掌有助于分散体重，使得步伐更加坚实稳定。它的肩带非常有力，不但能牢固连接前肢和躯干，而且能减少前肢落地时的振动，保持身体的平稳。它的腰带异常坚固，肱骨挺直，关节粗壮，胸背部的椎骨也增加了脖子与尾巴的受力基础。这样的骨骼特征增强了对体重的承载量，是造物主与生物进化的完美结合。

顺着马门溪龙庞大的身躯向下延伸，尾部后端有一个强有力的尾锤。这种很多装甲恐龙都长有的流星锤是肉食恐龙的心头大患。看来，它不仅仅是甲龙们独有的撒手锏，也是马门溪龙身上的“至尊利器”。

要生存就要能自保，尽管马门溪龙体型庞大，但毕竟属于植食性恐龙，攻击能力远远逊于食肉类恐龙，因此造物者赐予了它铁锤般的尾椎用以保护自我。马门溪龙有着很强的警惕性和防御能力。在进食的时候，它会时刻保持警觉，注意着周围的动静，提防着可恶的肉食恐龙，随时准备在它们进犯时用尾锤来进行防御。由于尾椎离躯干有一定距离，当遭遇袭击时，马门溪龙可以在肉食恐龙靠近身体前就舞动着流星锤给其以致命打击，从而避免自己受到伤害，也保护了自己的族群。在交配时节，为了生出小恐龙宝宝使得自己的基因得以延续，雄性马门溪龙也会为争夺雌性而大打出手，用尾锤相互抽打，进行搏斗。

虽然马门溪龙自有一套生存之道，从而保证了它们在当时复杂的大自然环境中拥有了自己的一席之地，但任何伟大的物种都逃不过大自然的更迭与洗礼。在侏罗纪晚期恐龙大灭绝之时，马门溪龙的生命也走到了尽头，整个家族遭到了灭顶之灾。它们庞大的身躯被封存在了大地之中，印刻在历史的轨迹之上，这个神奇的物种自此在地球上彻底消失了。

◎ 马门溪龙脖子与身体的比例为1∶2，它的颈椎骨有19节。

今天，陈列在博物馆中的马门溪龙化石静静地排列在一起，仿佛依然审视着大地，发出粗重沉厚的吼声，把人们从历史的睡梦中惊醒。

来自恐龙山的瑰宝：禄丰龙

1938 年，在云南省禄丰县出土了一具完整的恐龙化石，这是在中国发掘出的第一具完整的恐龙化石。当时，人们也许并没有想到，它就是最古老的恐龙类之一——巨大植食性恐龙的祖先禄丰龙。

禄丰龙机密档案：

战斗力：★★

防御力：★★

技能：锋锐齿爪，稳健长尾

生存年代：侏罗纪早期（距今 1.9 亿年）

生存地域：亚洲中国云南

类属：蜥脚类

身长：5~6 米

食性：植食性

禄丰龙生活在距今约 1.9 亿年的侏罗纪早期，是中国发现最早的一种古脚类恐龙。它出土于一个现名叫“恐龙山”的地方——大洼恐龙山。大洼恐龙山位于禄丰县东北方向，距县城 4 千米，因发掘出众多的恐龙化石而得名。

禄丰龙是一种中等大小的恐龙，身长 5 米，站立时高 2 米多，与现在的马外形类似；头很小，头骨构造简单，鼻孔呈三角形，眼前孔小而短高，眼睛大而圆；嘴巴长，颚骨的关节面与牙齿几乎处于一个水平面上；牙齿细小，样子像周围有锯齿的小树叶，这样的牙齿便于吞食植物；脖颈较长，脊椎比较粗壮；前肢较短，只有后肢的 1/3 长，有 5 指；后肢粗壮；股骨比胫骨要长一些；身后拖着一条粗壮的大尾巴，站立时可以用来支撑身体，帮助头和脖颈抬起。

对于禄丰龙来讲，它身后拖着的这条长尾巴作用可大着呢。除了起到平衡身体的作用外，在它困倦时，可以找一个安全隐蔽的地方，把尾巴拖到地上，这时候两条后腿正好与长尾构成一个稳定的三脚支架，尾巴就像是它随身携带的一个小椅子，“坐”在上面就可以放心地闭上眼睛打个盹了。

一只在河边觅食的禄丰龙，正警惕地观察四周。

作为在浅水区生活的恐龙，禄丰龙主要以植物叶或柔软藻类为生，多以两足方式行走，但在就食和在岸边休息时，也可能四足并用，弓背而行。当禄丰龙漫步在湖泊和沼泽岸边吞食植物的嫩枝叶时，会非常警惕地引颈观望周围的情况，如果遇到肉食恐龙前来侵害，便迅速逃跑。如果真的和肉食恐龙对峙，禄丰龙也不是任敌欺侮的弱者，它会挥动粗大的尾巴，把张牙舞爪的进攻者打昏，甚至置于死地。

科学家发现，所有在禄丰发掘出的恐龙化石其头部全都朝向东方，谁也不知道当时的东方究竟发生了什么。

中华第一龙：山东龙

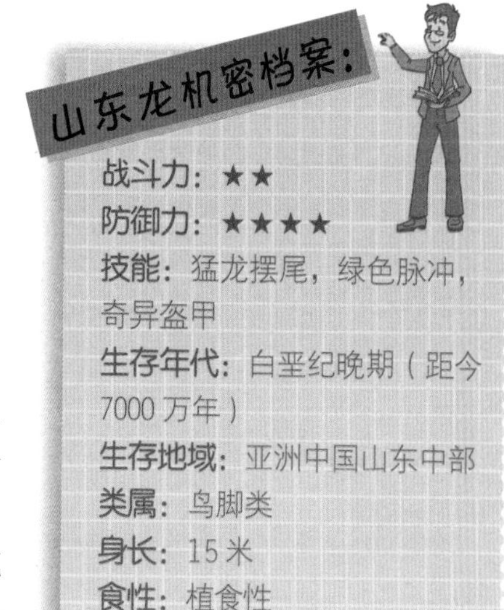

晚白垩世的一个傍晚，暴雨再一次突袭诸莱盆地。迎着哗啦啦雨声，一群长着鸭子一样扁平嘴巴的“大个子”从森林中走了出来。它们发出喇叭般的鸣叫声，身后摇晃着又长又扁的大尾巴，这就是最大的鸭嘴龙类之一——山东龙。

山东龙生活在大约7000万年前的晚白垩世的山东中部，气候温和湿润的诸莱盆地是它们理想的栖息地。山东龙属于鸟脚类中的鸭嘴龙类。鸭嘴龙类是鸟脚类恐龙中最进步的一大类，主要分为三个类群：一类是头顶平滑、头骨构造正常的平头类；另一类是头上有各种形状的棘或棒形凸起、鼻骨或额骨变化较多的栉龙类；还有一类是较为原始的鸭嘴龙及前额骨和鼻骨特化成盔状的鸭嘴龙。

头顶平滑的山东龙是已知最大、最长的鸭嘴龙科恐龙之一。很久以前，山东诸城的居民就经常在溪涧中捡到骨骼化石，他们称之为龙骨。1964年，一个石油地质探勘队在此地发现了一只大型鸭嘴龙的胫骨，引起了人们的广泛关注。随后，在1964～1967年，北京地质博物馆与地质科学院地质研究所在此地总计采集到30多吨的恐龙残骸。研究人员对这些恐龙残骸进行了四年多的清理、修补和复原工作，终于合成了一具完整的巨型骨架。该骨架总长约14.72米，高近8米，是当时世界上已知鸭嘴龙类中最为高大的。从此，一种新的恐龙种类与人类谋面了。由于它出土于中国山东境内，所以被古生物学家起名为山东龙。

山东龙视力非常好，周围稍有风吹草动，它就会抬起头用大眼睛巡视一番。

山东龙长有一个长而低窄的头颅，头骨较低；眼睛位置靠后，眼圈周围有巩膜板，由于视神经较大，所以他们的视力很好；其枕部宽大，面部加长，前上颌骨和鼻骨也前后伸长，嘴部宽扁，外鼻孔斜长。上下颌齿呈交错排列，齿列总计有60～63个齿槽，上下排列成好几排，长有成百上千颗牙齿。和其他鸭嘴龙科恐龙一样，山东龙的每一列牙齿都是弯曲的，相互配合成有效的取食机械。研究人员估计，巨型山东龙每天要吃几百千克的树叶和水中的新鲜藻类。

山东龙的颈部短而粗，颈椎和背椎椎体呈后凹型，肠骨的前突平缓、后突宽大，耻骨前突扩展成桨状，棒状坐骨突几乎呈垂直状。山东龙靠四肢行走，趾间有蹼，其中前肢较短，后肢相对较长，并且更为健壮有力。山东龙的尾巴又宽又长，占了身体长度的二分之一，行走的时候，它会高高地翘起尾巴，以保持身体的平衡。

覆盖在山东龙身体表面的皮肤非常有意思。它的身上长有一层非常厚的如皮革一样的皮肤，而且上面覆盖着凸起，像起了一层水泡，有着成千上万的小结节，和今天美国西部的一种有毒大蜥蜴一样。除此之外，它的身上很可能拥有保护色，比如生活在森林中的个体身上就会生有绿色条纹，用以在险恶的自然环境中保护自己。

山东龙是植食恐龙中非常聪明的一类。它的脑量商在 1.5 左右，和大型的肉食龙类的智商差不多。人们在找到山东龙的地层中发现了一些暴龙类的牙齿化石，这说明当时诸莱盆地经常有大型的掠食恐龙出没。没有坚甲利爪的山东龙凭借其聪明的大脑、发达的视力、强壮的后腿和大自然赐予的保护色总是能成功地甩掉那些大型的掠食者，顺利地脱离危险。

科学家指出，山东龙与在美国和加拿大发现的埃德蒙顿龙相似，这进一步证明当巨型山东龙在亚洲大地上漫游时，北美大陆与亚洲大陆是连在一起的，也证明了地质学界所推崇的大陆漂移及板块构造学说的正确性。

在发现山东龙遗骨的地层中，古生物学家找到了洪水暴发时携带的大量砾石。这证明了山东龙的灭绝是洪水所为：泥石流吞没了整个山东龙族群，冲散了它们巨大的尸骨，同时大量的泥沙迅速将这些尸骨掩埋保留，在数千万年的地质作用下将其变成了化石。直到 7000 万年后，重见天日。

在今天，博物馆中山东龙的雄伟身姿似乎依然能将人们的思绪拉回 7000 万年前：一个一个的恐龙家庭散布在美丽湿润的诸莱盆地上，过着安然自在的群体生活，像是后来的一切都不会发生，也从未发生过一样。

埃德蒙顿龙是鸭嘴龙科下的一属恐龙，以化石发现地区的加拿大艾伯塔省埃德蒙顿来命名。

脸上有角的三角龙

△ 三角龙是吓唬人的高手，头骨背面长有骨饰，面部也有尖角。

1877年的某一天，在美国的一个农场，工人们如往常一样辛勤劳动着。挖地的时候，他们发现了一对长达1米的、类似牛角的大化石。当时所有的恐龙专家不知道世界上曾经存在过长有犄角的恐龙，也从来没有见过这样的化石，以为这是野牛的角。直到后来再次有人从白垩纪地层中发现了同样的角龙化石，古生物学家们才渐渐承认，恐龙大家族中确实存在着一类头长犄角的恐龙——角龙类。而三角龙正是角龙家族中的最后一代子孙。

三角龙出现于白垩纪晚期的北美大陆，是白垩纪–第三纪灭绝事件之前最后出现的角龙类之一，也是一类进化十分成功的恐龙。它们的化石发现于北美洲的白垩纪晚期晚马斯垂克阶地层，距今6800万年~6500万年前，经常被作为白垩纪晚期的代表化石。三角龙的近亲双角龙与牛角龙以及远亲纤角龙也生存在同一时期，但它们的化石较少被发现。

作为一种中等大小的四足恐龙，三角龙全长大约9米，高3米，体重超过5400千克。它们有非常大的头盾以及三根角状物，和现在的犀牛有些神似。三角龙最显著的特征是它们的大型头颅。它们的头盾长超过2米，可以达到整个身长的1/3。三角龙的鼻孔上方有一只短角，两眼的上方各有一只长角，长达1米。

三角龙的头颅后方则是相对较短的骨质颈盾牌。三角龙的颈盾很坚硬，上面没有任何空洞，是一块完整的骨板，这能够很好地保护自己的脖子不被肉食恐龙咬到。雄性三角龙的颈盾上很可能有鲜亮的彩色图案，以此来吸引雌性。

战斗力：★★★

防御力：★★★★

技能：雷枪角刺，闪电炮击

生存年代：白垩纪晚期（距今6500万年）

生存地域：北美洲美国、加拿大

类属：角龙类

身长：9米

食性：植食性

三角龙的嘴角质较大，牙齿坚硬，上面覆盖有珐琅质，可以毫不费力地咬断嚼碎各种食物。三角龙的牙齿排列成齿系，每列由36~40个牙齿群所构成，上下颚两侧各有3~5列牙齿群，牙齿群的牙齿数量依照体型而改变。三角龙总共拥有432~800颗牙齿，其中只有少部分正在使用，而且三角龙的牙齿是不断地生长并替换的。牙齿用来剪切食物，上面有强而有力的喙状突，可以把剪切力传到喙部和牙齿，能够以垂直或接近垂直的方向来顺利剪切植物的叶子。

同时三角龙还有着健壮的身姿，颈椎和胸椎极为发达，腰带与背椎愈合紧密。它的四肢强壮，前肢为后肢的2/3，足底宽阔，有助于平稳站立和稳健奔跑；前脚掌有五个短蹄状脚趾，后脚掌则有四个短蹄状脚趾，上面附着有结实的肌肉。尾部相对比较苗条，与地面有一定的距离，已经没有了早期角龙那种鱼鳍状结构。虽然三角龙被确定是四足动物，对于它们的姿势长久以来处于争论中。三角龙的前肢起初被认为是从胸部往两侧伸展，像是蜥蜴一样在地面爬行，以助于承担头部的重量。近年来，古生物学家们对三角龙两只前腿张开的形状做了调整，认为三角龙的两只前腿应该更直立一些，它们之间的距离也应该更小一些。

由于在同一个地点发现了数目众多的三角龙化石，古生物学家们猜测三角龙也是一种群体生活的动物。作为植食性恐龙，它们通常被认为是和善的，但盛怒下的三角龙也会有很强的攻击力。人们猜测，它们会像今天的麝牛一样，当遇到威胁的时候，成年三角龙会围成一圈，把幼兽保护在圈内，成为一座活动的城堡，用长角抵御敌人。

在遥远的白垩纪晚期，三角龙曾以它们强壮结实的体格、尖锐的角和暴龙展开过数次决斗。以前人们认为三角龙在对待掠食者时会高速冲向目标以刺伤对方，而事实上三角龙的上颌骨不够结实，难以承受强大的冲击力。所以他们很可能从侧面突然摆动头部的眉角来撞击暴龙，进行挑杀。

除了将头角用于抵抗掠食者以外，三角龙可能会使用头角互相碰撞。研究显示这种互相碰撞的行为是合理可行的，但没有证据显示三角龙拥有这种行为。三角龙与其他角龙科头颅骨上的疮孔、洞孔、损害以及其他伤口，常被认为是因头角互相战斗而造成的。最近的一项研究则认为没有证据显示这些伤痕是因为打斗而留下的，也没有感染或痊愈的证据，而骨质流失或不明的骨头疾病是这些伤痕的来源。

存活到恐龙时代最后一刻的三角龙，是中生代余晖下的一朵奇葩。今天它们用古老的残骸向我们诉说着6500万年前的一切。

三角龙在利用它的犄角抵抗暴龙的袭击。它长而锋利的犄角可以给掠食类恐龙带来沉重一击，但其身体两侧和尾巴易受攻击，容易成为敌人的目标。

家喻户晓的恐龙：迷惑龙

1.4 亿年前的某一天，北美洲丛林的天空晴朗，阳光明媚。突然，轰轰的巨雷声由远而近传到生灵们的耳中，然而，清朗的天空一碧如洗，毫无变天的迹象。不用疑惑，这是雷龙出场了。

雷龙的脚步极其沉重，每踏下一步，地面就发出一声巨大的轰响，好似雷鸣一般，所以古生物学家给它取了一个形象的名字，叫作雷龙，意思是“打雷的蜥蜴”。然而根据后续发现的其他化石说明，迷惑龙与雷龙是同一种生物。依据古生物学的命名优先权，迷惑龙命名在先，故取消雷龙的命名，以“迷惑龙”称之。因此，雷龙真正的学名其实是“迷惑龙”。

迷惑龙机密档案：

战斗力：★★★

防御力：★★★★

技能：无敌铁胃

生存年代：侏罗纪晚期（距今 1.4 亿年）

生存地域：北美洲美国科罗拉多州、犹他州、俄克拉荷马州等

类属：蜥脚类

身长：21 米

食性：植食性

迷惑龙是梁龙科下的一个属，为植食性恐龙，生活于约 1.4 亿年前的侏罗纪，是陆地上存在的最大型生物之一。它可能生活在平原与森林中，并可能成群结队而行。20 世纪初，迷惑龙的化石被发现于美国的科罗拉多州、俄克拉荷马州和犹他州等地，颅骨在 1975 年首次被发现，足足比它的命名迟了一个世纪。

关于迷惑龙头部大小、形状、特征如何，科学界一直有争论。1978 年以前，迷惑龙模型的头部粗钝，与圆顶龙头部相似，鼻端微向上翘，牙齿呈匙状。在修复了一些迷惑龙的头骨碎片后，科学界发现迷惑龙与梁龙的头骨类似，头部是细长的，侧面呈三角形，吻端很低，只有一个鼻孔，且位于头的顶端；口中的牙齿较少，着生在颌骨的前部，牙齿呈棒状，恰似铅笔头，长而尖锐。

迷惑龙全长 21 米，重量可达 35 吨。头部较小且低长，拥有长达 8 米的脖子，实际上比体躯还长。迷惑龙体躯庞大，四肢非常粗壮，如四根大柱子矗立在地。它脚掌宽大，像一把张开的雨伞那么大，脚趾短粗，前肢略短于后肢。它的前肢上有一个大指爪，而后肢的前三个脚趾拥有趾爪。

它的尾巴是鞭状的，在日常行走的时候，尾巴会离开地面。当它以后脚跟支撑而站立起来时，让人觉得高耸入云。雷龙以及梁龙等动物代表了蜥脚类的另一个演化方向，这类动物不仅颈长，而且尾巴更长，尾的末端变细，呈鞭子状。由于它们是进化后的蜥脚类恐龙，所以脊椎骨上的坑凹构造相当完善和成熟，就连椎体的内部都还有孔洞，这是大恐龙适于陆地生活而减轻自重的适应性变化。

头小身大的迷惑龙总是狼吞虎咽地花大量时间来吃食物。这些食物会从长长的食管一直滑落到胃里，被它不时吞下的鹅卵石磨碎。迷惑龙的食量极其惊人，它最喜欢吃的是羊齿类和苏铁类食物，如果哪个树林里来了一群迷惑龙，那这片树林就要遭遇灾难了，因为大胃口的迷惑龙们会在短短几天内就把这片树林扫荡一空。

温顺的迷惑龙在森林中觅食，啃食植物。

由于化石资料的不完全，关于迷惑龙的身体特征和属性人们依然有很多迷惑。迷惑龙及与之相近种类的梁龙四肢能否支持如此巨大的身躯在陆上活动，它们是否被迫接受水生环境，这些都是被科学家反复讨论的问题。很多专家认为迷惑龙属主要为陆生动物。它们骨骼的特征并不表明它们生活于水中，一些实验表明它们的骨骼完全能支持自身庞大的体重，但不少人觉得迷惑龙也可能是大部分时间栖于陆上，小部分时间栖于水中的动物。

网上曾经做过一项调查，结果显示，最受公众关注的恐龙偶像是迷惑龙，其次才是暴龙，由此可见迷惑龙是多么深入人心和惹人喜爱。

前肢巨大的腕龙

在德国的一家博物馆中存放着目前为止世界上最高最完整的恐龙化石。这具巨大的骨骼化石虽然经历了两次人类世界大战的纷飞战火，却成功地保存了下来。它就是来自遥远的侏罗纪晚期的腕龙。

腕龙是侏罗纪时期巨大的植食性恐龙，名字的原意为“有武装的蜥蜴”。它们成群居住并且一块外出，生活于长满蕨类、苏铁目及木贼属植物的草原和树林。

腕龙机密档案：

战斗力：★★
防御力：★★★
技能：利牙锐齿，无敌铁胃
生存年代：侏罗纪晚期（距今 1.45 亿年）
生存地域：北美洲美国科罗拉多州、犹他州，欧洲葡萄牙，非洲坦桑尼亚
类属：蜥脚类
身长：23 米
食性：植食性

腕龙身躯巨大，身长 23 米，重达 40 吨。它有一个非常小的脑袋和一根很长的脖子，鼻孔长在头顶上，牙齿平直而锋利，发达的颌部上下布满了 50 颗牙齿。一个巨大、强健的心脏不断将血液从腕龙的颈部输入它的小脑。一些科学家认为它也许有好几个心脏来将血液输遍它庞大的身体。与其他恐龙不同的是，腕龙的前肢高大，要比后肢长很多，这样能帮助它支撑长脖子的重量。它每只脚上有 5 个脚趾，前脚的内侧长有大爪子。由于肩部耸起，腕龙的整个身体便沿肩部向后倾斜，这种情况现在在类似于长颈鹿这样的高个儿动物身上还能看到。

爬行动物的一大特点就是身体终生都在不停地生长。因此，各种类型的龙都在不停地吃不停地长，而腕龙这样的大型恐龙生长的速度更快，吃得也更多。腕龙需要吃大量的食物，来补充它庞大的身体生长和四处活动所需的能量。一只大象一天能吃大约 150 千克的食物，腕龙大约每天能吃 1500 千克，是大象食量的 10 倍。侏罗纪时期气候温暖，植物茂盛，为恐龙的生长提供了便利的条件。它们很可能每天都成

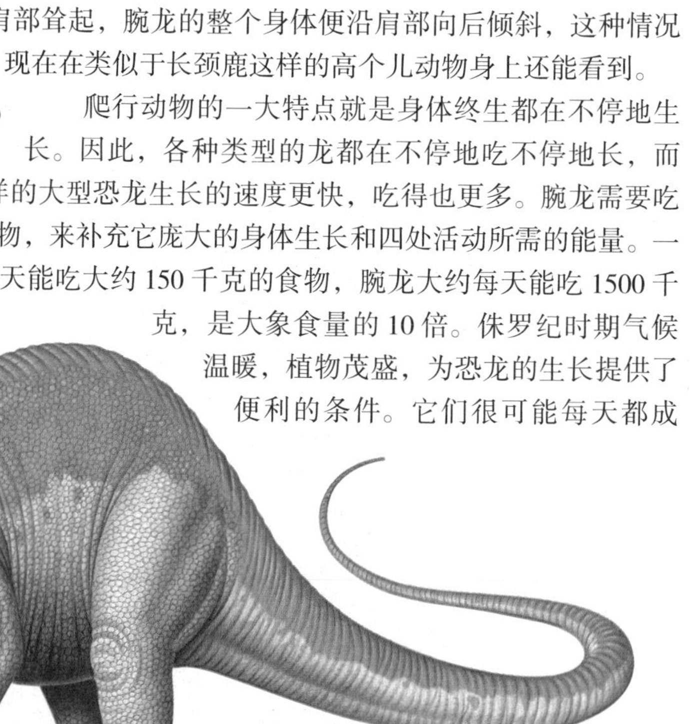

腕龙不仅前肢巨大，而且是恐龙中的长颈鹿。它的血压很高，以保证氧气送到大脑。

群结队地旅行，在一望无际的大草原上游荡，寻找新鲜树木。水对于腕龙来讲也非常重要，水中的藻类、湖岸边的丛林为腕龙提供了丰富的食物，同时又部分弥补了腕龙体重过大、行动不便的弱点。更重要的是，它们为腕龙撑起一把保护伞，如果肉食恐龙来了，腕龙就迅速移到深水处，全身浸泡在水中，只把脑袋顶部的鼻孔露出水面呼吸，食肉恐龙只得望水兴叹，离它们远去了。

看来，造物主会赋予每一种生物一份最特别的礼物，帮助它们在复杂的世界上保护自我，坚韧成长。

腕龙一口能吃掉大量的树叶，它们的嘴足以吞下整个人。

尾部惊人的梁龙

在遥远的侏罗纪，有一种奇特的恐龙统治了北美洲长达一千多万年之久，它就是今天广为人知的梁龙。

梁龙生活在侏罗纪晚期，是一种以树叶和蕨类植物为食物的植食性恐龙，也是蜥脚类恐龙的代表。其化石早在1878年就被人们发现了。梁龙的体型巨大，全长27米，很多年来它都被认为是最长的恐龙。它的体型足以吓住同一地层发现的异特龙及角鼻龙等猎食动物，是侏罗纪晚期繁衍最成功的一种恐龙。

梁龙的脑袋纤细小巧，它的鼻孔长在头顶上。嘴的前部长着扁平的牙齿，嘴的侧面和后部则没有牙齿，因此它吃东西的时候可能很少咀嚼，而是挑选较嫩的植物直接进行吞咽。梁龙的脖子长达7.5米，由15块脊椎骨组成，但由于颈骨数量少且坚韧，因此梁龙的脖子并不能像蛇颈龙一般自由弯曲。大多数长脖子的蜥脚类动物会将头伸到树顶去吃食物，但梁龙不是这样来运用脖子的。它们会伸长脖子，扫出一道弧形来吃地上的食物。由于梁龙没有用来咀嚼食物的后排牙齿，肌肉发达的胃便发挥了重要的作用。梁龙胃里的胃石能将叶子磨碎，叶子通过肠子到达盲肠，再由盲肠里的细菌完成对食物的消化过程。

虽然梁龙身体很长，但由于背部骨骼较轻，导致它只有十几吨重，体重远不如迷惑龙和腕龙。它的身体被一串相互连接着的中轴骨骼支撑着，称为脊椎骨。它的前腿比后腿短，臀部比前肩高，每只脚上有五个脚趾，其中的一个脚趾长着爪子。它们可以用后腿站立，用尾巴支持部分体重，以便能用巨大的前肢来自卫。梁龙前肢内侧脚趾上有一个巨大而弯曲的爪，那可是它锋利的自卫武器。就像人类的鞋后跟一样，梁龙的脚下大概也长有能将其脚趾垫起来的脚掌垫。有了它，梁龙在行走时就不会因为支持沉重的身体而使肌肉感到太吃力。梁龙细长的尾巴内有大约70块尾椎骨，约13.4米长，每节尾部脊椎骨都有两根人字形的骨头向外延伸，我们把这种结构称为“双梁”。鞭子似的长尾巴可以帮助它抵御敌害，也可以赶走所到之处的其他小动物。可以想象得出，梁龙在进食的时候尾巴不断抽打的情形。

梁龙之所以能成为侏罗纪晚期繁衍非常成功的一种恐龙，与它们的行为模式有非常大的关系。梁龙每次会生下很多蛋，已发现的梁龙蛋化石告诉我们，刚出生的梁龙只有30厘米长，而梁龙有迁徙的习惯，并不会及时照顾自己的孩子。梁龙寿命达百年以上，完全成长需要 10 年。但蜥脚类恐龙的成长速度远比哺乳类动物快，一年可以长到 4.5 米，三年可长到 9 米，五年后长到 15 米以上，成年后可达 27 米，体重达 12 吨。幼龙发育速度很快，只要 10 年的时间就可以完全发育。对于不受亲族保护的幼龙来说，即使生存率不高，但梁龙可以快速成长，以使它们的体型迅速达到可与掠食者一比高低的水平，有能力保护自己。

基于梁龙的鼻孔位置是在头盖顶，有专家假设了它们是生活于水中的。其他大型蜥脚类恐龙，如腕龙及迷惑龙都被认为部分生活于水中。但是这个假设后来被揭穿了，因为如果梁龙胸部的水压太大，会令它觉得不能呼吸。1970 年以后，人们一般认为蜥脚类都是陆地生物，但是较近期的研究指出它们是栖息在海岸的。

关于恐龙的秘密人们永远探知不尽。如果能重回那远古时代，亲眼看一看这种伟大的生灵，所有的疑团方能逐一而解吧。

梁龙和迷惑龙外形相似。颈长，尾长，尾末端呈鞭子状。

脊椎中空的里约龙

里约龙机密档案：

战斗力：★★
防御力：★★★
技能：不详
生存年代：侏罗纪早期（距今2亿年前）
生存地域：南美洲阿根廷
类属：蜥脚类
身长：10米
食性：植食性

南美洲的阿根廷是出土巨型恐龙化石的地区，目前世界上最大的恐龙——阿根廷龙的化石就是从这里出土的。实际上，从恐龙刚刚出现的侏罗纪早期，生活在阿根廷的恐龙就朝着大块头发展了，里约龙就是其中的一种。

里约龙在阿根廷的里约出土，科学家按照惯例，用发现地的名称为它命名，它的名字的意思就是“来自里约的蜥蜴”。里约龙的体型很大，长度可以达到10米，和一辆大型的公共汽车差不多，是当时地球上最大也是最重的陆生动物之一。

如果体重很重的话，它们是很难站起来的，而无法站立的动物防御力很差，很容易被其他动物干掉。在长久的进化过程中，里约龙的脊椎骨变成了中空的类型，这样它的体重就减轻了很多。它的四肢和大象的四肢一样粗壮，骨骼是实心的，这样它就可以轻松地支撑起身体。里约龙的前肢和后肢几乎等长，据此可以推测它是一种依靠四肢行走的恐龙。

里约龙长有叶状的牙齿，这是植食性的一种标志。因为这种类型的牙齿很适合切碎植物纤维，但不能切割肉类。不过，科学家曾经在里约龙的遗骸中发现了尖锐的牙齿，因此在很长一段时间里，里约龙的食性都是科学家争论的焦点。最终，这件事被证明是个“乌龙事件”，那些尖锐的牙齿是属于另外一种肉食性恐龙的，因为那颗牙齿脱落的时候刚好掉在了里约龙的骨骼附近。

由于体型较大，里约龙每天都要吃掉很多食物。为了帮助消化，它们会吞下一定数量的小石头，通过胃的收缩，石头就可以把树叶等食物磨成浆状。

科学家研究发现，蜥脚类的恐龙有变得越来越大的趋势，这种趋势在里约龙出现之后达到巅峰。这可能是为了适应当时日渐干旱的气候而进化出来的，因为这种体型可以使它们吃到长在高处的植物。

当然与后期生活在阿根廷的巨型恐龙相比，里约龙几乎是个“小不点”，但是这个小不点是选择这种生存策略的“始祖”，相信在阿根廷的蜥脚类恐龙家族中它的地位也不低呢！

身长达到10米的里约龙看起来就像一辆大型公共汽车。

最庞大的植食恐龙：阿根廷龙

阿根廷龙机密档案：

战斗力：★★★★
防御力：★★★
技能：不详
生存年代：白垩纪早期（距今1.3亿年前）
生存地域：南美洲阿根廷
类属：蜥脚类
身长：33～38米
食性：植食性

顾名思义，这种恐龙的命名非常简单，意思就是在阿根廷发现的恐龙。1987年，南美洲发现了一些长2米、宽1.5米、重1吨的脊椎骨。古生物学家相信该批脊椎骨的主人比当今世界上最庞大的生物蓝鲸还要大，而且比大部分侏罗纪时期的大型恐龙还要大40%。

由于阿根廷龙的化石并不完整，通过现有的化石资料还不能推测出它的全貌。但一些大胆的古生物学家推测，其身长甚至会超过40米，体重接近100吨！这可是相当于20头大象的重量！与其他泰坦龙类恐龙不同，阿根廷龙并没有披甲。

阿根廷龙毫无疑问是蜥脚类动物进化的终极产物。在侏罗纪和白垩纪交替的时候，地壳的活动非常剧烈，大部分曾经在侏罗纪名噪一时的蜥脚类动物，最后都不能适应地壳导致的气候变化而灭绝。白垩纪初期的气候比侏罗纪更冷，从非洲分离的南美洲逐渐移动并越来越接近赤道，所以气温和暖。而南美洲所处的隔离且独立的生活环境，也使得一些古老的物种得以延续。

在白垩纪时期，南美洲是一个非常适合蜥脚类动物生存的地方，当地的蜥脚类动物不但没有退化，而且变得更大，连在侏罗纪时期生活的大部分蜥脚类恐龙都给比下去了。它们成功地统治了整个晚侏罗纪时期。

目前为止，人们还没有发现阿根廷龙的完整化石。但愿以后能有所突破，让我们能对这个庞然大物得到进一步的了解。

阿根廷龙中最大的椎骨长达1.5米，承重中心的位置达到了一棵小树的高度。

叉龙是梁龙的远亲，其脖子上有一些长短不一的突起。

短脖子的短颈潘龙

在我们的印象当中，恐龙似乎都有长长的脖子，短颈潘龙却是个例外，它是恐龙家族中罕见的“短脖子”。

短颈潘龙是一种颈部非常短小的叉龙科恐龙，生活于侏罗纪晚期的阿根廷。它的标本是从阿根廷内乌肯省的一个河流砂岩的侵蚀表面中发掘出来的，也是唯一的一个已知标本。

人们在发现短颈潘龙时，它的关节仍然是连接着的，这些骨骼包括了 8 节颈部、12 节背部及 3 节荐骨的脊骨，另外亦有后颈部肋骨的近端部分、左大腿骨的远端部分、左胫骨的近端部分及右肠骨。短颈潘龙的头骨结构表明它们的脑袋无法抬高超过 2 米，颈部非常短，比其他叉龙科的颈部短 40%。它是所有蜥脚下目颈部最短的恐龙。它的短颈令它的支系非常独特，在这个下目中形成了一个独立的生态位。

包括短颈潘龙在内的叉龙类成员似乎都出现了脖子进化趋短的迹象，包括生活在非洲的叉龙。恐龙颈部变短的趋势说明了它们对低处植物的逐步适应，最后演变成以这种特定植物为主食的现象。能适应离地面 1 ~ 2 米高植物的短颈潘龙似乎比那些长脖子恐龙们拥有更为广泛的植物选择，它们在低矮植物平原里像割草机般来回“扫荡”进食。

▲ 短脖子使得短颈潘龙很难把头抬高。

叉龙科成员的化石发现量在蜥脚类恐龙中所占的比重很小，但其成员往往凭借奇特的外表及所代表的重要的理论意义成为蜥脚类家族中的亮点。而在中国宁夏发现的又一种叉龙科成员则改写了亚洲蜥脚类恐龙族群的记录——潘龙以及新近出土的叉龙科成员的化石为古大陆漂移学说以及蜥脚类恐龙的进化、发展提供了新的证据。

看来，即便都是恐龙，不同物种间也有着自己独特的进化方式。

繁盛的潮汐龙

潮汐龙机密档案：

战斗力：不详
防御力：不详
技能：不详
生存年代：白垩纪早期（距今 1.4 亿年前）
生存地域：非洲埃及
类属：蜥脚类
身长：27～30 米
食性：植食性

白垩纪时期的撒哈拉还不是沙漠，而是一片广阔的海洋。大片的红树林屹立于滩涂之中，在潮汐中生长，而它们是生活于此的潮汐龙最美味的食物。

潮汐龙是一种大型泰坦巨龙类蜥脚下目恐龙，被发现于撒哈拉沙漠的巴哈利亚绿洲。它们的尸体被保存于由潮汐带来的沉积层，这些沉积层包含了红树林植被的化石。潮汐龙是第一种被证实存活在红树林生态环境的恐龙。潮汐龙曾出现于探索频道的电视节目《Monsters Resurrected》，被描述成一种繁盛的植食性恐龙，并被同时代的鲨齿龙、皱褶龙、棘龙所猎食；在 2002 年的纪录片《失落的埃及恐龙》中曾提到潮汐龙的化石挖掘过程。

人们所发现的潮汐龙的遗骸来自一条尚未成年的恐龙，这些出土的遗骸只残余了 20% ～ 25%，其中包括数段脊椎骨、肋骨、肩胛骨等，其肱骨长达 1.69 米，比任何已知白垩纪的蜥脚类恐龙还长。估计其总长达到 27～30 米，体重 60～70 吨。潮汐龙的头很小，腿也不算太长，它所居住的海滨涨潮时是海，退潮时是陆。要知道身躯如此巨大的恐龙要维持生存，需要吃大量的食物，幸好红树在当时炎热的气候下长得很快，足供恐龙在此饱餐。据专家研究，像这样的巨型恐龙，一天 24 小时内有十几个小时在吃东西。

在非洲，过去很少能发现恐龙化石。而发现潮汐龙骨骼化石的巴哈利亚绿洲则沉积岩纹理细密，充满植物残骸，而且在附近还发现了很多海洋生物和其他恐龙的化石。看来，现在干旱荒凉的巴哈利亚在以前很可能是一个生机勃勃、充满魅力的地方。

一只在海边觅食的潮汐龙正被一只凶猛的鲨齿龙攻击。

最高的恐龙：波塞东龙

体型巨大的波塞东龙看起来就像一座山。

你知道世界上最高的恐龙叫什么吗？那就是我们即将讲到的波塞东龙。

波塞东龙又名海神龙，是生存于白垩纪早期的腕龙类成员，是北美洲最晚出现的大型蜥脚类恐龙，也是目前已知的最高恐龙。波塞东龙的脊椎骨发现于美国俄克拉荷马州的乡村，接近得克萨斯州边界，位于露出的黏土岩中。这些化石的年代约为1.1亿年前，属于白垩纪时期。

波塞东龙大约有30米长，高达18米，比最大的腕龙还高4~5米，体重达到50~60吨。在人们发现的波塞东龙颈椎化石中，最大的一块约1.2米，而它的颈部长度估计在11~12米，大概抬头能够到6层大楼的高度。它的骨骼中具有小小的蜂窝状结构，这种结构使得波塞东龙的脖子重量更轻，更容易活动。波塞东龙的前肩高耸，肩高离地面7米，在它的尾椎存在着一个气囊系统，类似于鸟类，能减轻高达20%以上的体重。

人们对波塞东龙的发现与研究也经历了一番曲折。1994年，瑟法里博士与俄克拉荷马自然历史博物馆的团队在俄克拉荷马州阿托卡县的鹿角组发现了四块颈椎骨化石，这些化石起初仅被认为是过大的动物化石。1999年，瑟法里把这些化石交给一个研究生作为其学术项目研究的一部分，在研究过程中才发现了这些化石所蕴含的重大意义。2000年3月，他们在古脊椎动物杂志上向官方公布了它们的研究结果，并将这一新品种称为波塞东龙。

波塞东龙的发现者曾经感慨："它们真的令人感到惊讶。波塞东龙可以说是地表上曾经出现过的最大型的动物。"关于它的相关信息一经传出，马上引起了大众媒体的注意，一时间很多大众媒体称波塞东龙可以说是地球上最大的自由行走动物。而事实上，波塞东龙可能是目前已知最高的恐龙，但现有的化石标本并不能充分证明它们是最庞大的恐龙。这让曾经证明阿根廷龙是最大恐龙的学者表示非常反感，他认为仅仅凭借如此数量的标本是无法对波塞东龙的体积做出正确判断的。这个关于最大陆生动物的争论之后便不了了之，至今仍然没有得出一个确切的答案。波塞东龙很可能是北美洲最后的巨大蜥脚类恐龙。蜥脚类恐龙包含陆地上出现过的最大的动物，是群分布广泛且成功的演化支。它们首次出现于侏罗纪早期，并且很快地散布到全世界。到了侏罗纪晚期，梁龙科与腕龙科恐龙在北美洲与非洲等地占优势。到了白垩纪晚期，泰坦巨龙科广泛分布于南半球。在侏罗纪晚期到晚白垩纪期间，蜥脚类的化石记录很稀少。这段时间的北美洲很少发现标本，所发现的标本也通常是破碎骨头或是幼年个体。白垩纪的北美洲蜥脚类恐龙已出现数量衰退、体型缩小的迹象，而波塞东龙是北美洲最晚出现的大型腕龙类恐龙。因此，它们的发现意义相当不同寻常。

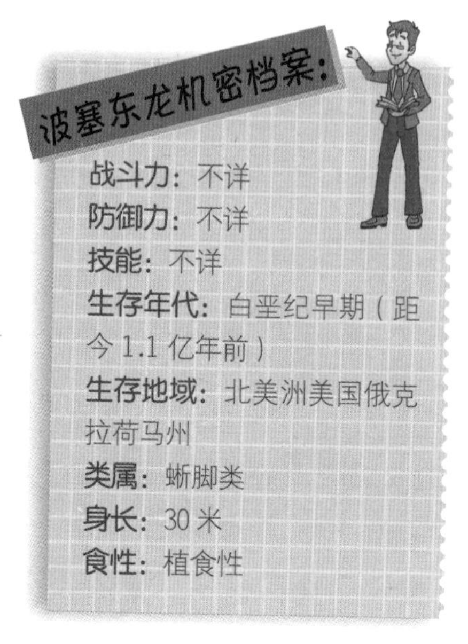

战斗力： 不详

防御力： 不详

技能： 不详

生存年代： 白垩纪早期（距今 1.1 亿年前）

生存地域： 北美洲美国俄克拉荷马州

类属： 蜥脚类

身长： 30 米

食性： 植食性

波塞东龙还是研究恐龙体温的参考依据。恐龙到底是冷血动物还是热血动物呢？美国的研究人员发现，恐龙体内某些关键生物化学物质反应的速度与体温高低有关。恐龙的体温可能与其大小有关，个头越大，体温越高。小型恐龙体温约为 25℃，当恐龙体重超过 600 千克的时候，它们散发热量的能力会显著减弱，从而具有较高的体温，体重 13 吨的恐龙体温能达到 41℃。研究人员根据上述曲线推测，波塞东龙体温可高达 48℃。一般动物组织在这一温度下开始受到破坏，这样看来，恐龙体型的上限可能是由温度来决定的。这也说明了波塞东龙有可能是体型最大的恐龙之一。

但愿有一天，人们会对这位“热血巨物”有更为准确的认知。

恐龙体温

体型越大的恐龙，体温也越高。由此似乎可以断定，拥有 48℃高体温的波塞东龙是体型最大的恐龙。

身材超长的超龙

从 20 世纪 80 年代中期开始，在美国的科罗拉多州找到了一些身份不明的零碎的恐龙化石，从这些零碎化石中，推论出它的体型极其庞大。人们为其命名为“超龙”。由于证据不足，我们至今仍然无法确认超龙的真实身份。

超龙和大部分长颈素食恐龙一样属于蜥脚类。超龙的化石在 1972 年被发现于美国科罗拉多州的莫里逊组岩层，同时还发现了一个所谓“巨超龙”的骨头，而这个“巨超龙”后来被发现只是超龙的异名。

在人们发现的零星的超龙化石中，包括了 2.5 米长的肩胛骨，1.8 米宽的腰带及 3.1 米长的肋骨。从这些遗骨中可推测，超龙身长可达 33 ~ 34 米，是最长的恐龙之一，而体重可达 35 ~ 40 吨，最大有可能达到 66 吨。也有一些古生物学家推测，超龙的体重应当超过 80 吨，这几乎是陆地上生存动物的极限了。但是在对超龙体重进行推测的时候，人们必须要考虑到体型庞大的动物在陆地上生存需要克服最大的问题：重力。所以体型上仍然存在架构上的极限。如果动物的体重太重的话，四肢便要承受很大的压力，如果脚部结构不够坚固，脚部随时会被身体重量压得粉碎。而这样的生物也是无法在地球上生存的。在考虑到这方面的问题后，我们认为在陆地上生存的，可以随意移动的动物体重很难超过 80 吨。不过，关于超龙体重真正的答案仍然要等将来找到更多的化石才会揭晓。

▲ 超龙站立时双肩高度可达 8 米，是普通人身高的 4 倍还多。

关于超龙的分类，古生物学家们一直存在着分歧：有理论指出超龙并不是一种新品种的恐龙，而是体型过大的腕龙；也有古生物学专家指出，超龙是一个独立的品种，和现已发现的恐龙并不相同。至今为止，我们所熟知的最高、最大、最重的恐龙还都没有发现一件较为完整的骨骼，一方面，我们仍然需要找到更为完整的恐龙化石，另一方面，古生物学家们需要找到一种更为合理的推算方法来进行研究。

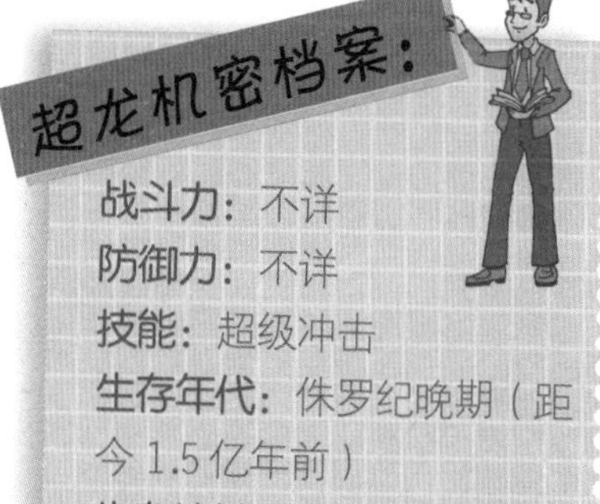

超龙机密档案：

战斗力： 不详

防御力： 不详

技能： 超级冲击

生存年代： 侏罗纪晚期（距今 1.5 亿年前）

生存地域： 北美洲美国科罗拉多州

类属： 蜥脚类

身长： 33 ~ 34 米

食性： 植食性

像巨人一样的巨龙

1997年，几位古生物学家在阿根廷的白垩纪地层进行考察时，偶然发现了一些恐龙蛋的残碎化石。这些化石个个都有柚子大小，在阳光下闪烁着耀眼的光芒。如果它们当时能够被成功孵化，就会长成我们今天所要介绍的巨龙。

巨龙机密档案：

战斗力： 不详

防御力： 不详

技能： 不详

生存年代： 白垩纪晚期（距今6500万年前）

生存地域： 南美洲、欧洲、非洲、亚洲

类属： 蜥脚类

身长： 9～12米

食性： 植食性

巨龙又称为泰坦龙，属名意为“泰坦的蜥蜴”，以希腊神话中的早期神泰坦巨神为名。它的化石在1877年发现于印度的拉米塔组，地质年代为上白垩纪，年代地层为马斯特里赫特阶。巨龙是白垩纪时期最为繁盛的蜥脚类恐龙，也可能是最后的蜥脚类植食恐龙。它出现于侏罗纪晚期，在地球上存在了整整8000多万年。这种恐龙当时分布于世界各地，其中以南美洲居多。

人们推测巨龙身长为9～12米，重量约13吨。它的头部较小，脸很长，颅骨跟梁龙有点像；脖子比较短，有着长长的尾巴，四肢如大象般粗壮；其皮肤上镶嵌着许多硬骨片，构成了具有保护作用的甲胄，这使得它在蜥脚类中显得独一无二。

虽然当时巨龙在地球上分布广泛，但由于它的骨骼脆弱，难以留下化石记录，所以迄今发现的化石都非常零碎，头骨化石尤其稀少，因此考古学家们对这个家族了解的并不多。2001年8月2日，美国考古学家经过6年的挖掘研究，宣布在非洲马达加斯加岛上发现一具迄今发现的最完整的巨龙化石。而阿根廷的古生物学家最近表示，他们已经发现了一具几乎完整无缺的幼年巨龙骨骼化石。据他们估计，这只巨龙生活在大约7100万年前。他们声称，该恐龙化石最为特别的地方就是有关节连接着，好像这只巨龙当时是摔倒或者倒下来了，并且就这样被保存了下来。在化石上没有看出它被其他动物捕食的迹象。

皮肤上的硬骨片让巨龙看起来更为独特。

貌似豪猪的阿马加龙

阿马加龙机密档案：

战斗力： 不详
防御力： 不详
技能： 双排棘刺
生存年代： 白垩纪早期（距今 1.4 亿年前）
生存地域： 南美洲阿根廷
类属： 蜥脚类
身长： 10 米
食性： 植食性

南半球曾经有一块大陆叫作冈瓦纳古陆，它从三叠纪开始裂解，在这块陆地上生活着一种颈部和背部背着一面巨帆、靠四足行走、看上去就像一只巨大的豪猪的植物性恐龙，它就是阿马加龙。

阿马加龙生存于白垩纪早期的南美洲，是叉龙科下的一个属，它是四足的植食性蜥脚类恐龙。阿马加龙的化石是在阿根廷境内乌肯省被发现的，于 1991 年由阿根廷古生物学家利安纳度·萨尔加多及约瑟·波拿巴以发现它的地名来命名。

阿马加龙个头比较小，身长 10 米左右，体重约为 15 吨。古生物学家们所发现的阿马加龙化石是一个相对较完整的骨骼。这套骨骼包括了头颅骨的后部，所有颈部、背部、臀部与部分尾巴的脊骨，肩带的右边、左前肢及后肢、左肠骨及盆骨的一根骨头。在它的背部有两排鬃毛状的长棘，如两排巨帆。这两排长棘是其神经棘上锐利的棘刺，是阿马加龙最主要的特征。它们从头部到背部的背骨中长出，这些棘在颈部最高，并且成对排列。这个排列一直沿着背部，至臀部逐渐减少高度。后背部及荐骨的特征是只有单一的棘，虽然很长但较颈部的短。这种构造源于阿马加龙继承了蜥脚类恐龙中梁龙类的特征，其背部神经棘继续进化，最后变成了两排。这些棘可能用作支撑一对高的皮蓬。由于棘刺细而易损，看来不宜用于防御。

关于这古怪棘刺的作用和恐龙家族其他未解之谜一样，有待人们进一步去进行研究。

阿马加龙背部的棘看起来仿佛是为了防御敌人而生长的，但它们非常纤细且容易折损，根本无法起到防御的作用。

来自佛教名山的峨眉龙

侏罗纪时期的四川和今天一样，有着肥沃的土壤和丰富的植被，是生灵们的安乐窝。在这样一块丰饶的土地上，生存着一种高大威猛的恐龙，叫作峨眉龙。

峨眉龙机密档案：

战斗力：★★
防御力：★★
技能：无敌尾锤
生存年代：侏罗纪晚期（距今 6500 万年前）
生存地域：亚洲中国四川
类属：蜥脚类
身长：10～20 米
食性：植食性

峨眉龙是一种大型蜥脚类恐龙，生存于侏罗纪中晚期的中国。峨眉龙发现于中国四川省自贡市大山铺的下沙溪庙组，当时它们生存于广阔的冲积平原上，和其他蜥脚类恐龙一起过着群居生活。目前为止，峨眉龙总计发掘有四个不同的种，分别被命名为：荣县峨眉龙、釜溪峨眉龙、天府峨眉龙与罗泉峨眉龙。其中较天府峨眉龙稍小的荣县峨眉龙发掘自荣县，是四川盆地中最早发现的蜥脚类恐龙。

峨眉龙是一种体型较为庞大的恐龙，身长 10～20 米不等，高度则为 4～7 米左右，重量约 10～15 吨。峨眉龙的头比较大，头骨高度为长度的 1/2 多。它的牙齿粗大，前缘有锯齿，能够很好地对付各种松枝、松针、茎和块根等。它的颈椎很长，所以脖子显得特别长，最长的颈椎为最长背椎的 3 倍，超过尾巴长度的 1.5 倍。峨眉龙前肢较短而粗壮，前肢第 1 指有爪，后肢的前 3 个趾上也有爪。由于后肢较长，其背部最高点位于臀部。

峨眉龙主要生活在内陆湖泊的边缘，牙齿粗大，前缘有锯齿，以植物为食。峨眉龙喜群体生活。不像许多蜥脚下目恐龙，峨眉龙的鼻孔位于鼻部前端，而非头顶。

不同种类的峨眉龙在外形上也有一些差异。比如，天府峨眉龙的头骨相对比较大，牙齿是勺状的，四肢粗壮，颈椎和背锥的构造较为复杂。罗泉峨眉龙的少部分颈椎椎体侧凹，椎体腹面宽而平，无腹中脊；脊椎神经棘低，前后延长；背椎的骨板极薄，下后关节凸凹、下横凸凹以及下后横凸凹均发育成很深的凹洞；背椎神经棘侧扁，形态单一，不分叉。

峨眉龙的尾巴上有骨锤，其功能就如同甲龙类的尾锤一样，用来进行防卫，抵御攻击。这个骨质尾锤非常厉害，让那些肉食性恐龙轻易不敢招惹它。因为如果让峨眉龙那有力的尾锤锤到腿骨，那些看似张牙舞爪的肉食恐龙可就要倒大霉了，即便没有失去生命，也会受到重伤。关于峨眉龙的尾锤，还有另外一种有趣的假说：峨眉龙扬起的尾锤酷似蜥脚类恐龙的头部，可以用来伪装成另外一种恐龙，从而转移捕食者的视线。

看来，来自佛教名山的恐龙确实有其不简单之处哦。目前可以在自贡市自贡恐龙博物馆与重庆市北碚博物馆看到已架设的峨眉龙骨骸。

亚洲最壮的恐龙：黄河巨龙

研究人员对黄河巨龙的发掘工作从2002年就开始了，历时3年，终于发掘出部分化石，包括近乎完整的荐椎、一个前部尾椎、一个中部尾椎、若干不完整的颈肋、一个缺失远端的脉弧、左侧肩胛骨和乌喙骨。2004年，中国的研究者将甘肃兰州盆地下白垩统河口群新发现的一类蜥脚类恐龙化石命名为刘家峡黄河巨龙，意为“黄河边上的巨龙”。2007年春节前，人们在河南省汝阳县发现了黄河巨龙的另一个品种，命名为汝阳黄河巨龙。

黄河巨龙机密档案：

战斗力：不详

防御力：不详

技能：不详

生存年代：白垩纪早期（距今1.4亿年前）

生存地域：亚洲中国甘肃、河南

类属：蜥脚类

身长：20米

食性：植食性

黄河巨龙身长约20米，而头部高度则有8米左右，前肢较长，肩部高度为6米，肩宽达3米；它的臀部宽大，其高度为5.1米，臀宽达2.8米；神经脊椎非常低并且在其顶端横向扩展，臀部骨骼中间的部分不足半米高却长达1.1米，1.23米长的肩胛骨最宽处可达0.83米。黄河巨龙光一根脚趾就有20厘米长，是目前为止知道的亚洲体型最大的恐龙。

栾川、汝阳所处的正是秦岭以东、伏牛山拐角，人们在这里接二连三地发现了恐龙化石。在发掘的过程中，一旦找到一个化石，人们总是顺着水流的方向继续寻找，往往会有发现。因此人们推测，在恐龙生活的白垩纪时期，秦岭以东、伏牛山拐角是一个温暖湿润、植被丰富的盆地，没有分明的四季，只有旱季、雨季的区分。有一条巨大的水系维系着恐龙、蜥蜴等爬行动物的生命。雨季的时候，丰富的资源让食量巨大的恐龙生活得无忧无虑，非常滋润：食草的有吃不尽的植被，食肉的有着丰富的昆虫可以充饥。但随后旱季到了，树木干枯、河流干涸，身形巨大的恐龙终因消耗太大，没等到雨季就倒下了。雨季来了，爆发的山洪卷着泥沙将尸体掩盖。大量的尸体顺着水流的方向沉淀于盆地的底部。在被泥沙封闭的无氧环境中，尸体慢慢石化，变成了化石。

跟波塞东龙比起来，黄河巨龙似乎还是不够大，但在亚洲范围内，它已经算是最大的恐龙了。

黄河巨龙的发现为亚洲早白垩纪巨龙型蜥脚类再添新成员，这也证明了巨龙型蜥脚类不再局限在南半球。

长脖子小脑袋的川街龙

在位于云南省老长箐村村后的山坡约300米处有一个长方形的混凝土房子，开启卷帘门，西向纵卧着8具较为完整的恐龙化石，它们正是大名鼎鼎的川街龙。

川街龙属蜥臀目、蜥脚类下的植食性恐龙，主要分布于侏罗纪中期的中国云南省禄丰县老长箐村，推测体长27米，于2000年被发现，因在川街地区被发现而得名。

在长箐村的一号化石点保护房里，有一条川街龙的股骨化石长1.3米，肱骨长1.2米，其粗处直径近30厘米；体型最大的一条川街龙，其一根肋骨长度超过2米。专家估计，这条恐龙生前体长在24米以上，是中国迄今发现的较大恐龙之一。这8具恐龙化石散卧在100多平方米倾斜的泥岩层上，在如此小的范围内发现如此多的化石，无可辩驳地证实了禄丰川街是世界上已知恐龙化石最集中、最丰富、研究价值最高的地方。有趣的是，和这8具恐龙化石在一起的还有5具共生的蛇颈龟化石。人们猜测这片土地以前是潮湿的沼泽和小山包，上游的恐龙死亡之后，随着偶发的山洪冲积到下游，和蛇颈龟的残骸掺杂在一起，被泥沙掩盖，深埋于地下，直到现在才重见天日。

川街龙机密档案：

战斗力：不详
防御力：不详
技能：不详
生存年代：侏罗纪中期（距今1.7亿年前）
生存地域：亚洲中国云南
类属：蜥脚类
身长：27米
食性：植食性

二号化石点位于老长箐村村后的小道上，其实只是深深的一个挖掘坑，里面埋藏着一具大型川街龙（禄丰博物馆新近陈列的化石都来自此地）。作为晚辈的川街龙，比大洼龙更加高大，专家们用相近化石产地的恐龙颈骨进行比较，发现了这一事实：大洼龙为9块，武定龙为13块，川街龙达到19块，所以川街龙的体长已超过27米，与四川自贡的马门溪龙相近。在2003年，二号化石坑进行了一次新的发掘，每一天都有令人兴奋的大块恐龙骨骼化石出土，原本那只估计27米的阿纳川街龙，以前只取出了一块肩胛骨和腰带，如今，一只爪子出土了，大腿骨也露出来了，两米多的肋骨也可看到两根，它的真实面貌就在铁锤凿子敲打声中，"犹抱琵琶半遮面"逐渐显露出来。

△ 一只长达27米的川街龙正在河边行走。

身材矮小的欧罗巴龙

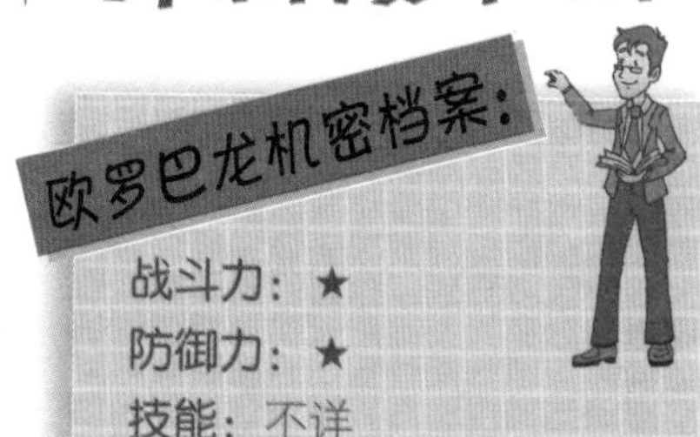

战斗力：★
防御力：★
技能：不详
生存年代：侏罗纪晚期（距今1.5亿年前）
生存地域：欧洲德国萨克森盆地
类属：蜥脚类
身长：1.7～6.3米
食性：植食性

欧罗巴龙是德国波恩大学的桑德教授率领考察队在德国北部城市汉诺威附近的采石场发现的。他们在这里发现了超过10具新品种的蜥脚类恐龙，并命名为“欧罗巴龙”，意思是“来自欧罗巴的蜥蜴”。

与蜥脚类家族中巨人般的亲戚不同，这批恐龙的个头都很小。开始的时候，科学家认为这是一群结伴而行的幼年恐龙，可是通过对恐龙骨骼内的结构进行分析之后，他们惊奇地发现，这些恐龙竟然多数是成年恐龙，最长的也不过6.3米，而其中最小的未成年个体化石仅仅有1.7米。相对于那些体长超过20米的恐龙，欧罗巴龙真是不折不扣的“侏儒”，简直是“迷你”恐龙。

同为蜥脚类的成员，欧罗巴龙为什么长得这么小呢？原来欧罗巴龙生活的环境在侏罗纪晚期的时候是一片海洋，这些动物被隔离在无数个小岛上，彼此之间根本不能“串门交流”，这样就导致基因无法进行交流。另外，由于每个小岛上的资源有限，根本不可能保证巨大动物的生存，只有那些小个子才能生存下来，于是小岛上保存下来的都是“小个子基因”，时间长了以后，小个子基因出现的频率就会越来越大，最终整个小岛上的动物都变成了矮小的动物。发现欧罗巴龙的桑德教授认为这种恐龙就是矮化现象的最佳病例。

自然界的矮化现象并不少见。曾经有科学家在西西里岛和马耳他岛上发现过1米高的大象化石，它们在5000年的时间里，从4米高的庞然大物变成了仅有1米的小巧身材。这同样是由于周围食物有限，基因受到自然选择的结果。

欧罗巴龙的发现提供了“矮化现象”的新证据，对恐龙家族是否存在矮化现象做出了明确的回答。科学界都称欧罗巴龙是迄今为止已知的最有研究价值的欧洲蜥脚类恐龙化石。

▲ 被称为“迷你恐龙”的欧巴罗龙，看起来似乎不是恐龙家族的一员。但科学家最终研究出了它们身材如此之小的原因，那就是环境的造就。

笨重的巴洛龙

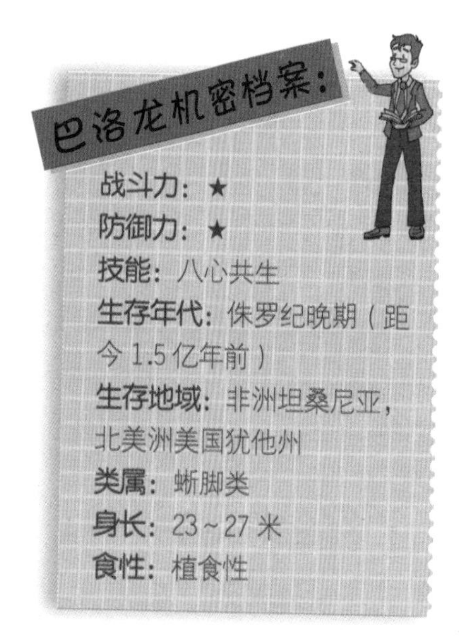

在美国的纽约自然博物馆中，有一组造型十分优美的恐龙化石。这组造型中的其中两具化石拥有长长的脖子，是一只小恐龙躲在妈妈身后；而另外一边则是来势汹汹的异特龙。这两只正在与异特龙做斗争的恐龙就是巴洛龙。

巴洛龙又称为“重型龙”，意思是“笨重的蜥蜴”。这种笨重的蜥蜴是美国化石采集家厄尔·道格拉斯在美国犹他州的卡内基挖掘场找到的。而巴洛龙也的确是名副其实，身躯十分庞大笨重，长达 27 米。

巴洛龙的外形与梁龙相似，它的长脖子似乎是专门为吃树顶的嫩叶而设计的。虽然脖子上的骨骼数目不多，仅有 16 节，但是每一节都大幅度延长，所以它的脖子可以触及相当高的地方。巴洛龙的脖子可以比肩膀高出 9 米，几乎是北美洲最高的恐龙。

不过，这么长的脖子虽然看起来很酷，但是要把血液送到脑袋上可就不容易了。这对巴洛龙的心脏提出了挑战。

根据科学家的推测，要想把血液送到巴洛龙的脑袋，它的心脏就要有 1.6 吨重。可是这么大的心脏，收缩一次非常费劲，如果心跳过慢的话，下一次的血液还没来得及运到脑部，上一次的血液已经开始回流了，这样就会造成大脑缺氧。

这个问题让科学家们感到非常迷惑，为此他们做出了一个大胆的假设，那就是巴洛龙可能不止一颗心脏，它可能拥有 8 颗心脏，这样每颗心脏只需大到足够把血液送到下一颗心脏就可以了。

巴洛龙的颈部修长，和头部、躯干连成了一条优美的曲线，不过这么巨大的身躯要想正常地站立起来，一条长尾巴也是必不可少的。只有尾巴够长够重，身体的后部才能与颈部平衡。

这就像是一个跷跷板，只有两端重量差不多，它才能够保持平衡，否则跷跷板只会偏向某一端。

科学家根据已经发现的巴洛龙的尾骨推测，巴洛龙尾巴的末端容易弯曲，类似梁龙的尾巴。而且，无论尾巴是否容易弯曲，整个尾巴必须重到能与长长的颈部达到平衡，否则巴洛龙就无法正常地站立。但是也可以推测，由于这条长尾巴，巴洛龙的身体显得更为修长。

遗憾的是，目前还没有人找到巴洛龙头部的化石，只能按照同类头部的形象来推测它的样子。相信总有一天，我们可以真正弄清它的样子，了解它的生活和经历。

显然，拥有这么长脖子的巴洛龙，要保证心脏的血液可以顺利输送到头部，必须要有更多的心脏。

尾巴比较短的约巴龙

约巴龙生活在侏罗纪中期和晚期，与后边即将介绍的圆顶龙所处时代相同，同属于蜥脚类的恐龙。

约巴龙是芝加哥大学的古生物学家保罗教授带着他的研究小组于1997年在非洲的尼日尔共和国发现的，他们在其境内的撒哈拉沙漠考察时挖掘出了这个庞然大物。这具约巴龙的骨骼化石95%都得以保存，比同时期存在的恐龙化石都要完整。

约巴龙机密档案：

战斗力：★
防御力：★
技能：不详
生存年代：侏罗纪晚期（距今1.6~1.5亿年前）
生存地域：非洲尼日尔境内的撒哈拉沙漠
类属：蜥脚类
身长：20多米
食性：植食性

不过，当年的撒哈拉沙漠可不是今天这种漫天黄沙的样子，而是一片有着茂密森林和宽阔河道的地方，这样的地方对于以植物为食的约巴龙来说真是天堂一样。这个研究小组在这里发现了一系列的化石，从未成年到成年的都有，这些不同年龄段的恐龙生活在一起。根据对周围环境的研究，小组人员发现这些恐龙好像是被凶猛的洪水吞没后被埋在地下的。

"约巴龙"这个名字来源于当地游牧民族神话中的一种动物"Jobar"，属于蜥脚类恐龙大家族。不过，与同时期的其他蜥脚类恐龙相比，约巴龙是一种非常原始的恐龙。与北美的蜥脚类恐龙如梁龙、圆顶龙相比，约巴龙的脊椎构造相当简单，同时它也不具备鞭子形状的尾巴，尾巴长度也非常短。科学家推测约巴龙可能来源于更古老的恐龙家族。在侏罗纪中晚期，这一家族只在非洲地区得以存活和繁衍。

约巴龙虽然身体结构比较原始，但是个头并不小，身长有20多米，重量有20多吨。它的胸腔大小达1.8米，能够躺下一个成年人。有科学家认为，和其他的蜥脚类一样，约巴龙是用四肢前进的；但是古生物学家保罗·塞里诺通过约巴龙和大象的骨骼比例进行比较后得出结论，认为约巴龙应该是用后腿站立的。要知道，大象的体重是由前肢支撑的，即使在这样的情况下，大象还可以用后脚短暂地站立，对于体重由后脚来支撑的约巴龙来说，用后腿来站立简直是小菜一碟。

约巴龙的化石对于科学家来说极具科研价值，它是一种古老的蜥脚类恐龙，把其与北美洲亲戚的关系弄清楚，对于研究恐龙的进化史具有重要意义，我们甚至可以由此看出恐龙的进化路线。

△ 令人吃惊的是，约巴龙被发现时有95%的骨骼完整无缺。

憨厚老实的圆顶龙

圆顶龙机密档案：

战斗力：★

防御力：★

技能：长爪砍杀

生存年代：侏罗纪晚期（距今1.5~1.4亿年前）

生存地域：北美洲美国犹他州、怀俄明州、科罗拉多州，墨西哥

类属：蜥脚类

身长：7.5~20米

食性：植食性

圆顶龙是北美洲最著名的恐龙之一，生活在侏罗纪晚期开阔的平原上，它长7.5~20米，高4.6米，重20~30吨，是一种植食性的四足恐龙。

1877年，一位名叫卢卡斯的植物学家在科罗拉多州发现了一些零碎的脊椎化石。之后，著名的古生物学家科普买下了这些化石，并雇用卢卡斯继续进行探测。同一年卢卡斯宣称自己发现了一种新的恐龙，并把它命名为“圆顶龙”。不过，第一具完整的圆顶龙骨骼在1925年才被发掘出来，是一个幼年个体的骨骼。圆顶龙化石是侏罗纪晚期地层中最常见的化石之一，目前在科罗拉多州、犹他州以及怀俄明州已经发现了数具完整的骨骼。

圆顶龙与腕龙是远亲，不过身材比腕龙小很多，显得更加粗壮结实。与它的远亲梁龙相比，圆顶龙的脖子和尾巴都要短许多。圆顶龙的最大特点是圆拱形的头颅骨，这也是它名字的由来之一。圆顶龙的头颅骨短而高，两个大鼻孔分别开在头骨两侧，鼻端看起来很钝。它的鼻腔巨大，因此肯定具有良好的嗅觉，从而可以有效地帮助它逃避敌人。

从进化角度上来说，圆顶龙是一种比较进步的蜥脚类恐龙。它的骨骼形态非常适应自身巨大的体重，它的腿骨粗壮圆实，可以承担巨大的身体重量；如同许多蜥脚类恐龙一样，圆顶龙的脊椎是空心的，这样可以减轻它的体重。它的12节颈椎互相重叠，使颈部更加硬挺。我们都知道，脊髓在神经系统中的作用非常大，是神经传导的中枢，而圆顶龙的脊髓在臀部附近竟然有所扩大，因此有古生物学家把圆顶龙的臀部称为“第二大脑”，有调节身体动作的神经组织。不过，最近的研究认为，这里只是存在着很多反射神经，并不能起到大脑的作用，所以称之为“第二大脑”有些言过其实。不可否认的是，这个地方的脊髓比脑部的脊髓还要大。

圆顶龙的腿像树干一样粗壮，每只脚上都有五个脚趾，最内侧的脚趾上长着长而弯曲的爪子，非常锋利，这是它面对敌人的时候唯一的武器。同大部分的蜥脚类恐龙一样，它的前腿比后腿稍微短一点儿。在对蜥脚类恐龙的研究中，科学家发现凡是能够站立的蜥脚类恐龙，每一节脊椎上都有向上的长神经棘，不过圆顶龙的化石上并没有发现神经棘的痕迹，因此推测圆顶龙是四肢行走的动物，并不能以后肢站立。

它的牙齿长度大约有19厘米，就像一把把小凿子整齐地分布在颌部，用来啃断树枝和树叶。科学家发现它的牙齿磨损程度要高于梁龙，因此推测圆顶龙更善于吞食比较粗糙的食物。由于颈部长度的差距，这两种恐龙可以和谐地生活在同一个环境中，不会因为食物来源而形成竞争关系。因为圆顶龙脖子比较短，所以只能吞食低矮处的树叶，而梁龙则主要以高处的树叶为食。在每天的绝大部分时间里圆顶龙都在吃东西，从一个

灌木丛挪到另一个灌木丛，因为要让如此庞大的身躯正常运转，它需要很多食物来补充养料。

圆顶龙牙齿的主要作用是切断食物，不负责咀嚼。当它把树叶切下来之后，就会将其吞进肚子里。为了适应这种进食方式，圆顶龙进化出了一套非常强壮的消化系统，它会吞下砂石来帮助消化胃里的坚硬食物。

对于圆顶龙化石，考古学家常常是一下发现好几具，由此我们可以推断圆顶龙是以族群为单位来进行活动的，最小的单位也应该是家庭。虽然它们是群体生活在一起的动物，但是它们并不做窝。

圆顶龙的恐龙蛋被发现的时候都是成行的，而不是整齐地排列在巢穴中，由此可见圆顶龙产卵的时候是一边走路一边生下恐龙蛋！这个现象实在太令人惊讶了。并且在幼龙成长的过程中，父母并不照顾它们。

由于挖掘出来的化石资源十分丰富，对圆顶龙的生长发育过程，科学家也有了一定程度的了解。美国曾经出土了一具 6 米左右的小圆顶龙化石，这副骨架十分完整，埋藏姿态就像一匹奔腾的骏马。通过这具精美的化石标本，古生物学家发现与成年的圆顶龙相比，幼体的头骨所占比例更大，眼眶更加明显，脖子也更粗短，它们的骨骼尚未发育成熟，绝大多数骨缝尚未愈合。这些变化与如今的动物生长发育过程相同。

圆顶龙看起来呆呆笨笨的，但是它用自己的身躯为我们打开了一扇通往远古世界的大门。正是通过它，我们对远古的神秘世界有了更进一步的了解。

圆顶龙意为“隔成房间的蜥蜴”，因其椎骨上的空腔而得名，这让它的体重相对于体型来说较轻。

又大又笨的腱龙

如果以恐龙为原型拍一部动画片，那么最合适腱龙的角色一定是呆呆傻傻的大块头，时常会被聪明伶俐的小家伙戏弄一番。今天，我们就来认识一下这个“傻大个”。

腱龙生活在白垩纪早期的北美洲西部，是一种植食性的恐龙。腱龙个子很高大，身长可达10米，站起来的时候大概有3.5米。浑身上下，最让腱龙骄傲的是它的尾巴。这条尾巴又粗又长，对腱龙来说非常重要。除了可以使自己看起来更加威武之外，长长的尾巴也是腱龙最重要的武器。在遭遇敌人袭击的时候，它有时候会用尾巴横扫对方的身体，有时候则用尾巴当作鞭子去抽打敌人。腱龙使用尾巴的功力可以说是出神入化。

腱龙机密档案：

战斗力：★
防御力：★
技能：扫尾神功
生存年代：白垩纪早期（距今1.2亿年前）
生存地域：北美洲
类属：鸟脚类
身长：7～10米
食性：植食性

虽然腱龙身材高大，还有一条灵活的大尾巴，但是它还是常常被个头小很多的伶盗龙欺负。伶盗龙仅有1.8米长，是腱龙的大小的1/5。这原本是一场毫无悬念的对决，但是笨笨的腱龙屡屡败在伶盗龙的手下。

伶盗龙的主要特点是行动敏捷，四肢上的利爪是捕杀猎物的主要武器。在伶盗龙与腱龙的对决中，腱龙的大尾巴可以把伶盗龙围堵在外。不过腱龙这位重量级选手常常敌不过轻便灵活的伶盗龙。那么大块头的腱龙是怎样败在小个子手里的呢？

腱龙是集群生活的动物，它们有迁徙的习性。由于身体笨重，所以队伍行进缓慢，而且在腱龙群中，年老生病的被安排在最后，这些恐龙很容易成为捕食者的目标。伶盗龙通常也是组成小群进行活动，聪明的它们会首先冲进腱龙群里，打乱它们整齐的队伍。憨厚老实的腱龙哪里见过这种阵势，敌人一进来，它们就顾不上队伍，四下逃开了。此时剩下病弱的腱龙，伶盗龙不会给它逃命的机会，迅速跳上它的背，另外的几只则从侧面轮番攻击。此时腱龙顾左就顾不了右，粗大的尾巴也就失去了作用。当腱龙倒下之后，这群伶盗龙就会更猛烈地攻击腱龙，直到它遍体鳞伤，血肉模糊。

◀ 在金黄的太阳光中，这条腱龙浑身上下如同披上了金黄的甲衣，身后那条长长的拖在水中的尾巴更让人望而生畏。

中国最早发现的满洲龙

中国是世界上最重要的恐龙化石产地，其中云南、四川、山东、内蒙古、新疆等地都以出土了大量的恐龙化石而闻名于世。

与这些出土化石的"老大哥"相比，黑龙江可以算得上是"默默无闻"了。不过，黑龙江在中国恐龙界的地位是不可撼动的，因为中国最早被命名的恐龙化石正是从黑龙江畔发现的。发现恐龙化石的小村子是黑龙江嘉荫县的渔亮子，这里出土了中国最早被发现的恐龙——满洲龙。

渔亮子坐落在黑龙江岸边，沿岸的地层不断被流水侵蚀，其中埋藏的化石渐渐暴露在江边的河滩上。当地的村民从来没见过如此粗大的骨骼，都感到非常惊奇。

这个消息被对岸的俄罗斯上校马纳金知道后，他就派人来采集化石。开始的时候，他认为这是猛犸象的一部分。

1914～1917年间，苏联地质委员会派人来这个地点进行探测，发掘出来的所有标本最后都被运到圣彼得堡，这其中就包括满洲龙的骨骼。满洲龙这个名字是由苏联古生物学家亚宾宁于1930年提出的。

科学家对这些化石进行了处理，把它们装架起来之后保存在圣彼得堡的地质博物馆里。

研究表明，满洲龙属于鸭嘴龙大家族，鸭嘴龙是恐龙家族中的晚辈，生活在白垩纪晚期，是一类以植物为食的素食恐龙。满洲龙两条巨大的后腿与长长的尾巴构成一个类似于三脚架的装置，足以支撑其笨重的躯体。满洲龙长度在8米左右，站起来的时候高约4.5米。满洲龙前肢短小，悬在身体上部，可以自由地抓取枝叶。

同鸭嘴龙家族的其他成员一样，满洲龙的嘴巴也是扁扁的，里面长着数百颗小牙齿。这些牙齿像一个个细长的棱柱，一层层地排列。当上层的牙齿被磨蚀殆尽，下层的牙齿就会长出来补充，所以满洲龙可以高效地研磨粗纤维食物，这也是它适应白垩纪晚期生态环境的原因。

因为那时候柔软的蕨类家族已经衰落，多粗纤维的、较硬的裸子和被子植物开始成为地球植被中的优势类群。

虽然最早发现的满洲龙化石现在保存在俄罗斯，但在20世纪70年代，中国的科学家在同一个地点发掘出了很多满洲龙的化石。现在，要一睹满洲龙的真容，只要到黑龙江博物馆就可以哦！

身体立起来采食树叶的满洲龙看起来就像一个稳稳的支架。

疼爱宝宝的慈母龙

都说“世上只有妈妈好”，恐龙的世界也不例外。今天我们就来认识一位恐龙界的十佳好妈妈——慈母龙。

慈母龙机密档案：

战斗力： ★

防御力： ★

技能： 呵护后代

生存年代： 白垩纪晚期（距今6500万年前）

生存地域： 北美洲美国蒙大拿州

类属： 鸟脚类

身长： 9米

食性： 植食性

在认识这位好妈妈之前，我们首先来了解一下慈母龙的发现和研究过程，这个过程中有幸运，有悲伤。慈母龙的发现者是两个人，分别是霍纳和马凯拉。在发现慈母龙之前，他们只是名不见经传的小人物，对化石的兴趣让他们一直不懈坚持。1978年夏天，他们来到落基山大瀑布市寻找化石。为了摸底，他们先到一家出售化石和矿物的小店考察。在与店主老太太攀谈之后，老太太觉得这两个年轻人有点学问，于是拿出一个咖啡罐，把里面的东西拿出来给他们看，说是前些日子在蛋山发现的小化石，请他们帮忙鉴定。看到化石，这二人顿时兴奋不已——这是一颗恐龙的胚胎化石，同时也是北美洲第一颗恐龙胚胎化石。霍纳和马凯拉就这样得到了幸运之神的眷顾。随后两个人在蛋山进行了长达十年的艰苦研究，发现了多种恐龙的巢穴，其中最著名的就是慈母龙的蛋和待哺育幼龙化石，同时完成了关于慈母龙筑巢和亲子行为的研究，科研成果享誉世界。不幸的是，马凯拉在1987年进行野外考察的时候遇难。

“慈母龙”这个名字的本意是“好妈妈蜥蜴”，这个名字对它来说的确是实至名归。在野外研究中，霍纳和马凯拉发现慈母龙不仅能够筑巢，而且在小慈母龙能够独立生活之前，它们会一直精心地照料宝宝。为了最大限度地保护后代，慈母龙总是把巢筑在很高的地方，

慈母龙妈妈在它的“育儿室”中精心照顾孵化出来的小宝宝，尽职尽责直到小慈母龙能够独立。

这样不仅可以躲避敌人，而且也便于居高临下地观察周围的情况。慈母龙的巢穴直径约有 2 米，像一个大盆，下面垫着泥土和小石子，这样的“育儿室”可以利用很多年。

两位年轻的学者在蛋山考察的时候发现这里慈母龙的巢数量最多，一平方千米的地方发现了 40 多个。两位学者推测这是因为慈母龙没有很厉害的武器对抗敌人，因此它们选择了群体生活来保证自己和后代的安全。当一群慈母龙活动时，身体最强壮的慈母龙就负责守卫，防止敌人偷袭。每到繁殖季节，慈母龙就会回巢产蛋。雌性慈母龙一般每次会产 18 ~ 40 枚硬壳的蛋，把它们排列成圆形，上面覆盖植物来保温。随后，公慈母龙就会守护在窝边，防止其他动物偷蛋，可谓是称职的父母。

小慈母龙孵化之后，它的爸爸妈妈就到外面去寻找可口的食物，并且会亲自把食物送进小恐龙嘴里。当小恐龙的身长达到 1.5 米之后，它才能到窝的附近行走。出生后一年左右，小慈母龙的身长可以达到 2.5 米，此时它才可以随父母到低洼的地方活动；10 ~ 12 岁之后，小慈母龙才可以自己觅食；出生后 15 年，小慈母龙才可以完全离开父母，开始自己独立生活。不过，这并不是慈母龙对小恐龙溺爱，而是因为成年之前，小恐龙的骨骼一直处于半发育阶段，所以不能单独行动。

虽然这种恐龙的名字叫作“慈母龙”，但是它的身体并不柔弱，也不娇小。相反，是个标准的大块头。慈母龙身长 9 米，高 2 ~ 2.5 米，重约 3 ~ 4 吨。慈母龙的头部像马一样长，眼睛上方有一个实心的骨质头冠，不过，与其他头冠非常明显的恐龙比起来，慈母龙的头冠非常小。科学家推测，慈母龙就是用这个头冠来互相碰撞的，以此来获得领袖地位。慈母龙的喙比较宽，就像是鸭的喙一样。另外，慈母龙的颌部也很有力，只有这样它才能顺利地把树叶从枝干上咬断。

慈母龙可能习惯以四肢行走，行走的时候，臀部是身体最高的地方。科学家是如何推断出慈母龙行走的样子呢？通过对慈母龙前肢的研究发现，它的前肢由肱骨、尺骨、桡骨、掌骨和指骨构成。慈母龙的肱骨上长着一个小型的三角胸嵴，不过它的这个胸嵴比同类的恐龙小了很多，这就表示附着在慈母龙这块胸嵴上的肌肉比较小，所以这部分肌肉力量也相对较小，由此推断它的前肢也比较细。后肢粗壮，前肢细弱，这样它走路的时候重心在后边，所以臀部会高高翘起来。

目前发现的慈母龙化石大概有 300 多具，覆盖了各个年龄段，这不仅让我们能够更充分地了解慈母龙的生活习性，而且对研究其他恐龙的生长过程也具有重要意义。

1. 像慈母龙等一些恐龙就会建造巢穴。慈母龙是群居动物，每年雌慈母龙都会聚集到同一处产卵地建造巢穴。在美国蒙大拿州就发现过一处巨大的恐龙巢穴地。

2. 雌慈母龙用泥土围成一个直径大约为2米的圆坑，里面铺上植物嫩枝和叶子。

3. 每条雌慈母龙会在窝里产下20～25颗蛋，然后用更多的植物覆盖在上面保持温度。

4. 雌慈母龙小心地保护着自己的蛋，像伤齿龙这样的偷蛋贼总是想盗取这些恐龙蛋。

5. 小慈母龙用自己嘴上特殊的尖牙咬破蛋壳，破壳而出。

“巨齿”兰州龙

兰州龙机密档案：

战斗力：★
防御力：★
技能：不详
生存年代：白垩纪早期（距今 1.1 亿年前）
生存地域：亚洲中国甘肃
类属：鸟脚类
身长：10 米
食性：植食性

2003 年，甘肃省地矿局的地质矿产勘察院专家李大庆博士在兰州盆地发现了巨型恐龙尾椎化石的出露点。经过科研人员的共同努力，他们成功挖掘出了同一个体的下颌骨、颈椎、背椎、肋骨、尾椎、坐骨等在内的共 103 块化石。2004 年 4 月，这些恐龙骨骼被运回北京，进行修理、装架复原和模型制作，到 2005 年 8 月，整个装架复原工作结束。经过研究，这次发掘出的恐龙是一种新的恐龙，根据它出土的地点，科学家把它命名为“兰州龙”。

兰州龙生活在白垩纪早期，距今有 1 亿年左右。当时兰州盆地属于亚热带地区，是内陆的淡水湖泊，分布着一系列的古岛屿，气候温暖湿润，生物种类十分丰富。兰州龙化石的下颌长度可达 1 米，据此推测兰州龙的体态十分笨重，估计它的体长大约为 10 米，高度大约为 4.2 米，体重大于 5.5 吨，是一种四足行走或者偶尔两足行走的恐龙。兰州龙最显著的特征是牙齿巨大，它的单颗牙齿最大的有 7.5 厘米宽、14 厘米长，是世界上已知植食性恐龙中牙齿最大的。兰州龙每侧分布有 14 个齿槽，单个齿槽的宽度平均为 4 厘米。

科学家经过研究发现，兰州龙属于鸟脚类恐龙中比较早期的斧胸龙类。而斧胸龙的化石原本只出现在非洲地区。如今兰州龙的出现，把原始斧胸龙的分布地区从非洲大陆扩展到了亚洲地区，这表明在早白垩纪时期欧亚大陆与非洲大陆之间曾经可能是连在一起的，至少两者之间也存在着某种联系。另外，兰州龙也是新中国成立之后首次在甘肃省境内发现的完整的巨型恐龙，这一发现填补了恐龙研究中的一项空白，是中国内陆地区地质科研取得的重大发现和重大成果。它的出现对于研究兰州盆地及周边地区的古地理环境具有重要意义。

目前，关于兰州龙的生活习性等谜团还没有解开，为了早日全面了解兰州龙，科学家也一直在努力。

落日余晖中，一条兰州龙阔步前行，不时张开它那长满巨大牙齿的嘴巴吼叫几声。

长着尖爪的**禽龙**

禽龙正在用它的钉状拇指阻挡兽脚亚目恐龙的袭击。

禽龙是世界上最早被人类发现化石的恐龙之一，不过它并不是第一个被正式命名的恐龙。第一个被正式命名的恐龙是巨齿龙，不过对于巨齿龙当时人们仅仅发现了它的一颗牙齿，几乎没有人相信地球上曾经存在过这样的动物。但是，禽龙的化石相对完整，它彻底改变了人们的看法，同时也让人们对这种神秘的远古生物产生了浓厚的兴趣。

1822 年 3 月的一天清晨，乡村医生曼特尔的妻子玛丽安在屋前的小池塘边等待出诊的丈夫回家。等得无聊，她开始随手翻看地上的一堆石头。忽然，她在一块岩石的断面上发现了几个圆润光滑的小东西，正在阳光下闪着黑亮的光。曼特尔是一个化石爱好者，他的妻子在耳濡目染之下也对化石有一些了解，她觉得那些闪着亮光的小东西很特别，于是小心翼翼地把化石撬了下来。1825 年，曼特尔在一个博物馆里面遇到了访问学者斯塔奇伯里，就把这些化石拿给他看。这位学者说："这个东西跟我正在研究的南美洲的鬣蜥很像啊。"曼特尔听到这句话，就把自己发现的这种动物命名为"禽龙"，拉丁文的意思是"鬣蜥牙齿"。后来又陆续发现了很多禽龙的骨骼化石，至此，人们才接受了在这个地球上，曾经存在着如此巨大的怪兽的事实！

禽龙机密档案：

战斗力：★

防御力：★

技能：拇指匕首

生存年代：白垩纪早期（距今 1.1 亿年前）

生存地域：欧洲比利时、德国、英国、西班牙，北美洲美国

类属：鸟脚类

身长：9～10 米

食性：植食性

禽龙生活在白垩纪早期，身躯高大，形体笨重，尾巴粗大。禽龙体长大约在 9～10 米，用后肢站立的时候高度约有 5 米，体重有 4~5 吨，和一头亚洲象差不多重。

在走路的时候禽龙通常用四条腿，但是逃跑的时候

这些都是侏罗纪恐龙最需要的食物：（从左到右）蕨类、苏铁类、木贼类植物。

就会站起来，奔跑速度还很快。如果后边有肉食动物追捕，禽龙奔跑的时速能够达到35千米。对禽龙化石的研究表明，幼年的禽龙更喜欢用两条腿走路，而成年的禽龙则倾向于四肢着地，缓慢前行。禽龙有一条侧扁的尾巴，这样它在行走的时候可以保持身体平衡。科学家在发掘禽龙化石的时候，总是在同一片地方发现很多它的同类化石，这表明禽龙过的是群居的生活。

禽龙长有喙，前面没有牙齿，在面颊部位则有一些细小的牙齿。它的牙齿的确和鬣蜥的很像，但是是放大版的，比鬣蜥的要大很多。禽龙的牙齿数量也很多，大约有100颗。禽龙的牙齿还有一个很有趣的特点：它换牙的时候，首先是位于奇数位的牙齿被替换，大多数情况下，替换的顺序是从后往前。

禽龙最喜欢的食物是马尾草、蕨类和苏铁。在白垩纪时期，这几种植物非常常见，数量也很多，所以禽龙把生活中的大部分时间都花费在寻找食物和咀嚼食物上了，是个名副其实的“吃货”。找到食物之后，它首先会用前端的喙咬下食物，然后再细细咀嚼。不过，也正是由于它强大的咀嚼本领，它才能成为世界上分布最广泛的恐龙之一。禽龙把食物吞下去之前可以把食物嚼得很烂，这大大增强了它消化食物的能力。再加上它的食物来源广泛，所以禽龙可以在各个大陆上生存，从美国、欧洲到亚洲都有发现。

根据化石显示，禽龙的手指有五个指头：3个中指，一个锥子一样的大拇指和一个灵巧的小拇指。其中锥状的大拇指钉是它最出名的特征。关于这颗大拇指钉还有一个有趣的故事，当年曼特尔医生发现了禽龙的化石，当他想把这些化石拼起来的时候，一个长钉一样的东西引起了他的兴趣，他把这颗长钉这里摆摆，那里摆摆，寻找最合适的位置。最后他把这颗长钉放在了禽龙的鼻子上，认为它是禽龙鼻子上的一个尖角。不过后来人们发掘禽龙化石，总是会发现两颗这样的长钉，后来经过研究，科学家终于解开了“长钉之谜”，确定这两颗长钉是禽龙前肢上的大拇指。

禽龙非常憨厚老实，性情温和。它爱好和平，非常不喜欢打架。当有敌人进犯的时候，它首先想到的也是“走为上策”，拔腿就跑。不过，如果敌人不依不饶，把禽龙逼到忍无可忍的境地，那么它也不是个好惹的家伙。它的武器就是前肢上的拇指钉，当敌人抓住禽龙的时候，禽龙就会高举前肢，把拇指钉狠狠地戳进敌人的脖子里。而圆锥形的大拇指也很容易拔出，然后换个地方猛刺。如果进攻者不想被扎成“筛子”的话，它只得放弃猎物逃跑。

许多禽龙曾生活在这块后来建造贝尼萨特煤矿的土地上。它们过着群居生活，大群大群地出没。

冠饰奇怪的副栉龙

在鸟脚类的鸭嘴龙类恐龙中，既有带着“帽子”的，也有头上光光啥都没有的。今天我们要见的主角就是戴着奇怪“帽子”的恐龙——副栉龙。

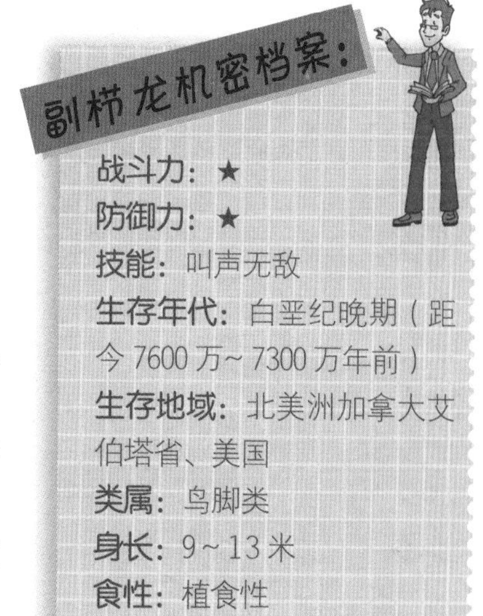

副栉龙生活在距今约7600万~7300万年前的白垩纪晚期，它的大多数化石是从北美洲发掘的。副栉龙是一种植食性的恐龙，身形很高大，可以达到9~13米。副栉龙的皮肤颜色很暗，生有一些花纹，这实际上是一种保护色，可以帮助副栉龙隐藏在丛林中，不易被发现。

它的前肢十分强健，既可以用四足行走以支撑庞大的身躯，也可以用两足站立，快速奔跑。同时，它还是个水中运动的高手，能快速涉水走过，速度也很快。可以说，副栉龙是一个玩转水陆的全才。

不过，这个全才胆子并不大，只有和家人在一起它才能找到安全感——副栉龙是一种群居动物，经常成群结队地在原野上四处游走。它们集群生活的原因并不是因为它们恋家，舍不得自己的族群，而是为了御敌。除了庞大的身躯之外，副栉龙没有任何防御武器，它们只能依靠群体的力量来保证生存。当一群恐龙生活在一起的时候，它们往往能够看到单个恐龙看不到的危险。副栉龙进食的时候，总是会安排一些“士兵”站岗。副栉龙的视觉敏锐，听觉和嗅觉也毫不逊色，有了这些法宝，它们就可以在肉食性恐龙靠近的时候，发出报警或者求救的声音。

说起声音，虽然我们都没有听到过这些远古巨兽的呐喊，但是从化石的研究结果来看，古生物学家认为恐龙应该具有发声的能力。关于发声这个问题，相关研究最多的就要数副栉龙了，因为科学家认为，副栉龙是当时叫声最大的恐龙。

为什么副栉龙的叫声是恐龙中最大的呢？想解开这个谜题，我们就不得不说说副栉龙那出名的冠饰了。副栉龙的冠饰呈棒状，长达1.8米，比其他恐龙的头冠都要长。副栉龙的身体上有一处典型的凹陷，刚好适合副栉龙冠饰末端的大小。这个凹陷就像是副栉龙随身带着的挂物架，当它感觉到累的时候，就会把长长的冠饰末端放在这个凹陷处，稍微休息一会儿。

副栉龙的这个头冠从鼻骨上延伸出来，里面充满了气体可以通过的通道。当空气被吸入之后，会先从这里经过，然后才能到达肺部。科学家刚开始研究副栉龙的时候，一度曾认为副栉龙要潜入水底吃水下的食物。当它进食的时候，副栉龙头上那个长长的头冠并不会被水淹没，而是会露出水面，帮助它呼吸氧气，作用和今天潜水员背的氧气瓶类似。不过后来古生物学家对副栉龙的头冠化石进行了仔细的研究，结果发现它的头冠

◐ 副栉龙头上的冠饰向后延伸，可达到 1.8 米，末端是一个骨瘤。

内的通道呈倒“U”形，顶端是封闭的，并由此判定副栉龙的冠饰并不能作为它潜游时候的呼吸管。

那么这个冠饰是做什么用的呢？恐龙的“沟通”方式一直是个谜，证据也不足，因为发声器官是很难变成化石保存下来的。副栉龙的气道是石化的组织，给科学家研究恐龙的沟通方式提供了绝佳的机会。

科学家发现错综复杂的气道与外界会产生共鸣，可以使声音传得更远。科学家利用先进的计算机和精密的立体工业绘图软件还原了副栉龙的叫声。它的叫声类似管乐器，很像阿尔卑斯山地区长号角发出的声音，不过频率很低。

物理学上有这样一个常识：低频音调比高频音调更不容易受到障碍物的影响。所以，副栉龙的冠饰可以降低自己所发出的声音的频率，这样它的声音可以在茂密的森林里面传得更远，更有利于群体之间恐龙的沟通。不同的性别和年龄发出的声音也不相同，因此在恐龙群体里，它们可以通过发出的声音了解对方的性别和年龄。

此外，对于副栉龙是如何练就“狮吼功”的，科学界还有另外一种解释。这些科学家认为除了头顶的冠饰，它的面部是可以膨胀的，在鼻孔附近有一块颜色鲜艳的皮肤。这部分可以膨胀的皮肤就是副栉龙自带的“小音箱”，通过共鸣的效应可以制造出低沉的反响和有余韵的回声，很像海豚或者大象的吼声。

虽然副栉龙是个胆小鬼，但是它的大嗓门是无人能敌的，估计这大嗓门也曾经吓退了不少敌人，为家族的兴旺作出了巨大贡献呢！

牙齿发达的奔山龙

奔山龙机密档案：

战斗力：★
防御力：★
技能：不详
生存年代：白垩纪晚期（距今约 7500 万年前）
生存地域：北美洲美国蒙大拿州
类属：鸟脚类
身长：2.5 米
食性：植食性

奔山龙是一种小型的恐龙，个头很小，成年后也只有 2.5 米长。以恐龙的一般标准来看的话，奔山龙的确不算大。奔山龙的牙齿发达，长有角质的喙，可以非常高效地切断和磨碎植物叶片。

奔山龙的化石是马凯拉在美国蒙大拿州的提顿县发现的，跟慈母龙发现于相同的地区。1987 年马凯拉去世之后，他的伙伴霍纳和另外一名叫作威显穆沛的科学家对奔山龙进行了描述。为了纪念马凯拉，这种奔山龙的种名是以马凯拉的名字命名的，又被称为“马氏奔山龙”。

在蛋山，科学家发现了很多奔山龙的巢穴和化石，基本上可以确定奔山龙的生活习性和方式。奔山龙的巢穴大部分是圆形的，直径大约为 0.9 米。雌性奔山龙产卵之后，就把蛋垂直放置，尖端朝下，最终把它们排成螺旋形。不过也有些奔山龙比较豪放，似乎是随便找了个觉得方便的自然形成的小坑或者洼地里面产卵。根据温度对同为爬行动物的龟鳖类性别研究结果，有的古生物学家提出不同层次的恐龙蛋可能会带来温度的差别，这种温差会影响小恐龙的性别。不管事实如何，出生的雌性要多于雄性，到了交配季节，成年的雄性恐龙也许要与多只雌性恐龙进行交配。

科学家还曾经在蛋山发掘到奔山龙的幼体骨骼化石，非常完整地保存在蛋壳中。霍纳等人通过对这些化石的研究发现，这些幼体虽然年龄还小，但是骨骼和牙齿已经发展完好，据此推测奔山龙应该是一种成熟速度很快的动物，不像慈母龙那样出生后还需要双亲照顾。奔山龙极有可能出生之后就可以自己寻找食物。

一只体型娇小的奔山龙母亲正担忧地看着自己的蛋。

如今我们可以在美国的自然历史博物馆看到奔山龙那些沉睡了亿万年的恐龙蛋以及骨骼化石，并由此来领悟它们当年的生存智慧。

视力很好的 雷利诺龙

在恐龙家族里面，有一种号称“神眼龙”的小型恐龙，它可能是整个恐龙家族中视力最好的成员，它的学名叫作“雷利诺龙”。

雷利诺龙生活于大约 1.1 亿年前的白垩纪早期，属于鸟脚类恐龙家族。它的个子很小，跟三岁的孩子差不多大小，体重仅有 10 千克，它的化石首次发现于澳大利亚的恐龙湾，并以发现者女儿雷利诺·里奇的名字命名。

那时候澳洲大陆还与南极大陆连在一起，雷利诺龙就生活在极地的森林里面。由于生活在南极地区，因此一年内总有几个月时间见不到太阳，为了适应黑暗的生活，雷利诺龙的眼睛变得很大，视觉也很敏锐。这一点已经从对雷利诺龙头骨化石的研究中得到了证实。它的头骨化石上有非常大的眼窝以及后脑的突起，这说明它的视觉区有增大，表明它拥有大而明亮的眼睛，可以在极地的夜

雷利诺龙机密档案：

战斗力：★
防御力：★
技能：千里眼，迅速奔跑
生存年代：白垩纪早期（距今 1.12～1.04 亿年前）
生存地域：大洋洲极地森林
类属：鸟脚类
身长：0.6～0.9 米
食性：植食性

雷利诺龙扩大的眼窝和较大的大脑，说明它们非常善于在冬天昏暗的光线中寻找出路。

间保持良好的视力，这也是很多科学家把它称为“神眼龙”的原因，这有助于它在漫长极地冬天里的生存。

雷利诺龙的角质喙和棱齿龙家族的其他成员不一样，它的下颌骨有12颗牙齿，因此它的面部可能比较短而且结实。雷利诺龙的后排牙齿呈叶子状，牙齿磨损脱落之后，新的牙齿就会生长出来。雷利诺龙的食物包括蕨类、苔藓以及针叶树的树叶和果实。为了适应采食植物的生活，它的手掌非常灵活，上面有5个指头，可能还分布着斑点类的保护色。

雷利诺龙是一种群居动物，有很强的社会性。在它们的族群中，处于首领地位的通常是雌性恐龙。除了领导整个族群，雌性首领还担负着繁衍以及教育下一代的重任。

族群中分工很明确，有专门负责警戒的，有专门负责修补巢穴的，还有专门看护幼龙的。令人遗憾的是，目前为止，还没有发现完整的雷利诺龙骨骼化石，科学家只能依靠化石非常丰富的棱齿龙大家族的生活习性来推测雷利诺龙的生存方式。

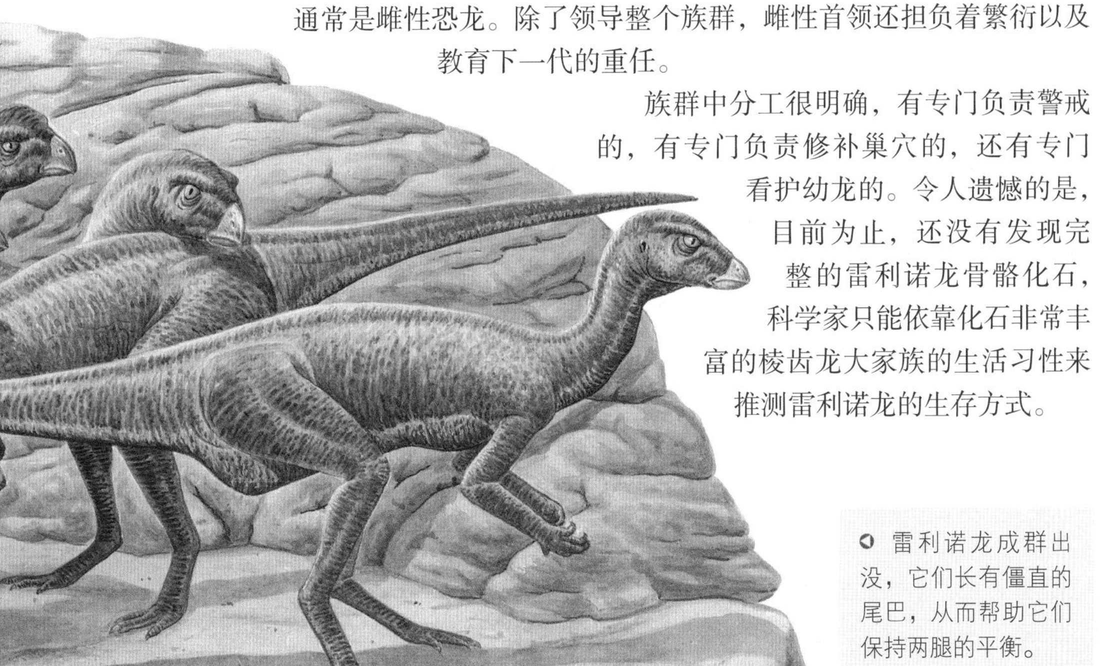

雷利诺龙成群出没，它们长有僵直的尾巴，从而帮助它们保持两腿的平衡。

能调节自身体温的豪勇龙

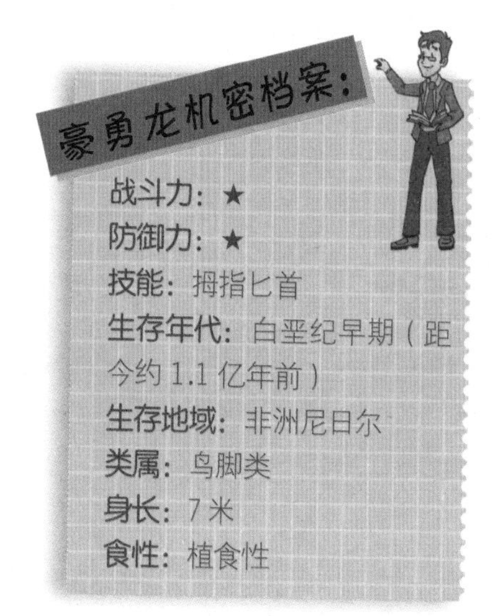

在非洲的中西部，经常可以看到一种背着“船帆”的恐龙在丛林跑来跑去，它就是豪勇龙。1966年，法国古生物学家菲利普·塔丘特在非洲的尼日尔发现了两具完整的豪勇龙化石，1976年，它们正式被命名为“豪勇龙”。

豪勇龙属于鸟脚类大家族，智力水平在恐龙大家族中属于中等偏下。它的口鼻部很长，由角质鞘包覆着。豪勇龙的鼻孔很大，从鼻孔到头颅骨顶部之间有个不规则隆起；这个隆起部分的作用目前还不知道，科学界推测可能与社交或者求偶有关。它是植食性的恐龙，喜欢以树木的枝叶为食。在它的嘴部前方没有牙齿，嘴有点儿像鸭子的嘴巴，是角质的喙状嘴。在其嘴巴两侧有很多牙齿，用来咀嚼植物。进食的时候，它首先会用扁平的角质喙咬断树叶，然后把树叶集中在颊齿的地方咀嚼消化。

豪勇龙的体型非常庞大，身长 7 米，差不多和两辆轿车首尾相连时一样长。豪勇龙也很重，大约有 4 吨。它有两种行进方式，四条腿走路或者两条腿奔跑。和澳大利亚的大袋鼠类似，它们的后肢强壮有力，可以支撑体重。当它站累了想要休息的时候，身体就会慢慢前倾，用蹄状的爪子来保持身体的平衡，用四肢着地的方式来休息一下后腿。

在豪勇龙的每个手上都有拇指尖爪，不过这尖爪要比禽龙的尖爪小。它虽然有五根手指，但是中间的三个指骨很宽，且愈合在一起，形成蹄状，这种生理结构适合行走。豪勇龙的大拇指上有一个拇指钉，就像一把小小的匕首，平时用来挑起如树叶、树枝等食物，也可以钩住高处的树枝，把它拉到自己能够到的位置。

在拉丁语里，豪勇龙的名字是“勇敢的蜥蜴”意思，那么它是如何得到这个名字的呢？这也与它大拇指上尖锐的拇指钉有关。一般植食性的恐龙胆子都比较小，而豪勇龙遭到肉食性恐龙的攻击时却并不退缩，而是高举着手指上的“匕首”冲过去。由于它不是机灵敏捷的类型，遇到肉食性恐龙的时候，如果逃跑可能会死得更快。为了生存，它练就了“拇指匕首术”来战胜敌人。手指上的这个匕首可以刺伤进攻者，让进攻者失去攻击能力。如果受到攻击的豪勇龙是一个“武林高手”的话，还有可能把敌人打败。

当然，在这种不是你死就是我活的战斗中，如果它手上的“匕首”没有战胜敌人，那么它就很有可能变成肉食动物的“盘中餐”了。因为它的身体笨重，行动十分缓慢。科学家利用化石资料，根据它的腿长和体重进行计算后发现，豪勇龙的奔跑平均速度仅仅能够达到我们人类慢跑的速度。

豪勇龙最重要的一个特点是身上背着大大的“帆”，那么这个“帆”是用来干什么的呢？在豪勇龙生活的年代和地区，夜间气温非常低，十分寒冷，与之相对的是，白天既干燥又炎热。它背上那巨大的“帆”正是为了调节体温，保持体温稳定。度过寒冷的夜晚之后，豪勇龙会在早晨美美地晒上一会儿太阳，此时它背上的“帆”就像一块太阳能聚热板，在阳光照射下，血液循环的速度会加快，以此来吸收热量，这样它的身体很快就会变得温暖。中午的时候，豪勇龙背上的“帆”又变成了散热板，它会找个阴凉的地方，静静地趴在那里，让背部的“帆”散去体内的热量。不过，豪勇龙的“帆”除了能够保持体温的稳定之外，也有吸引异性的作用。交配季节到来的时候，豪勇龙的“帆”会显现出艳丽的颜色，特别是雄性的豪勇龙。身材越高大、“帆”的颜色越漂亮的豪勇龙越容易得到雌性的青睐。并且，它的“帆”还可以储存大量的脂肪和水，帮助它度过季节性的干旱，就像骆驼一样。除此之外，背帆可能还有恐吓竞争对手和捕食者的作用，因为豪勇龙的“帆”从背部、臀部一直延伸到尾部，这使得豪勇龙的身体看起来比实际要大得多。

虽然豪勇龙智商不是很高，但是勇敢无畏的精神同样让它在恐龙世界里拥有了一席之地。

一个寒冷的夜晚之后，一只豪勇龙站在阳光下美美地晒太阳，它背上的“帆”正在为它的身体储存热量。

▲ 当风吹过的时候，扇冠大天鹅龙头顶的头冠就会发出响亮的声音，让敌人胆战心惊。

头顶短斧的扇冠大天鹅龙

人们常说“半路杀出个程咬金”“程咬金三板斧”。程咬金战胜敌人，依靠的武器就是板斧。今天我们来认识一下恐龙中的“程咬金”——扇冠大天鹅龙。

不过，这个“程咬金”并没有两把板斧，它只有一把；板斧也不是拿在手里，而是顶在头上。远远看上去，这把短斧又有点儿像半开的扇子，所以科学家给它起了一个好听的名字叫作“扇冠大天鹅龙”。

扇冠大天鹅龙是近期才被发现的恐龙。2002 年，古生物学家在俄罗斯远东地区的阿穆尔河流域发现了扇冠大天鹅龙的化石，这具化石几乎是完整的骨骸，因此几乎没有争议就被定名。

扇冠大天鹅龙机密档案：

战斗力：★
防御力：★
技能：声音恐吓
生存年代：白垩纪晚期（距今约 6700 万年前）
生存地域：亚洲俄罗斯远东地区的阿穆尔河流域
类属：鸟脚类
身长：10 米左右
食性：植食性

现在这具化石被保存在阿穆尔河自然史博物馆中。扇冠大天鹅龙是北美洲之外首次发现的赖氏鸭嘴龙，它不仅为研究白垩纪晚期东北亚地区的自然环境提供了宝贵的资料，而且还为北美和亚洲之间恐龙的关系提供了新的证据。

扇冠大天鹅龙属于鸭嘴龙大家族，身长大约 10 米，就像一辆大型的公共汽车那么长，体重也很重，保守估计在 2 吨以上。它的头颅由相当长的颈部支撑，拥有 18 节颈椎，超过原先的鸭嘴龙科最大数目 15 节。荐椎有 15 或 16 节，超过其他鸭嘴龙科至少 3 节。

同鸭嘴龙家族的其他成员一样，它也长着像鸭子一样扁平的嘴巴。嘴巴前端没有牙齿，靠近脸颊的部分长有颊齿，这些牙齿十分细小、排列紧密，有成百上千颗。

扇冠大天鹅龙是种植食性恐龙，可以采用二足或四足方式行走，拥有复杂的头颅骨，可做出类似咀嚼的磨碎动作。采食树叶的时候，它首先用角质的喙切断茎叶，随后把树叶集中到颊齿进行消化。由于牙齿数量庞大，因此无论是坚硬的松树枝叶还是柔软的阔叶，它都可以轻松搞定。

但是这样对牙齿的伤害和磨损也是非常大的，不过，我们不必为扇冠大天鹅龙担心，因为被磨损的牙齿掉了之后很快就会有新的长出来。

与其他有头饰的鸭嘴龙不同，扇冠大天鹅龙的头冠是朝后生长的。但是头冠的功能大致相同，其中存在空腔，当有气流穿过的时候就会发出响亮的声音，这是恐吓敌人的一种好办法，也是鸭嘴龙类常用的技巧。

也许扇冠大天鹅龙是一批勇敢的开拓者，它们冒着危险从北美来到一片新的天地，最终拥有了自己的世界。

冠饰像斧头一样的赖氏龙

曾经有人发起了这样一个投票：你认为哪种恐龙最可爱？结果有一种恐龙力压群雄，高居榜首，它就是头饰像斧头一样的赖氏龙。

听到赖氏龙顶着像斧头一样的头饰，很多人可能会理解不了，斧子造型怎么跟可爱扯上关系了？其实说这头饰像斧子只是一种观点罢了，不同的人眼里这头饰的样子也不一样。有的人就觉得它像破了的晚餐碟子，有的觉得它像贵妇人的帽子。用比较专业的观点来描述就是赖氏龙的脊冠可以分为两个部分，前半部分是一个长方形的管状物，后面是一个短角。除了漂亮的头饰，赖氏龙长相也乖巧可爱，有些像温顺的小羊羔。

赖氏龙机密档案：

战斗力：★

防御力：★

技能：迅速奔跑

生存年代：白垩纪晚期（距今约 6700 万年前）

生存地域：北美洲加拿大、美国、墨西哥

类属：鸟脚类

身长：9～15 米

食性：植食性

雄性的头饰要比雌性的大一些，这也是鉴别雌雄的一种标志。另外，科学家研究它的头骨之后推测，这个头饰有可能是赖氏龙发出声音的工具。因为曾经有科学家在研究其他类似的顶饰时发现，当气流通过顶饰的时候，它发出了类似中世纪战争中号角的声音。科学家据此推测，赖氏龙可能也是用头饰来发出嘹亮的声音，吸引异性，恐吓敌人。

赖氏龙的身材很高大，头骨就有两米长。不过，虽然它的身长能够达到 15 米，几乎和暴龙一样大，但是它不恃强凌弱，是一种性格十分温顺的植食性恐龙。赖氏龙的嘴里有成百上千的牙齿，这些牙齿小而尖，分布在靠近面颊的地方，用来嚼碎松枝、嫩枝和松果。赖氏龙的牙齿呈典型的菱形，是由牙本质和牙釉质组成的，而且被一条纵向的棱分成接近对称的前后两部分。不过，这些牙齿上的装饰有所不同，有些比较光滑，有些上面分布瘤状的结节。这些牙齿在面颊部位形成棋盘状的齿面，用来提高咀嚼的效率。此外，赖氏龙的牙齿磨损之后，还会有新的牙齿长出来。

赖氏龙身长 15 米，是植食性恐龙。

平时赖氏龙行走的时候是用四条腿，但是受到惊吓的时候，它就站起来用两条强壮的后腿奔跑。由于没有肉食性恐龙那样锋利的牙齿，为了生存，它必须时刻关注周围是否存在危险，因此它的视觉和听觉也变得十分敏锐。

这就是赖氏龙，沧海桑田的变化并没有抹掉它的魅力，它用自己的形象和心灵改善了人们对恐龙的印象。

用尾巴保持平衡的橡树龙

19 世纪晚期，当时有两位著名的古生物学家，一个叫爱德华·德林克·科普，另一个叫奥塞内尔·查利斯·马什，他们打了个赌，看谁能够发现更多的新恐龙。两人的竞争长达 30 年之久，直到科普去世才结束。为了战胜彼此，他们不择手段，其中还牵扯到了很多政治以及个人攻击等行为。不过不能否认的是，他们为人类认识恐龙世界作出了巨大的贡献。其中马什发现的最为著名的恐龙就是橡树龙。不过目前发现的橡树龙标本只有幼年期的化石，因此无法确定其成年之后的大小。

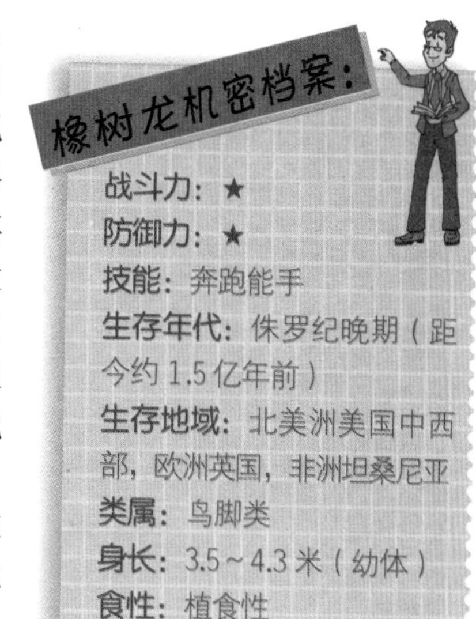

橡树龙是一种植食性恐龙，化石出土的地方在远古时代是一片橡树林，古生物学家估计这种恐龙可能是生活在那里，因此把它命名为“橡树龙”。

橡树龙生活在距今 1.5 亿年前的欧洲、非洲和北美洲中西部。在那个时候，这几个地区是连在一起的，所以橡树龙广泛分布在北半球。橡树龙的头部比较小，眼睑骨托起了眼球和眼睛周围的皮肤，因此它的眼睛看起来很大。不过这双大眼睛并不是为了使自己好看，事实上，橡树龙视力极佳，这有利于它发现食物和蠢蠢欲动的天敌。

那么橡树龙怎么摆脱天敌呢？科学家通过对同期其他化石的研究发现，橡树龙和很多大型蜥脚类恐龙生活在相同的时代和地点，因此它们应该经常尾随大型蜥脚类恐龙群，这样做不仅可以获得从高处掉下来的新鲜树叶，而且遇到大型肉食性恐龙时可以寻求保护。

另外，橡树龙也有自己的逃生本领，那就是快速奔跑。科学家发现橡树龙的腿骨特别长，这个特征表明它是一种非常善于奔跑的恐龙。它那长长的尾巴能够在逃跑的时候左右摇摆，帮助它保持平衡。面对强大的肉食性恐龙，它既没有坚硬的骨板坚甲保护身体，也没有强壮的体格与之抗衡，迅速奔跑或许是它可以全身而退的唯一方法。

没有坚硬骨板坚甲，也有没有强壮身体的橡树龙，保护自己的策略之一就是快速奔跑。

会定期迁徙的穆塔布拉龙

在1亿多年前的白垩纪早期，大洋洲比现在更加接近南极，气候也比现在寒冷得多，但是那里同样有恐龙生活，这些坚强的恐龙就是被科学家称为“奇迹”的穆塔布拉恐龙。

战斗力：★★
防御力：★★★
技能：长途迁徙
生存年代：白垩纪早期（距今约1.1亿年前）
生存地域：大洋洲澳大利亚昆士兰州
类属：鸟脚类
身长：7米左右
食性：植食性

穆塔布拉恐龙化石是在澳大利亚昆士兰州的穆塔布拉镇发现的。穆塔布拉镇有一个牧场，主人叫作德兰顿。1963年的一天，他像往常一样去放牛，出门的时候完全没有预料到一个惊喜正在悄悄地靠近他。当他骑上马准备把走散的牛赶回河边时，他忽然发现山上的石头里面似乎有些不寻常的东西。开始时，他觉得这是死去的牛的骨头。但是经过长时间近距离观察后，他认为这并不是牛骨头，而是一种没见过的巨型动物骨骼。于是他找来袋子，装了几块化石送到博物馆让专家进行鉴定。经过一段时间的研究，博物馆的专家向世界宣布澳大利亚发现了一种新的恐龙。德兰顿不仅找到了恐龙化石，而且是一种尚未被发现的新型恐龙。每次想到自己发现了大洋洲甚至是世界上独一无二的恐龙，德兰顿都会感到非常自豪。最终这种恐龙以它的发现地命名，就是今天的穆塔布拉恐龙。

虽然穆塔布拉恐龙的骨骼并不是很完整，但是科学家已经能够由此推测出这是一种身形巨大的恐龙，形态与禽龙相似。它的身体长7米左右，重约4吨，是用后肢站立行走的恐龙。穆塔布拉恐龙中间的三个指头融合在一起不能分开，所以它的指头并不灵活，看起来就像一个蹄子，拇指上有角质的爪子。穆塔布拉恐龙有一个加大的、中空的口鼻部，这个地方能够充气鼓起，可以加大发出的声音，用来恐吓敌人或者吸引配偶。在当时，穆塔布拉恐龙是那个地区最大的恐龙，除了矮小的异特龙偶尔的骚扰之外，它们几乎不会受到任何威胁。

虽然在自己的地盘上，几乎没有恐龙可以战胜穆塔布拉恐龙，但是它对一种昆虫

束手无策。在与恐龙同期的地层中曾经发现专门噬咬的昆虫，形态就像今天的蚊子一样。根据昆虫学家的研究，那些昆虫通过触角上的触毛来侦测动物呼出的二氧化碳。由于小型的动物呼出的二氧化碳有限，因此为了更灵敏地侦测食物来源，这些昆虫的触毛会非常多。而在穆塔布拉龙附近发现的昆虫，触角上的触毛非常少，这意味着它们的寄主二氧化碳排出量很大，因此最有可能的便是体型巨大的穆塔布拉龙。虽然穆塔布拉龙身上的皮肤很厚，可以保护自己，但鼻腔和耳朵这些柔软的地方则总是飞舞着成群的昆虫。

穆塔布拉龙是一种植食性恐龙。它们非常能吃，每天要吃掉 500 千克食物才罢休。不过，那时候大洋洲的天气并不像现在这样温暖，由于靠近南极，气候非常寒冷。冬天还会出现极夜现象，一连几个月没有太阳，每到这个时候，大地就会一片黑暗。为了度过这段艰苦的时期，植物不是掉光树叶，就是进入冬眠状态来保存能量。植物的生存方式严重影响了穆塔布拉龙的生活。除了食物问题，南极附近的环境也十分恶劣，这里的年平均气温只有 –30℃左右，冬天的时候，气温甚至可能突破 –90℃。冬天的寒风也十分凛冽，风速能够达到每小时 100 千米。没有食物，环境恶劣，一群穆塔布拉龙如何在极地生存？真的只是依靠奇迹吗？当然不是，奇迹是由自己创造的。为了生存，穆塔布拉龙每年都会定期迁徙，从澳大利亚浩浩荡荡地奔向温带的草原，以此避开那里漫长的黑暗和寒夜。等到夏季来临，它们又会从温带草原迁回自己的故乡生活。不过，还有另外一个问题，那就是南极洲、澳大利亚和温带草原之间可能隔着宽阔的海洋，它们是如何越过这些海洋的呢？科学家认为海洋并不一定是阻碍，即使没有大片的陆地，但是有可能存在一些岛屿链。它们可能会通过一连串的岛屿抵达温带草原。

如今的穆塔布拉龙的骨骼化石被收藏在博物馆里面，站在它们的面前，我们似乎依然能够感受到当年它们是如何通过努力创造了生命奇迹的。

穆塔布拉龙超大的鼻孔帮助它寻找食物。

恐龙中的“木乃伊”：

埃德蒙顿龙

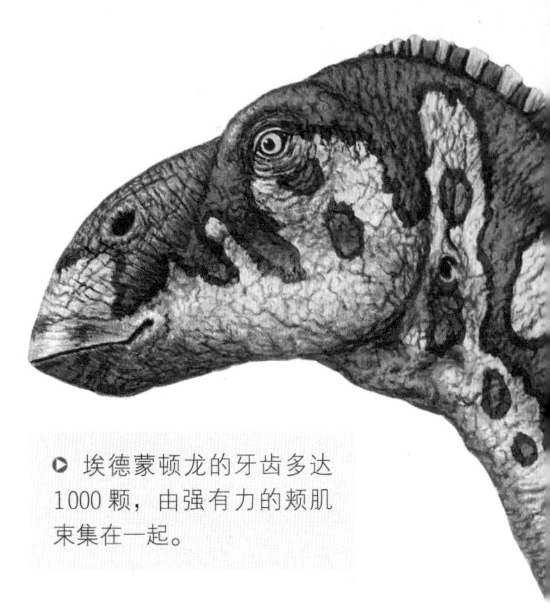
埃德蒙顿龙的牙齿多达1000颗，由强有力的颊肌束集在一起。

我们都知道埃及的木乃伊，这种方式可以很好地保存人的尸体，经历几百年尸体也不会腐烂。不过，木乃伊是用特殊的香料人工制成的。令人难以想象的是，大自然也会制作木乃伊，今天的主角就是恐龙中的“木乃伊”——埃德蒙托龙。

那么，这个“木乃伊”是什么样的呢？1908年，化石收集者查尔斯·斯坦伯格和他的三个儿子在美国怀俄明州发现了一具保存良好的埃德蒙顿龙化石，而且这化石上还同时保存了埃德蒙顿龙的皮肤和肌肉痕迹，因此这具化石骨架又被称为“木乃伊”。恐龙的皮肤和肌肉化石能够保存下来是因为它死亡之后，肌肉和皮肤失水速度很快，然后在泥土上留下了肌肤的痕迹和纹理。

根据这具“木乃伊”，专家发现埃德蒙顿龙的皮肤是皮质的，上面覆有鳞片，肌肉就在皮肤之下。不过这具“木乃伊”的皮肤痕迹不是很完整，膝盖以下就没有了。后来，在美国的北达科他州又发现了一个比较幼小的化石标本，这具化石尾巴部分保存了皮肤的痕迹，从这具化石上，科学家发现埃德蒙顿龙体表的鳞片是椭圆形的，上边还有沟纹。

之所以对埃德蒙顿龙了解得比较清楚，是因为它们是白垩纪晚期的繁盛家族，数量很多，而且分布广泛。埃德蒙顿龙身形庞大，有13米长，颌部强壮有力，能够轻松地折断嫩枝，咬下树叶。埃德蒙顿龙喙部扁平，和鸭嘴很像，里面有几百颗到上千颗的牙齿，用来咀嚼和消化树的枝叶。

它的脸上还有一个比较奇特的地方，就是大鼻腔上有一块可以胀大的皮肤，科学家称之为“鼻囊”。

这个鼻囊平时皱皱巴巴地横在埃德蒙顿龙脸上，当它遇到可怕的肉食性恐龙时，这个鼻囊就会膨胀，发出巨大的吼叫声，恐吓敌人，或许这种方法真的能够赶跑敌人。不过，这个鼻囊也许还有其他的作用，比如在交配期吸引异性，召唤迷路的小恐龙等。

埃德蒙顿龙机密档案：

战斗力：★
防御力：★
技能：声音恐吓
生存年代：白垩纪晚期（距今7100～6500万年前）
生存地域：北美洲加拿大、美国
类属：鸟脚类
身长：11～13米
食性：植食

憨厚可爱的鸭嘴龙

鸭嘴龙是恐龙家族中的晚辈，生活在距今约6500万年前的白垩纪晚期。虽然鸭嘴龙的出现时间比较晚，但它们的家族可以称得上是恐龙大家庭中的名门望族，足迹几乎分布在世界各个角落，其中以亚洲和北美洲最多。

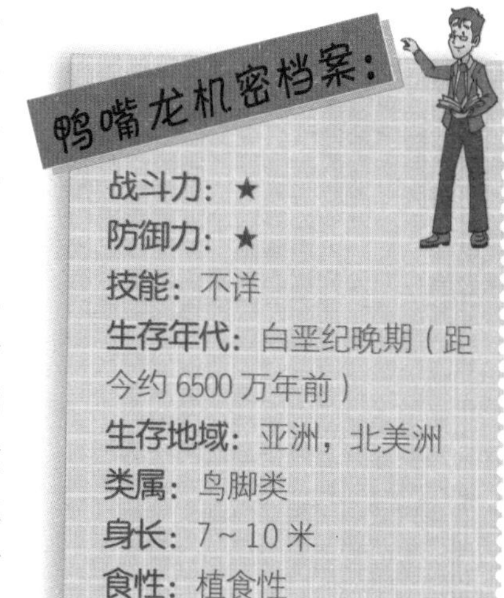

战斗力： ★

防御力： ★

技能： 不详

生存年代： 白垩纪晚期（距今约6500万年前）

生存地域： 亚洲，北美洲

类属： 鸟脚类

身长： 7～10米

食性： 植食性

鸭嘴龙是鸟脚类动物，以植物为食。它的嘴巴扁扁长长的，就像鸭嘴一样，所以才得了这样一个名字。鸭嘴龙的头骨很长，颌骨两侧长有棱柱形的牙齿，这些棱柱形的牙齿一层一层镶嵌排列，数量可达2000多颗。每一侧的牙齿都通过骨组织牢固地连接在一起，就像一块小搓板。不过，它们的牙齿长成这样可不是为了追求个性，而是为了更好地生

很多科学家认为鸭嘴龙（例如图中的副栉龙）在生命的大部分时间里都生活在水边。水中植物和陆地上生长的植物都可以作为鸭嘴龙的食物。

鸭嘴龙可能很擅长游泳，有人认为它们可以跳入很深的水中，以躲避成群捕猎的肉食性恐龙。

存。当它们用角质的喙把树叶啄下来之后，就会把这些树叶集中到“小搓板”上磨碎。这样的牙齿结构可以很轻松地对付坚硬的食物，比如纤维比较多的植物，甚至嚼碎树枝也不在话下。长期吃这样的食物，对牙齿的伤害是很大的，它的牙齿被磨损了或者是断了怎么办呢？我们的担心是多余的，因为它们的牙齿和我们的牙齿结构不一样，鸭嘴龙的牙齿被磨损之后，根部会继续生长，补充被磨损的部分，使它的牙齿总是保持合适的长度。

根据出土的化石资料，专家分析鸭嘴龙应该是两条腿行走的。因为它的两条后腿非常粗壮，而且尾巴很大。腿和尾巴构成一个三脚架，这样可以稳稳地支撑全身的重量。它的前肢短小，高悬在上面，远远看上去就像一只巨型袋鼠。

在当时，鸭嘴龙家族成员很多，分布在世界上各个角落。其中北美洲是最早发掘化石并记录的，在中国也有大量的化石记录。在中国最早发现鸭嘴龙的是俄国人，还把第一具中国的鸭嘴龙化石带到了俄国。不过，后来在同一块地方，出土了很多鸭嘴龙的化石。

鸭嘴龙的家族观念很强，成年恐龙会很细心地保护巢穴，呵护幼崽，这也正是鸭嘴龙家族能够繁盛的最重要原因吧。

有三种牙齿的异齿龙

2亿年前的南非大陆上出现了一种新的恐龙，它是最早出现的植食性恐龙之一，喜欢在南非多沙的灌木丛中寻找食物。它就是异齿龙。

顾名思义，异齿龙就是嘴里长着形状各异牙齿的恐龙。异齿龙嘴里有三种不同的牙齿，第一种牙齿叫作“上前齿”，生长在上颌的最前端，小而尖锐。嘴闭合时，上前齿刚好盖住下颌，这类牙齿的作用是咬住和切断树叶。第二种牙齿是“獠牙”，类似电影中吸血鬼露出的牙齿，锋利尖锐，用来震慑敌人。如果捕食者依然不顾一切冲上来，这两颗獠牙也是异齿龙最主要的武器。还有科学家推测，獠牙可能也是吸引雌性恐龙的特征。也许在雌性异齿龙的眼中，长长的獠牙就是力量的代名词。异齿龙的嘴里还有另外一种牙齿，那就是颊齿，这些牙齿靠近脸颊部位。异齿龙的颊齿就像一个个小凿子，而且排列紧密，这可以帮助它们更充分地磨碎植物的叶片或根茎。

异齿龙机密档案：

战斗力：★

防御力：★

技能：快速奔跑

生存年代：侏罗纪早期（距今2亿年左右）

生存地域 非洲南非开普敦、莱索托奎星

类属：鸟脚类

身长：0.9～1.2米

食性：植食性

异齿龙属于小巧玲珑型，体长大概只有1米，和现在的火鸡大小差不多。如果只观察晚期出现的禽龙类和鸭嘴龙类，我们很难想象它们的祖先竟然是这样的小个子。异齿龙的前肢非常发达，长有五根手指，指上有利爪。有些学者据此推测异齿龙可能是杂食动物，不过也有学者表示这些利爪起到的作用可能是挖掘沙土里面的植物根茎。

为了找到食物，异齿龙几乎走遍了生活的大半沙漠化地区。它的主要食物是地表灌木的树叶，只有当食物缺乏的时候，它才会用爪子挖开泥土去挖出植物的根茎。进食的时候，异齿龙通常是四肢着地，先用嘴把树叶一片一片啄下来，然后再把这些树叶集中在嘴的两边，用颊齿咀嚼。咀嚼时，它的下颌会轻微地向后挫动，有点儿像牛羊吃东西时的样子。

如果遇到敌人，异齿龙的第一反应是逃之夭夭。它的奔跑速度相当快，跑的时候还会猛烈摆动尾巴，保持奔跑时的身体平衡。如果逃不掉，它会用獠牙和锋利的爪子进行反抗，争取生存下去的机会。

也许正是它的坚强，不放弃任何生存的机会，才能够在残酷的自然选择中生存下来，并由此演化出更丰富的恐龙类型，让世界变得多姿多彩。

异齿龙有三种不同的牙齿存在：上前齿、獠牙、颊齿，而令人称奇的是它们下颌前部没有牙齿，上颌却有牙齿。

头顶长角的青岛龙

1950年春，一个名叫周明镇的学者带领山东大学地矿系的学生到莱阳金岗口村进行野外地质训练，不料却收获了意外的惊喜：恐龙的骨骼和蛋化石。中国恐龙研究之父、古生物学奠基人杨钟健听到这个消息之后，于1951年赶到山东，与他们合作，最终发掘出中国第一具最早、最完整的棘鼻恐龙——青岛龙的骨架。

青岛龙属于鸭嘴龙大家族，嘴巴扁扁的，头部看起来像一只鸭子。它的独特之处在于头顶上细长的角。

这只角是一条带棱的棒状棘，从两只眼睛中间直直地伸出，看起来很像独角兽的角。由于这只特殊的角，青岛龙又有了一个名字——“棘鼻青岛龙”。

多年以来，这只角引起了科学界的多次争论。有些学者认为这只角根本不存在，化石中的角是其他的碎片刚好落在那里而已；另外一些学者则是从用途的角度否定了这只角的存在，这只角既不是武器，也不像其他的带有顶饰的鸭嘴龙那样能放大自己的叫声。

青岛龙头顶有一只美丽的骨质头冠。

即使是认为存在这只角的科学家，也对这只角的朝向持有不同的观点。有的认为这只角应该向前倾斜，有的认为应该向后倾斜。也许，随着技术的发展，我们终有一天可以推测出青岛龙真实的样貌。

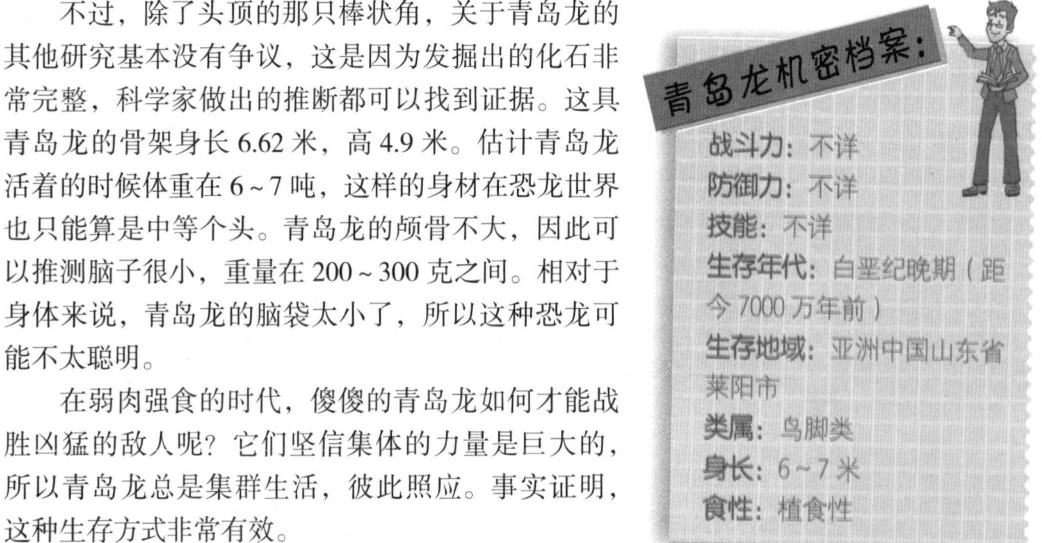

不过，除了头顶的那只棒状角，关于青岛龙的其他研究基本没有争议，这是因为发掘出的化石非常完整，科学家做出的推断都可以找到证据。这具青岛龙的骨架身长6.62米，高4.9米。估计青岛龙活着的时候体重在6~7吨，这样的身材在恐龙世界也只能算是中等个头。青岛龙的颅骨不大，因此可以推测脑子很小，重量在200~300克之间。相对于身体来说，青岛龙的脑袋太小了，所以这种恐龙可能不太聪明。

在弱肉强食的时代，傻傻的青岛龙如何才能战胜凶猛的敌人呢？它们坚信集体的力量是巨大的，所以青岛龙总是集群生活，彼此照应。事实证明，这种生存方式非常有效。

青岛龙机密档案：

战斗力： 不详

防御力： 不详

技能： 不详

生存年代： 白垩纪晚期（距今7000万年前）

生存地域： 亚洲中国山东省莱阳市

类属： 鸟脚类

身长： 6~7米

食性： 植食性

最会社交的亚冠龙

亚冠龙机密档案：

战斗力：★

防御力：★

技能：飞速成长

生存年代：白垩纪晚期（距今7500万~6700万年前）

生存地域：北美洲美国蒙大拿州以及加拿大艾伯塔省

类属：鸟脚类

身长：8~9米

食性：植食性

在北美大陆的白垩纪晚期地层中，科学家们发现了很多恐龙化石，其中有一种恐龙的化石十分完整，而且数量很多，为人们研究白垩纪晚期的恐龙提供了很多帮助。这种恐龙就是亚冠龙。科学家发现的亚冠龙化石不仅包括成年的个体，也有年幼的个体，甚至还有几窝恐龙蛋。最让人惊喜的是，这些恐龙蛋中还有尚未孵化的小亚冠龙的胚胎。

亚冠龙是一种植食性恐龙，头顶上长着像帽子一样的头冠，与冠龙的外貌很相似。不过冠龙的头冠大而笔直，而亚冠龙的头冠则高而圆。亚冠龙的头冠中空，后面有小型的骨质突起。它的头冠并不是为了让自己看起来更优雅漂亮，而是为了进行社交活动。亚冠龙头冠的色彩和形状是吸引异性恐龙的“法宝”，同时中空的头冠也可以使亚冠龙的声音通过共振而放大，这也有助于提高亚冠龙的吸引力。由于亚冠龙在社交上颇有能力，所以它也被称为“最会社交的恐龙”。

除了特殊的头冠，亚冠龙的身上还有一个非常独特的地方，那就是高高的神经棘。这些棘状突起从亚冠龙的颈部一直延伸到尾巴，外形就像鱼的背鳍一样。这些神经棘让它的背部看起来非常高，所以亚冠龙还有另外一个形象的名字叫作“高背龙”。

性情温和的亚冠龙既没有锋利的牙齿和爪子来对抗敌人，也没有犄角或者坚硬的外皮做防护，所以它经常成为肉食性恐龙的盘中美味。不过即使经常处于劣势，亚冠龙依然坚强地生存着，从来没有遇到过灭绝的危险。这是为什么呢？其实这里有个奇妙的“武器”，那就是亚冠龙能迅速发育成熟繁衍下一代。以暴龙这样的肉食性恐龙为例，从孵化到成年需要20~30年才可以完成，而亚冠龙成年只需要10~12年就可以。更为奇特的是，亚冠龙不需要长到成年就可以传宗接代，一般两三岁的时候就可以繁衍后代。因此，即使它们成为掠食目标，也可以快速扩张族群数目。

生存的方式有很多种，最合适的就是最好的。亚冠龙的经历生动地体现了这一点。

△ 亚冠龙喜欢群居生活，和慈母龙一样精心养育幼龙，在孵化幼龙时，它们会守在巢穴旁。

像大鸭子的恐龙：大鸭龙

在白垩纪晚期，北美洲的土地上生活着一种巨大的“鸭子”。和鸭子的杂食性不同，这个大块头是纯粹的“素食主义者”，它就是大鸭龙。大鸭龙还被称作“大鹅龙”，属于鸭嘴龙家族中的平头类。所谓“平头类”，就是头顶上干干净净，没有其他的装饰物。

它的化石最早发现于南达科他州与蒙大拿州的交界处，地质年代属于白垩纪晚期，距今 6800 万~ 6500 万年前。

大鸭龙“认祖归宗”的过程曲折而漫长。它的第一个完整标本是于 1882 年由古生物学家爱德华·德克林·科普发掘的，是完整的头颅骨及大部分骨骼，但是没有骨盆与部分胸部，这些缺失的骨骼可能是由于河水的侵蚀和冲刷作用消失不见的，这个标本的口鼻部还保存了角质鞘组织。经过研究，科普把大鸭龙分在糙齿龙类群中，还把大鸭龙描述成生活在岸边、水陆两栖的动物，原因是科普认为鸭嘴龙类的颌部关节很松，如果它们以陆地植物为食，颌部关节可能会脱落。但是，科普当时取得的标本并不完全，缺少颌部内侧支撑牙齿的骨头，因而他做出了错误的判断。不过科普德高望重，所以人们一直把这个形象当成标准的大鸭龙形象。直到 1904 年，美国西部的两位牛仔发现了另外一具大鸭龙的化石，最终这具大鸭龙化石辗转来到了另一位古生物学家巴纳姆·布郎手中。这个化石要比前面那具更加完整，几乎包含了整段脊柱。通过这次研究，大鸭龙终于确定了自己的归属，成为“鸭嘴龙”家族的一员。

根据科学家的研究，大鸭龙生活在白垩纪晚期的北美洲，是一种非常大的恐龙，身长可以达到 12 米，头颅骨也非常长，体重大约 3 吨。与鸭嘴龙家族中的其他亲戚一样，大鸭龙的口鼻部位非常像鸭嘴。它的嘴巴前端没有牙齿，在靠近脸颊的部分有几百颗参差不齐的牙齿，这些牙齿绝大部分都是可以再生的，只有很少的几个断了之后不能再长出来。采食嫩枝或者树叶的时候，大鸭龙通常会先用扁平的喙部咬断植物的茎叶，然后把这些枝叶吞进后部，用成排的牙齿磨碎咀嚼。由于比较高，它们通常以高处的树叶为食，大多数离地 4 米以上。

根据出土的骨骼化石，科学家绘制了大鸭龙的复原图。它浑身的皮肤是凹凸不平的，覆盖有水泡一样的突起，和如今在美国生存的一种有毒大蜥蜴皮肤很相似。大鸭龙的头长而宽。从侧面来看，大鸭龙的形象类似天鹅；如果从上往下看，就有点儿像琵鹭。大鸭龙的鼻孔比较大，鼻孔周围的骨头向内凹陷。大鸭龙的眼眶呈长方形，这是大鸭龙比较独特的地方，但是也有科学家提出质疑，认为这是由于大鸭龙死后骨骼被挤压变形之后，研究者做出的误判。

与其他鸭嘴龙类的恐龙相比，大鸭龙的四肢长而且细。它具有 12 节颈椎、12 节背椎、9 节荐椎，

大鸭龙机密档案：

战斗力：★
防御力：★
技能：不详
生存年代：白垩纪晚期（距今 6800 万年前左右）
生存地域：北美洲
类属：鸟脚类
身长：9~12 米
食性：植食性

尾椎至少有30节。虽然骨骼的数目不是很多，但是大鸭龙的每节椎骨都比较长，也正是这个原因，它的身长才可以达到12米。

跟其他的鸭嘴龙类相似，它们行走的时候有两种方式——两足或四足方式。一般来讲，它们在搜寻食物的时候采用四足的方式，在奔跑的时候采取两足的方式。我们前面提到的两具大鸭龙标本目前被收藏在美国自然历史博物馆，其中一具被做成了四足着地的样子，另外一具则是两条腿站立的样子。

大鸭龙的知名度虽然没有埃德蒙顿龙高，但也是经常出现在大众媒体中的代表性恐龙之一。在英国BBC的科普节目《与恐龙共舞》的最后一集《末代恐龙》中大鸭龙曾经出现，美国探索频道播出的电视节目《恐龙纪元》中也有大鸭龙的“演出”。

一只大鸭龙正在四处瞭望。

戴着头盔的冠龙

冠龙是 1912 年由一个叫巴纳姆·布朗的人在加拿大艾伯塔省的红鹿河附近发现的。它的骨骼几乎是完整的，而且皮肤的纹理也被很好地保存了下来。可惜的是，第一具冠龙标本在 1916 年准备运到英国的途中，被德国的巡洋舰击中后沉没，就此沉入了北大西洋的海底。

冠龙算是恐龙家族中的大块头，从头到尾足足有 10 米长。如果它现在还活着，站起来向上张望的话，它可以轻松地把头伸进二层楼的窗户里面。

◎ 冠龙的皮肤凹凸不平坑坑洼洼，雄性冠龙头上的冠会变换不同的颜色，以此来吸引雌性。

看冠龙的名字我们就可以猜到，这个大家伙头上戴着帽子，不过它这个帽子可是摘不下来的，那是它身体的一部分。它还有一个名字，叫作“鸡冠龙”，通过这个名字，我们就可以知道它那头盔的形状了。古生物学家对冠龙化石进行了大量的研究，他们发现冠龙的头冠大小不一，年龄越小，头冠越小。年幼的冠龙头顶几乎没有头饰，只在眼睛上方有一个小小的突起。雌性冠龙的头冠也比较小，只有成年雄性冠龙才拥有大而绚丽的头冠。在繁殖季节，雄性恐龙的头冠会变换不同的颜色，此时它们就会骄傲地走来走去，多角度全方位地展示自己，看起来颇为自恋。不过，它们这样做的目的可不是为了展示自己的漂亮头冠，而是为了吸引雌性恐龙来组建家庭。

如果去掉头上的装饰，冠龙的头看起来就像一只大号的鸭头。它的嘴巴也是扁扁的，前面没有牙齿。不过，靠近脸颊的部位有几百颗牙齿，科学家给这些牙齿起了个名字叫作颊齿。进食的时候，冠龙会用没牙的喙部咬断细枝或者树叶，咀嚼这些食物的任务就交给后排交错复杂的颊齿。

此外，古生物学家还认为冠龙的脸上有皮囊，这些皮囊充气后可以鼓成球状，通过这些皮囊，它发出的声音会被放大，就像青蛙可以通过气囊发出“呱呱呱”的声音一样。冠龙可以依靠这种放大的声音来发出警报或者吸引异性。

行走的时候，冠龙是依靠后肢直立前进的，前肢相对来说短一些。不论前肢还是后肢，上面都长有大而钝的爪子。

浑身疙瘩的萨尔塔龙

萨尔塔龙机密档案：

战斗力：★

防御力：★★★

技能：疙瘩御敌

生存年代：白垩纪晚期（距今6500万年前）

生存地域：南美洲阿根廷、乌拉圭

类属：蜥脚类

身长：12米

食性：植食性

蜥脚类恐龙最繁盛的时候是在侏罗纪，到了白垩纪，角龙、鸭嘴龙的出现大大挤压了蜥脚类恐龙的生存空间，而在植物世界中，显花植物慢慢成为主流，而蜥脚类恐龙没有及时适应这种食物，所以就逐渐衰败了。不过南半球的环境变化不大，所以也就成了蜥脚类恐龙最后的乐园，萨尔塔龙就是幸存的蜥脚类恐龙之一。

萨尔塔龙最早在阿根廷的萨尔塔省发现。1980年，阿根廷的古生物学家根据发掘地把它命名为“萨尔塔龙”，意思就是“来自萨尔塔的蜥蜴”。萨尔塔龙之所以能够幸存，是因为它们在南美洲和北美洲还没有分离的时候进行了一次长途迁徙，成功地把“家”从北美洲搬到了南美洲。而当北美洲的蜥脚类恐龙发现自己的生存空间已经逐渐被其他恐龙挤占的时候，它们已经无法越过大海搬迁到南美洲了，等待它们的只能是残酷的自然选择。

它的外形与雷龙相似，身长可以达到12米。不过与北半球的大型蜥脚类恐龙相比，它的个子并不算大。萨尔塔龙的个子比较小，也许更容易受到肉食性恐龙的伤害，不过，它的身上长满了一个个的疙瘩，虽然皮肤看起来不那么光彩照人，却很好地保护了自己。那么科学家是如何知道萨尔塔龙的身上长满疙瘩的呢？原来，古生物学家在发现萨尔塔龙骨骼化石的地方，还发现了萨尔塔龙的皮肤印迹化石。从这块印迹化石中，我们可以清楚地看到萨尔塔龙的皮肤表面是坑坑洼洼的，一些拳头大小的骨质突起物镶嵌在它的皮肤上，在这些甲板中间还有数不清的小疙瘩分布其中。这些疙瘩紧凑地排列在萨尔塔龙的皮肤上，让萨尔塔龙的皮肤更加坚韧。

萨尔塔龙的食量很大，经常在南美洲的大陆上游逛觅食。看到好吃的，就停下脚步扬起长脖子去取食。那些都是小型植食性恐龙吃不到的树木顶端的嫩叶，可谓是惬意之极。并且由于腰部肌肉发达，它也可能会用后肢站立，去取食更高处的食物。

不过，萨尔塔龙虽然逃过了一劫，却最终没能打破恐龙的末日诅咒，在白垩纪的时候与其他的恐龙一起走向了灭亡。

◀ 萨尔塔龙身上的骨板只有豌豆大小，还有一些防御性骨钉。

棱齿龙的嘴巴外形像鹦鹉的嘴，拥有 28～30 颗牙齿。

这是一具棱齿龙的化石，修长的腿利于奔跑，让它成了恐龙时代的奔跑健将。

两腿修长优美的棱齿龙

白垩纪早期，欧洲和北美的大陆上出现了一种善于奔跑的植食性恐龙。它们喜欢成群结队地生活，一起进食，一起逃命。虽然这种恐龙胆子非常小，但是它们的群体中充满了互帮互助的温情。它们就是棱齿龙。

揭开棱齿龙神秘面纱的过程可谓一波三折。它的骨骸化石早在 1849 年已经被发现了，那时人们并没有看清它的真面目，错把它划在了禽龙的大家族里，但没过多久古生物学家赫胥黎就宣称这是一种新的恐龙。从此，它终于有了自己的名字——棱齿龙。

一开始，科学家们认为它是树栖的恐龙，趴在树上进食和躲避敌人，这特性听起来有点儿像考拉。这种观点流传了将近 100 年，直到 1984 年，一位科学家通过对棱齿龙骨骼大量的研究，由此推测了棱齿龙四指掌部的情况，认为那种结构明显不适合抓紧树枝，更适合在陆地上快速奔跑。凭着令人信服的数据，他成功地说服了其他科学家，取得了一致的看法——它并非树栖动物，而是生活在陆地上。至此，棱齿龙的生活地点终于从树上“搬”回了地面。

棱齿龙的攻击性和防御性都很差，几乎可以忽略不计。为了生存，它们一生中的大部分时间都在做两件事：一件是进食，另一件是逃命。如果仔细研究它们的身体，我们就能够发现棱齿龙身体的所有特征都是为这两件事情服务的。

为了适应植食生活，棱齿龙的嘴巴、牙齿和四肢都发生了变化。棱齿龙的嘴巴是角质的，外形有点儿像鹦鹉的嘴，这就为它咬食树叶带来了很大方便。它长有 28～30 颗牙齿，上颌牙靠近脸颊的一面釉质化程度非常高，前面的上颌牙则向前弯曲，是个“小龅牙”，这些牙齿的边缘有小齿，可以更好地磨碎植物，下颌牙同样具有边缘小齿。如果仔细观察棱齿龙牙齿的话，还会发现上面有很细小的棱，这些也都是为了让食物在进入消化道之前被磨得细碎一些，从而保证棱齿龙可以获得更多的营养物质。也许，正是牙齿上的这几道棱给了科学家灵感，使得这些恐龙有了自己的名字——“棱齿龙”。

那么，棱齿龙的前肢又有哪些适用于植食生活的特点呢？它们的前肢末端有五个指头，这就提高了前肢的灵活性。此外，它的指尖还有坚固的爪子，很适合拉扯树叶或者捧食食物。

多数鸟脚类家族的成员在行走时，重心都会放在身体的前半部，因此身体是向前倾的，如果不仔细看的话，它们很像是四肢并用地向前爬行。棱齿龙则是这个家族中的“异类”——行走时，它身体的重心放在臀部。它们的身体就像一个天平，腿和臀部就是这个“天平”的支点，头颈部和尾巴分别位于天平的两端，使它的身体保持平衡。令人感到意外的是，棱齿龙身体的这个特点也是和“吃饭”有关的！为了能够让身体吸收更多的营养，棱齿龙的消化道比较长，已经延伸到身体里面非常靠后的部位。这是棱齿龙的身体重心后移的一个重要原因。

棱齿龙机密档案：

战斗力：★
防御力：★
技能：飞速奔跑
生存年代：白垩纪早期（距今 1.2 亿年前）
生存地域欧洲英国威特岛、西班牙泰鲁，北美洲美国南达科他州
类属：鸟脚类
身长：1.4~2.3 米
食性：植食性

当然，后肢最大的作用还是逃命。棱齿龙的腿形十分修长漂亮，小腿要比大腿长出一截。可别小看这一截，只有这么一点点不同，它们的腿就变得很灵活，便于奔跑。它们在逃跑的时候也有自己的策略，不仅速度快，而且还能像羚羊一样迂回躲闪，以此来分散捕食者的注意力。在逃命的过程中，它的长尾巴也可以帮助保持身体平衡，以防突然摔倒被敌人抓住。

除了速度上的保障，团结也是棱齿龙战胜敌人的法宝。当群体中的大部分成员吃东西的时候，总有一些“卫兵”在放哨。如果“卫兵”发出危险信号，棱齿龙们就会全体一起向前奔跑逃命，这种逃命方式能够使个体的生存概率提高，同时也可以保证种族的延续。如果棱齿龙被逼到走投无路的境地，它也不会束手就擒，而是会伸出大尖钉一样的拇指戳刺敌人，反抗到底。不过，由于棱齿龙的实力有限，一般很难逃脱死亡的命运。

棱齿龙是一种轻快敏捷的恐龙，健康的成年棱齿龙可以比新猎龙这样的大型掠食者跑得更快。

为了吃到树木顶端的食物，常用四肢行走的弯龙偶尔也会曲起前肢站立起来。

腿部弯曲的弯龙

侏罗纪晚期，在北美洲和欧洲的开阔林地中生活着一种奇怪的恐龙，与其他的恐龙不同，它的大腿是弯曲的，也正是由于这个原因，它被命名为“弯龙”。

弯龙是1879年由著名的古生物学家马什发现的。最初，它并不叫弯龙，而是与一种蟋蟀同名，当然，这是马什犯的一个小错误，因为他并不知道这个名字已经被一种小蟋蟀抢占了。

1885年，它不再与其他的动物共享一个名字，得到了“弯龙”这个名字。

弯龙是一种植食性的恐龙，与禽龙是亲戚。最大的成年弯龙体长可以达到7.9米，体型比橡树龙更大。

它身上的骨骼就有1吨重，所以弯龙一定是一个笨重的大家伙。相对于这庞大的身躯，它的头是很小的，看起来就像马头一样。

弯龙的嘴巴前端没有牙齿，不过边缘十分锐利，这样它就可以很轻松地把植物切割下来。植物被切割以后，就会被送到嘴巴后面的牙齿处磨碎。弯龙的手部有五根指头，前三根有指爪。拇指最后一节是马刺状的尖状结构，与禽龙的笔直尖爪不同。从化石足迹显示，弯龙的手指间没有肉垫相连，这点与禽龙不同。数根腕骨互相固定，可强化手部结构以支撑重量。弯龙的第一趾爪向后反转不触地。

另外，弯龙的颌关节活动非常自如，可以前后移动，这同样也是咀嚼食物的一种方式。

由于身体笨重，弯龙比较喜欢用四肢行走。不过，如果遇到特殊情况，比如说它喜欢的食物长在树木顶端，需要用后肢站立的方式才能够到，也难不倒它。弯龙的身躯庞大而且笨拙，因此看起来总是一副悠闲的样子，它们最害怕的事情就是遇到肉食性恐龙。

弯龙也没有甲龙类或者角龙类那样的防御武器，由于体重限制，奔跑速度也不快，不过，除了靠奔跑来逃命，它们也没有别的办法。为了不成为别的恐龙的美食，不管多么费力，它也得使劲跑。

不过，肉食性恐龙通常是以速度快出名的，所以这些恐龙如果想用弯龙打打牙祭，常常会埋伏在弯龙附近。

当它放松警惕的时候，肉食性恐龙就会以迅雷不及掩耳之势冲出去，一口咬住弯龙的脖子，此时弯龙就只能束手就擒了。

弯龙属于一种比较原始的禽龙，它既没有奔跑的天赋，也没有后期禽龙的大块头，因此到白垩纪早期的时候就已经在地球上销声匿迹了。看来，拥有一门技术果然很重要！

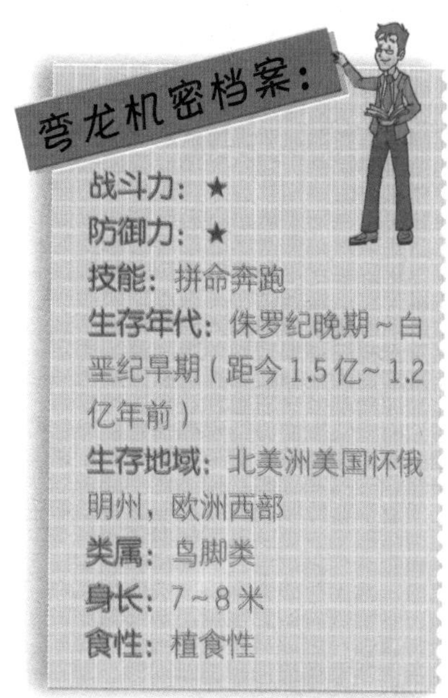

△ 体型娇小的长春龙，放在恐龙大家族里真是不太合适，甚至在一片茂密的树林里，你都可能因为它太小而注意不到它。

袖珍恐龙：长春龙

恐龙家族里面有很多庞然大物，经常出现在我们眼前的恐龙影视形象也以大个儿居多。其实，恐龙家族中小巧玲珑的物种也不少，下面我们就来认识一种袖珍恐龙——长春龙。

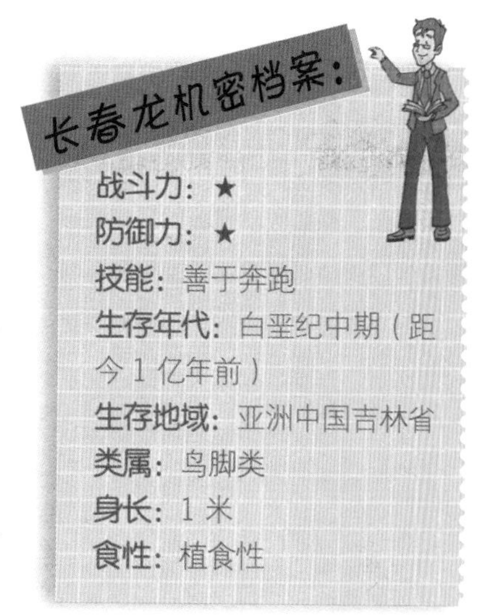

秀气的长春龙的化石是2002年7月在中国发现的，因为发现于吉林省，所以以吉林省的省会长春命名，意思是“长春蜥蜴”。

长春龙生活在距今约1亿年前的白垩纪，是鸟脚类恐龙中的一种。

长春龙是一种小型的植食性恐龙，目前只发现了一个完整的头颅骨和部分骨骼化石，还有一部分其他个体的头颅骨碎片化石。

值得一提的是，在发现长春龙化石的辽宁省中部，还先后出土过鸟脚类、兽脚类以及角龙类等恐龙化石，早期的哺乳类和鳄类化石也时有发现。

看来，长春龙的生活一点儿都不寂寞，左邻右舍的好朋友非常多，当然也有一些可能是它的天敌。

由于骨骼很不完整，因此长春龙的修复工序极其烦琐。从发掘出来到运回博物馆，科学家不得不在其中填充树脂来帮助保持其形状。

这样做还不够，他们还在化石外面抹上了一层熟石膏来防止外界环境的侵蚀。在修复化石之前，科学家又要认真细致地把这些保护性外壳去掉。经过一遍一遍地比较和组装，科学家终于根据头颅骨和部分骨骼复原了长春龙。

修复后的长春龙身长大约有1米，高度大约55厘米。长春龙的前肢短小，后肢修长，由此可以推断出长春龙是一种非常善于奔跑的恐龙。

根据对化石的观察，长春龙有5颗前上颌齿，眶前孔很小，外下颌孔缺失，前齿骨发达。这些特征都是鸟脚类恐龙所特有的。

因此长春龙是一种鸟脚类的恐龙。不过除此之外，长春龙的身上还有些与角龙类恐龙相似的特征。

所以，长春龙的发现对于研究鸟脚类、角龙类恐龙的起源以及二者之间的关系具有重要的意义。

别看长春龙个头迷你，但是它所承载的意义可是非常重大的呢！那么长春龙到底能否改变鸟脚类恐龙和角龙类恐龙的关系呢？

这个谜底需要很多人共同努力才能解开，让我们耐心等待，看看这个小个子如何改变恐龙世界。

神秘的懒爪龙

懒爪龙机密档案：

战斗力：★

防御力：★

技能：不详

生存年代：白垩纪中期（距今9100万年前）

生存地域：北美洲美国

类属：镰刀龙类

身长：4.5～6米

食性：植食性

在白垩纪早期，大约1.5亿～7500万年前，地球上的气候发生了剧烈变化，天气逐渐变暖，两极的冰雪开始融化，海平面比现在高三百多米，地球表面变得很湿润。虽然气候环境很适合各种生物的生长，但是我们对这一时期的生物几乎一无所知，因此这个时期看起来十分神秘，也被科学家称为“白垩纪空隙”。但是懒爪龙的出现填补了这一时期的空白，也使得科学看起来更加多姿多彩。

懒爪龙是古生物学家在亚利桑那州与新墨西哥州的祖尼盘地发现的。祖尼盘地对于揭开“白垩纪空隙”这个秘密非常重要。在发现懒爪龙之前，科学家已经在此处的地层中发现了很多角龙类的恐龙，他们判定这些恐龙是生活在“白垩纪空隙”的生物。随后，这里又出现了很多未出现过的恐龙品种。

懒爪龙是在1997年被发现的，属于镰刀龙类。镰刀龙类的骨骼化石一般分布在中国，祖尼盘地是美国第一次发现镰刀龙类恐龙的地方。

为了研究懒爪龙的外形特征，科学家们试图把两个骨骼化石拼接在一起，以此来还原更真实的懒爪龙。这项研究的结果揭示，懒爪龙的体长在4.5～6米之间，站起来的时候高度为3～3.6米，重量大约为1吨。相对于这庞大的身体来说，懒爪龙的头部比较小，脖子很长，身体是直立的。为了支撑庞大的身躯，它的双腿十分粗壮。

懒爪龙生活的年代植物繁盛茂密，它的叶状牙齿又适合切碎植物，所以科学家推测懒爪龙应该属于植食性恐龙。懒爪龙的上肢很长，指上还有10厘米左右的弯曲指爪，所以它可能是用灵活的手指抓住树枝，然后伸长脖子去吃树叶。懒爪龙的另一个特征是肚子非常大。这是因为植物不好消化，所以需要比较长的消化道来分解。它的骨盆就像一个篮子，其中装着很长的消化食物的肠胃。

▲ 挺着大肚子的懒爪龙看起来笨重不堪，但它手指上那长达10厘米的利爪足以让其他动物望而却步。

不过，科研之路依旧漫长，来自神秘时代的懒爪龙身上还有很多小秘密等待我们去发现和探索。

肉食性恐龙大家族

肉食性恐龙的先驱：埃雷拉龙

埃雷拉龙的身体结构刚刚符合分类为恐龙的条件，是最古老的恐龙之一，古生物学家通过研究其骨盆结构，发现后来不少肉食性恐龙和埃雷拉龙都有相同之处，这证明恐龙来源于同一个祖先。

从整体观摩埃雷拉龙的化石，我们会发现它的头长而低平，所有的牙齿都很锋利，特别是上颌长满了弯曲、尖锐的牙齿，便于撕咬；在下颌骨处有一个具有弹性的关节，使得它能够把嘴巴张得特别大，方便它紧紧地咬住猎物；同时它的耳朵里有听小骨，说明它有敏锐的听觉，方便它躲避敌害，追捕猎物。

再看它的躯干。它的背部呈拱状，整个身体由一条长尾巴保持平衡。而在行走的时候，它的尾巴便会高高翘离地面，埃雷拉龙的后肢强壮有力，以支撑身体并快速奔跑；前肢不及后肢的一半长，短且灵活，上面锋利的爪子便于它牢牢抓紧猎物。

看着埃雷拉龙的化石，我们似乎可以幻想出这样一个画面：一只原始蜥蜴警惕地在高矮不一的蕨类植物丛里爬行，小心翼翼地寻找食物，在地面上传出“沙沙”的声音，而离它数十米处，凭借着敏锐的听觉，一只埃雷拉龙感觉到了蜥蜴的存在。大地开始战栗起来，这只蜥蜴看了看四周，似乎感觉到了什么，“咔咔咔”，植物断裂的声音不断传来，只见一个庞然大物快速奔跑过来，倒霉的蜥蜴刚想逃跑，便被一只强有力的大脚踩了个正着，一命呜呼。这只埃雷拉龙巨口一张，便将这只蜥蜴咬入嘴中。

埃雷拉龙像一辆小货车那样长，虽然在恐龙世界里个头不算大，但在三叠纪晚期的地球大陆上，它已经算得上是庞然大物了，并且依靠两条长而有力的后肢，它奔跑的速度也非常快，力量和速度的结合让它所向披靡。

埃雷拉龙的化石为科学家探寻最早恐龙的奥秘提供了线索。除了阿根廷，世界上其他大陆也发现了它的化石，这证明在远古时期南美洲和其他大陆还是连在一起的。

强壮便于奔跑的后肢加上短小而锋利的前爪，“力量和速度”的结合让埃雷拉龙在当时的恐龙世界中所向披靡。

始盗龙的出现，拉开了恐龙家族占领地球的帷幕。

曙光奇兵 始盗龙

在 2.2 亿年前的地球大陆上，有一种新的动物出现了。

它比其他陆生动物拥有更多先天优势，就像一个突然闯入大陆空间的盗贼一样在地球上横冲直撞。后来，科学家们给它起了一个非常形象的名字——始盗龙。

在目前所有发现的恐龙中，始盗龙是最早也是最原始的一种。

它的身材在恐龙里可以说是非常迷你，如果与同样也属于原始恐龙的埃雷拉龙相比，我们看到的画面就好比是小猫和老虎站在一起。不过，小身材也有大意义，从始盗龙踏上三叠纪大地的那一刻起，就宣告着恐龙王朝的第一轮旭日冉冉升起了。

始盗龙的牙齿很有特点，其后面的牙齿像带槽的牛排刀般锋利，利于撕咬切割；而前面的牙齿却又呈现树叶状，适合研磨。这种结构表明，始盗龙是一种既吃肉类又吃植物的杂食性恐龙。

始盗龙体态轻盈，其腰部由三块脊椎骨支撑着。它的前肢拥有 5 个“手指”，非常适合捕捉猎物，一旦抓住猎物，对方就很难逃脱。这与后来“手指”日趋减少的恐龙有着明显的区别。

除此之外，始盗龙还拥有强壮有力的后肢，方便其快速地接近猎物。当然，在它急速奔跑的时候，也会时不时地“手脚并用”。

始盗龙轻盈矫健的身形决定了其攻击上的优势。当看到与自己体型差不多大小的猎物时，它会快速接近猎物，同时快速伸出锋利的前爪以撕裂对方的头骨，这两个动作几乎是在瞬间完成的。被它袭击的猎物，就算没有立刻毙命，也会血流不止，失去反抗的能力。

如果是面对笨重的、比自己体型庞大的原始爬行动物，始盗龙更是会利用自己灵活、快速的攻击技能去消耗它们的体力，等到它们精疲力竭以后，再完成致命性的一击。

有的猎物甚至到了临死之时，都没能看清楚究竟是什么东西在攻击自己。

作为最早闪亮登场的恐龙，始盗龙拉开了恐龙家族占领地球的帷幕。从此以后，形形色色的恐龙就闪亮登场了。

始盗龙机密档案：

战斗力：★★
防御力：★
技能：前爪突袭，极速猎杀
生存年代：三叠纪晚期（2.2 亿年前）
生存地域：南美洲阿根廷
类属：兽脚类
身长：0.9 米~ 1 米
食性：杂食性

兽脚类恐龙：

兽脚类恐龙是一种肉食性恐龙，具有三趾型的足，指端长着尖锐的爪，前肢相对细小，而后肢非常强壮，足以支撑身体站立起来。

自相残杀的腔骨龙

有这样一种恐龙，它的化石被带到“奋进”号航天飞机中进入了太空，同时它还是美国新墨西哥州的“州化石”，如此著名，它是谁呢？

谜底就是腔骨龙，腔骨龙这个名字来自古希腊文中“空心”的释义，因为它骨头的中间都是空心的，所以它非常轻盈，科学家根据化石推测它活着的时候体重在20千克左右。腔骨龙是虚骨龙类恐龙中最著名的早期成员，生活在三叠纪晚期，其足迹曾遍及世界各地，也属于早期的恐龙。

1947年，在美国新墨西哥州的幽灵牧场，发现了一个含有大量腔骨龙的尸骨层。这么多腔骨龙的化石可能是由突发的洪水所造成的，并将它们集体冲走、掩埋。事实上，这类洪水在地球历史的这段时期甚为普遍。

腔骨龙机密档案：

战斗力：★★★
防御力：★★
技能：强袭
生存年代：三叠纪晚期（2.2亿年前）
生存地域：北美洲美国亚利桑那州、新墨西哥州、犹他州
类属：兽脚类
身长：2~3米
食性：肉食性

腔骨龙的头部小而长，吻部尖细，脑部并不大，因此并不太聪明。头部有大型洞孔，可帮助减轻头颅骨的重量，而洞孔间的狭窄骨头可以保持头颅骨的结构完整性。颌骨上嵌着钉针一般的针锯状的牙齿，显得异常锋利。腔骨龙拥有一对大眼睛，能很清晰地观察周围的环境，让自己更好地生存下去。它长长的颈部呈现“S”形，非常灵活，能够迅速地盘旋摆动，因此能够准确无误地捕获猎物。

因为拥有开放的髋臼及笔直的脚跟关节，腔骨龙被定义为恐龙，从而区别于其他爬行动物。经过研究，腔骨龙的躯体与基本的兽脚亚目体形一致，但肩带则有一些有趣的特征，就是它们有叉骨这个结构。科学家们考证，这是恐龙中已知最早的例子，同时它的腰部显示了典型的蜥臀类恐龙的一些特点，而骨盆及后肢与兽脚亚目的体形有少许差别。腔骨龙的身体是以臀部为支点保持平衡的，当腔骨龙快速移动时，尾巴就成为舵或平

蜥臀类：

恐龙类的两个目之一。根据腰带构造的不同；恐龙分为两个类群：蜥臀目和鸟臀目。它们在腰带构造上的区别主要是耻骨形态的不同。

腔骨龙是一种小型肉食恐龙。它们多以群体出现，以抵御更强大的动物。

衡物。这长长的尾巴拥有着不寻常的结构，关节突起互相交错，形成半僵直的结构，这样尾巴就不会上下摆动，而是成为一个“舵”。

作为标准的两足行走动物，腔骨龙有 2 ~ 3 米长，臀部约 1 米高；后腿形似鸟腿，长而有力，后肢脚掌有三趾，牢牢地抓紧地面，从而可以快速奔跑；前肢有四根指头，但是只有三根是平时发挥作用的，另外一根则深埋在它的手掌中，适合攀缘和抓取食物。

和大多数兽脚类恐龙一样，体形轻巧的腔骨龙习惯在干燥的高地生活，因为这种地区足够干燥，适合兽脚类恐龙快速奔跑的能力和动作敏捷的特点。这样，无论是在捕食其他动物还是在逃避敌害方面，腔骨龙都显得游刃有余。由于自身体型和体重限制，它只能以早期的小型爬行类动物、昆虫为食。面对体型再大一点的动物，它就有些力不从心了。同时，它也要凭借着自己灵活的优势，躲避类似哥斯拉龙这样的大型掠食动物。

虚骨龙类：

在兽脚亚目中，目前的有羽毛恐龙几乎都属于虚骨龙类，这使许多科学家认为大部分虚骨龙类拥有某种程度的羽毛。

腔骨龙是早期恐龙中最为敏捷的，它们用牙齿和颌将猎物的肉撕开。

在自然界，嗜食同类屡见不鲜，猎物不是时时都能满足数量众多的猎食者的需求的，于是很多猎食者为了生存，拿自己的同类开刀。例如，在干旱时期，赖以生存的水源干涸之际，被迫挤在狭小空间里的鳄鱼就开始嗜食同类。腔骨龙之所以著名，也是因为它背负了这个“自相残杀”的恶名。在幽灵牧场所发现的两具骨骸似乎提供了腔骨龙嗜食同类的证据。

在它们的遗骸里，有着大量的幼年腔骨龙的骨头，并且这些骨头非常凌乱，体积也很大，不可能源于胚胎，所以这些骨头属于在母腹中未出生的胎儿之说被轻易地排除了。因此，也许是腔骨龙在饥饿难耐的时候，连自己的幼年同族或者儿女也不放过，大口一张，将其吞进肚里。

不过，也有人在为它鸣不平。有科学家在2002年的一份简报上指出，这些所谓幼年腔骨龙的标本其实是腔骨龙的口中餐，是一些细小的初龙类动物；而另一些学者则解释为腔骨龙可能是卵胎生动物，即受精卵在母体内依靠卵内储藏的营养，供给胚胎发育，经过一段时间后，再将孵出的小宝宝产出体外。孰是孰非，还需要更多的这类化石标本来印证，迄今仍然没有定论。

因为快速奔跑、动作敏捷的特点，腔骨龙被认为是最能代表兽脚类恐龙的典型，也被越来越多的人所熟知。

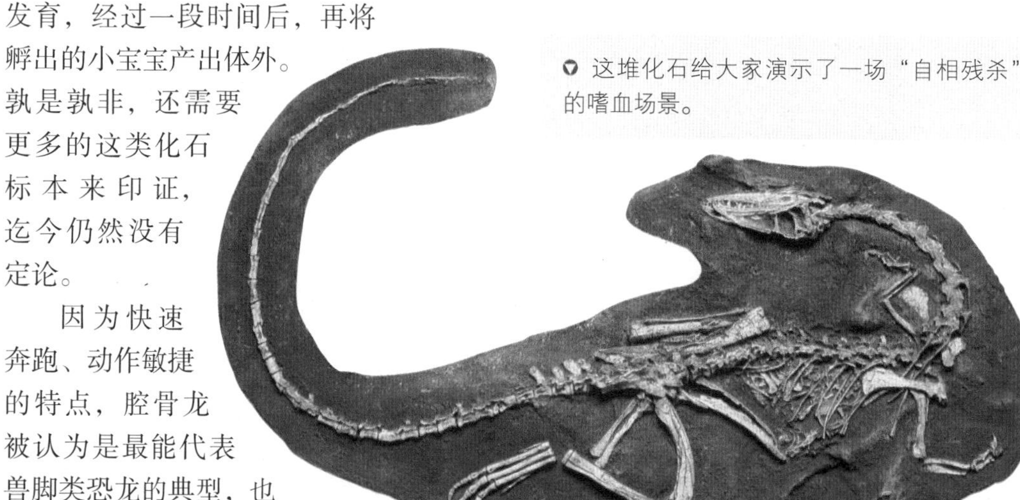

这堆化石给大家演示了一场“自相残杀”的嗜血场景。

“佼佼者”瓜巴龙

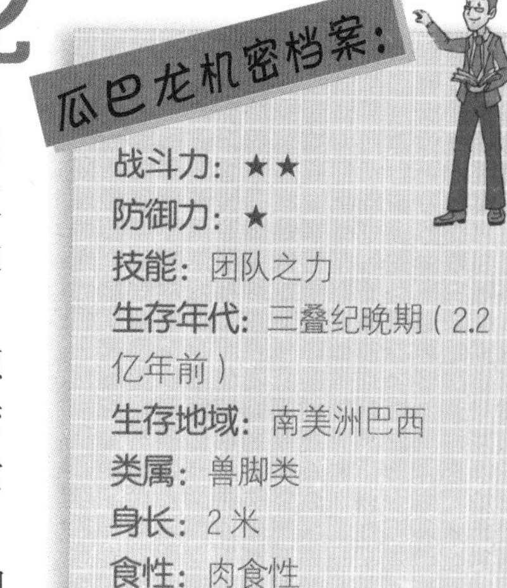

瓜巴龙的名字来源于拉丁文，释义是“南大河州瓜巴市的水文盆地同时代的佼佼者”。这表明，在三叠纪晚期，在瓜巴龙生活的地域范围内，它就是站在食物链顶端的动物。

作为早期的恐龙，瓜巴龙身体构造依旧比较原始，它的上颌骨较下颌骨发达，上颌骨前段向下弯突，牙齿粗大并且锋利，和所有的食肉恐龙一样，它的下颌中部没有素食恐龙那种额外的连接装置。

它是一种体型小巧的肉食性恐龙，拥有长而纤细的后肢，便于快速奔跑，后肢拥有五个脚趾，而不像后来的肉食性恐龙那样拥有三个脚趾，前肢拥有锋利的爪子，便于撕裂猎物。瓜巴龙睡觉的睡姿也很有意思，后肢蜷曲于身体下方，前肢摆向身体侧方，这个姿势很类似现代鸟类。

在瓜巴龙生存的三叠纪，地球上缓慢漂移着的陆地沿着赤道结合成了一个超级大陆，这个超级大陆被称之为“盘古古陆”。那时候大陆上气候温暖，并且逐渐变得干燥起来，大部分内陆地区虽然依旧是沙漠，但是海岸和河谷绿意盎然起来，长满着枝叶茂密的针叶树、翠绿的蕨类植物，那些原始的哺乳动物和爬行类便成群结队地生活在靠近水源的地方，瓜巴龙便是以它们为食。当然如果在运气不佳、捕猎失败的时候，瓜巴龙也会以尸体和腐肉作为食物。

单只的瓜巴龙由于体型的限制，本身的攻击力并不强，但是如果是一群瓜巴龙在一起狩猎，情况就会截然不同了，它们有时候会隐蔽在河流湖泊间的高地或者丛林间，进行团体狩猎，发挥出集体的力量。当数十只瓜巴龙倾巢而出，就算对手是体型巨大的早期脊椎动物，也只有被群起而攻之，最终怆然倒地的命运。

瓜巴龙与始盗龙和埃雷拉龙都有着一定的亲缘关系，都属于原始早期的恐龙。对它们的研究为解决恐龙的起源问题提供了很大的帮助。

一群爪巴龙正围攻一只植食性恐龙。

怪兽情结的产物：哥斯拉龙

一头意外复活的怪兽，高达27.44米，使得整个纽约陷入一片混乱，并且直奔曼哈顿市区去产卵，掀起了一股腥风血雨，古生物学家、新闻记者、电视台摄影师、军人纷纷联手，共同抵御这场人类浩劫。

这是美国大片《哥斯拉》片中的情形，里面的主角便是哥斯拉龙。1998年，这部由美国投入巨资拍摄的灾难片全球上映以后，怪兽哥斯拉一下被全世界所了解。

其实哥斯拉龙是一种身长可达6米的早期肉食恐龙，被发现于美国新墨西哥州奎伊县附近的库珀峡谷，虽然在三叠纪晚期，它算得上是陆地上的霸主，但与电视和电影里巨无霸的身形还是相差甚远，影视里的“哥斯拉”更多的是人类的幻想加工，而与现实无关。

哥斯拉龙机密档案：

战斗力：★★★★

防御力：★★

技能：强袭

生存年代：三叠纪晚期（2.1亿年前）

生存地域：北美洲美国新墨西哥州

类属：兽脚类

身长：5~6米

食性：肉食性

哥斯拉龙属于腔骨龙类的一种，和现在的鸟类一样，骨头的中心都是空的。哥斯拉龙头骨狭长，并且坚固，眼睛很大，视力很好，能发现远处的猎物。口裂很深，上下颌长满又长又大、向后弯曲的匕首状牙齿，上颌还有侧扁的牙齿深埋在齿槽中，如同锯子一般锋利。这样的牙齿让它很轻松地就能咬碎猎物的身体。它头部与颈部的连接非常灵活，有利于在捕食和撕咬猎物时激烈地摇摆头部，撕扯猎物的身体，让猎物彻底丧失反抗的能力。

虽然接近1吨的体重让哥斯拉龙略显笨拙，但它拥有快速奔跑和掠食的能力。这足以让它在当时的恐龙世界中稳居食物链的顶端。

作为一个体重接近1吨的庞然大物，同时又需要拥有快速奔跑与掠食的能力，平衡对于哥斯拉龙来说，尤为重要。它身体是以臀部为重心支撑点，后面长而纤细的尾巴与身体前部保持着平衡，这样，在它快速前进的时候，不至于失去平衡而跌倒。长长的后肢支撑身体运动，它们的后肢强健，和所有的兽脚类恐龙一样，有三个发挥作用的长脚趾着地，趾端长有钩状的爪子，适宜于在地面上行走或奔跑。前肢显著短于后肢，适于抓捕猎物。

影视剧中塑造的恐怖怪兽哥斯拉形象。

作为食物链顶端的肉食恐龙，哥斯拉龙的食物选择很丰富，从早期的原始爬行动物到其他植食恐龙都是它觊觎的美味。

试想在三叠纪晚期的一天，荒草丛生的灌木丛里，一只植食性恐龙正静静地卧在一棵被大风吹倒的树干旁，享受着午后树荫的清凉，刚才大快朵颐了一番，让它感觉非常惬意。然而“螳螂捕蝉，黄雀在后”，一只饥肠辘辘的哥斯拉龙远远地发现了它，刚才这只哥斯拉龙因为顺风暴露了自己的气味，错失了自己的猎物，因此此刻它显得非常有耐心，决定等待这只植食性恐龙自己走出来。

也不知道过了多久，那只还懵然不知的植食性恐龙站了起来，也许是休息了足够的时间，它开始悠闲地向灌木丛外走去，地上的枯枝烂叶伴随着它的步伐被踩得吱吱作响。“咔咔咔”一阵急促的脚步伴随着树枝的断裂声，一下子打破了之前的宁静。植食性恐龙还没来得及回头，一阵腥风便刮了过来，哥斯拉龙一下就咬住了它的脖子，然后用力向下一拽，那可怜的猎物便被狠狠地拽倒在地，同时哥斯拉龙强壮有力的后肢也践踏在了它的背上，几乎将它的脊椎拦腰踩断，到了这个时候，它连爬起来的力气都没有了，只能任哥拉斯龙鱼肉，避免不了被吞食的悲惨命运了。

良好的视力让哥斯拉龙很轻松就能发现猎物，而强有力的后肢让它的速度与猎物相比也不遑多让，甚至还要更快。猎物的身躯和骨头一旦被哥斯拉龙咬住，就会显得异常脆弱，一点反抗的余地也没有。

哥斯拉龙是早期的大型肉食恐龙，它的诞生意味着恐龙相对其他生物的优势越来越大了，恐龙繁荣的时代即将到来。

哥斯拉电影：

第一部哥斯拉电影诞生于1954年的日本，并且作为经典的类型片——“怪兽片”而受到了人们的热捧，随着时间的推移，这种低成本、小制作的电影非但没有被观众所厌倦，反而借着电视剧的普及进入了大众的荧屏。而后来的哥斯拉电影逐渐陷入了程式化，不仅仅是《哥斯拉》，各种怪物影片层出不穷，时代也开始天马行空起来，从此以后“怪兽哥斯拉”的称号便牢牢地被铭记在观众的心中，甚至成了一种文化现象。

长有双冠的双脊龙

求偶期间的雄性孔雀为了吸引雌性的注意，便会炫耀地展开自己的尾翼，我们将此称为“孔雀开屏”。在远古时期的侏罗纪时代，也有恐龙做类似的事情来吸引异性的注意，这种恐龙就是双脊龙。

1943年夏天，古生物学家塞缪尔·威尔斯发现了双脊龙的第一个标本，由于当时的古生物知识有限，他将它命名为魏氏斑龙，直到1970年，他再次发现了这一物种的另一具标本。

这次，这具标本上带有一对骨冠的头部，这一下让威尔斯意识到这是一个全新的恐龙品种，于是，他根据标本的特征将其命名为双脊龙。

双脊龙的视力很好，鼻子的开头也较高，头颅骨上长有一对新月形状的巨大古冠，其上有鲜艳的色彩和花纹，可以吸引异性。不过这些骨冠非常脆弱，因此不能用于战斗之中。

双脊龙头骨上的眶前窗比眼眶要大，颌骨很发达，下颌骨比较狭长，同时上颌的牙齿比下颌的牙齿长，满嘴的牙齿像锋利的小刀一样。

双脊龙牙齿的前后边缘上还附带着小的锯齿，这让它能很轻松地撕碎任何捕获到的猎物，然后将大块的肉吞进腹中。

除此之外，它头骨上在眼睛后面的部位都有孔，这些孔是为了更好地附着在那些牵动颌骨的肌肉用的，它撕咬的力量可见一斑。

站立时高约2.4米的双脊龙，虽然和后期出现的其他肉食性恐龙相比，略显孱弱，但它的后肢强壮有力，有利奔跑，前肢长有利爪，适合撕裂，这些特质让它成为早侏罗纪生态系统中最残暴、最凶猛的食肉恐龙。

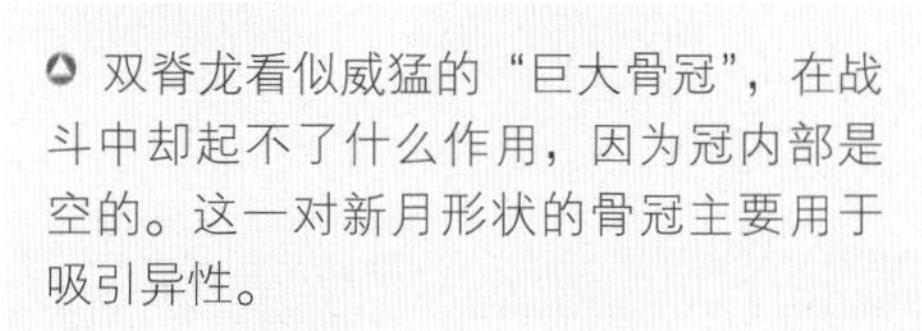

双脊龙看似威猛的“巨大骨冠”，在战斗中却起不了什么作用，因为冠内部是空的。这一对新月形状的骨冠主要用于吸引异性。

它的食谱究竟包含什么？这是古生物学家一直在争论的问题。拥有发达后肢的双脊龙能够飞速地追逐植食性恐龙，比如全力冲刺追逐小型、稍具防御能力的鸟脚类恐龙，或者体形较大、较为笨重的蜥脚类恐龙等。

在追到猎物后，它会用长牙咬并同时挥舞脚趾和手指上的利爪去抓紧食物，然后张开血盆大口，狠狠地撕裂猎物。不仅如此，双脊龙还能使用灵活的前颌从稠密的蕨丛、石头缝中叼出小蜥蜴来充饥。

不过，在食物匮乏的时候，由于双脊龙具有一个可以撕裂猎物皮肤、窄而钩状的前喙，有的古生物学家认为双脊龙也许和秃鹰一样，专吃动物尸体，并且可以用那羽冠状的头脊撑开死尸胸前的皮肤，使它们免于闭合，以便更好地享用猎物的内脏。

不同的是，它只吃那些大型原蜥脚类的尸体。在中国云南省晋宁县出土的双脊龙化石似乎佐证了这一点：两条完整的恐龙骨架扭在了一起，其中一只是原蜥脚类恐龙，而另外一只是双脊龙，后者的大嘴正好咬在前者的尾椎骨上。

双脊龙机密档案：

战斗力：★★★★

防御力：★★

技能：灵巧捕获

生存年代：侏罗纪早期（距今1.93亿年前）

生存地域：北美洲美国亚利桑那州，亚洲中国云南

类属：兽脚类

身长：6～7米

食性：肉食性

古生物学家根据化石的这种埋藏状况推测，这两只恐龙的死因可能有两种：一种是在一场你死我活的搏斗中两败俱伤而双双死去；另一种就是可能这只原蜥脚类恐龙已经死去多日，尸体上的肉已经腐败变质了，而这只双脊龙也许饿得太久，于是顾不上太多，开始大快朵颐，最终却因此中毒而亡。

不过，“腐尸说”的推测也只是一部分人的观点，还有不少的研究者坚信，双脊龙灵活的前上颌骨上的牙齿长且锋利，非常适合把水中的鱼儿给“挑”出来。因此，它们是以鱼类为生的，和现在鳄鱼相似的高高的鼻孔便于它们水下捕猎。它们的鼻孔露出水面，便于呼吸，而血盆大口却藏于水下。它们出没在河流、湖泊间的高地上和丛林间，觊觎河流中游弋的鱼群，要么利用自己的尖嘴把鱼儿给叼出来，要么静静地用嘴直接把鱼“喝”进嘴里。

双脊龙是环特提斯海恐龙动物群的成员之一，因此全世界发现的它们的种类都大同小异，它们的化石甚至在南极洲也有发现，说明现在冰天雪地的南极洲在当时可能是一个温暖的天堂。

环特提斯海恐龙动物群：

侏罗纪早期，盘古大陆已经开始分裂成南北两大块，即北方的劳亚古陆和南方的冈瓦纳古陆。在它们之间有一个宽阔的古地中海，叫特提斯海，它的名字是以希腊神话中海神之妻特提斯的名字命名的。不过当时北方大陆与南方大陆还没有彻底分开。因此，恐龙可以环绕着特提斯海在各陆块之间迁徙。大量的化石证明，这个时期恐龙的属种类别不是很多。由于发现于这个时期的各个陆块上的恐龙化石非常一致，科学家推测当时的恐龙动物群是世界性的，因此把这个动物群称为环特提斯海恐龙动物群。

神秘的扭椎龙

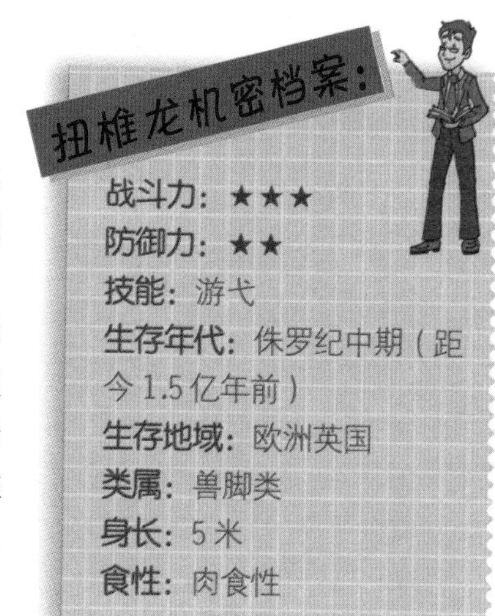

一提起恐龙，大家都会想起那些生活在陆地的大个子，其实有些恐龙还能时不时去海洋里“逛逛”，扭椎龙便是其中的一种。

扭椎龙是一种大型的肉食性恐龙，因为化石标本里呈现“弯曲的脊椎”而被命名为扭椎龙，它主要在大陆边缘沿海地区生存，靠快速地奔跑追逐猎物，它的猎物有鲸龙、棱齿龙和剑龙等。但是扭椎龙也可能是一种食腐动物，即使是相邻岛上的腐尸，也能吸引它从这个岛游到那个岛。

看起来比例不很协调的扭椎龙拥有相当大的头部，扁长的上下颌中满是锯齿状的牙齿，可见它是十足的肉食性动物。它们有非常灵活的颈部，可以随时观察四周的动静、捕获猎物以及保护自己。

扭椎龙的体重约为半吨，因此它们的后肢强健有力，以支撑它们的重量。如同所有的兽脚亚目恐龙一样，扭椎龙的脚掌有 3 个往前的脚趾以及 1 个往后的脚趾。它的三根趾骨长度几乎相当，中间的那根从上往下逐渐变细。

这反映了在兽脚类恐龙的演化过程中，趾骨在不断地发生变化。它的前肢很短小，拥有 3 根手指，起到撕裂猎物的作用。它们的长尾巴可平衡身体与头部，并且可以作为在海洋里游弋的平衡舵。

在侏罗纪，富饶的海洋为扭椎龙提供了足够的食物。某个海滩上一只死去的动物尸体吸引了众多的猎食者，许多以腐食为生的翼手龙捷足先登，正趴在烂肉上面不停地啄食着……刚刚从另外一个小岛涉水过来的扭椎龙，一下看到了眼前的美味，顿时大吼一声，想吓走这些不识好歹的家伙，不过这些被“美食”冲晕了头脑的翼手龙却并不想离开，甚至还想将扭椎龙赶走。扭椎龙张开大嘴，露出了两排锋利的尖牙，一下就咬在了尸体上，然后脖子用力一甩，一大块肉便被撕了下来，它并不理睬周围飞来飞去吵闹的翼手龙，而是开始填饱自己的肚子，而一旦有翼手龙想分一杯羹，扭椎龙便会作势去咬状，赶走它们。在享受完这顿丰盛的晚餐以后，扭椎龙才快意离去。

由于化石标本稀少，我们对扭椎龙的了解并不是十分充分，它的生活习性还有很多未解之谜等着我们去研究。

扭椎龙长长的尾巴不但可以平衡身体，还可以帮助它在海洋里游动。这让它比其他恐龙更多了一份生存竞争力。

精明强悍的嗜鸟龙

嗜鸟龙机密档案：

战斗力：★★

防御力：★

技能：灵活，超强视力

生存年代：侏罗纪晚期（距今1.5亿年前）

生存地域：北美洲美国怀俄明州

类属：兽脚类

身长：2米

食性：肉食性

有一种恐龙的身体可能还没有一只山羊大，但它的胃口大得惊人，能吃下比它个大的猎物，是恐龙家族里名副其实的大胃王，它便是嗜鸟龙。一看它的名字，似乎嗜鸟龙是以捕食鸟类为生的恐龙，但实际上，没有证据显示它曾经真的捕食过鸟类，也不知道当初为什么人们为它取了嗜鸟龙这个名称。

嗜鸟龙脑袋不大却很坚固，脑后和横贯肩膀部分长有尖利的鳞片，在它生气或者恐惧的时候，会站起来恐吓对手，保护自己。同时大大的眼睛让它具有超常的视觉能力，可以帮助它辨认出奔跑或躲藏在蕨类植物及岩石下面的蜥蜴和小型哺乳动物。嘴里锋利而且弯曲的利齿，让它很轻松地撕裂猎物的骨与肉。

作为肉食性恐龙，嗜鸟龙体重相对较轻，但后肢非常强壮，并且像鸵鸟一样非常长，因此跑得很快。它的前肢第三个小手指像人类的拇指那样，向内弯曲，以便帮助它抓握住扭动挣扎着的猎物；其他两个手指特别长，很适合抓紧猎物。它的身体看起来非常匀称，显得小巧而富有力量，长长的尾巴如同所有长尾巴的恐龙一样，能够在它快速奔跑中起到平衡身体的作用。

侏罗纪的原始森林是一个危险的地方，这里既有大型的捕食者，也有无数的小型动物，嗜鸟龙绝佳的视力让它能提前察觉到环境的变化，只见它沿着树干快速地跑进了阴影里，无声地等待着。很快，一块土地开始颤动起来，明显有什么东西要破土而出。一会儿，一个小小的脑袋以及长长的脖子钻了出来，呼吸着外面世界新鲜的空气，而这个时候，嗜鸟龙忽然跳了出来，一下咬住了猎物的脖子，猛地一拉，便把整个动物拖离了地面。

一只嗜鸟龙正警惕地盯着前方。

这个不幸的小家伙是一只小梁龙，它小小的身躯上甚至还粘着蛋膜，不过它的生命已经戛然而止了。

嗜鸟龙虽然没有强大的体魄，但拥有天生的直觉，这让它在竞争激烈的侏罗纪也拥有了自己的一席之地。

引发“龙鸟之争”的中华龙鸟

1996年，中国辽西热河生物群传来一个爆炸性的发现，一个似鸟又似恐龙的动物化石标本被发现了！消息一传出，便引起了古生物界的轰动。

鸟类究竟从何而来？始祖鸟化石被发现以后的一百多年间，鸟类的进化一直是科学界激辩的议题。

现存的鸟类真的是活生生的“恐龙”后裔？飞行最初是从“地面起飞”还是“从树梢飞降”？“恐龙起源说”“古鳄类起源说”“四翼鸟起源说”，科学界众说纷纭，没有定论。

1995年，辽宁一位普通的农民无意中发现了一块像雄鸡的化石，分为正负两块，分别送给不同地方的专家去验证，专家发现化石上有一个十分奇怪的动物形象，这个动物大约有家鸡那么大，高高地昂着头，翘着尾巴，就像一只骄傲的公鸡在报晓；头很大，满嘴长着带有小锯齿的尖锐牙齿，前肢非常短，尾巴却出奇地长，一副向前奔跑的姿态。

从此，这只身上长有绒状细毛的恐龙标本震惊了世界，古生物学家将它命名为“中华龙鸟”。

是鸟？还是恐龙？一时间争论迭起，最后中国的古生物学家邀请了由奥斯特罗姆等外国著名古生物学家组成的“费城梦之队”，来到中国考察并进行共同研究，最后一致认为中华龙鸟属于恐龙。

从化石骨骼来看，中华龙鸟拥有很多典型的恐龙特征：头骨又低又长，脑颅很小，看起来并不是十分聪明，并且眼眶后面有明显的眶后骨，下颌后部的方骨直；牙齿侧扁，样子像小刀，而且边缘还有锯齿形的构造，适合撕咬。它的腰臀部骨骼中耻骨粗壮，向前伸，并且前肢特别短，只有后肢长度的三分之一，并且有上下拍打的功能。尾巴相当长，几乎是躯干长度的两倍半，由60多个尾椎骨组成，尾椎骨上还有发达的神经棘和脉弧构造。

不过最奇特的地方在于沿着它的头、脖子、后背以及尾巴，覆盖着与众不同的“鬃毛”。这是一种皮肤衍生物，呈片状，具有羽轴，和我们今天看到的鸟类羽毛并不是一回事。

这种“羽毛”代表了早期鸟类演化的初始阶段。研究发现，中华龙鸟全身覆盖着黄褐色和橙色相间的羽毛，尾巴则是橙白相间的颜色，这完全颠覆了恐龙以前那种全身披着鳞片的单一形象。

除了颜色好看，这些“羽毛”还有别的作用。古生物学家们对它身上的似毛表皮衍生物的功能进行了讨论，虽然一些人认为这可能是一种表明性别的装饰物，但主流观点则认为可能用于保持体温。

后一种解释似乎更为合理，因为小型的恐龙为了高效活动应该具备很高的新陈代谢率，因此也就需要保持体温。由此推论，中小型的恐龙有可能是温血动物（也就是恒温动物）。即使没有达到典型的温血动物的水平，也已经相当接近于恒温的水平。

此外，还有一些古生物学家推测，这种“毛”是羽毛进化过程的初始模样，因此称其为“前羽”。目前，古生物学家还在使用新的方法对它进行进一步的研究。

虽然名字中含有“鸟”字，不过中华龙鸟的生活习性和我们之前所了解的恐龙一样，在陆地上捕食和繁衍后代，并且不会飞翔。那些小的爬行动物，例如小蜥蜴，就是它最爱的食物。

因为在发现的中华龙鸟化石之中，古生物学家发现了腹腔里还没来得及完全消化掉的小蜥蜴的残骸。

中华龙鸟的发现为我们提供了从爬行动物向鸟类进化的新证据。它既保留了小型兽脚类恐龙的一些特征，又具有鸟类的一些基本特征，成为恐龙向鸟类演化的中间环节，在生物进化史上有着极其重要的地位。

中华龙鸟是一种捕猎恐龙，身上覆盖着羽毛。它的名字的原意为“中国的有翼蜥蜴”。

佚罗猎龙拥有和躯体等长的尾巴。在奔跑时，这条尾巴能充当方向舵的作用。

没有羽毛的佚罗猎龙

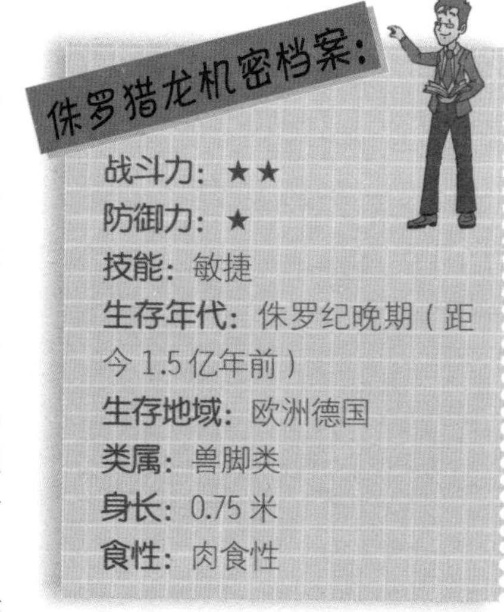

生物的进化并不是一帆风顺的，甚至可能会出现反复和退化，佚罗猎龙就为科学家提供了这样一个例证。

出土于著名化石产地索伦霍芬的这具佚罗猎龙化石长 60 厘米，骨骼特征显示其为一幼体。佚罗猎龙的头骨又尖又长，脑颅很小，眼眶并不大，上颌和下颌里长满了锋利的牙齿，并且边缘还有锯齿形的构造，适合撕咬；它的前肢特别短，只有后肢长度的三分之一，尾巴相当长，几乎和躯干长度差不多，在它急速奔跑的过程中起到了方向舵的作用。

在索伦霍芬侏罗纪早期的地层中曾经发现了著名的始祖鸟化石，佚罗猎龙最初被认为是美颌龙科的成员，且是有羽毛的中华龙鸟与中国美羽龙的近亲。因此按照目前的羽毛进化模型推测，佚罗猎龙应该发育有简单的纤维状羽毛，但是化石显示它并没有任何羽毛的痕迹，却在尾部和后肢保持着清晰的鳞片状皮肤印痕，这一现象与科学家之前的羽毛进化模型发生了矛盾。

因此科学家认为，这说明了羽毛早期进化过程可能比我们已知的还要复杂，也许羽毛多次独立出现；或者出现后又缺失，重新进化出鳞状皮肤；又或者某些种类仅仅在身体的某一部分出现羽毛。这几种进化现象都有可能出现。

当然，也有其他科学家提出了自己的见解，比如由于已知的佚罗猎龙骨骼是属于幼体的，可能当长大后会长出羽毛，或是季节性地失去羽毛，或者仅仅是发现的标本本身未能保存羽毛。

鸟类起源和羽毛进化是科学家研究的重点，而目前这一研究领域集中在侏罗纪中晚期，过去几十年来关于鸟类起源研究的证据主要来自于白垩纪，但有观点认为鸟类出现这一事件发生在侏罗纪中晚期，而在化石记录方面，侏罗纪中晚期恰恰是最薄弱的一个环节。相信随着这一时期的化石发现与相关研究，将极大促进我们对于鸟类起源这一重要进化事件的理解。

鼻上长角的角鼻龙

角鼻龙机密档案：

战斗力：★★★
防御力：★
技能：团体狩猎
生存年代：侏罗纪晚期（距今约1.5亿年前）
生存地域：北美洲美国西部
类属：兽脚类
身长：4.5米~6米
食性：肉食性

在马什和柯普之间那场著名的“化石之战”中，发现了不少为后来人们所熟知的恐龙，比如剑龙、三角龙，角鼻龙也是这个时期被发现的。

从外形上看，角鼻龙和其他的肉食性恐龙没有太大的区别。它长有巨大的脑袋，嘴里长有像短刃的牙齿，并且每块前上颌骨有3颗牙齿，每块上颌骨有12~15颗牙齿；每块齿骨有11~15颗牙齿，这么多牙齿让它可以很轻松地穿透其他恐龙的皮肤。而在它的鼻部上方长有一只短角，鼻角是由鼻骨的隆起形成。它的两眼前方也有类似短角的凸起，角鼻龙的眼睛并不大，但已经足以让它观察到周围环境的变化，成为一个优秀的捕食者。

角鼻龙身长4.5~6米，体重却不到1吨，因此比其他大型肉食恐龙显得更加灵活一些。在它的背部中线，有一排皮内成骨形成的小型鳞甲。它的前肢短而强壮，前肢有4指，后肢修长，适于快速奔跑。它的尾巴将近身长的一半，窄而灵活，形状像鳄鱼，这显示角鼻龙可能还会游泳。

角鼻龙与异特龙、蛮龙、迷惑龙、梁龙及剑龙生活在相同的时代与地区，它的体型和其他恐龙比起来较小，因此倘若单打独斗，它并不是特别占有优势，因此角鼻龙往往被认为是群体猎食的动物，因为只有这样它们才能在激烈的生存斗争中存活下来。角鼻龙会成群结队地游弋在广袤的大地和峡谷之间，去猎杀较为大型的动物，比如梁龙。当然，在食物紧缺的时候，它们也会食用腐食，这一点也已被科学家发现的化石所证明。

既然提到了它奇特的名字中含有“角”这个字，自然不得不谈一谈它鼻子上的角。有观点认为这个短角在成年恐龙争夺首领的战斗中起到一定作用；不过也有人认为，它们的角很短小，在战斗中起到的作用也许并不大，或许只是作为装饰品或者性别的特征。

角鼻龙的出现打破了科学家以往的成见，并不是只有植食性恐龙才长有角，原来肉食性恐龙也长角。

一只腕龙正在面临一场灾难，角鼻龙亮出自己的“武器”——短刃样的牙齿、隆起的鼻骨、坚硬的长尾，也许在它身后还隐藏着一个角鼻龙群。

力气很大的玛君颅龙

在印度洋西南部有一个岛，名字叫作马达加斯加，是世界上的第四大岛。全岛都由火山岩构成，境内河流纵横，分别注入印度洋和莫桑比克海峡，东南沿海终年湿热，而中部温和凉爽，西部四季分明。因此岛上的野生动物植物资源十分丰富，有很多奇怪的动物。

玛君颅龙便是在这个美丽的岛国被发现的，它是一种属于阿贝力龙类的大型食肉动物，身长可达到 9 米。

它的颅骨非常厚重，里面有中空结构，便于剧烈运动时减轻对大脑的震荡和压力，额头上有短而粗壮的角，上下颌里布满了锋利的牙齿，让人不寒而栗。

由于连接头部的颈部肌肉非常发达，玛君颅龙在咬住猎物以后即使剧烈撕扯也不至于颈椎脱节。

它的胸部厚壮，躯干结实，整个身躯非常雄伟强壮，它的前肢非常短小，只有基本的固定猎物的作用，而后肢非常强壮，起到支撑庞大身躯的作用。

在白垩纪时期的马达加斯加岛，地理位置更偏北一些，表面被沙漠覆盖，环境比较恶劣。

玛君颅龙是以蜥脚类的植食性恐龙为食，虽然它的力气极大，但是奔跑速度并不快，雄性可能更慢，那么它们捕食猎物岂不是很吃力？其实不然，原来对于生活在沙漠中的猎物来说，它们并不需要太快的速度，因为这里没有太多可以躲避的地方，猎物很难逃过它的追击。

雌性玛君颅龙力量要比雄性稍小一些，这在兽脚类恐龙当中并不多见，此外，雄性玛君颅龙长有鸡冠一样的结构，很可能是向雌性炫耀的。

同时，由于环境恶劣，食物常常会不充足，面对这样的情况，玛君颅龙甚至还会捕食同类，而科学家也在它的化石上发现了同类撕咬过后的牙痕。玛君颅龙不只吃同类恐龙，同样的齿痕在蜥脚类恐龙的骨盆上也有发现。为了严谨起见，古生物学家仔细检查了食尸甲虫在恐龙骨上造成的沟槽，因为现生的食尸甲虫会在干燥的情况下挖入骨头内成蛹，结果没有发现。

值得一提的是，在科学界恐龙的雌雄判断一直是一个难点，我们只能通过同种恐龙不同的化石特点来进行分析和判断，比如有的玛君颅龙化石长有鸡冠一样的结构，我们推测它为雄性。

一只犸君颅龙正在啃食它的同类，这样的场景在恐龙界并不少见。

没有冠或角的阿贝力龙

在广袤的平原上，强壮的阿贝力龙一出现，其他小恐龙就望风而逃。

有时候为了表彰那些作出了突出贡献的科学家，我们会将某项发现用他们的名字来命名，比如阿贝力龙就是以阿根廷自然科学博物馆的馆长同时也是这具化石的发现者阿贝力的名字来命名的。

阿贝力龙是阿贝力龙科恐龙的一属，意思为“阿贝力的蜥蜴”，生活在白垩纪末期——现今的南美洲。它是两足的肉食性恐龙，虽然只有一部分的头颅骨标本，但估计它的身高可达 7～9 米。

根据挖掘到的化石显示，阿贝力龙的头骨长度为 85 厘米，呈现椭圆形，表面上看起来很厚重，但是上面有一种特殊的中空结构，不仅能使头部灵活自如，而且还能避免剧烈的捕猎运动所产生的震动对头骨造成的冲击。它不像其他阿贝力龙科（如食肉牛龙）般有任何冠或角，但在鼻端及眼上有粗糙的隆起部分。它的上下颌长有四排虽然小却异常锋利的牙齿，下颌与颈部间长满了强壮有力的肌肉，再配合上短粗有力的脖子，因此阿贝力龙可以牢牢地咬住猎物。

它的前肢短而强壮，但是灵活度很差，就像一根短小的棍子悬在了身上，因此科学家推测这对小爪子的作用也许是用来固定猎物的，但与短小的前肢形成鲜明对比的是它身体非常强壮，后肢长而有力，这让它在奔跑中可以达到很快的速度，同时它的后肢呈现更典型的角鼻龙类特征，距骨与跟骨互相愈合，并愈合到胫骨上，形成胫跗骨。胫骨比股骨还短，使后肢更加结实。脚部有三个有功能的脚趾，第一趾即为后趾，并没有接触到地面上。

因为阿贝力龙非常强壮，当它们发现猎物的时候，就会快速地冲向对方，然后用结实的头颅狠狠地将其撞倒，然后张开大嘴，紧紧地咬住猎物的颈部。那些可怜的植食性恐龙的硬皮肤此时如同纸糊一样，很轻易地就被阿贝力龙的利牙给穿破了，只有坐以待毙了。

阿贝力龙类最早出现在侏罗纪中期，它们目睹了肉食龙类和棘背龙类的兴衰，以及坚尾龙类的昙花一现，在南美洲的巨型肉食龙类灭绝以后，它们位居南美食物链的顶端，化石显示，它们的足迹还遍布欧洲、亚洲和北美洲，不过可惜的是它们没有与当时称霸亚洲和北美洲的暴龙类进行竞争。

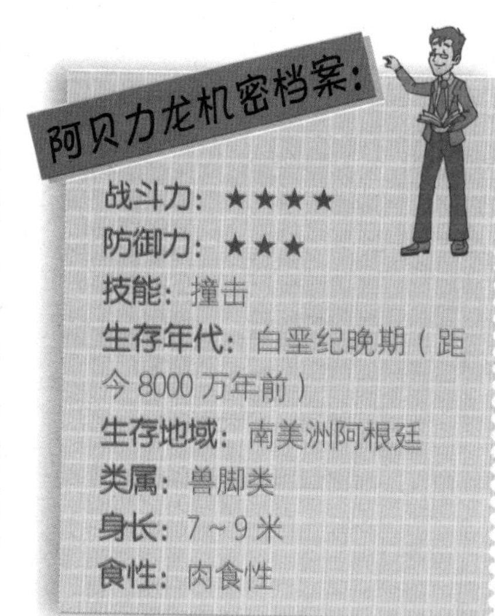

恐龙家族中的“新成员”：胜王龙

一提起印度，大家都会用“神秘”二字来形容，这个位于南亚次大陆的国家拥有着悠久的文化，而我们这次的主角，便是来自佛教发源地印度的纳巴达胜王龙（简称胜王龙）。

胜王龙机密档案：

战斗力：★★★
防御力：★★
技能：猛击
生存年代：白垩纪晚期（距今7000万~6500万年前）
生存地域：亚洲印度
类属：兽脚类
身长：7米~9米
食性：肉食性

胜王龙是阿贝力龙科食肉牛龙亚科的一属，他生存于白垩纪晚期的印度，是体型中等的肉食性恐龙，身长7~9米。头部呈现椭圆形，只有60厘米长，上下颌长满了密密麻麻的牙齿，便于撕咬，同时鼻骨高耸，额头表面有一个质角状物。和其他有角的恐龙比起来，这只角显得格外矮小和浑圆。它的身躯很庞大，显得结实而有力，同时前肢短小，只有抓取和固定猎物的功能；而作为主要行走工具的后肢则粗壮有力，便于奔跑和快速追逐。

胜王龙靠捕食大型植食性恐龙为生，后来发现的胜王龙粪便化石里有植食性恐龙遗骸，这也进一步证实了这一点。作为当时最凶狠的肉食性恐龙，它根本不屑于伪装或者埋伏，而是直接去攻击猎物，利用自己粗壮的身体猛地将猎物掀翻在地，然后毫不留情地用血盆大口咬住猎物的脖子，然后用力一甩，顿时将猎物撕得血肉模糊，失去反抗的能力，只能任它宰割。

纳巴达胜王龙的发现简直不可思议，它生活在恐龙几近灭绝的时期，这不仅为恐龙如何灭绝的研究提供了重要线索，而且为大陆漂移学说的研究带来了一缕曙光。古生物学家说，对胜王龙化石发现地沉积物的研究表明，那里发生过5亿年来地球上最大规模之一的火山活动。研究人员还认为，纳巴达胜王龙与非洲岛国马达加斯加、澳大利亚和南美洲发现的某些恐龙种类之间有着千丝万缕的联系。科学家希望这一发现能够在解释各大洲如何分离，特别是印度大陆如何从非洲板块分离并“撞入”亚洲板块方面帮上忙。

凶猛的胜王龙是当时恐龙世界中最可怕的猎食者，许多大型食草性恐龙都丧生在它的血盆大口中。

头部肿肿的奥卡龙

奥卡龙机密档案：

战斗力：★★
防御力：★★
技能：协作
生存年代：白垩纪晚期（距今约7500万~6500万年前）
生存地域：南美洲阿根廷
类属：兽脚类
身长：4米
食性：肉食性

奥卡龙是根据1999年在阿根廷发现的一具几乎完整的化石命名的，它最独特之处是其头部有非角状的肿块。它是中等体型的兽脚亚目恐龙，是阿贝力龙科食肉牛龙亚科的一属，约有4米长，臀部约有1米高，体重约700千克。

奥卡龙体型不大，但显得很健美和紧凑。它的颅骨的高度与长度几乎一样。眼眶稍微有点儿突出，便于观察四周。它的脖子不长，长满了结实的肌肉，适于抓获猎物时剧烈的扭头运动。它的前肢虽然已有退化的迹象，但长度在肉食性恐龙中已经算较长。由于距骨与跟骨的相互融合形成胫跗骨，它的后肢非常结实，脚部有3个有功能的脚趾，方便奥卡龙抓紧地面。

虽然是肉食性恐龙，但奥卡龙是群居的恐龙，它们常常集体出去狩猎。在7300万年前的白垩纪晚期，巨大的巴塔哥尼亚平原上覆盖着低矮的灌木丛和杂乱的蕨类植物。

而在每年的初夏，不少植食性恐龙会集结在一起，组成一个超大规模的繁殖队伍，不过它们一般将蛋产在平原和丛林的交界处，之后便随着大部队一起离开，而半露在地面的蛋依靠着阳光和植物腐烂发出的热量来进行孵化。不过其中几只植食性恐龙由于产卵时间太长，居然和大部队走散了。

而在远处，三只奥卡龙正在虎视眈眈地看着这几只猎物，它们已经埋伏在灌木丛中很久了。这三只奥卡龙显然非常有默契，首先，一只个头稍小的借着灌木丛的掩护沿着森林内侧靠近猎物，而另外两只稍大的则走着相反的路线，从开阔的平原直取目标。这种包抄的战略非常正确，因为庞大的植食性恐龙如果为了逃命而钻进灌木丛，臃肿的体形会让它们无法轻松转身，个头小的那只奥卡龙显然可以对付它们，而如果它们向空旷的地带逃跑，那么等待它们的是迎面赶来的另外两只。

△ 两只奥卡龙正在觅食。

战术显然奏效了，当那只稍小的奥卡龙咆哮地从灌木丛中冲出来时，慌不择路的植食性恐龙扭头就跑，殊不知刚跑没多远便和两只大的奥卡龙撞个正着，只见其中一只借着奔跑的力量，一下子咬住了一只植食性恐龙的脖子，然后又借势一扭，“咔嚓”一声便折断了它的脖子。另外一只奥卡龙也赶紧跟上来，对着猎物头部又是一下……

团队狩猎显然需要一定的智慧和配合，而奥卡龙显示出的默契不由让我们惊讶。

头上长角的食肉牛龙

看过迪士尼大片《恐龙》的观众一定还记得里面那两只凶神恶煞般穿行于石林之间的肉食恐龙，特别是惨白的电光照映下它那红色皮肤以及额头上一对突出的大角，让人不寒而栗。

食肉牛龙长着血盆大口，细密的牙齿。

这部影片的主角便是食肉牛龙，它是非常有名的兽脚类恐龙，生活在白垩纪晚期南美洲大陆，是当地生物圈食物链顶端的巨型掠食者。

食肉牛龙长着一个巨大的脑袋，头部短且厚实，拥有大型的鼻部器官以及敏锐的嗅觉。其眼睛上面还引人注目地长了一对突出像牛角一样的东西，它有什么作用呢？现在的主流看法是，这些牛角状的突起物除了作为交配时恐吓对手的标志，也可能如现在的植食性动物那样被用作争夺交配权而进行撞角一类的竞争。此外，在抵抗强大的天敌时，这只角也是极为重要的武器。

不过食肉牛龙的颌部以及下颌骨不如其他巨型肉食性恐龙类那么强而有力，有的古生物学家甚至认为这样的下颌不但无法与其他的角鼻龙类争夺、厮杀，甚至连捕猎大型的植食性恐龙都比较困难；同时令人意外的是，虽然食肉牛龙长着血盆大口，它们的牙齿却细小而紧密，这使得各国古生物学家对它的生活习性产生了很多的猜测。

除了奇怪的牙齿外，食肉牛龙的前肢也很奇怪。和它巨大的体型比起来，它的前肢简直小得可怜，而且极度不发达，就算是以前肢短小而著称的暴龙也比它的要长一些。食肉牛龙长长的脊椎像一根大梁挑起身体的重量，而从肩部排到臀部的长长肋骨保护并支撑着食肉牛龙的内脏，它用两条强壮的后腿奔跑，如果没有长长的尾巴，食肉牛龙根本不可能保持高速运动，因为在运动时，食肉牛龙的尾巴起着至关重要的平衡和控制方向的作用。

在食肉牛龙的身体表面覆盖着数以千计、互不重叠的鳞片，这些鳞片大都呈现圆盘状，而比这些鳞片大得多的半圆锥形的鳞片则排列在背部的两侧。

经过对化石的分析，我们发现，食肉牛龙和一辆小轿车一样重，几乎和一头大象一样高。食肉牛龙以猎杀植食性恐龙为生，由于后肢长而且强壮，它可以迅速地扑向猎物，在猎物还没反应过来的时候就能将对手抓获。

与巨大的暴龙相比，发现比较晚的食肉牛龙在个头上要低矮一些，并且它们也没有暴龙那样粗壮。实际上，食肉牛龙的体形比较细长，这样矫健的体形有助于它们快速地奔跑。虽然南美洲发现过许多著名的恐龙，但是它们似乎都没有食肉牛龙有名气。

和暴龙一样可怕的皱褶龙

在9500万年前的白垩纪早期，如今的撒哈拉大沙漠还是一片绿洲，这里有着众多宽阔的河流，并且气候温润，而巨大的皱褶龙就生活在这块区域。

皱褶龙是种中等大小的肉食性恐龙，身长7~9米，臀部高度为2.5米。它的头部长有装甲、鳞片以及其他骨头，上面布有许多血管。在它头部两侧各有7个洞孔，功能不明。科学家假设这些洞孔在它生前也许支撑着某种冠饰或角状物，而这些冠饰或角状物的作用也引起了科学家的种种猜测：一种观点认为，在交配季节来临时，雄性皱褶龙会使肉冠中充血，让其变得鲜艳，以此来向异性炫耀；另一种观点认为，肉冠可以用来调节体温，不同的温度会在肉质冠上显示出不同的颜色。

如同其他阿贝力龙类，皱褶龙的手臂非常短，与它庞大的身躯非常不协调，因此可能无法在打斗中发挥作用。它的手臂可能用来平衡身体。它的整个身躯非常修长，体形很健美，后肢长而有力，能够让它以较快的节奏奔跑。

发现皱褶龙的真正价值在于，它提供了大陆板块漂移的有力证据，它的化石告诉我们，非洲板块从其他大陆板块分离的时间要比之前我们所猜想的晚2000万年。科学家是怎么得出这个结论的呢？原来古生物学家曾经假想世界上有一个单一的超级大陆——冈瓦纳古陆，由现在的南美洲、非洲、南极洲、印度和澳大利亚组成，并于1.2亿年前开始逐渐分离。然而，在距今9500万年，属于阿贝力龙类的皱褶龙却与阿根廷巴塔哥尼亚发现的阿贝力龙、马达加斯加发现的犸君颅龙相似，这就与之前的假想矛盾了：如果冈瓦纳古陆在1.2亿年前就分离的话，那么这些不同区域的恐龙就会因为地理的隔绝在身体结构上发生很大的变化，而不至于如此相似。因此，这就表明了非洲、南美、印度和马达加斯加的陆地直到1亿年前才开始分离，比此前估计的要晚2000万年。

夕阳西下，一只凶狠的皱褶龙正飞扑向猎物。

肉食恐龙的代表：理理恩龙

理理恩龙属于腔骨龙类，体长3~5米，体重近200千克，是生活在那个时代的最大的肉食性恐龙。它的头骨很小，颅骨上面有一道脊冠。由于脊冠只是两片薄薄的骨头，所以很不结实。在捕食时如果脊冠被攻击，它很可能会因剧痛而放弃眼前的猎物。它的脖子很像之后出现的双脊龙，长而且粗壮，前肢却相当短小，有五根指头，不过它的第四指和第五指已经退化缩小了。在以后出现的肉食性恐龙中，第四指和第五指基本是不发育的。

理理恩龙头上长着一道脊冠，这使它在恐龙家族中非常好辨认。

理理恩龙的食谱很丰富，包括了小型恐龙、哺乳动物、蜥蜴和鱼类。只有在食物短缺时它才会去猎杀像板龙这样的大型植食性恐龙。通过对许多现代的捕食性动物猎食的研究，古生物学家假设了理理恩龙的进攻方式。它们通常会埋伏在水边袭击猎物，因为那些大型的植食性恐龙在喝水时都很难逃脱捕食者的袭击。

三叠纪晚期的一天，一只理理恩龙在林间的小溪边游荡，寻找着猎物，它的大脚踩在鹅卵石上发出啪啪的石头碰撞声，水花随之溅起。这只理理恩龙已经开始衰老，身体已经达到了生长的极限。经验告诉这只理理恩龙，这条深林中唯一的小溪是最好的捕猎场所。

果然，猎物出现了。在郁郁葱葱的蕨类和裸子植物中，一只离群的板龙在悠闲地漫步、进食，它怎么也不会想到，一场横祸正在附近酝酿着。理理恩龙俯下身体借着树木的掩护一步步地靠近猎物，身上绿色的条纹使其很容易藏身于周围的环境中，那只板龙根本不知道危险正在一步步地向它靠近。此时，吃饱了蕨叶的板龙慢悠悠地走到了小溪边上，一顿痛饮之后，它心满意足地向树丛这边走了过来，突然，理理恩龙从隐蔽的树丛里蹿出来，它的速度很快。板龙还没等反应过来就被重重地扑倒在地，理理恩龙那锋利的爪子在它的身上划出几道深深的口子。趁着板龙倒下时，理理恩龙绕到后面狠狠地咬住了它的脖子。一阵挣扎之后，板龙倒在了鲜血染红的溪水中。

理理恩龙机密档案：

战斗力：★★★
防御力：★★
技能：霸气
生存年代：三叠纪晚期（距今2.15亿~2亿年前）
生存地域：欧洲德国、法国
类属：兽脚类
身长：3~5米
食性：肉食性

重爪龙站在水中用厚重的爪子打起水花，仿佛在享受抓鱼的乐趣。

会抓鱼的重爪龙

在任何一本恐龙图鉴里，你可能都会看到这样一张照片：一个两侧鬓毛茂密的中年男子，穿着一件旧薄毛衣，极为骄傲地捧着一个超过30厘米长的大爪，这个人就是化石猎人沃克，他手中拿的就是重爪龙的大爪。

1983年，化石猎人沃克在英国东南部萨里郡寻找化石时，在一个脏乱的泥土坑里发现了这个超过30厘米长的大爪，大爪呈镰刀状，尖端如短剑般锐利。这一发现顿时引起媒体轰动，一度把大爪奉为“超级巨爪”。

这不仅是因为它是英国发现的第一只肉食性恐龙，而且以前发现的恐龙爪都没有这么大：伯龙那小小的前爪就不提了，伶盗龙的第二指只有9厘米，异特龙的前爪也仅长15.2厘米。

重爪龙的头部扁长，形状很像鳄鱼，颈部很直，并不像大部分肉食恐龙那样脖子呈S形。

它的前肢强壮，有三根强有力的指头；拇指特别粗壮巨大，有一个超过30厘米长的钩爪；后肢也很结实，能够支撑起它庞大的身体；粗壮的尾巴维持着身体重心，让它在捕食过程中不至于跌倒。

虽然我们对大部分恐龙的食性所知极为有限，但重爪龙绝对是个例外，从它独特的口部和牙齿推断，它不会主动攻击身长9米以上的植食性恐龙，比如和它生活在同一时代的禽龙。

虽然重爪龙的大爪子可以把植食性恐龙杀死，但它圆锥形的牙齿并不像一般肉食性恐龙那样呈现牛肉刀形，这使得重爪龙很难从别的恐龙身上撕下肉块。从上面的分析来看，重爪龙不适合担任掠食者的角色，不过它会吃死掉的恐龙，这有在重爪龙的胃部找到的小禽龙骨头碎片为证。

那重爪龙的食物为何物？仔细观察重爪龙的牙齿和上下颌，我们会发现它与鳄类极为相似，所以它可能生活在水边，用它可怕的利爪来捕食鱼类。

后来古生物学家在重爪龙的胃部发现了大量的鱼鳞、鱼骨残骸，所以基本确认了我们的推测：这是一种以鱼为主食、腐肉为辅食的恐龙。

在1亿多年前早白垩世的英国，重爪龙生活的地区鱼类非常丰富，长1米以上的淡水鱼非常常见，所以捕食鱼类就可以满足重爪龙的每日身体所需。而且重爪龙圆锥形的牙齿比较容易咬住滑溜的鱼，然后整个吞下。

它就像今天北美洲的灰熊一样，站在水中用厚重的爪子抓到鱼，然后用嘴叼住，带到蕨丛中去慢慢享用。

背上长帆的棘龙

对于古生物学家来说，化石标本是极其宝贵的财富，然而有时候会发生一些意外情况，使得这些宝贵的材料都被损坏了，以至于研究中断。棘龙的化石标本就经历过这样的曲折。

早在1912年，德国古生物学家斯托摩尔就在埃及发现过棘龙的化石。斯托摩尔认为，这一肉食性恐龙的体型比暴龙还大。但不幸的是，在1944年，存放这一化石的慕尼黑博物馆被空袭炸毁，棘龙化石也随之化为乌有。后来过了数年，意大利国家自然博物馆的古生物学家萨索从本国私人收藏者那里获得了一具来自摩洛哥的棘龙头骨——虽然破损很严重，同时他还从芝加哥自然史博物馆得到一部分未经分析的骨骼，研究之后，他确认棘龙的体型将超越之前古生物学家所知道的任何肉食性恐龙。经萨索分析，他找到的棘龙身长17米，嘴巴有99厘米长，头部有1.75米，体重8吨。

巨大的棘龙是晚白垩纪生活在非洲的一种庞大的肉食性恐龙，属于兽脚类中的棘龙类。它的外形非常奇特，这可以从其背部长棘、圆浑的牙齿和长长的似鳄鱼的嘴巴看出来，这些特征在大型肉食性恐龙中极为罕见。

棘龙有跟暴龙同等的攻击和掠食能力，首先它的

因为鼻孔长在吻突的末端，棘龙在捕食鱼类时可以将吻突伸入水中，并同时保持呼吸。

体型就跟暴龙不相上下，算得上恐龙家族中的“巨人”，而且头部很大，颌部长满了巨大锋利的牙齿；并且不同于其他兽脚类恐龙拥有的西餐刀形牙，棘龙的牙齿是锋利的圆锥形，牙齿表面还有几条纵向的平行纹，这样的特征是鳄鱼等食鱼性爬行类才有的。有科学家据此预测棘龙也会以鱼为食，因为它牙齿表面的纵向纹可能使鱼肉不紧粘在牙齿上。

和暴龙等大型肉食性恐龙一样，棘龙的颈部呈现S形，密布着结结实实的肌肉，便于它剧烈的运动以及撕裂猎物，只是棘龙的前后肢比例没有暴龙那么极端，暴龙的后肢所占的比重比前肢多很多，前肢却只有一个人的手臂那么长，就如同插在巨大身躯上的一根小木棍。

这样，暴龙数吨重的身体就全部交由后肢来支撑；而棘龙的前肢比暴龙长很多，能有效地攻击和袭击对手。

在棘龙的背部有很多长达 1.8 米的棘，从头部后方延伸到尾巴前缘部分，上面覆盖着表皮，看起来就像小船上扬着的帆，这些神经棘的长度约是它脊椎骨的 7~11 倍。

对于棘龙背上“帆”的功能，古生物学家有几种设想：其中一些理论认为棘帆上覆盖着一片薄皮，皮里布满了微血管，血管会将身体里多余的热量带出来，由空气把它带走，起散热的作用。另外，也有理论指出棘帆就像骆驼的背峰，用来存贮脂肪，在干旱的日子维持生存；也有人说棘帆是色彩鲜艳的求偶工具，就像今天的孔雀，公孔雀可以开屏，那么公棘龙色彩斑斓的棘也可以起到吸引对方的作用；另外还有一些奇特的理论，例如棘帆上布满了具有跟太阳能电池板上的硅层相似用途的特殊细胞，在日间吸收太阳能，存储在里面某一个特殊组织中，等夜间天气寒冷的时候（一些沙漠的温差可以很大，日间 50℃，夜间 -10℃），可以用来保持活动的能量。总之，没有最终的结论。

长长的尾巴可以让棘龙保持身体平衡，就算在运动中，棘龙也不至于由于重心不稳而狼狈地摔倒。值得一提的是，古生物学家在棘龙化石的尾部发现有鱼鳞，其中的原因迄今还未有定论。

最近，古生物学家发现一具早白垩纪翼龙化石的颈椎被嵌入了一颗牙齿，这颗牙齿的主人被鉴定为棘龙，这直接证明了棘龙的食谱中除了植食性恐龙、鱼类之外，还包括其他食物，比如这种倒霉的翼龙。

也许是这只翼龙滑翔的距离不够远，因此在空中没能飞得太高；抑或是这只翼龙本身就受了伤，因此只能在地面上爬行，但棘龙这种地面上的霸主将翱翔天际的空中霸主吃掉的故事，依旧会引起我们的无限遐思。

我们已经可以肯定，棘龙是陆地上生存过的最大的肉食性恐龙之一，虽然它没和暴龙生活在一个时代，但是倘若暴龙遇见它，获胜的也许就真的是凶猛的棘龙了。

雄性冰脊龙可能用它的头冠吸引异性。

生活在南极的冰脊龙

在地球上有一个常年被冰雪覆盖的地方，那就是南极洲。在今天，只有少部分动物能够适应那里严酷的生存环境，但在侏罗纪，南极洲可能还有茂密的植被，是动植物的乐园，而这次我们的主角便生活在那时的南极洲。

冰脊龙是一种习惯用后肢行走的爬行类，约有 6 米长。在它眼睛前方有一角状向上的冠，色彩鲜艳。它的颌部密密麻麻分布着细小的尖牙。它的脖子长而灵活，四肢强壮并长有尖爪，但前肢比后肢要短得多，长长的尾巴有助于它保持平衡。科学家认为，它身上也许覆盖有皮毛。

冰脊龙的头冠是科学家研究的重点，由于其头脊很薄，所以科学家推测其应该不具备防御的功能。古生物学家推测，冰脊龙的脊冠可能有丰富艳丽的色彩，也许还分布有很密的血管或神经，一旦充血，色彩就更加艳丽。如果是灰暗颜色的话，这个脊冠似乎可有可无，从功能进化的角度看，既然产生了这么特别的脊冠，一定有其存在的意义，或许只在繁殖季节才展露出艳丽的色彩。但从保护色的角度考虑，就要和它的生存环境相联系。如果是在丛林地带，冰脊龙的脊冠颜色一定很漂亮；如果是荒漠，那恐怕就是很简单的颜色。

战斗力：★★★
防御力：★★
技能：耐寒
生存年代：侏罗纪早期（距今 1.9 亿年前）
生存地域：南极洲
类属：兽脚类
身长：6 米
食性：肉食性

作为唯一在南极洲被发现的兽脚类恐龙，冰脊龙在科研上非常有价值。当时的极地气候比今天暖和得多，但冰脊龙还是得经受得住寒冷的冬天和六个月的长夜。究竟它是夏天才会迁徙到这里，还是常年生活于此，科学界还没有定论。过去人们一致认为恐龙是冷血动物，但生活在南极的冰脊龙也许可以作为恐龙是温血动物的一个证据，因为它必须保持足够高的体温，以避免被冻僵。

和鳄鱼长得很像的似鳄龙

早晨的河流里，几只鳄鱼趴在岸边美美地晒着太阳，在离它们不远的地方，一只奇特的恐龙在忙个不停。它身材魁梧，前臂上长有30厘米的大爪，头部很像鳄鱼。没错！它就是似鳄龙——中生代北非最奇特的动物之一。

似鳄龙机密档案：

战斗力：★★★

防御力：★★

技能：潜行

生存年代：白垩纪早期（距今1.21亿~1.12亿年前）

生存地域：非洲尼日尔

类属：兽脚类

身长：12米

食性：肉食性

似鳄龙的化石在1997年被发现于撒哈拉沙漠。它和重爪龙一样，都有窄长且尖端呈桨状的口鼻部，以及可以紧紧咬合的小牙齿（或许可以用来咬紧滑溜的鱼类，对其他大型动物的威胁略有下降）。两个鼻孔位于头部后端，或许这让它在水底觅食或深入恐龙尸骸时还可以呼吸。有力的前肢和指状突爪可以用来从水中钩出1米长的鱼。当四处游荡的似鳄龙发现死去的大型恐龙尸体时，它会用大爪子撕开其坚硬的外皮。似鳄龙的后肢也很发达，能够支撑住它庞大的身躯，并让它较为灵活地运动。

白垩纪早期的一天，一场暴雨引起了一场大洪水。当洪水退去后，不少鱼被困在了洼地的浅水里。似鳄龙当然不会放过这个捡便宜的大好机会，它沿着河流一路而下，吃得不亦乐乎。它的大嘴只需三两下就能将一条大鱼肢解，再加上那双大爪子，简直就是手到擒来。似鳄龙满意地晃晃脑袋，正准备再多抓些鱼继续享用，却被一阵吵闹声吓了一跳。

原来是一群豪勇龙，豪勇龙是一种早期的禽龙，有7米长，每只手臂上都有一个长拇指钉。当它在蕨类植物的枝叶中觅食的时候，肉食性恐龙也许在埋伏等待。豪勇龙不是最机灵敏捷的动物，所以它的拇指钉就是最有用的武器。它能刺伤进攻者，使用这种拇指钉就像使用匕首一样。

虽然比自己大了将近一倍，但豪勇龙并不怕似鳄龙，它们知道这位邻居是“专职渔夫”，对自己没有多大威胁。似鳄龙对这些吵闹的家伙十分不满意，但它也不会轻易进攻豪勇龙，因为被豪勇龙的长拇指钉刺上绝不是好玩儿的，似鳄龙只好恼火地去别处碰碰运气。

不过，也有科学家认为，似鳄龙也许就是长大了的重爪龙，只不过由于化石保存的问题，才让现在的人们误解。

▲ 似鳄龙虽然头部看起来像鳄鱼，却一点也不善待水中“同类”，相反它最大的乐趣就是抓鱼吃。

牙齿像鳄鱼的激龙

激龙是一种奇特的动物，它曾经被误认为是鳄鱼类，后来又被人们归于棘龙类。

由于各种原因，激龙的标本并不完整，不过其头骨的发现带来了非常多的关于兽脚类头部构造的新信息，它头骨的幅度显著变窄，鼻骨尤其长。上颌牙齿相当直，只有一个略为弯曲，都带有薄而有沟的珐琅，可以清楚地看到平滑的啃切缘，上下颌前端的大牙齿大于口内其余的牙齿，同时形成一种类似“篮”的结构，这点与鳄类相似，说明激龙可能是以鱼类为食的。

激龙机密档案：

战斗力：★★★
防御力：★★
技能：暴怒
生存年代：白垩纪早期（距今1.1亿年前）
生存地域：南美洲巴西
类属：兽脚类
身长：7～8米
食性：肉食性

它们的前肢长有巨大的爪，后肢如同四根柱子一样，粗壮有力，长长的尾巴起到控制平衡的作用。同现代的鳄类一样，除了鱼类，激龙同样具有猎食陆生大型动物的能力。

古生物学家曾在和激龙血缘关系很近的重爪龙的体腔内发现了大型齿鱼类的鳞片，由此证明它们以鱼类为食。我们推测激龙的捕猎方式有两种：激龙站在岸边一动不动，它们将细长的嘴伸到靠近水面的地方，然后静静地等待，当有疏忽大意的鱼靠近时，激龙发起突然袭击，锥形的细长牙齿将鱼牢牢地咬住；激龙像北美灰熊捕捉鲑鱼一样，它们进入水中四处追逐大鱼，当靠近猎物时，它们就挥动长在前肢上的大爪子，将鱼打出水面。

但是在水中捕食并不安全，激龙是捕食者，也同样是被捕食者，水面之下藏着一些巨大的杀手，它们就是巨大的鳄鱼。看似平静的水面之下鳄鱼静静地等待，当猎物靠近时它们会借助尾巴的巨大推力突然从水中冲出，长达两米以上的大嘴会紧紧地咬住猎物不放。然后鳄鱼会拖着猎物到深水去溺死，最后把它们吃掉。所以激龙每次下水都会非常小心，而且尽量不靠近深水区。

◀ 激龙有着又细又长的吻突，能帮助它们捕食鱼类。

激龙与在非洲发现的棘龙有着很近的亲缘关系，这一发现有力地证明了中生代南美大陆与非洲大陆是连接在一起的观点。

气龙的牙齿大而尖，爪子锋利。

身手敏捷的气龙

世界上有三个最大的恐龙公园，其中的自贡市大山铺恐龙公园位于中国的四川盆地，这里出土了很多不同种类的恐龙化石，更加奇妙的是，这些恐龙来自不同的年代。这次故事的主角就是来自侏罗纪中期的气龙。

气龙这个名字非常奇怪，这种恐龙是不是经常气鼓鼓的呢？实际上，这个名字与恐龙的脾气没有多大关系，这个名字是为纪念它的发现过程。1985年，有一队调查天然气的工作人员在寻找天然气的过程中意外地发现了这种恐龙的化石。同年，中国著名的古生物学家董枝明为了纪念发现者的功绩，把这种恐龙命名为“气龙”。

虽然这个名字与气龙的脾气无关，但是这种恐龙的确不好惹。气龙属于兽脚类，是肉食性恐龙。体长在4米左右，高度大约是两米，体重大约有150千克，绝对是恐龙家族中的轻量级选手。不过，这个小个子的功夫可不容小觑，它可以算得上大山铺恐龙动物群中最可怕的猎食者了。

气龙的头很大，部分颅骨中空，这样有效地减轻了体重，这是它身手敏捷的原因之一。另外，构造独特的尾巴也能够帮助它在奔跑的时候迅速转向。在早期兽脚类恐龙的尾巴构造中连接股骨和尾巴的肌肉比较长，因此走路的时候会左右摇摆，这就大大限制了活动的灵活性；而气龙连接股骨和尾巴的肌肉较短，虽然尾巴变得很不灵活，但是奔跑时可以帮助它快速改变方向，这点与它的食性非常吻合，相信也是经过很长时间的演化才形成的。

除了比较轻的体重和能够帮助它快速转向的尾巴，气龙捕食的时候还有另外两个利器——牙齿和爪子。气龙的牙齿呈匕首状，能够很轻松地撕咬猎物的肉。气龙是用后肢奔跑的动物，因此后肢非常粗壮，前肢短小灵活，就像是专门为猎食设计的。前肢上的爪子异常锋利，如果对手的皮肤被它抓住，皮开肉绽是在所难免的。

不过，随着更高等恐龙的出现，气龙最终还是没能逃脱被淘汰的命运。

气龙机密档案：

战斗力：★★★
防御力：★★
技能：利齿袭击
生存年代：侏罗纪中期（距今1.64亿年前）
生存地域：亚洲中国四川自贡市大山铺
类属：兽脚类
身长：4米左右
食性：肉食性

献给将军的单脊龙

单脊龙机密档案：

战斗力： 不详

防御力： 不详

技能： 不详

生存年代： 侏罗纪中期（距今 1.68 亿~ 1.61 亿年前）

生存地域： 亚洲中国新疆准噶尔盆地

类属： 兽脚类

身长： 6 米

食性： 肉食性

中国是一个出土恐龙化石的大国，除了著名的四川自贡大山铺恐龙乐园，新疆的准噶尔盆地也是很出名的恐龙化石产地。今天我们要介绍的单脊龙就来自新疆的准噶尔盆地。

20 世纪，中国陆续出土了很多种类的化石。这些发现使得中国成为全球古生物学家关注的焦点，其中恐龙学的研究是全球性的问题，需要各国学者携手合作才能解开这亿万年的奥秘。在这种氛围下，中国于 20 世纪 80 年代与加拿大的学者一起组织了一次恐龙研究活动——中加恐龙探险考察计划。这是 1940 年以来，首次由国际联合执行的中国西北内陆古生物考察计划。

单脊龙就是在这次中加联合考察中被发掘出来的。这具化石是中加的古生物学家在准噶尔盆地的将军庙附近发现的，传说这座庙是为了纪念一位已故的江姓将军建立的。这具化石被发掘出来之后，科学家当时就给它起了名字叫作“将军庙龙”。不过这个名字并不是正式的名字，顶多算是个小名。那么它的学名是什么呢？1993 年，这具恐龙化石终于在学术界有了自己的地位，古生物学家菲力 · 柯尔和赵喜进根据外形把它命名为“将军单脊龙”。为了表示对那位江姓将军的敬意，将军单脊龙又被称为“江氏单脊龙”。

江氏单脊龙生活在侏罗纪晚期，是一种中等大小的兽脚类恐龙，大约有 6 米长，用两足行走，高度约 2 米。单脊龙的头骨很长，可以达到 67 厘米。之所以得名“单脊龙”，也与它的头部有关。它的头上有一个奇怪的头饰，这个头饰是由两片连在一块的头骨向上生长形成的。两片头骨间有气缝和管道与鼻孔相连，可能是用来放大喉咙里发出的声音。另外，单脊龙之间也可能要靠头上的冠饰来辨认彼此。

目前仅发现了一具并不是很完整的单脊龙化石，因此对它的了解还很有限。希望世界上的科学家能够继续合作，让我们可以清楚地了解单脊龙的一切。

在茫茫原野上，江氏单脊龙需要靠头顶的头冠来辨别同类。

有长长爪子的伤龙

在白垩纪晚期的北美洲，恐龙王朝达到繁盛的巅峰，同时也是末日之前最后的演出。经过上亿年的进化，恐龙的种类变得更加丰富。19 世纪 60 年代，在北美洲的阿巴拉契亚山附近的白垩纪地层中，古生物学家再次发现了一个新的恐龙物种，它就是伤龙。

不过，这种恐龙最初可不叫这个名字，它最初的名字特别酷，叫作“莱拉普斯”，这是希腊神话中猎犬的名字，传说这只猎犬可以捉到世界上所有的猎物。为它命名的正是著名的古生物学家——“化石战争”的发起者之一科普。

1866 年，科普在美国的新泽西州发现了一副不完整的恐龙化石骨骼，并把它命名为“暴风龙”。这个名字流行了十几年之后，1877 年有人发现“暴风龙”这个拉丁文名字已经被一个叫作“厉螨”的属所有，由于命名不能重复，因此发现这个重复的人是有权为这种恐龙重新命名的。发现这个错误的不是别人，正是科普的死对头，“化石战争”的另一个参战者——马什。于是他迫不及待地给这种恐龙起了个新名字——伤龙，并把这种恐龙划到自己的发现之中。

“伤龙”的拉丁文意思是“具有老鹰的爪的恐龙”。通过这个名字，我们就可以了解到伤龙身体上的最大特征——尖锐的爪子。伤龙身长 6 米，高 1.85 米，体重可以达到 1.5 吨。它的四肢与异特龙的很相似，后肢十分健壮，前肢短小。不过前肢上面长着长达 21 厘米的锋利爪子，这也是马什把它命名为“具有老鹰的爪的恐龙”的根据。仅仅是锋利的爪子，就足以让伤龙在最凶猛的掠食性恐龙排行榜上争得一席之地。

不过，由于伤龙的化石有限，仅有一具不完整的骨架，因此无法推断伤龙具体以何种动物为食。与它分布在同一地区的恐龙有鸭嘴龙和结节龙，不过由于结节龙体表覆盖着坚硬的铠甲，因此不大可能是伤龙的食物来源，最有可能的食物应该是鸭嘴龙。

伤龙尖利的爪子使它跻身掠食性恐龙排行榜。

来自中国的盗贼：中华盗龙

战斗力：★★★★

防御力：★★★★

技能：利齿袭击、尖爪攻击

生存年代：侏罗纪晚期～白垩纪早期（距今 1.5～1.2 亿年前）

生存地域：亚洲中国四川和新疆

类属：兽脚类

身长：7～9 米

食性：肉食性

1824 年，英国的古生物学家巴克兰第一次发现了肉食性恐龙——巨齿龙，从此揭开了恐龙时代的另外一面。恐龙时代不仅是一个大块头遍地、走到哪里就在哪里安然地吃树叶的场景，同时也是一个血腥残暴的世界。中华盗龙的出现也让中国的恐龙世界出现了腥风血雨。

在中国，中华盗龙是一个种类，而不是某一种恐龙。在这个门类中，主要包括董氏中华盗龙与和平中华盗龙。

董氏中华盗龙的化石保存在非常坚硬的岩石里面，它是科学家经过 1987 年和 1988 年两年的艰苦工作才被挖掘出来的。董氏中华盗龙同样是由菲力·柯尔和赵喜进命名的，拉丁文的意思是“中国的盗贼”，可见这种恐龙行动非常敏捷；而“董氏”二字则是为了向著名的古生物学家董枝明表达敬意。

根据测量，董氏中华盗龙身长在 7 米左右，颅骨很长，颌骨强大有力，因此中华盗龙捕食的场面可能极为血腥。在出土的董氏中华盗龙标本的头颅骨上，发现了很多病变，上面有圆形或者沟状的损伤，其中有一颗牙齿还出现了穿孔。它的身体骨骼上还留有牙齿的印痕，据估计是另一只中华盗龙留下的痕迹。这些痕迹说明即使是处于食物链顶端的肉食性恐龙，生活也并不好过，不仅受到病变、伤痛的折磨，还要时时面对其他恐龙甚至是同类恐龙的挑战。

▲ 威廉·巴克兰是第一个基于一块下颌及其牙齿的残骸描述并为巨齿龙命名的人。他是一个聪明却古怪的人，后来成了西敏斯特大教堂的主持牧师。

前面我们提到董氏中华盗龙的名字有向恐龙专家董枝明致敬的意思，为什么要在中华盗龙的名字上冠上他的名字呢？这是因为董枝明教授在研究和平中华盗龙方面作出了重要贡献。和平中华盗龙得名可不是因为它爱好和平，是因为它出土于四川自贡的和平乡。它与新疆的中华盗龙属于一个大家族，这说明中华盗龙在中国分布很广泛。不过和平中华盗龙的个头更大一些，身长可以达到 9 米。和平中华盗龙虽然发现得比较早，但最开始的时候并不属于中华盗龙家族，但是当新疆的中华盗龙出土后，它被发现更接近中华盗龙种类，因此变成了“中国第一个中华盗龙”。

像食人鲨一样的鲨齿龙

鲨齿龙机密档案：

战斗力： ★★★★

防御力： ★★

技能： 锋芒

生存年代： 白垩纪早期（距今 1.93 亿年前）

生存地域： 非洲

类属： 兽脚类

身长： 8 ~ 14 米

食性： 肉食性

失而复得的喜悦往往比最初的拥有更让人感到珍惜和雀跃。1931 年，古生物学家便发现了鲨齿龙的牙齿和一些残骸，然而还没有来得及研究，二战的战火便摧毁了这些珍贵的化石。于是，鲨齿龙整整让古生物学家困惑了将近半个世纪，为了寻找它的真容，不少古生物学家加入了寻找鲨齿龙化石的征程，终于在 1995 年，在撒哈拉大沙漠找到了另外一个鲨齿龙的头骨，于是，鲨齿龙的面容又一次呈现在了世人面前。

鲨齿龙所隶属的鲨齿龙类是一类大型肉食性恐龙，是地球上曾出现过的最大型陆地掠食者。鲨齿龙有一个巨大的头骨，足足有 1.62 米长，比霸王龙的头骨都要长 10 厘米，上面分布着数个孔洞，起到减少头骨重量的作用，颌部长满又薄又尖的牙齿，这和鲨鱼的牙齿非常相像，也正因为如此，它才被取名为“鲨齿龙”。它的前肢短小，有锋利的爪子，可以紧紧地攥住猎物；后肢发达，如同两根结实的肉柱，赋予了它快速奔跑的速度以及无可匹敌的冲击力。

虽然长得有些和暴龙相似，但它和暴龙没什么亲缘关系，它是陆地上极端隔离进化的最佳例子。不过由于大脑只有暴龙那么大，它并不是特别聪明，因此常常只能通过蛮力来猎取食物，而不是通过群体狩猎或者配合来捕获猎物。一般来说，它主要捕食一些同时代的大型植食性恐龙，它尖利的牙齿可以轻松将对手的脖子扭断，甚至连骨头都可以咬穿。而在饥饿的时候，它甚至会将自己的目光移向那些稍微弱小的肉食性恐龙，就算自己会头破血流，它也毫不在乎。

在距今 1.2 亿 ~ 8900 万年前，鲨齿龙类和棘龙类统治着整个冈瓦纳大陆，但在此之后，地质记录里再也没有鲨齿龙的存活迹象，它们分别被较小的阿贝力龙和暴龙取代，鲨齿龙类和棘龙类的忽然消失是一次全球性的动物群取代事件。

鲨齿龙长有令人难以置信的强有力的尖牙，帮助它轻而易举地撕开其他动物的肌肉。

南方大陆的枭雄：南方巨兽龙

1987 年 7 月，业余化石猎人卡罗利尼驾驶着破破烂烂的汽车，在阿根廷利迈河下游一带的沙丘搜索着化石，谁知道，没多久，这该死的汽车便抛锚了，于是卡罗利尼只有骂骂咧咧地下车修理，谁知，他抬眼一望，一根巨大的骨头斜插在地面，大喜过望的卡罗利尼感觉这一定是个“大玩意”，于是急忙呼叫帮手，开始进行挖掘。直到 1995 年，科学家将这批骨骼命名为“卡氏南方巨兽龙”，将种名献给幸运的发现者卡罗利尼。

南方巨兽龙机密档案：

战斗力：★★★★★
防御力：★★
技能：王者之气
生存年代：白垩纪早期（距今 1 亿~9200 万年前）
生存地域：南美洲阿根廷
类属：兽脚类
身长：13.5 ~ 14.3 米
食性：肉食性

南方巨兽龙是一种巨型的兽脚类恐龙，是目前为止所发现的恐龙中第三大食肉恐龙，被誉为地球史上最厉害的掠食者之一。

最初推测南方巨兽龙的身长大约 12.8 米，不过后来科学家修改为 14.3 米，这让它更显得庞大无比。和同样巨型的暴龙相比，两者的头颅虽然差不多大小，但暴龙的牙齿又大又粗，形状如同香蕉一般，能够毫不费力地咬断猎物的骨骼；而南方巨兽龙的牙齿则比较薄，如锐利的餐刀一样，善于切割，因此南方巨兽龙在捕食过程中只需要在猎物身上结结实实咬上一口，造成的创伤就足以让猎物流血不止，最终失血过多而死。

和暴龙一样，南方巨兽龙的脖子呈现 S 形，结实粗壮的肌肉支撑着它硕大的头颅，庞大的身躯显得特别敦实。南方巨兽龙的前肢比暴龙略长，能起到一定的抓取固定作用，后肢如同柱子一样，长而有力。科学家将脊椎动物的生物力学和古生物学结合起来，对汽车的行驶速度和南方巨兽龙的股骨强度进行对比实验，发现它在高速奔跑的时候，最快的速度可以高达每秒 14 米，这比现在跑得最快的人类都要快得多。它长长的尾巴则在快速奔跑的过程中起了平衡和快速转向的作用。

虽然身材巨大，又拥有这么多撒手锏，但南方巨兽龙的捕猎并不是总是轻松惬意，因为它们要对付的猎物也绝非容易应付的小型植食性恐龙。和它们生活在同一时期、同一地域的植食性恐龙是阿根廷龙——地球史上最庞大的食草恐龙。阿根廷龙长达 33 ~ 38 米，约有 73 吨重，与其说它是猎物，不如说是对手可能更为恰当，这个原因也可以解释南方巨兽龙演化到如此庞大的原因。只有体重和身长尽可能地接近阿根廷龙，南方巨兽龙才有捕食对方的可能。

由于古生物学界已普遍认同暴龙是一种不聪明的恐龙，所以有理论认为：同是巨型肉食恐龙的南方巨兽龙应该也是智力比较低的恐龙，没有复杂的行为和社会结构等。不过也有初步证据表明，它们的行为可能比我们原先想象的要复杂。它们的智力可能足够拥有较复杂的行为如群居的观念，甚至有推测认为这种强大的恐龙会从群居中学会合作猎食的技能，以提高效率。因为它们的猎物凭借着一己之力实在难以打败，很难想象它们会是一个个孤胆英雄——去挑战比自己庞大数倍的对手。

白垩纪初期的气候比侏罗纪更加寒冷，从非洲分离的南美洲逐渐移动并越来越接近赤道，所以气温和暖。广袤的大地上，一片巨大的阴影罩在地面上，并且伴随着地面的颤动，那巨大的阴影也开始运动起来，向上看去，是如同擎天巨柱的无数条巨腿，以及伴随着重重喘息声的巨大的身躯。这是阿根廷龙在集体迁徙，声势之浩大，似乎让天地都似乎变色。

而几只大小不一的南方巨兽龙悄悄地在几百米处尾随着迁徙的阿根廷龙，它们明白这个时候出手，只会是自讨苦吃，它们在等待猎物疲惫的时刻。

终于到了黄昏，阿根廷龙群也停下了自己移动的脚步，开始散开，寻找合适的食物，而其中一只明显上了年纪的阿根廷龙显然争不过那些年轻力壮的后辈，于是向远处走去寻觅食物。而尾随它们很久的南方巨兽龙显然不会放过这么一个天赐的好机会，它们悄悄地移动，开始迂回地接近目标。那只年老力衰的阿根廷龙经过一个白昼的迁徙，显然已经疲惫不堪，并没有意识到来临的危险，而终于缓慢接近山丘的南方巨兽龙也做好了袭击的准备。

说时迟那时快，两只强壮的南方巨兽龙一下子从山丘后面蹿了出来，伴随着慑人的吼叫声，另外一只南方巨兽龙则从侧面直接快速杀向阿根廷龙。惊天的怒吼顿时让远处的阿根廷龙群炸开了锅，一片混乱。而在这嘈杂之声四起之际，那只衰老的阿根廷龙却一下慌了神，竟然一时没有动弹，而这片刻的犹豫之后，三只南方巨兽龙一下咬住了它的身体，并借势掀翻了它，尘土飞扬伴随着阿根廷龙奋力的挣扎，但是这三只做好充分准备的猎食者怎么会让它轻易摆脱自己的尖牙利齿。随着时间的流逝，这只可怜的阿根廷龙终于停止了动弹，而它的同伴都已经跑得远远的了。这三只饥肠辘辘、尾随了一天的掠食者终于开始心满意足地享受自己的战利品。

不过，再强悍的存在都抵不过大自然的变幻，在白垩纪后期，南方巨兽龙就慢慢灭绝了。

南方巨兽龙成群结伙外出捕猎。

敏捷的盗贼：伶盗龙

1970年，一支由苏联和波兰的古生物学家组成的探险队来到蒙古的戈壁沙漠，他们发现了一具宝贵的化石——“搏斗中的恐龙”，这是世界上唯一一具保存着搏斗姿势的恐龙化石。

这两只搏斗中的恐龙分别是：一只憨厚可爱的原角龙，一只敏捷凶猛的伶盗龙——出没于史前蒙古的顶级猎手。

伶盗龙狡猾、敏捷、凶狠，被称为最完美的“杀手”之一，并且可能是拥有中文名最多的恐龙：迅猛龙、速龙、疾走龙等等。

虽然体型不大，但伶盗龙的身体构造非常完美，它的头骨上面分布有数个孔洞，这样头部的重量会大大减轻。

它的头骨呈现向下的弧形，由一个较深的凹面和两边较平缓的凸面组成。伶盗龙拥有一双大眼睛，并且视觉敏锐，这非常有助于它观察四周的危险，并准确地估计猎物的距离。

在头骨上的嗅叶很大，周围布满了神经末梢，这意味着它有着极其敏锐的嗅觉，可以通过气味追踪猎物。

在它的头骨上有一个缺口，里面紧凑地长有耳鼓膜，这让它拥有良好的听力。在伶盗龙的上下颌里整齐排列着25 ~ 28颗牙齿，牙齿之间的间隔比较大，每颗牙齿都前后弯曲而且边缘带有锯齿，这种结构可以轻松地撕开猎物的皮肤。

像大部分驰龙类一样，伶盗龙的前肢长有锋利而且弯曲的爪子，其灵活的结构类似于现在鸟类的翼骨。在三个爪指当中，第一个指头最短，第二个指头最长。掌骨的结构使得伶盗龙的前爪非常灵活，可以很轻松地做出抓握的动作。

伶盗龙的双腿修长有力，裸关节粗壮，当在平地飞奔时，裸关节可以减缓巨大的压力。不过与大部分用三个脚趾行走的兽脚类恐龙不同，伶盗龙只依靠第三、四趾行走，第一趾和其他兽脚类一样，只是一个外露的小脚趾。

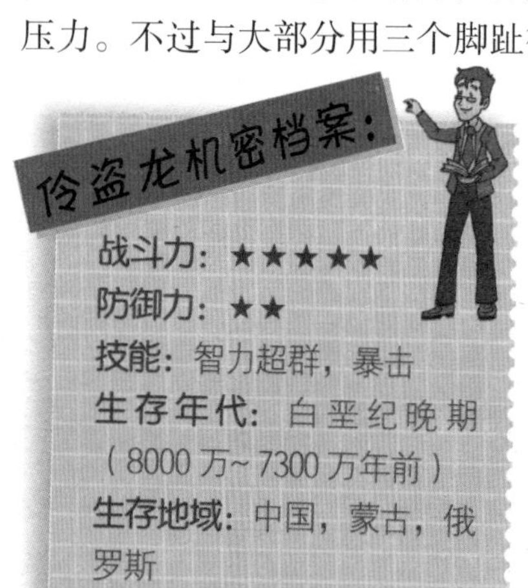

而脚上的第二趾正是使伶盗龙名声大噪的原因——已经进化到可以向上收起离开地面，这个向外伸出的爪子能够将猎物的皮肤撕开一个大口子，这是驰龙类和伤齿龙类的典型特征。

从边缘测量这个大爪子长达67毫米，当大爪子向猎物刺去时，对被攻击者而言可能是致命的一击，是非常有效的掠食工具。

伶盗龙的尾巴很僵硬，原因在于尾椎上方较高的骨化突出物和身体下方骨化的肌腱，这种僵硬的结构使得整个尾巴在运动时看起来就像一根木棍，阻止了尾巴在垂直方向上的运动，适应于保持身体

伶盗龙智力超群，个体与种群的战斗力都很强。

平衡和突然转向时的稳定性，就像高速运动时掌控方向的舵一样。

让我们回到开头发现的那具搏斗中的恐龙化石，设想一下当时的场景：一只误入原角龙群的伶盗龙引起了它们的疯狂攻击。原角龙用嘴喙紧紧咬住伶盗龙的前臂，巨大的咬力一下子便让伶盗龙前臂骨折，疼痛难忍的伶盗龙猛地抓住原角龙的口鼻部，脚趾绕过原角龙的颈盾，猛踢其薄弱的喉部，锋利的大爪毫不费力地便刺透原角龙坚厚的表皮。

正在惨烈搏斗的这一瞬间，被雨水浸湿的沙丘突然坍塌，将它们掩埋，并双双窒息而死。

又经过亿万年的地质变化，终于以化石的形态呈现在了我们的面前……

伶盗龙的本领还表现在群体捕猎之中。在白垩纪的夏天，绿洲萎缩，恐龙大都结束了雨季的短期定点生活。这个时期，伶盗龙捕猎的主要目标是数量较多、速度奇快的似鸡龙。似鸡龙的奔跑速度不仅快，而且富于变化。只见似鸡龙一会儿采用直线逃跑，一会儿又瞬间四散开来。

这些随机的逃跑路线常常令大型的肉食性恐龙恼火不已，不过对于伶盗龙来说，似鸡龙也并不是特别难缠的对手，因为它们的速度和智慧都在对方之上。

当伶盗龙群追逐似鸡龙时，一般采取U形的方阵进攻，它们会选定一个容易捕杀的目标，比如似鸡龙里的老幼病残之类，然后它们会分散地冲进似鸡龙的地盘，又组合成为一个O形的阵形，从而包围目标，其中一只最强壮的伶盗龙会猛地跳到似鸡龙背上或者身体侧面，用后爪一下插近目标的身体，然后用前肢按住猎物，开始猛拽，猎物就会摔倒，此时主攻的伶盗龙就会马上跳开，为后续攻击者提供位置，就这样，这只似鸡龙就成了瓮中之鳖。

伶盗龙的智力在恐龙世界里面名列前茅，它利用自己的高智商把个体与种群的战斗力发展到了极限。它是恐龙时代当之无愧的最完美杀手。

最凶猛的恐龙：恐爪龙

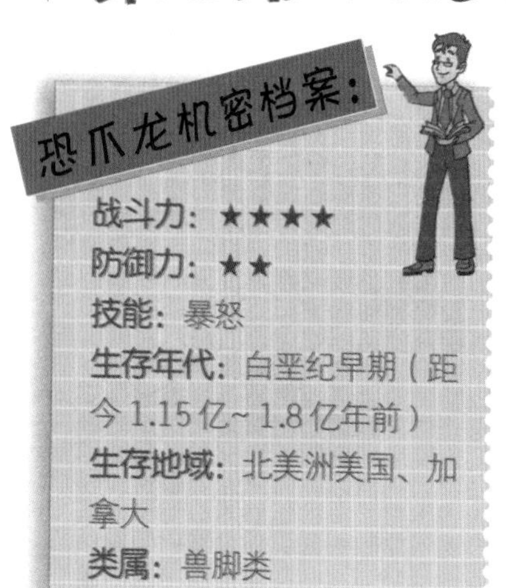

看过《侏罗纪公园》的观众都会对恐爪龙留下深刻的印象，它的凶猛和残忍让人不寒而栗。而古生物学者对于恐爪龙也相当厚爱，对它的研究著作也是汗牛充栋。

1964年之前，古生物学家们普遍认为，兽脚类恐龙可以分为两类，即高大强悍的暴龙和灵活迅捷的伶盗龙。此后，在美国蒙大拿州南部发现的一种兽脚类恐龙化石使古生物学家们开始重新考虑这个问题。恐爪龙的发现可谓是考古界的一次洗脑，它一改以往人们印象中恐龙那种笨重、臃肿和迟钝的形象，而恐爪龙毫无疑问就是专为速度和屠杀而创造的恐怖动物。

恐爪龙集上述两种兽脚类特征于一身，体长4米，高2米。古生物学家们在研究恐爪龙的颅骨时，发现它的眼眶超大，古生物学家们据此认为，恐爪龙具有敏锐的视觉，这使它能够轻而易举地发现远处的猎物。恐爪龙头颅上有数个孔洞，这就减轻了它头部的重量。

它的前肢上有三个尖利的爪子，可以很轻易地撕开对手的皮肤。恐爪龙身体轻巧而健壮，双腿粗长而有力，并且踝关节粗壮，可以在其高速奔跑时缓解巨大的压力。

它还具有自己非常特殊的武器——两只巨大的弯曲且锋利无比的利爪，长达15厘米。恐爪龙这种尖锐的武器像刀一样锋利。在行走或奔跑时，恐爪龙会依靠腿部强健的肌肉将粗大的钩状利爪向上抬起，使其离开地面，这样就可以避免其受到损伤，而其他相对小而钝的趾爪便用来抓紧地面，并保持身体的平衡。

恐爪龙的尾部有独特的骨棒，这使它的尾巴相当坚挺，具有平衡锤的作用，可以在急速猎杀中保持身体平衡。此外，它的尾巴还起着“舵”的作用，有助于它高速飞奔过崎岖的山路。

◎ 恐爪龙前肢发育很好，具有敏锐的视觉，身体轻巧而健壮，双腿粗长，非常有利于猎食时的加速奔跑。

恐爪龙的速度、弹跳力、协调性和灵活性都很强。古生物学家认为，恐爪龙是所有恐龙中极少数在速度上能与似鸟龙类相匹敌的种类之一，即使在今天，它的速度也仅次于猎豹。

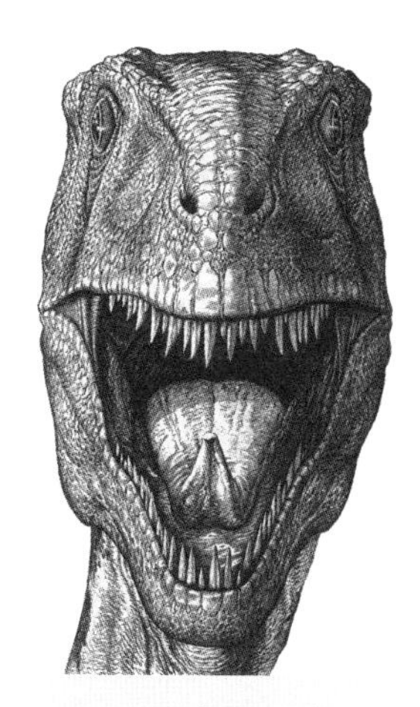

恐爪龙犀利的眼神，正注视着远方的猎物，伺机而动。

和其他驰龙科恐龙一样，恐爪龙的大脑相对其身体而言很大，其智力足以与鸟类和哺乳类相媲美，这使得它异常机敏，这对于集体协同捕猎的它们来说是极其重要的。它们成群捕杀猎物，就像今天的狼一样。它们会围绕着禽龙、腱龙和其他种类的植食性恐龙群潜行，敏锐的视觉可以使它们发现最理想的攻击目标并采取相应的捕杀战术，它们会不停地骚扰猎物，并在其疲惫不堪时合围上来，发动最后并且是致命的一击。

对其他恐龙而言，恐爪龙的前肢也异常的长，但对于恐爪龙自身而言，其长度刚好能够抓住猎物，它锋利而弯曲的利爪使猎物根本无法逃脱；接着它用一只脚着地，另一只脚举起镰刀般的爪子，然后脚上的大爪子去踢猎物的肚子，撕开皮肤，给猎物开膛破肚。恐爪龙的这一踢非常有力，甚至可能踢伤自己的爪子。

恐爪龙的牙齿向后弯曲，不能磨碎食物，但可以撕咬下大块的肉类。古生物学家之所以如此推测，是因为所发现的化石骨骸上有裂痕和愈合后的痕迹。所以，我们有理由相信，恐爪龙在踢杀自己的猎物时也可能使其本身致残。

总的来说，恐爪龙是恐龙家族中最快捷和凶猛的种类之一，是最不寻常的掠食者。虽然从体形上来说，恐爪龙远远不能被列入到大型掠食者的行列，但就其速度和屠杀本领而言，它的体形是完美的。

图中的驰龙（左上）、恐爪龙（中）、迅猛龙（左下）是捕杀猎物的能手，可伸缩的利爪、发达的视力、矫健的双腿让它们在捕食的过程中一举成功。

有镰刀般爪子的恶灵龙

恶灵龙是驰龙科的一员。驰龙科是与鸟类最为接近的一个科，其他驰龙亚科的恐龙包括恐爪龙、伶盗龙、小盗龙及鹫龙等等。恶灵龙的学名是“阿达的蜥蜴”的意思，因为爱吃腐食和集体行动，被人们取了这个名字（阿达是蒙古神话中的恶魔，言下之意，只有恶魔才会对这么多尸体感兴趣）。

成年的恶灵龙由鼻端至尾巴约为 2 米长，恶灵龙的头部不大，颌部分布着密密麻麻的牙齿，在边缘长有锯齿状的尖牙。它的口鼻部很狭窄、眼睛向前，显示出它具有一定程度的立体视觉。它的颈部很长，身体却相当短，不过结构轻巧，前肢的退化没有那些大型肉食性恐龙明显；有两根镰刀状的爪子，但只有 3 根指头可以发挥作用，而这一特征也让恶灵龙在驰龙亚科中显得比较独特。它的后肢长而健壮，因此恶灵龙可以矫健地奔走。虽然没有化石证据，但是科学家们相信它的身体外面覆盖有羽毛，只是没有飞翔的能力。

这是白垩纪晚期北美洲大陆常见的情景：旭日东升，草原上一片生机勃勃，雨水使池塘连成一片形成沼泽，原来干燥的大地长出了大片的灌木。这片大地将迎来雨季的大批“访客”。

而“访客”的增加，意味着更加激烈的生存斗争。整个陆地上，不停传来阵阵嘶吼声。几只恶灵龙刚刚宰杀了一只年幼的原角龙，首领开始享用最美味的部分，其他的恶灵龙虽然也很饥饿，但它们只是在周围虎视眈眈，不敢有丝毫造次之心。但首领依旧不放心，会不时地回过头来张大嘴巴发出“吱吱”声，警告那些胆敢上前的家伙。首领吃完后，其他成年恐龙一拥而上，疯狂地吞食着大块滴血的肉。而幼年的恶灵龙无精打采地趴在一旁。原来在恶灵龙群中有着严格的秩序，幼年恐龙只能吃成年恐龙的残羹。当成年恐龙散开时，已经没有多少可以吃的东西了，失望的幼年恶灵龙只好无助地走开，饥饿逼迫幼年的恶灵龙必须自己找食物。

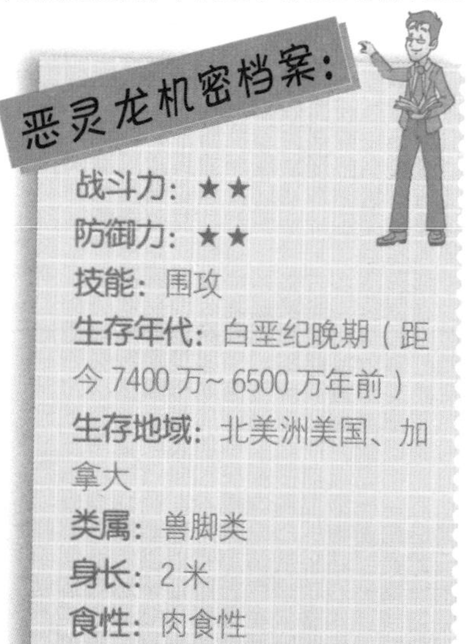

没过多久，几只巨大的翼龙借助着气流滑翔于天际，10 米的翼展使它们成为空前绝后的飞行者，是死亡动物的气味吸引着它们来到草原上——原来一只年老的原角龙倒在了地面上。巨大的翼龙就像今天的秃鹫，以动物尸体为食，是原角龙的尸体使它们聚集在一起。翼龙在天边盘旋，经验告诉幼年的恶灵龙那里一定有食物，它对两个伙伴“咯咯”两声，便向草原深处奔去。

恶灵龙尾随降落的翼龙来到它们盘旋的地方，几只翼龙正在仰着脖子吞下大块的肉。恶灵龙被食物吸引着跑上前来，试图分一杯羹，一只翼龙转过身来挡住了它的去路——保护自己的食物。恶灵龙张开前爪在空中不断地挥舞着，并发出“吱吱”的威胁声，翼龙毫不示弱地发出乌鸦般的响亮叫声，巨大的喙一直对着恶灵龙。虽然翼龙在陆地上很笨拙，但是即使站在地面上也有3米高，扇动翅膀产生的巨大冲击力更是惊人，就算是成年恶灵龙也不是它的对手，更不要说是幼年的恶灵龙了。

就在希望要消失之际，另外两只小恶灵龙及时赶到，从后面窜出来，三只恶灵龙一起从三个方向逼向翼龙，一番打斗之后，翼龙一看寡不敌众，便识趣地跑开了。面对久违的食物，这几只饥肠辘辘的小恶灵龙共同享用了这堆鲜肉，享受着这救命的食物。

没有主动攻击能力的恶灵龙显然在干旱的季节里不易生存，因为可以供它们食用的食物实在太少了，而死去的恶灵龙则会被同类吞噬，成为同族活下去的养料，这样的结果正印证了它邪恶的名字。

△ 镰刀般的利爪弥补了恶灵龙身材的短小，更使它成为可怕的捕食者。

伶盗龙的亲戚：犹他盗龙

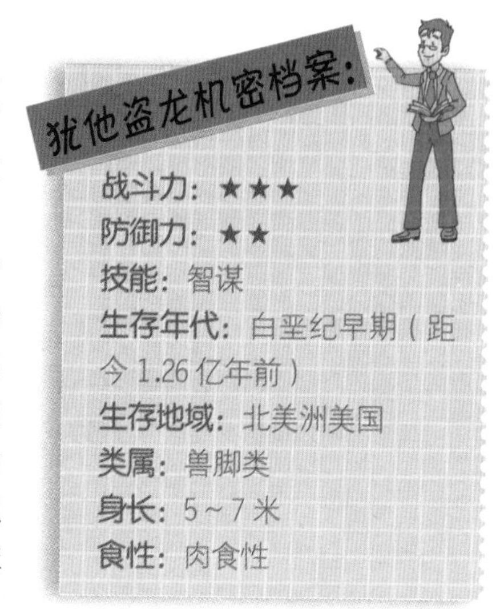

美国犹他州是一个大型的恐龙化石产区，古生物学家在此发现了犹他盗龙，它跟著名的伶盗龙有亲戚关系，不过，体型却大了很多，所以攻击力量比伶盗龙强很多。

犹他盗龙身长近7米，是驰龙家族里面身形最庞大的一种，这使它有能力攻击大型的植食性恐龙。一般的伶盗龙大小和人类相若，犹他盗龙却比公共小巴更大。犹他盗龙的骨骼构造和伶盗龙相似，头部中空，上面布有数个空洞，以减轻头部的重量，头颅上有一双大大的眼睛，可以具有立体视觉，因此便于观察。上下颌里整齐排布着密密麻麻锯齿般的牙齿，可以帮助它轻松撕开猎物的皮肤。

和大部分驰龙类一样，犹他盗龙前肢长有锋利而且弯曲的爪子，脚上最大的爪弯曲呈刀状，由脚的肌腱控制。古生物学家相信，它在攻击猎物的时候会首先跳到猎物上面，然后伸出利爪插入猎物躯体内。犹他盗龙的利爪完全伸出后，可以达23～38厘米长，跟另一种脚上有巨型爪的恐龙——恐爪龙十分相似。

犹他盗龙也保留了长长的、水平的尾巴。当这种动物需要在快奔跑急转弯时，尾巴就起了平衡身体的作用，以免跌倒。跌倒对人类来说可能只不过是小问题，但在自然界跌倒的后果是可以致命的，那意味着失去猎取的能力，进而失去了生存的能力。所以，古生物学家相信，在恐龙时代，当时的肉食性恐龙例如异特龙、犹他盗龙、伶盗龙等，也会面临相同的问题。

犹他盗龙的体重只有1吨，这不仅可以增加奔跑的速度，还可以减轻高速奔跑时双脚承受的压力。从理论上讲，犹他盗龙跑得比暴龙和棘龙都要快。

白垩纪一个炎热的日子里，几只犹他盗龙正在树后观察着周围的环境，在离这儿约一千米远的草原尽头，一群禽龙在水塘边吃食。这个时候，犹他盗龙准备开始捕猎，它们一个接一个一路小跑地尾随在禽龙群后面。当领头的犹他盗龙到达灌木丛时，它们分散开钻进了灌木丛里，这样，谁也不会发现它们了。遥远的天边，太阳消失在地平线下。一无所知的禽龙群继续觅食，它们仍然紧紧地聚集在一起。

太阳落山约两个小时后，一只较大的雌性犹他盗龙从埋伏的地方钻了出来，在离目标群约60米远处开始冲向最近的一条禽龙。冲到离禽龙群只有20米远的地方，它停了下来并高声咆哮着。禽龙群变得惶恐不安。它们乱成一团，重重地跺着前腿，并朝着犹他盗龙咆哮。雌性犹他盗龙控制住局势，很快其他的犹他盗龙便出现了，它们又一次在离禽龙很近的地方停了下来，各尽所能地恐吓这群植食性动物。此时对它们来说，要想攻击这群紧密的禽龙中的某一个体，而又不受到其他禽龙的伤害是不可能的。它们的目的就是迫使禽龙群在黑暗中散开，这样就会有单个禽龙脱离出来。

天越来越黑，一只年轻的雄性禽龙从群体中脱离出来，被一只守株待兔的犹他盗龙逮个正着，只见它灵巧地跳上猎物的臀部，把爪子从禽龙的侧面深深地刺了进去。接着是一声尖叫和一阵狂暴的反抗，但很快，第二只犹他盗龙便在黑暗中出现，从另一侧抓住了它。没过多久，这只年轻的禽龙便承受不住两只犹他盗龙的撕扯、踢刺、撕咬，终于轰然倒下。

禽龙临死前的惨叫引来了更多的犹他盗龙。当禽龙咽下最后一口气后，犹他盗龙平静下来，开始享用美餐。

清晨来临，展现在我们面前的是一个血淋淋的场面——所有的犹他盗龙都浑身沾满了血迹，悠闲地躺在尸体旁休息。它们将在禽龙的尸体旁待上几天，同时还得驱赶其他任何寻着气味而来的肉食动物。到它们离开的时候，尸体上很少会剩下什么东西。

身为伶盗龙的亲戚，犹他盗龙表现出的狡猾与灵活丝毫不逊色，而更大的体型有利于它们更加灵活地捕食。

犹他盗龙前肢上像弯刀一样的利爪是致命的武器。接近猎物后，它会伸出利爪，狠狠刺入对方体内，并反复不断地撕扯，直到猎物失去反抗能力。

身体长满羽毛的鹫龙看起来似乎更像鸟类，而不是恐龙。

奔跑的能手：鹫龙

近期，古生物学者在阿根廷内格罗河省挖掘出一具几乎保存完整的新物种恐龙化石，距今 9000 万年。这是一种小型肉食性恐龙，与火鸡一般大小，长着长长的尾巴，科学家将这种恐龙命名为鹫龙。让科学家兴奋不已的是，这具恐龙化石保存得接近完整，只缺少几块小骨骼。

鹫龙机密档案：

战斗力： ★★
防御力： ★★
技能： 疾风步
生存年代： 白垩纪早期（距今 9400 万年前）
生存地域： 南美洲阿根廷
身长： 5 ~ 6 米
类属： 兽脚类
食性： 肉食性

我们可以肯定，鹫龙长着羽毛，但不能像今天的鸟类一样飞翔。古生物学者认为，这项发现将对于探究鸟类起源有着重要价值，鹫龙可能是鸟类进化历程中“缺少的一个环节”。因为它的发现地南美洲在当时就像现今的澳大利亚般是一个孤立的大洲。此前，古生物学者只在北半球发现与鹫龙类似的恐龙化石，因此它的发现弥补了这一空白。

究竟恐龙与鸟类有什么关系？南美洲出土的鹫龙与中国鸟龙有诸多相似之处，可以说它们是分别位于南、北半球的“远亲”。此外，鹫龙与伶盗龙存在较多相似处，比如都是身手敏捷的猎手。

依据阿根廷最新出土的化石，我们可以推测鹫龙的嘴部较长，与鸟喙十分相似，没有撕裂肉块的锯齿，而是长着小而宽的牙齿，因此并不擅长搏杀大型的猎物。

鹫龙长而像鸟类的手臂，非常适合用来抓捕较小的猎物。手部有三指，与其他驰龙科恐龙相比，鹫龙的手指比较短，三根手指等长，而其他驰龙科恐龙的手指长度不一。

鹫龙的后腿较长，这一特征说明它擅长快速奔跑。鹫龙借助前肢两侧的肌肉和前肢的第二个脚趾去捕捉猎物。它虽不会飞翔，但是强有力的后腿轻轻一跃，就能够跳到几码之外，长长的尾巴并不笨重，非常巧妙地维持着鹫龙的身体平衡。科学家估计，它奇特的骨骼形状应当非常适合捕猎在洞穴中生存的哺乳动物和爬行动物。

手盗龙类：

包括鸟类以及与鸟类亲缘关系比似鸟龙更近的恐龙，手盗龙类在化石记录中首次出现于侏罗纪，并存活到现代，现今有超过9000种的鸟类继续存活着。

通常在远古化石中很难找到羽毛标本，鹫龙化石也不例外。科学家认为鹫龙应当像北半球发现的中国鸟龙一样长有羽毛。假设我们发现一具猴子化石，和它有亲缘关系的物种都是多毛动物，我们肯定不会突发奇想地认为这具猴子化石生前可能没有毛发。而鹫龙与中国鸟龙都属于同一类型的恐龙物种，作为长着羽毛的中国鸟龙的远亲，它也一定长有羽毛。因此在我们的观念里，鹫龙这种小型恐龙的外形颇似鸟类，身体上长满毛发一样细的羽毛，前肢却长着相对长一些的羽毛，看上去像是短而粗的翅膀。

鹫龙化石支持了鸟类进化的两个理论。一个理论是：翅膀是在鸟类和手盗龙类的共同祖先时期形成的。有科学家认为南半球发现长有羽毛、前肢未形成翅膀的鹫龙不是一件新奇事情，这只是一种返祖现象。在现今的自然界仍存在着这种现象，例如蛇是从远古有足类爬行动物进化而来的，如今人们会惊奇地发现个别巨蟒身上竟长出后肢。

而鹫龙化石支持的另外一个理论是：鸟类翅膀的形成经历了两次进化；一次是由远古鸟类向现代鸟类进化；另一次则是南半球类似鹫龙这样的手盗龙类向鸟类进化，它们在进化过程中，原先较长的前肢慢慢进化成前翼。我们可以假设手盗龙类向鸟类进化时，并不是直接从前肢形成前翼，这之间存在着一个过渡时期，也就是鹫龙与中国鸟龙生存的时期。

阿根廷挖掘的鹫龙化石引起了古生物学者的浓厚兴趣，同时，它为古生物进化的研究提供了珍贵的线索，并且已经给我们提供了很多答案，它将进一步揭示鸟类的起源之谜。

长着后肢的蟒蛇其实是蛇类返祖现象的一种表现。

最接近鸟类的中国鸟龙

战斗力: ★★

防御力: ★

技能: 毒牙

生存年代: 白垩纪早期(距今1.3亿年前)

生存地域: 亚洲中国辽西

身长: 1米

类属: 兽脚类

食性: 肉食性

1999年中国辽西出土了一种新的带羽毛的恐龙化石，这是第五个被发现的有羽毛恐龙，并且是目前有羽毛恐龙中最接近鸟类的一种，因此，科学家将它命名为“千禧中国鸟龙”。

中国鸟龙与阿根廷发现的鹫龙都属于兽脚类的驰龙科，皮肤表面长着丝状衍生物。它与鸟类的关系密切，被认为是恐龙演化到鸟类的中间形态。

它的头部骨骼形态和多数恐龙很不一样，具有早期鸟类的许多特征：在上颌有一个袋状结构，很可能是毒腺，肩带构造也与始祖鸟类似。尽管不能飞翔，但它的前肢结构已经产生了一系列适应飞行的变化，具备飞翔的各项必要特征，专家称之为典型的“预演化模式”，这是骨骼结构转化成鸟类飞翔能力的一项大突破。也就是说，它已经为了日后的腾空而起、翱翔天际预先具备了衍生的各项特征，只要随着时间的流逝再进化那关键一步，它的子孙便将迎风展翅、遨游天际。

虽然中国鸟龙个头不大，但它们有猎取对手的独门秘籍，它能像今天的毒蛇那样，将毒牙中的毒液注入猎物体内，从而有效麻痹猎物。

在攻击猎物时，毒腺内的毒液就会顺着毒牙上的凹槽，渗入被咬伤的部位中，从而令猎物陷入麻痹甚至休克。

“从树上滑翔”理论:

假设鸟类是从树栖恐龙演化而来，这些树栖恐龙从树枝间滑翔移动，并最终学会飞翔。

研究人员说，这种恐龙的毒牙与非洲树蛇的“后毒牙”结构类似，它们不是通过前牙向猎物身体中喷射毒液，而是通过“后毒牙”将毒液慢慢渗入猎物体内。

参与这项研究的美国堪萨斯大学和西北大学的研究人员说，这种毒恐龙可能不是利用毒液杀死猎物，而只是为了麻痹它们，以便更容易捕获猎物，这也是现代“后毒牙”蛇类和蜥蜴的捕猎方式。

中国鸟龙的发现最重大的意义在于，它支持了鸟类飞行的“从地面起飞”理论，对“从树上滑翔”理论是一个沉重的打击。

“从地面起飞”理论:

假设鸟类从奔跑恐龙演化而来，这些奔跑恐龙的羽毛具有隔热作用，随着结构进化，这些奔跑的恐龙最终学会了飞翔。

没有庞大的身躯和健壮的四肢，中国鸟龙的独门秘籍就是它的毒牙。

头部又大又高的永川龙

永川龙是一种生活在侏罗纪晚期的大型肉食性恐龙，因为标本在当时重庆永川县（今永川区）发现而得名。

永川龙机密档案：

战斗力：★★★★
防御力：★★
技能：冷静
生存年代：侏罗纪晚期（距今 1.6 亿年前）
生存地域：亚洲中国
类属：兽脚类
身长：10～11 米
食性：肉食性

永川龙有一个近 1 米长、略呈三角形的大脑袋，两侧有六对大孔，这样可以有效降低头部的重量。在这六对大孔中有一对是眼孔，这表明它的视力极佳，其他孔是附着于头部用于撕咬和咀嚼的强大肌肉群。颌部里长满了一排排锋利的牙齿，就像一把把匕首，加上它粗短的脖子使得永川龙拥有巨大的咬力。它的前肢很灵活，指上长着又弯又尖的利爪，可以牢牢地抓住猎物。永川龙的后肢又长又粗壮，长有 3 趾。像今天的涉禽那样，永川龙通常用三趾着地，奔跑非常快速，可以不费吹灰之力便能追捕到猎物。永川龙的尾巴很长，站立时可以用来支撑身体；奔跑时则要将尾巴翘起，作为平衡器用，来保持身体的平衡。

作为一种大型的肉食性恐龙，永川龙常出没于丛林、湖滨。捕食行为可能像今天的豹子和老虎，它会冷静地潜伏，直至猎物出现。

丛林中，一只永川龙刚刚捕猎到一只植食性恐龙。

在侏罗纪一个春风拂过的日子里，几只性情温和的植食性恐龙正在灌木丛中悠闲地啃食树叶，头顶上有翼龙飞过，留下惊鸿一瞥的身影。在几十米处，一只永川龙将自己的身影埋在了树梢之下。它已经在这里等待了很久，就为了寻找一个最合适的机会。这时，其中一只倒霉的植食性恐龙居然向永川龙这边走来，因为这边有更新鲜的枝叶。当离永川龙只有几米的距离时，永川龙突然蹿了出来，一口咬住了猎物的脖子，然后顺势一拧，顿时一片血肉模糊。猎物的惨叫让其他几只恐龙慌忙逃窜，整个灌木丛也一下喧闹起来，不过永川龙也满足于眼前的猎物，并不去追赶这些逃跑的恐龙，而是将猎物拖到自己的领地里慢慢享用。

在重庆永川区还有大量的化石材料，科学家之后又发现了永川龙属的新品种。目前，发掘工作还在继续进行中，里面隐藏的秘密还有待以后的发现。

小型、有羽毛的足羽龙

足羽龙机密档案：

战斗力：★★

防御力：★★

技能：滑翔

生存年代：侏罗纪中晚期（距今1.68亿~1.52亿年前）

生存地域：亚洲中国

类属：兽脚类

身长：1米

食性：肉食性

2005年2月初，中国科学家发现了类似小盗龙的一种新恐龙，并将其命名为“足羽龙”。“足羽”是指该恐龙的脚部有羽毛。因为发现的标本只保存了较为完整的脚部——自胫骨至脚趾都覆盖有清晰可见的羽毛。

古生物学家将足羽龙的趾骨与合踝龙、尾羽龙、小盗龙、始祖鸟作了对比。与驰龙类恐龙相比，足羽龙更接近鸟类。足羽龙脚趾的次枚趾节（从末端计数的第二枚趾节）比驰龙类恐龙更长，第四趾骨更加短小，趾爪更弯曲、纤细、修长等，这些都是适应于树上生活的特征。

尽管只发现足羽龙的脚爪部分，但科学家推测它与小盗龙具有基本相同的身体构造。在系统进化上，足羽龙比小盗龙更加接近鸟类，表明足羽龙与鸟类的关系极为密切，由这些零散的信息足以一窥其全貌，这可能也是古生物探索的神秘魅力所在。

足羽龙化石足部的羽毛印痕也是研究的重点。与腿部同样覆羽的小盗龙相比，足羽龙腿部的羽毛较短，但更加浓密。在空气动力学上，这种构造可能更有利于辅助飞行，可以更好地控制滑翔的方向。

据科学家推测，足羽龙的羽毛在调节体温或自我防卫上也有重要的作用，浓密的羽毛可以保暖，上面的花纹有可能作为其生活在丛林中的保护色。

鸟类飞行起源一直是古生物学家争论的热点，目前主要有地栖起源和树栖起源两种假说。这次发现的足羽龙不仅再次印证了“鸟类的祖先是恐龙”的观点，同时极大地支持了树栖起源说——“我们可以认为，在恐龙向鸟类进化的漫长历史中，某些恐龙具有了树栖动物的特征，它们借助了重力，逐步通过降落、滑翔等阶段，最终学会了自由翱翔。”不少研究者都对这个课题的前景充满了信心。

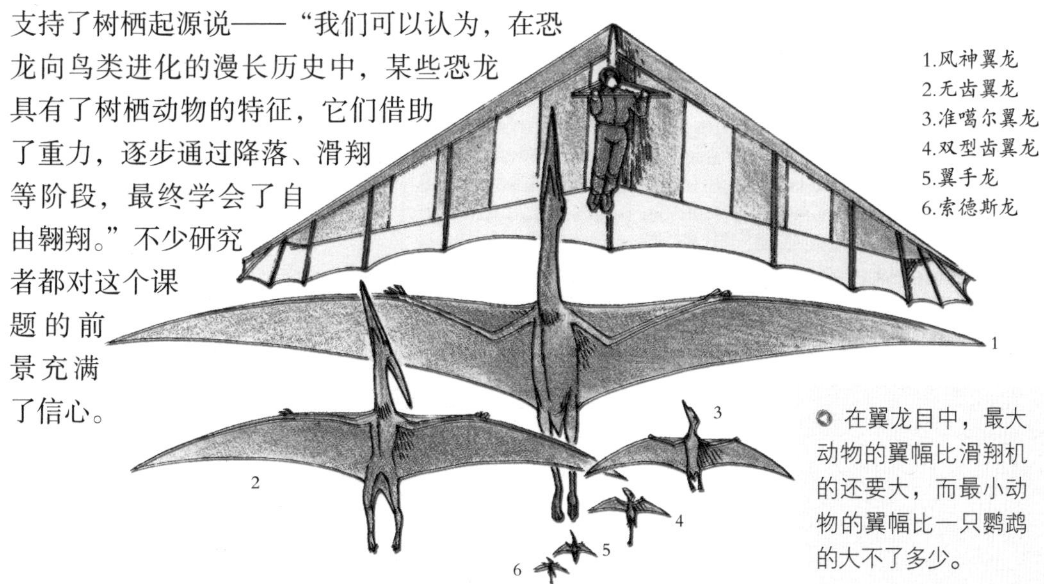

在翼龙目中，最大动物的翼幅比滑翔机的还要大，而最小动物的翼幅比一只鹦鹉的大不了多少。

善跑的“大鸟”：似鸡龙

似鸡龙属于似鸟龙类，是目前为止所发现的最大型的似鸟龙类恐龙。

根据考证，似鸡龙身长可达6米，高4米。它的头骨较大，因此可能相当聪明。它的双眼很大，但没有立体视觉。尽管这样，似鸡龙的视力仍然非常好，再加上它长长的脖子，使得它的脑袋就像瞭望塔一般高高地举在空中，即使在奔跑的途中也能看清周围的环境，察觉可能发生的危险。它的喙部狭长，嘴里没有牙齿。虽然名为“似鸡龙”，但它没有羽毛，也没有翅膀。似鸡龙的前肢很短，手上长有3个爪，爪非常锋利，它可以用爪拨开泥土，挖出小动物或者恐龙蛋来充饥。在多数情况下，它以植物为食，但也吃小昆虫或者小蜥蜴。

似鸡龙非常矫健和轻盈，它有着长长的腿骨，大腿肌肉发达、强健有力，踝骨和脚骨长而细，能够迅速地奔跑。它的尾巴坚硬有力，越往后越细，这有助于它在奔跑时保持平衡。似鸡龙跨步很大，因此能够逃脱多数追捕者的追击。

在亿万年前的一个普通日子里，正午的太阳高高地挂在天空中，白垩纪的大地异常炎热。在几棵矮小的灌木之间，一只雌性窃蛋龙卧在像环形山一样的巢穴中展开前肢，长而艳丽的羽毛遮住了整齐排列的巢中的蛋。它还不时地将喙伸进巢中，感知里面的温度，以确保蛋的顺利孵化。

忽然，隆隆的奔跑声和震人心魂的吼叫声打破了正午的宁静，三只高大的似鸡龙从前方狂奔而来，细长强健的双腿赋予了它们极快的速度。不过显然它们在奔跑过程中十分惊慌，随着一阵阵尘土和粗哑的尖叫掠过，似鸡龙便从窃蛋龙的头顶一跃而过。正当窃蛋龙要回头看个究竟时，一副巨大的身

躯遮住了阳光，将它笼罩在一片阴影之中。对方沉重的喘息声告诉窃蛋龙：它正处于危险的境地。一只高大的暴龙正在它的上方——长距离奔袭显然不是暴龙的强项，这使得它呼吸急促，宽阔的胸部不断上下起伏着。窃蛋龙趴在自己的巢里一动不动，幸运的是，风帮助了它。来自身后的风没有使嗅觉灵敏的暴龙察觉出窃蛋龙和它巢穴的存在。待呼吸平稳之后，暴龙寻着似鸡龙的气味向远方奔去，当那巨大的身影消失在地平线上以后，窃蛋龙的身子还在不停地发抖。

似鸟龙是运动健将，在奔跑中它们能把头抬得很高，以便观察周围的情况。

很显然，这只巨大的暴龙在追逐这几只似鸡龙，但似鸡龙在广阔原野上的奔跑速度是许多动物望尘莫及的，所以行动不算敏捷的大型掠食恐龙想抓到它们只能靠偷袭，这只暴龙显然失策了。白垩纪的每天都在上演着你追我跑的生存之战，显然，速度快的似鸡龙能更好地生存下去。

一群似鸡龙正在全速前进，以躲避暴龙的追击，它们有着长长的腿骨，大腿肌肉发达，踝骨和脚骨长而细，能够迅速地奔跑。

全速短距离奔跑的能手：似鸵龙

在现在的动物里鸵鸟算得上是速度上的佼佼者，而在恐龙时代也有一个全速短距离奔跑的能手，它便是外形酷似鸵鸟的似鸵龙。

根据测算，现生鸵鸟的奔跑速度可能是每小时60千米。似鸵龙是否也有这么快，现在还有争论，但称它为恐龙王国的快跑“能手”还是当之无愧的。

似鸵龙高约4米，重约150千克。似鸵龙的头较长，长着一对大眼睛，牙齿已经退化，代之以角质的喙，颈部细长而且运动灵活。它的身体轻巧，有长而苗条的四肢，后肢小腿骨长于大腿骨，脚上还长着平直短小的爪子，这些爪子就好像跑鞋上的钉子，可防止它在全速追赶猎物时脚下打滑。这些身体特征说明似鸵龙行动敏捷，擅长奔跑。与鸵鸟不同的是，似鸵龙的身后还拖着一条长长的尾巴，占了整个身体的一半还多，这条长尾巴不像它自由弯曲的脖子那样灵活。当似鸵龙奔跑的时候，就把尾巴伸在后面，可起到保持平衡的作用。

似鸵龙机密档案：

战斗力： ★★
防御力： ★★
技能： 奔跑
生存年代： 白垩纪晚期（距今约7000万年左右）
生存地域： 北美洲加拿大
身长： 4米
类属： 兽脚类
食性： 杂食性

喜欢生活在干燥地区的似鸵龙在外出觅食的时候，会保持相当高的警觉性，它会盯着各个方向，注意是否有大型的肉食性恐龙来袭。如果发现来攻击的只是小型肉食性恐龙的话，它会用自己强有力的后肢猛踹对手，试图赶走敌人。但确定安全以后，它会依靠角质的喙和长有3个指爪的前肢摘取植物的种子和果实，并不时捕食一些小动物，如蜥蜴、昆虫等。

6500万年前，似鸵龙同其他许多恐龙一起从地球上永远消失了。但是，人们发现，今天地球上的不飞鸟，样子非常像当年的似鸵龙。例如我们非常熟悉的非洲鸵鸟就是其中之一，这应该是趋同进化的结果。

一只小型肉食性恐龙试图从后面攻击似鸵龙，但它刚张开血盆大口，似鸵龙就伸出强壮的后肢朝它头部踹了过去。

取食广泛的蜥鸟龙

蜥鸟龙机密档案：

战斗力：★
防御力：★
技能：贪食
生存年代：白垩纪晚期（距今 8000 万~7000 万年前）
生存地域：亚洲蒙古
身长：2~3.5 米
类属：兽脚类
食性：杂食性

蜥鸟龙的前肢很小，没有牙齿，长 2 米。一听到它的名字，你就知道这是一种长得很像鸟的恐龙，甚至有些科学家认为它们还长有羽毛。

蜥鸟龙的脑容量比较大，可以将它比作白垩纪时期的“豺狼”。它的双眼很大，拥有大型眼窝以及立体视觉，可能拥有好的夜间视力，方便它们捕食和躲避敌害。蜥鸟龙的前肢很短，奔跑时前臂紧贴在胸部两侧，整个体态很像现在的鸸鹋。它可吃的食物种类范围很广，可说是无所不吃，它既食肉，也食草。蜥鸟龙用长长的胳膊和带爪的手扯断树枝，就可吃到树上的嫩枝、花蕾和浆果。凭借一双锐利的眼睛和快速奔跑的能力，蜥鸟龙还可以追得上一些小蜥蜴或者抓住空中飞舞的昆虫。有时候它也会吃其他恐龙的蛋。不过偷蛋可不是一件轻松愉快的活儿，偷鸡不成蚀把米的事情时有发生。

白垩纪的一天，在太阳即将落山的时候，余光照着大地，洒下一片金黄。一只蜥鸟龙蹑手蹑脚地躲在一片阴影之后，觊觎着离它不远处的几个硕大的恐龙蛋。这是镰刀龙的蛋，密密地立在巢穴之中，而巢穴的主人此时似乎并不在附近。耐心地又等了几分钟，蜥鸟龙终于探出了自己的小脑袋，向着垂涎多时的美食走去。用自己的尖嘴，它很轻易地就磕破了其中的一个蛋，然后将头伸了进去，肆无忌惮地开始大吃特吃起来。

然而得意忘形的蜥鸟龙居然忘记了自己还身处险境之中——这毕竟是镰刀龙的巢穴。很快，一声凄凉的嘶吼响彻了大地，蜥鸟龙刚将头抬起来，就看见一只锋利的大爪挥过来，一下就将它的脖子撕成了两段！悲愤的镰刀龙被仇恨冲晕了头脑，继续用力撕扯着蜥鸟龙，蜥鸟龙就这样丢掉了自己的性命。

虽然大仇已报，但自己的一个孩子还是离开了自己，愤怒的镰刀龙继续朝天怒吼，发泄着心中的悲凉，吼声在广袤的平原上传了很远很远。

除了吃植物嫩枝、花蕾、浆果、小蜥蜴和昆虫以外，身材矮小的蜥鸟龙还喜欢吃恐龙蛋，时不时当一回“偷蛋贼”。

爱吃白蚁的 阿瓦瑞兹龙

1991 年在阿根廷地层中发现了一种新的未知恐龙的肋骨、肩胛骨、部分腰带和局部肢体化石，为了纪念阿根廷的自然科学历史学家阿瓦兹博士，这种恐龙被命名为阿瓦瑞兹龙。

阿瓦瑞兹龙生活在距今 8900 万~ 8500 万年前的白垩纪早期，它身长约 2 米，重约 20 千克。在骨骼结构上它和现代鸟类有非常多相似之处，身体外也覆盖着羽毛，看上去似乎是一只不会飞的大鸟。它头骨轻盈、结构精巧，嘴里长满细小的牙齿。与其他肉食性恐龙不一样，它的牙齿并不是锯齿状，因此我们可以推断它不是典型的肉食性恐龙。虽然它的前爪很大，但是前臂却出奇得短，如果不仔细观察的话，都会产生一种它没有前肢的错觉。和其他恐龙相比，它的腿部非常细长。对它腿部结构的研究表明，它是一种行动敏捷、奔跑迅速的小型兽脚类恐龙。

由于没有高大威猛的身体和锯齿状的牙齿，阿瓦瑞兹龙往往只能以白蚁为食。

由于体型和牙齿的限制，我们可以推断阿瓦瑞兹龙不是典型的食肉恐龙，它们的食物很可能主要是昆虫或者植物的果实。

在白垩纪炎热的一个中午，一只成年的阿瓦瑞兹龙从丛林中探出，在确定四周没有危险之后，它才走了出来，抖了抖身体，开始用喙整理身上有些凌乱的羽毛，然后朝前方一小块空地走去。只见这片空地里竖立着像高塔一样的土柱，这就是白蚁的巢穴——成千上万的白蚁用泥土建造这样的堡垒，用以抵御风雨的侵蚀，但是这些堡垒依旧不能阻挡阿瓦瑞兹龙的破坏，只见它靠近了其中一个白蚁巢，透过缝隙，闻了闻里面的气味，然后又转到巢穴的另一面，经过一段时间的探测，终于找到了一个突破点。它低下身子，开始用自己的弯爪开始挖掘，随着土块的松动，大群的白蚁出现在了它的面前，于是它赶紧用喙啄食四散逃开的白蚁，吃得津津有味。

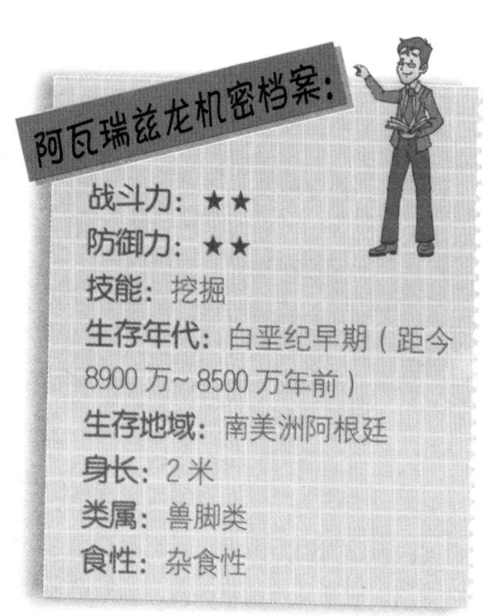

阿瓦瑞兹龙机密档案：

战斗力：★★

防御力：★★

技能：挖掘

生存年代：白垩纪早期（距今 8900 万~ 8500 万年前）

生存地域：南美洲阿根廷

身长：2 米

类属：兽脚类

食性：杂食性

阿瓦瑞兹龙的一些身体结构特征显示，它与似鸟龙类的关系更加密切，但它们也同样具备一些特化鸟类的特征，因此它在恐龙里的归属至今存在很大争议。

只有一个爪子的单爪龙

战斗力：★★
防御力：★★
技能：高度移动
生存年代：白垩纪晚期（距今 7500 万年前）
生存地域：亚洲蒙古
身长：1 米
类属：兽脚类
食性：杂食性

1923 年，考察队在蒙古戈壁上发现了一具不完整的化石，包括脊椎骨、后肢和一个腰带。当时古生物学家将它当作了一具普通的小兽脚类化石，并没有做更细致的研究。直到 20 世纪 90 年代，古生物学家在蒙古戈壁找到了一具大小如同火鸡般，长有像鸟一样的后肢以及极小前肢的恐龙化石。经过研究，他们意识到这和之前被束之高阁的化石属于同一种恐龙，并将这个新品种命名为“单爪龙”。

单爪龙的头部很娇小，牙齿小而尖，显然不适合剧烈撕咬，因此它是以昆虫与小型动物为食，例如蜥蜴与哺乳类。它的眼睛大，有立体视觉，所以可在较寒冷、没太多敌害的夜晚猎食。它有一副轻盈的骨骼。令人惊奇的是，它的前肢上只有一个爪子，这个粗壮结实的爪子很大。在它的胸部有较大的龙骨突，上面覆盖着大面积的胸肌。根据这些特征，单爪龙的发现者推测，单爪龙使用它粗短有力的前肢来穿透土壤，挖开地下的蚁穴或白蚁的小丘。而它的后肢非常苗条和纤细，说明了它应该是一个高速奔跑的健将，这同时也可以作为逃避敌害的手段。

科学家研究发现，单爪龙有几个重要的特征都与鸟类有关，比如它的龙骨突，这是鸟类的典型特征；又如其退化的腓骨，这也是一个与鸟类共有的特征。但单爪龙也有相当多的特征是属于恐龙的，比如它长有牙齿、一条长长的尾巴和分离的跖骨等等。

尽管单爪龙的龙骨突不是很明显，但是与鸟类的龙骨突几乎一样，所以也有科学家们认为它是一种不会飞行的原始鸟。因为在现代鸟庞大的家族中，有一部分鸟是不会飞的（平胸超目的鸟类，如鸵鸟、鸸鹋和美洲鸵，它们都具有极小的不能飞行的翅膀），但是这个观念被主流意见所否定，绝大多数古鸟类学家和恐龙古生物学家都认为，单爪龙属于近鸟类恐龙。

单爪龙用它的爪子在白蚁丘穴上挖洞，然后就能用尖长的喙啄食到白蚁了。

形象大改的北票龙

恐龙是爬行动物中的一类，它们在大约2亿年前的晚三叠世出现，从那时起到中生代的晚期为止，它们一直是地球上陆地的统治者。

在人们的印象中，恐龙像其他爬行动物一样身上布满鳞片。然而1999年在辽宁北票地区发现的恐龙化石，却使人们不得不重新审视恐龙的相貌特征。这就是被命名为“北票龙”的恐龙化石。

北票龙全长2.2米，是一类两足行走的恐龙，生活在大约1.25亿年前的早白垩纪。尽管所发现的化石支离破碎，但随着专家的精心修复，这件化石显示出越来越多的清晰而奇特的形态学特征，显示出越来越大的科学价值。

北票龙的发现改变了传统的恐龙形象，和中华龙鸟一样，它应该是一种长有羽毛的肉食恐龙。不同的是，北票龙的羽毛较长，而且垂直于手臂。相应地，这些恐龙在生理上也不同于典型的冷血爬行类，它们很可能具有很高的新陈代谢率，即使没有达到典型的温血动物的水平，也已经非常进步了。

北票龙的发现解决了恐龙研究领域的一个富有争议的问题，那就是大多数食肉类恐龙究竟是不是长毛的爬行动物，一直以来，人类对于恐龙的认识是长有鳞片的庞然大物，为什么我们会这样认为呢?

这主要有两方面的依据：一是来自现实世界中的爬行动物，传统上人们认为恐龙是一种爬行动物，所以它应该和其他鳄鱼、蜥蜴等爬行动物一样身披鳞片；二是来自化石的依据。在过去发现的恐龙化石中，人们曾经发现过它们具有鳞片的皮肤印痕。

但是不断的考古发现在冲击着这一现实。1969年，美国古生物学家贝克提出小型食肉恐龙可能是温血动物，他因此推论，小型食肉类恐龙很可能体披毛状皮肤衍生物，也就是说，它们像现在的温血动物一样，是长毛的！但这一推论一直没有得到化石证据的支持。

1996年，中华龙鸟化石的发现第一次揭示出有的小型食肉类恐龙不同于其他长有鳞片的爬行动物，它们的确体披毛状皮肤衍生物。这一结论引起了世界各国古生物学家的极大兴趣，同时也引发了巨大的争议。

最终在1999年，古生物学家在意外发现北票龙的化石后，在其标本里发现了毛状皮肤衍生物，这一发现再次证实，绝不是所有的小型食肉类恐龙都像人们传统上认为的那样身披鳞片。

此前中华龙鸟的细丝状皮肤衍生物引起了一些科学家的疑问，他们认为这些细丝状皮肤衍生物可能代表一种皮下组织，并非皮肤衍生物。也就是说，这些细丝状皮肤衍生物与鸟类羽毛没有什么关系，并非原始羽毛。

北票龙机密档案：

战斗力：★★
防御力：★★
技能：伪装
生存年代：白垩纪早期（距今1.25亿年前）
生存地域：亚洲中国辽宁
身长：2.2米
类属：兽脚类
食性：杂食

大多数食肉类恐龙究竟是不是长毛的爬行动物？北票龙的出现似乎解答了这个问题。

北票龙的细丝状皮肤的形态和分布位置表明，发现于中华龙鸟和北票龙身上的细丝状结构确实代表一种皮肤衍生物，因而很可能和鸟类的羽毛同源。此外，有的研究者还提出，不仅中华龙鸟和北票龙等兽脚类恐龙发育有这种丝状皮肤衍生物，包括霸王龙在内的许多兽脚类可能都发育有类似的结构。由于不具备良好的保存条件，其他兽脚类恐龙虽然在活着的时候也发育有这种结构，但是在形成化石的时候没能保存下来。这种结构在兽脚类恐龙当中分布广泛，代表向鸟类羽毛演化的初级阶段。

到目前为止，古生物学家们只在中华龙鸟和北票龙的化石中发现了这种毛状皮肤衍生物，而在世界其他地区的恐龙化石中却没有发现类似的构造，这又说明了什么呢？

应该说这些化石的发现地——中国辽西北票地区，具有得天独厚的保存环境，使得这些毛发化石得以保存下来，而不是由于世界其他地区的小型食肉类恐龙都没有长毛。

北票龙是人们发现的又一种长有原始羽毛的小型食肉类恐龙，由此古生物学家们推论，生存年代晚于北票龙的绝大多数食肉类恐龙都是体披原始羽毛的美丽的爬行动物，包括暴龙在内的许多兽脚类可能都发育有类似的结构。

由于不具备良好的保存条件，这些兽脚类恐龙虽然在活着的时候也发育有这种结构，但是在形成化石的时候没能保存下来。也许这种羽毛结构在兽脚类恐龙当中分布广泛，这代表着向鸟类羽毛演化的初级阶段。

"死神龙"这个名字虽然很吓人，但它是一种非常温顺的恐龙。它们常常集体活动，对抗猎食者。

笨重得无法飞行的死神龙

死神龙机密档案：

战斗力：★★★
防御力：★★
技能：集袭
生存年代：白垩纪晚期（距今 8000 万年前）
生存地域：亚洲蒙古
身长：6 米
类属：兽脚类
食性：杂食性

在恐龙世界里，生存是最重要的。要么拥有灵活的身体，逃避敌害；要么身体强壮，拥有尖牙利爪。接下来要讲到的死神龙就比较尴尬了，它没有灵活的身躯，又缺少保护自己的武器，更要命的是，它还有个可怕的对手，因此很容易丢掉自己的小命。

死神龙的化石是 20 世纪 70 年代末在蒙古被发现的，古生物学家在 1980 年对其进行了描述，并根据蒙古神话中死神埃利刻的典故将其命名为“死神龙”。

死神龙属于镰刀龙类，头部很小，上下颌前端无齿，外鼻孔横向延伸，次生腭发育良好。它长着细长的脖子，体型比镰刀龙稍小。

死神龙的前肢长于后肢，前肢上的爪子较为锐利，后肢和尾巴都比较短。死神龙的体表覆盖有羽毛，但没有飞翔的能力。

由于身形笨重，即使后肢十分粗壮，也不能使死神龙的行动敏捷起来，因此为了生存和繁衍后代，死神龙往往会群体活动。它前肢上那长长的巨爪不仅看起来很吓人，破坏力也不小。

但由于死神龙个性温顺，再加上在它生活的地区有一些顶级的掠食动物，死神龙依旧常常被捕杀掉。这些“猎人”虽然长得不大，但是身手敏捷，而且善于思考。它们就是伶盗龙！

作为白垩纪“战术大师”的伶盗龙自有一套对付死神龙的方法。在发现死神龙群后，伶盗龙迅速包围上去。死神龙群马上背靠背直立，前肢张开，挥舞着爪子，发出低沉的吼叫警告来犯者。

伶盗龙绕着死神龙群组成松散的圆形阵，并留一个明显的缺口。他们对着死神龙群做出种种威吓，促使死神龙群逐渐退向缺口，准备逃跑。这种围歼的战法非常奏效，当死神龙群从缺口逃亡时，队形已乱，已经无法进行有效的防御，只要死神龙的大爪子不再对准来犯者，就不再有什么威慑力了。

只要机会到来，伶盗龙群就会集结起来，选中一只掉队的死神龙，然后把它紧紧围在中间。被选中的死神龙当然不敢大意，挥舞大爪，试图让这些讨厌的来犯者滚开。此时，正面对着死神龙的伶盗龙摆开架势吸引它的注意力，而其他伶盗龙则开始攻击。它们纷纷跳到死神龙身上，用后爪制造深深的伤口，然后跳下躲开反击。当死神龙转身防御这边时，另一边的伶盗龙趁机继续攻击。持续不断的攻击、流血不断的伤口、毒辣的阳光，笨重的死神龙很快就支撑不住，轰然倒地，成为伶盗龙的一道美食……

由于死神龙的化石标本较少，我们对它的分析很多都只是推断和揣测，对它的研究还有待于进一步的考证和标本的采集。

羽毛对称分布的尾羽龙

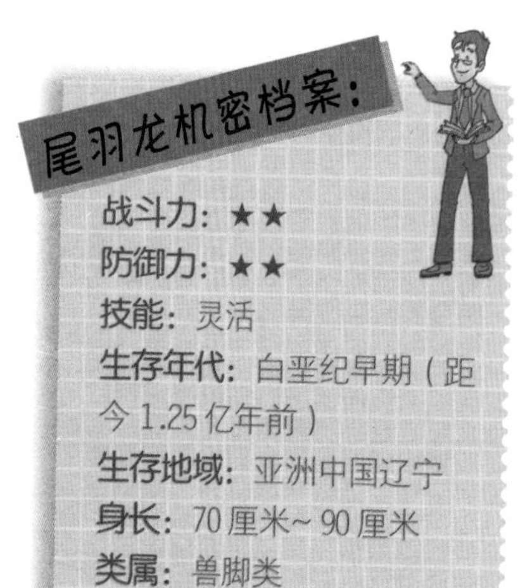

在中国辽宁西部地区，古生物学家们找到了很多长着羽毛的恐龙化石，尾羽龙就是其中很重要的一种，它是第一种真正意义上的与现代鸟类相似的带羽毛的恐龙。

尾羽龙是一个非常重要的发现，它和始祖鸟个体大小相仿，甚至化石保存的姿态都非常相似，但是它们代表两类截然不同的动物。

尾羽龙长着又短又高的头，满嘴除了吻部最前端发育有几颗形态奇特的、向前方伸展的牙齿外，几乎看不见其他牙齿。它的脖子却很长，不过前肢非常小，尾巴也很短，都覆盖有羽毛。它的前肢掌上有三指，且每个指头端都有短爪。在它的胃部，还保留着一堆小石子，这就是现代鸟类胃中常有的胃石，用于磨碎和消化食物。胃石在鸟类和有些恐龙当中很常见，在兽脚类恐龙当中却是非常罕见的。

最令科学家激动的便是它身上的羽毛了，这些羽毛具有明显的羽轴，也发育有羽片，总体形态和现代鸟类的羽毛非常相似；唯一的区别在于它的羽片是对称分布的，而包括始祖鸟在内的鸟类的羽毛则是非对称分布的。一般认为，非对称的羽毛具有飞行功能。尾羽龙对称的羽毛可能代表羽毛进化的相对原始阶段。

实际上，尾羽龙的骨骼形态要比始祖鸟原始。它的头后骨骼形态表明它是一种奔跑型动物，还不会飞行。最新研究表明，尾羽龙和兽脚类恐龙当中的窃蛋龙类非常近似，可能代表一种原始的窃蛋龙类。

始祖鸟和尾羽龙的发现在生物历史上第一次把羽毛的分布范围扩大到鸟类之外，这表明羽毛出现在鸟类产生之前。因此羽毛不能再作为鉴定鸟类的特征。以后如果我们发现长羽毛的动物化石，必须自己观察它的骨骼形态，才能确定它属于鸟类还是肉食恐龙，因为长羽毛的动物未必是鸟类，它有可能是一个长着羽毛、栖息于地面上的肉食类恐龙！

尾羽龙通过炫耀自己的羽毛来吸引异性，就像现在的鸟类一样。

被冤枉的窃蛋龙

窃蛋龙机密档案：

战斗力： ★★
防御力： ★★
技能： 偷窃
生存年代： 白垩纪晚期（距今 7500 万年前）
生存地域： 亚洲蒙古、中国
身长： 1.8 ~ 2.5 米
类属： 兽脚类
食性： 肉食性

1920 年，在一次科学考察中，探险队发现了有史以来第一批恐龙蛋。清理恐龙蛋化石时，考察队发现了分散着的肋骨碎片，还有些白色的骨骼，这是成形的关节、四肢与腿骨的一部分。考察队继续在红色岩石中深入挖掘，渐渐露出更大的骨骼，甚至还有一个破碎的头骨。这副骨骸非常奇怪，是人类所不知的恐龙，状似鸟类。通过研究，科学家们认为它显然是在一次胆大妄为的偷窃行动中死亡的。可以想象，当蛋的主人——原角龙返回自己窝的时候，发现有别的恐龙正在试图偷窃它的蛋。愤怒之下，原角龙一脚踩碎了窃贼的脑壳。因此，这具化石被命名为“窃蛋龙”。

窃蛋龙体型较小，长 1.8 ~ 2.5 米，重 25 ~ 35 千克。外形上最明显的特征是头部短小，头上一个高耸的骨质头冠非常显眼。窃蛋龙口中没有牙齿，但是它的喙强而有力，形似两个尖锐的骨质尖角，可以敲碎骨头。它每只脚上长着 3 根手指，上面都有尖锐弯曲的爪子。第一根指比其他两根指短许多，这根指就像大拇指，可以向着其他两根指呈弧状弯曲，能把猎物紧紧抓住。窃蛋龙凭借两条修长的后腿与腿上 3 个壮实的爪，可以高速奔跑。它的体形很像火鸡，并长着长长的尾巴。有的窃蛋龙还长有尾综骨——尾综骨的主要功能是固着尾羽，这一发现似乎意味着窃蛋龙长着尾羽。

在大多数关于恐龙的图画和书籍中，窃蛋龙往往被描绘成利用喙敲碎蛋壳，偷取蛋而吸食的形象。但是，1993 年，在同一地点发现了更多的窃蛋龙化石旁边也有类似的蛋，其中有一个蛋里还有窃蛋龙胚胎的小骨头，由此美国科学家认为，窃蛋龙绝对不是偷蛋而被杀，而是为了保护自己的蛋，是它在危险到来时用长爪呵护着幼小的生命。科学家还认为，窃蛋龙的食谱主要是淡水中的蚌、蛤类，因为在湖成边缘沉积中有更多的窃蛋龙被发现。至此，70 年沉冤终于昭雪，但按照命名法，这个尴尬的名字并没有改变，不过从此窃蛋龙在人们心中的形象被改变了：它不再是“偷蛋贼”，而是尽职尽责、为了保护孩子而牺牲了自己的父母。

窃蛋龙头部与鸟类相似，身高与成年人差不多，尖利的喙状嘴有利于它们刺穿食物。

保护孩子的纤手龙

白垩纪中期，大陆板块进一步分裂，北美洲形成了与蒙古干燥环境完全不同的气候类型。沿着堪萨斯海形成了一些新的山脉。受到海洋的影响，这里分布着大片森林。纤手龙就生活在这样的环境之中。

纤手龙个头不大，约有2米长，1米高，体重还没有一个成年人重，只有20～50千克。它们身体修长，骨骼轻巧，当感到有危险到来时会快速逃离。在长期的进化中它的嘴逐渐变短，最后形成鸟喙状，并且没有牙齿，头顶上还长出又高又圆的头冠，十分显眼。纤手龙拥有可折叠的长手臂，手臂上有尖利的指爪，双腿细长，便于奔跑。纤手龙可能是杂食动物，它的食物包括蜥蜴、鱼、小型哺乳动物和蛋。

通常纤手龙都会选择土质比较松软的地方筑起巢穴，在里面产下一枚枚椭圆的蛋，然后用蕨类植物盖在蛋的上面以保持蛋的温度恒定。在夜里温度降低时，纤手龙就会轻轻地趴在巢穴上用自己的身体为蛋取暖，这样的行为在今天的鸟类里屡见不鲜。然后经过几个月的辛苦守护，幼年的纤手龙才会破壳而出，而此时的纤手龙妈妈依旧要给它们带来一些容易吞食和消化的食物，直到它们可以独立生活。

不过，动物世界可没有“和平”两个字，觊觎纤手龙巢穴里蛋的恐龙为数不少。在白垩纪晚期的一天，距离纤手龙交配季节结束已经3个月了，微风掠过树梢，在夕阳下树林的影子被拉得长长的，随着黑夜的降临，气温慢慢降了下来，在林中的空地上雌纤手龙正轻轻地趴在巢穴上保护它的蛋。

每当孵化季节到来，掠食者就会蠢蠢欲动，这些高蛋白的“点心”对它们有着相当大的诱惑力，这窝蛋也同样逃脱不了这样的厄运。没有任何预兆，几只似鸟龙从灌木丛中钻了出来，向巢穴慢慢围了上来，雌纤手龙独自面对这些不速之客显得身单力薄。它站在巢穴前蹬踏着地面，想赶走入侵者。可是似鸟龙占据了数量上的优势，对美食的贪婪让它们丝毫不想退却。

这些趁火打劫的家伙想逼迫纤手龙放弃巢穴，但雌纤手龙没有让步，仍在不停地挥舞着锋利的前爪。就这样对峙了一会儿，威胁变成了强攻。似鸟龙采取了声东击西的战术，一侧吸引雌纤手龙的注意，一侧对它进行攻击。不多久，纤手龙已经伤痕累累，殷红的鲜血从伤口里流了出来，染红了美丽的羽毛，但是它依旧昂着自己的头颅，挥舞着长长的手臂，阻挠着敌人的进攻。

一只似鸟龙瞅准机会，一跃跳上巢穴，这时为保护孩子而奋不顾身的雌纤手龙回过身来一掌将它打翻在地。受伤的似鸟龙好容易站起身来，一瘸一拐地逃进森林。其他的似鸟龙看到挥动着血爪的雌纤手龙也乱了阵脚，纷纷逃走，而当这些似鸟龙远离自己的巢穴之时，雌纤手龙也重重地倒在巢边，看着巢穴里排列整齐的蛋，眼中似乎闪出些许欣慰的目光。

太阳再次照亮大地，一缕缕阳光穿过枝叶照进这片森林中的空地，照进盖满蕨类植物的巢里。枝叶间的椭圆形蛋已经破裂，一群可爱的小家伙叽叽喳喳地叫着寻找母亲。然而在巢穴旁边，雌纤手龙静静地躺在那里，闭着眼睛，它已经离开了自己的孩子。才赶回来的雄纤手龙在一旁看着这一切，拍打着前肢，悲哀的鸣叫传遍了整个森林……

纤手龙头顶的头冠十分显眼，使它们看起来非常美丽。

处在睡眠状态的寐龙

恐龙究竟是以怎样的姿势进行睡眠？这个问题我们之前只能通过自己想象来推测。然而，在辽宁北票市发现的伤齿龙科恐龙骨骼化石，则让我们清晰地看到了恐龙的睡眠姿势。这是一个新的物种，整体形态看上去就像一只大鸟，有着小小的头骨、长长的后肢，它的后肢蜷缩于身体下面，与现代鸟类的睡眠状态非常相似，我们将它命名为寐龙。

寐龙机密档案：

战斗力：★★
防御力：★★
技能：嗜睡
生存年代：白垩纪早期（距今 1.3 亿年前）
生存地域：亚洲中国辽宁
身长：0.53 米
类属：兽脚类
食性：肉食性

寐龙化石的存在是大自然的奇迹，在此之前，发现一只睡觉的恐龙化石简直是想都没有想过的事情，更别说还是这么栩栩如生的化石了。此前，辽宁的大多数化石和其他地区发现的化石都是以扁平状态保存下来的，其中大部分恐龙都是死后才变成化石的，因此化石并不完整。而这具寐龙标本是一只发育充分的成年恐龙，前肢像鸟一样在身体旁边折叠，脖子弯曲到了左边，小小的头部位于左肘和身体之间。

那么这样的姿势是怎么保存下来的呢？这让我们不禁展开遐想：

正在睡梦中的寐龙怎么也想不到，它会就此一睡不醒，它的化石给现代的人们留下了宝贵的研究材料。

山下一片茂密的森林中长满了粗大的柳杉、苏铁和银杏，而被湖泊环绕的高山上的火山已经爆发多时。一只刚刚填饱肚子的寐龙准备美美地睡上一觉，它蜷做一团，缩进落羽杉丛中，头则埋在了羽毛里，还时不时用嘴梳理一下被微风吹乱的羽毛，过了一会儿，它安然地入睡了。忽然，大地似乎在颤抖，火山爆发了！喷出的火山毒气四处弥漫，还在熟睡中的寐龙很快窒息而死，而火山碎屑也快速下泻，很快淹没了整片森林……

四足动物在休息和睡觉的时候有各种各样的姿势，而其中只有鸟才会在休息时，将它们那柔韧的长脖子弯曲在前肢或翅膀之下。寐龙的体态和睡眠状态都与现代鸟类相似——团着身体睡觉，减少了表面积，有利于抵御体温下降。这强有力地说明它们有着共同的祖先。

拥有超级大脑的伤齿龙

在很多科幻小说和电影里，人类最终没有成为地球的统治者，地球上最后的主人变成了其他的动物，人类甚至成了它们的宠物和奴隶，过着悲惨的生活。

这样的情景无疑让人不寒而栗。虽然这只是电影和小说的假设，但根据我们的化石研究，有一种恐龙也许曾经有成为地球霸主的潜质，它就是伤齿龙。

伤齿龙是一种小型的兽脚类恐龙，样子很像著名的伶盗龙，生活在晚白垩世的北美洲。伤齿龙在发现之初曾一度给古生物学界造成非常大的困惑。刚开始人们认为它是一种蜥蜴，接着很多古生物学家把它归为鸟臀目恐龙。

伤齿龙机密档案：

战斗力： ★★

防御力： ★★

技能： 智谋

生存年代： 白垩纪晚期（距今 7500 万~ 6500 万年前）

生存地域： 北美洲

身长： 2 米

类属： 兽脚类

食性： 肉食性

如果真是这样，伤齿龙就将成为鸟臀目家族中唯一的肉食性恐龙。但经过一段时间的研究后，古生物学家才确定它实际上是属于蜥臀目的兽脚类恐龙。

伤齿龙的头部相对于它的身体而言非常大，所以有的古生物学家认为，它可能比现在任何爬行动物都要聪明。

它的智商和今天的鸟类相近，鸟类极为聪明——最聪明的鸟能模仿人类的语言，比现代的任何爬行动物都要聪明。袋鼠的 IQ 大约在 0.7，而伤齿龙的 IQ 高达 5.3。它还真是高智力。

它的眼睛长在头部前方，这使得它看物体时具有了立体的视野感，并且能适应黑暗的生活环境；它的耳部在兽脚类恐龙中相当独特，拥有异常大的中耳空间，有助于侦测

伤齿龙的眼睛能适应黑暗的生活环境，耳朵在头骨上的位置并不对称。

低频率的声音，这让它们的听觉十分敏锐。

头骨上耳朵的位置并不对称，处在不同的高度，这个特征如今只有某些猫头鹰才有——耳部的极度特化显示伤齿龙科恐龙以类似猫、猫头鹰的方式来猎食，通过听力来确定小型猎物的位置，这无疑提高了伤齿龙的生存能力。

▲ 恐龙蛋是伤齿龙的美食。

它的颌部长满了细小如同针尖一样的牙齿，可以撕碎猎物的皮肤。

虽然伤齿龙的前肢细小，但长有锋利的爪，具有杀伤猎物的作用；后肢修长，赋予伤齿龙快速移动的能力，使它的行动非常灵活。

人们一般认为伤齿龙主要捕食小型的动物，应该不会去主动袭击一些大型的动物，而是会选择像蜥蜴、蛇等小型哺乳动物作为食物。

它的猎食时间可能是黄昏，这正是它良好的视觉和听觉大显身手的时候，而且锋利的爪子和尖细的牙齿具有很强的杀伤力，如果它们以群体方式进行捕猎围攻，更加让猎物无处可逃。

在繁殖期里，伤齿龙总是把卵产在刚干涸的湖底或沼泽地的湿润泥土里。首先，它会用爪子在地上刨出一个坑，然后蹲下来使身子呈直立或半直立状态，把蛋产入松软的沙土坑里，之后再用沙土小心地把这些蛋埋起来。通过这种方式将蛋产入泥土或沙土中，不仅能够防止其他恐龙的盗食，保证恐龙蛋的安全，而且能使蛋处在一个相对恒温的环境里，以便于不久后自行孵化。从这点看来，伤齿龙无疑是一种非常聪明的恐龙。

如果恐龙没有灭绝，那么拥有相对大容量的大脑、拥有长爪和大眼睛的伤齿龙，是否能够在数千万年时间中进化得更聪明？很多人猜测伤齿龙很可能会沿着灵长类或人类的发展方向进化：“人类是天造地设之物，是按照生命的一个特殊完美模式进化的，如果地球上能够进化出人类，为什么恐龙就不能按照同样的良好方法进化，最后进化出智慧的恐人呢？”

不过，也有很多古生物学家认为，“恐人”的说法是对恐龙的侮辱，他们认为恐龙将会继续沿着它们自己的恐龙轨迹进化，演化出更大的大脑和更大的眼睛。并且也许和人类的样子也截然不同——“人类认为所有进化轨线的终点，都应该形成和人类相似的动物，而这明显是人类狂妄自大的表现”。

不过历史不可能假设，伤齿龙最终在恐龙大灭绝中灭绝了，而我们人类依旧在创造和建设着属于我们自己的文明。

强大的装甲恐龙

喜欢群居的原角龙

在很多地方的神话里面都出现过这样一种神兽，它是百兽之王狮子和天空霸主老鹰的集合体，在故事中通常扮演着精灵或者宝藏守护者的角色，它就是狮鹫兽。原以为这只是人类凭空想象出来的怪兽，但是科学家在蒙古发现了它的原型——原角龙。

原角龙是1923年由著名的探险家以及古生物学家安德鲁斯发现的。当时他第三次带领着亚洲考察队到蒙古采集化石，在穿过蒙古戈壁的时候，考察队在漫天的黄沙中发现了大量的骨骼化石。

这些化石上的尖嘴和长长的肩胛骨让整个考察队震惊，觉得这就是传说中的狮鹫兽，而蒙古恰好也是狮鹫兽传说的起源地之一。人们相信，这些大大小小的化石就是狮

原角龙既能四足行走，也能两足站起来奔跑，头部后方明显的盾状突起能够很好地控制有力的喙。

鹫兽的原型。

古生物学家认为这批化石应该是角龙祖先的，因此把它命名为原角龙。

这次发现的化石种类十分丰富，包括幼龙和成年的恐龙，其中还包括了一批恐龙蛋化石。通过这些保存完好、数量众多的化石，科学家对原角龙的外在形象以及生活习性都有了比较清楚的认识。

原角龙主要分布在东亚地区，与恐龙家族中的大块头相比，它们算得上是小不点了。原角龙的体长最长 3 米，通常都在 2 米左右。它的嘴巴弯弯的，像鹦鹉的嘴巴，不过是超大号的鹦鹉嘴巴。

原角龙身体肥胖，四肢短小，尾巴相对较长，大约占身体的一半。原角龙长着四只大脚，趾端的爪子呈蹄状——但与牛、羊的蹄还有很大区别，算不上真正的蹄子。

“原角龙”的原意是“头上最早长出角的恐龙”。实际上，原角龙的头上还没有长出角，只在鼻骨上有个小小的隆起。别看“角”不大，但是作用可不小。

原角龙会守护孵蛋的巢穴。它可能会把蛋放在露天里接受太阳的照射，以吸收热量，从而保证孵化。

凭借这小小的突起，它顺利地找到了“亲人”，进入角龙类大家庭。作为角龙类的一员，原角龙的颈盾已经非常明显，颈盾对它的生活十分重要。

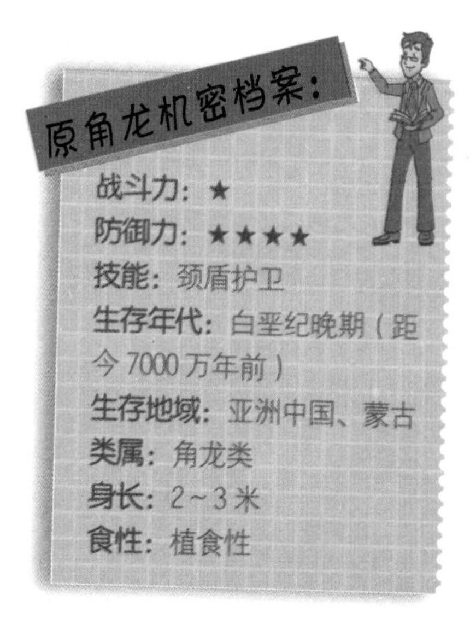

原角龙头骨后部到下颌上的一组肌肉都附着在这块颈盾上，这组肌肉与咬啮和咀嚼有非常密切的关系。

同时，这块颈盾对原角龙也可以起到一定的保护作用，因为脖子是脆弱的部分，也是最容易受到攻击的部位，而颈盾就像一道防护墙，肉食性恐龙很难对原角龙的脖子下口，这也给原角龙逃避危险以及还击争取了时间。

在白垩纪时代，原角龙应该是广泛分布在亚洲大陆上的。除了前面提到的在蒙古国发现的原角龙化石群，在中国的内蒙古地区也发现了几十个大小不等的颅骨化石和上百具原角龙骨架，包括了原角龙各个发育阶段。而内蒙古地区也成了世界上第二个最具影响的原角龙化石产地。

在原角龙化石出土的地方经常可以挖掘到很多副骨骼，其中包括幼年的恐龙和成年的恐龙，这说明原角龙是一种喜欢群居的恐龙，通常是一大家子生活在一起。原角龙群在气候干燥、环境恶劣的山丘地区生活。到了产卵时节，雌性原角龙就会在沙地上挖好浅坑，把卵产在坑中，还会细心地把卵排成同心圆的形状。产完卵之后，雌性原角龙会用沙子把卵埋好，利用太阳的热量来孵化后代。与那些一边走一边下蛋的雌性恐龙相比，雌性原角龙绝对算得上“好妈妈”。把蛋埋好之后，它也不会走远，而是在一旁守护着，满心期待地等着幼崽出生。

原角龙幼崽长大之后就会随着成年的原角龙一起活动。在小原角龙还不成熟的时候，为了保护它们，成年的原角龙会把它们围在中间，这样遇到危险的时候，小原角龙就不容易受到伤害。

其实，不仅是幼龙，即使是成年的原角龙，也最好不要随便脱离群体，否则后果不堪设想。

“搏斗中的恐龙”是最出名的恐龙化石之一，它记录的就是一只落单的原角龙和掠食者伶盗龙搏斗的场景。伶盗龙的前肢被原角龙咬在嘴里，这两只恐龙可能正在一个沙丘上拼得你死我活，这时沙丘突然坍塌了，它们之间的搏斗尚未分出胜负，两只恐龙就一起“阵亡”了。这具化石清楚地记载了当年那个弱肉强食的时代，被蒙古人民奉为国宝。

传说中的狮鹫兽就是现实中的原角龙，它们的故事都是那样神秘，令我们为之着迷。

头骨巨大的牛角龙

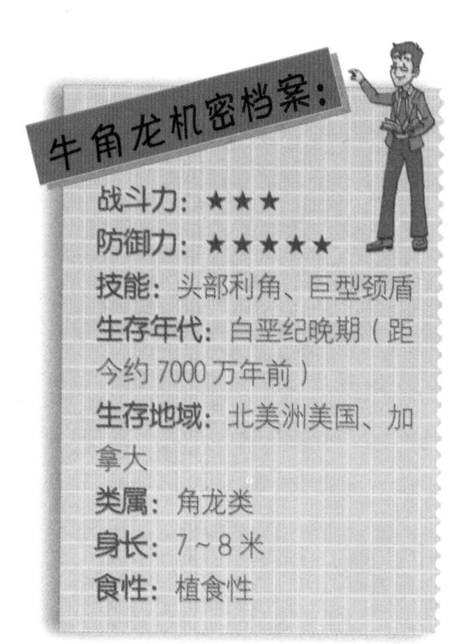

在恐龙世界中，长得奇形怪状的种类并不少见，但是头可以大到占身长一半的可真不多见，这个“大头娃娃”就是我们今天的主角——牛角龙。

牛角龙的原意是“刺穿装甲的蜥蜴”，不过很多书中也把它叫作肿角龙、重角龙、凸角龙或者刺甲龙。

虽然名字各不相同，但是我们要知道这些名字指的都是同一种恐龙。

牛角龙生活在白垩纪晚期的平原，是一种植食性恐龙。

它的身体长度可以达到7~8米，体重可达6~7吨，超过5头犀牛的重量。虽然在恐龙世界中，牛角龙的身体长度不是最长的，不过它的头绝对是恐龙中最大的。

目前发现的牛角龙头颅骨化石长达3米。也就是说，牛角龙的头骨长度堪比一辆小轿车，但是它的大脑小得可怜。

换句话说，牛角龙虽然身体魁梧，但是并不聪明。

根据测量，牛角龙的颈盾长度是颅骨长度的一半，它那巨大的颈盾上有两个中空的孔洞。这两个孔洞有什么功能呢？

其实最主要的功能就是减轻头部重量。如果没有这两个孔洞，牛角龙的颈部肌肉很可能就无法支撑起自己的头部，在这种情况下它是很难生存的。

试想一下这样一个情景：一个连自己头部都无法支撑起来的恐龙摇摇晃晃地在地面上行走，怎么可能在弱肉强食的恐龙世界存活下来呢？不过，这两个孔洞的存在也使颈盾的防御力大打折扣。

幸好牛角龙还有一个强大的武器——两只巨大的角。这两只类似牛角的尖角从牛角龙的眉骨处向前伸出，甚为壮观。

虽说牛角龙是恐龙中的“大头娃娃”，但可别真把它当成娃娃，它的脾气犟着呢！进食时，它会低下巨大的脑袋，此时大大的颈盾就竖了起来，这不仅使牛角龙看起来更庞大，而且也可以起到警告掠食者的作用，如果它们不识趣，牛角龙可要给它们点颜色看看。所以就算最庞大的肉食性恐龙前来挑衅，牛角龙也毫无畏惧。首先它会左右摇摆巨大的头颅吓唬敌人，如果敌人仍不退却，叉开两腿站稳后，牛角龙就会用头上的尖角狠狠地刺向敌人。

时至今日，在北美洲各地都有牛角龙的化石出土，说明它是一种繁衍得非常成功的物种，想必它头上巨大的颈盾和尖角也是帮助它占领这么多地方的利器吧！

头部几乎占了身体一半长度的牛角龙，看起来就像个“大头娃娃”。

鼻骨长角的独角龙

独角龙机密档案：

战斗力：★
防御力：★★★
技能：尖锐独角
生存年代：白垩纪晚期（距今8000万年前）
生存地域：北美洲美国、加拿大
类属：角龙类
身长：5~6米
食性：植食性

在传说中，独角兽是一种充满灵性的动物，体态优美、心地善良。其实，恐龙家族中也有一位“独角兽”，不过它的外表就没有传说中的独角兽那么漂亮了。这种独角兽恐龙就是独角龙。

顾名思义，独角龙就是头上长着一只角的恐龙。它生活在白垩纪晚期的北美洲，生活习性与原角龙相似，但是体型比原角龙大，身长可以达到5~6米，嘴巴和鹦鹉的嘴巴类似。它的颈盾比原角龙的要大，向后上方伸展。它的颈盾上没有骨刺，边缘虽有皱褶，却是整齐的。它最引人注目的特点就是鼻子上有一根长长的角伸向斜上方。独角龙是一种植食性动物，可能是以当时非常繁盛的蕨类和苏铁为食。不仅头上的巨角与犀牛相似，它的四肢也和犀牛很接近，粗壮的短腿上长着蹄状的爪子。它的身体笨重，尾巴也不像其他的恐龙亲戚那样修长优美，而是又粗又短的。与角龙类的其他成员相似，它的头很大，颈盾上有孔洞，而且不同性别的独角龙角的形状也不相同。

独角龙是在美国蒙大拿州与加拿大的交界处被著名的古生物学家科普发现的。它的化石刚被发现的时候，只有几颗牙齿和一只巨角，科学家误认为这是一种古代的犀牛。不过，当时马什和科普的“化石战争”正在激烈地进行着，暂时落败的科普为了扳回一局，又对这些不明生物的牙齿和巨角进行了研究，他认为这是一种新的恐龙，并把它命名为“独角龙”。

虽然独角龙的化石不多，但它是研究恐龙灭亡问题的宝贵资料。它的出现似乎在告诉人们，恐龙并没有在白垩纪完全灭绝。而后来在蒙大拿州白垩纪与古近纪的沉积层中，除了独角龙之外，还有6种恐龙的牙齿陆续被发掘出来，这有力地说明了在古近纪早期的时候还有恐龙存活下来。科研小组由此得到结论，恐龙并没有在6500万年前全部灭亡。

不过，这种理论并没有得到大多数科学家的赞同，有人认为这些化石可能是风化再沉积之后被移到了古近纪的地层中。不管事实如何，至少独角龙曾经在这个地球上生活过这个事实是无可辩驳的。

一只独角龙正在森林里悠闲地散步。

长着六根戟的戟龙

在恐龙世界中，有这样一位“武士”：它总是随身带着 6 根戟，看起来就像一个威风凛凛的大将军。不过这位“大将军”的 6 根戟是用来吓唬人的，那么，它最厉害的武器是什么呢？我们现在就来认识一下这位“大将军”——戟龙。

戟龙也是一种大型的角龙，它那有个性的颈盾在角龙界是非常有名的。它的颈盾边缘长着剑一样的 6 根长钉，看起来就像是古代将士背后所背的一排叫作“戟”的武器，这也是它名字的由来。

戟龙的骨架具有典型的角龙类特征：颅骨硕大，喙和鹦鹉的嘴巴相似。由于头部硕大，所以它的颈椎非常坚固，只有这样才能支撑起它的大头；另外，戟龙的肩部和骨盆的骨骼也很宽大强壮；其胸廓宽大，便于肌肉附着在上边；它的尾巴和角龙类的其他亲戚一样，又粗又短。戟龙是四肢行走的动物，为了支撑起它那超过两辆小轿车重的身

戟龙鼻子上的犄角有60 厘米长，头盾的四周还长有一圈刺。

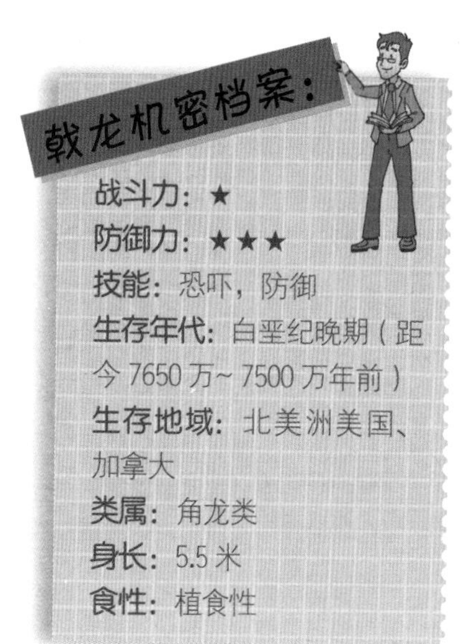

体，戟龙四肢的骨骼和肌肉都要十分发达才行。由于角龙类的恐龙身体都比较笨重，所以最初的时候人们认为，这类恐龙行走的时候两个前肢要分得很开才能更好地承受身体的重量。甚至有些专家认为戟龙走路的姿势可能与蜥蜴一样。不过，有些科学家对此提出了反对意见，他们认为戟龙等角龙类恐龙的两个前肢应当更接近直立，只是稍稍向两边分开，与蜥蜴的走路姿势基本没有相似之处。

戟龙拥有大而漂亮的颈盾，对手在很远的地方就可以轻而易举地认出它来。颈盾上的那些棘刺可以起到强烈的震慑作用，很多肉食性恐龙看到这些“武器”都不敢轻易靠近。不过，它颈盾上的这些尖刺更重要的作用可能是吸引异性。为了减轻头部的重量，戟龙的颈盾上面有两个大洞，骨密度也不是很高，因此颈盾上的戟实际上并没有杀伤力。

那么，遇到不怕死的对手，戟龙可怎么办呢？不要担心，虽然颈盾上的尖刺是吓唬人的，但是它鼻骨上方的鼻角可是一件非常厉害的武器。但是，戟龙绝对不会主动出击，即使敌人冲到面前，它也只会首先晃动自己的大头，用颈盾上的尖刺来吓唬别人，希望通过这种和平的方式把敌人吓走。如果敌人还是执意上前，那就不要怪戟龙不客气了！此时戟龙会突然用鼻子上的巨角出击，狠狠戳进来犯者的身体，这招往往会给大型肉食性恐龙造成毁灭性的打击。它的鼻角非常尖锐，可以刺透肉食性恐龙裸露的皮肤，并在那里留下一个圆洞状的伤口。如果被攻击的是一只非常强壮的戟龙，它把鼻角戳进敌人身体的时候还会摇晃头部，这个动作极可能撕破对手的肚皮。

除了攻击外来的对手，鼻角也是同类打架时的重要武器。动物世界中，为了争夺首领之位拼得你死我活的例子并不少见，生活在白垩纪的戟龙也要通过比赛才能确定首领之位。不过，它们很少拼得头破血流，通常都是点到为止。在争夺战中，雄性戟龙会把颈盾上的长钉和鼻角卡在一起，然后开始互相推，谁的力气大，谁就会获胜。失败的一方从此要俯首称臣，乖乖听首领的指挥。

那么，戟龙以什么为食呢？它生活的地方是北美的大平原，因此它们可能以一些低矮植物的树叶为食。同大多数植食性恐龙一样，戟龙也是集体生活在一起的。美国的得克萨斯州曾经发现过一些戟龙足迹，通过这些足迹，我们可以想象下戟龙家族行进时的情景。一些年轻的戟龙走在队伍中间，成年的恐龙则走在两边；如果有非常年幼的戟龙，它们会被安排在成年恐龙的身后，受到特殊照顾。当有肉食性恐龙想要攻击小恐龙时，成年的戟龙会马上围成一个圈，把小恐龙围在里面，自己则把尖角对准来犯的敌人。面对森林般的尖角，大多数掠食者都会选择撤退。不得不说，这个选择是明智的，否则它们的身体极有可能被戟龙的尖角戳成筛子。

也许正是亲情的力量才让戟龙在白垩纪晚期迅速繁盛起来。在面对大灭绝的时候，这种温馨也许让它们在面对死亡的时候多了一份从容。

古移动堡垒：包头龙

包头龙机密档案：

战斗力： ★★★

防御力： ★★★★★

技能： 防御装甲，流星尾锤

生存年代： 白垩纪晚期（距今 6550 万年前）

生存地域： 加拿大艾伯塔省、美国蒙大拿州

类属： 甲龙类

身长： 6 米

食性： 植食性

如果你认为植食性恐龙总是一副弱不禁风的样子，那么满身盔甲的包头龙会彻底颠覆你的想象。

包头龙生活在白垩纪晚期，它的牙齿并不锋利，只吃地面上的植物及浅的块茎，性情温和却少有天敌，因为它有着强大的盔甲，足以自保。而且，在所有有“盔甲”的恐龙中，包头龙也是名声在外。

包头龙脑袋表面长有已经融为一体的、大小不一的骨质甲片，这些甲片甚至包裹住了它的眼睑，全方位地保护着它的头部。它的脖子很短，和躯干紧紧相连，就像我们平时看到的鳄鱼一样，而躯干则类似于一个被横放着的水桶，看起来非常强壮。除了被重甲覆盖以外，它的躯干两边还长有尖利的骨棘，像匕首一样锋利；尾巴则像一根坚实的鞭子，尾端还有一对沉重的骨锤，如同武林高手手中的流星锤一样。包头龙的四肢很短，但非常粗壮，后肢比前肢大，都有像蹄的爪，便于它们紧紧地抓紧地面。

作为植食性恐龙，包头龙并不嗜血，是一个只有在遭受攻击时才会反击的“战士”。每当遇到那些不怀好意的肉食性恐龙的进攻时，它首先会启动自己的“防御装甲”，趴在地上，避免身体被掀翻，从而保护自己全身唯一的弱点——没有甲衣的腹部。面对厚厚的骨质甲片以及锋利的骨棘，肉食性恐龙无从下口，只好围着它打转。接下来，包头龙会警惕地观察着对手的行动，倘若对手知难而退，它也不会追击，但假如对手继续侵害它时，它便会狠狠地予以反击了。这时候，包头龙会使出自己的第二招——“流星尾锤”，它的尾巴会摆动一个巨大的弧度，然后重重地扫向还在试探中的对手，尾巴上的那对骨锤此时便会击中对手的腿部，这种反击的力度十分强大，甚至能够击倒体积比它大得多的肉食性恐龙。胆敢挑衅的肉食性恐龙就算没受到重伤，也会被吓破了胆，赶紧离开这个“既能防守，又能攻击”的移动堡垒。

虽然是植食性恐龙，包头龙的身躯却很强壮，并且身披坚硬的铠甲，在紧急关头还能给予敌人强劲的反击，堪称恐龙中能守能攻的典范。

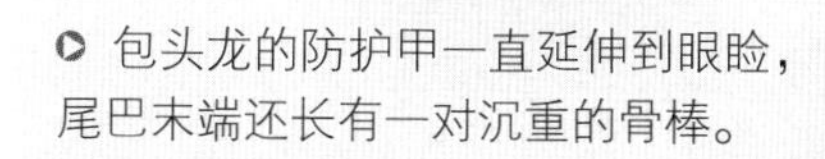

包头龙的防护甲一直延伸到眼睑，尾巴末端还长有一对沉重的骨棒。

颈部夸张华丽的开角龙

角龙类恐龙可以分为两大类：尖角龙和开角龙。尖角龙的颈盾比较短，头上长有尖刺、突起或者钩状物，鼻子上的角很长；开角龙类的颈盾比较长，眼睛上方的角比较大。今天我们要讲的就是开角龙类的代表——开角龙。

尽管以戟龙为代表的尖角龙类角龙外表凶悍勇猛，但是大多数人还是对开角龙独特的外表情有独钟。

开角龙有很多名字，如加斯莫龙、隙龙、裂头龙或裂角龙都是其常见的称呼，它的拉丁文学名的意思是“开口的、裂开的蜥蜴”，这名称的来源是它的颈盾。

开角龙的颈盾非常有个性，这副盾牌并不是完整的一块，而是有两个很大的孔洞，同时在靠近边缘的地方还有很多小的孔洞。

这些颈盾上的“小窗口”让古生物学家非常迷惑，如此脆弱的颈盾是很难起到防御作用的。

科学家分析认为，厚重的颈盾虽然能够很好地保护自己，起到防御作用，但是如果败下阵来，逃跑的时候未免过于沉重。

而开角龙的颈盾结构则减轻了头部的重量，使它活动起来变得非常灵活。这也解释了为什么这个大家伙的块头像犀牛一样笨重，跑起来却像小马一样快。有些开角龙的头盾上有一些小型的颈盾缘骨突，自头盾边缘延伸出。头盾的颜色可能是很鲜艳的，用以吸引注意或求偶。但是，由于它的头盾大且薄（因为主要是骨骼间的皮肤），故很难提供防卫的功能。它有可能是用作调节体温。

古生物学家认为，与尖角龙类的盾甲防御相比，开角龙的生存策略别具一格。它不依靠坚固厚重的装甲，而选择了逃跑。

另外，科学家在开角龙的颈盾周围发现了一些皱褶，他们推测这些皱褶可能具有亮丽的颜色，甚至它的整个颈盾都可能是一块“大画布”，上面有着艳丽的图案。虽然颈部的装饰看上去有些夸张，不过这可以在繁殖期时吸引异性，同时碰到敌人的时候也能起到一定的威慑作用。

作为角龙类家族的一员，开角龙的脸上也长着尖锐的大角。它有三只主要的角，一只长在鼻端，另两只长在眼睛上方，不过雄性的额角要比雌性的长一些。开角龙的脸和嘴部比较长，古生物学家指出这代表着它们有较大的食物选择性。

那夸张华丽的颈部装饰让开角龙在整个恐龙世界中显得非常独特，也让恐龙世界多了一份精彩，一份亮丽。

在弱肉强食的恐龙世界里，颈部华丽的开角龙显得非常独特。

长得像犀牛的尖角龙

加拿大的艾伯塔省是著名的恐龙化石出土地，那里有一个世界遗产公园。虽然艾伯塔省出土的恐龙很多，但是这个恐龙公园的主角只有一种，那就是尖角龙。

加拿大的艾伯塔省出土了数以千计的尖角龙恐龙化石。为什么会有这么多恐龙同时死亡呢？科学家的推测是，当时这个尖角龙大家族试图穿越正在泛滥的河水，但是许多恐龙渡河失败。溺水之后它们的尸体很快被泥沙掩埋，最后变成了化石。不过，尖角龙家族的数量非常庞大，

尖角龙的身长可以达到6米，和一头亚洲象差不多，它的高度则和一个成年人差不多。尖角龙身体粗壮，鼻骨上面有一个尖角，这让它看起来就像是一头大犀牛。不过，犀牛远没有尖角龙威武，这是因为尖角龙拥有色彩鲜艳的颈盾。

尖角龙机密档案：

战斗力：★

防御力：★★★

技能：尖角防御

生存年代：白垩纪晚期（距今7500万年前）

生存地域：北美洲美国、加拿大

类属：角龙类

身长：6米

食性：植食性

在它的颈盾周围有骨质的棘刺，颈盾最上方还长着两个弯钩子一样向下的骨质角。它的两只眼睛上边还各有一个眉角，不过比较短小。

尖角龙的头和颈盾与身体比起来显得十分巨大笨重，即使只是轻轻晃动一下头部，对尖角龙来说也很费劲。这就要求颈部和肩部的肌肉和骨骼都很强壮，否则它很容易在活动的时候骨折。

在7500万年前，尖角龙集体生活在森林或者沼泽附近，旁边常常有蜿蜒的河流，方便它们饮水。尖角龙的嘴巴与鹦鹉的类似，因此它们可以采食森林中坚韧的植物。不过，它的嘴里没有牙齿，只能靠胃里的小石子把食物磨碎，从而方便肠胃吸收。尖角龙与最凶残的食肉恐龙暴龙生活在同一个地区，如果遭到暴龙袭击，颈盾可以保护它们最薄弱的颈部，而鼻子上的尖角则是它们最好的反击武器，可以刺进敌人的身体，留下一个大洞。

在恐龙时代，也许尖角龙只是角龙类家族中非常普通的一员，但是在几千万年后的今天，它们凭借自己的化石数量最终成为恐龙家族中名副其实的红人。

这个场景描绘了一群尖角龙试图穿过一条河流。每年夏天，成群的尖角龙都会像图中那样向北迁徙，到气候更温和的地方。

柔弱的恐龙：鹦鹉嘴龙

我们都很熟悉鹦鹉这种鸟，它拥有漂亮的羽毛，而且还能学人说话。除了这些之外，我们印象最深的肯定是它那弯曲呈钩状的角质喙了。在白垩纪早期的亚洲也生活着长着类似嘴巴的动物，不过，它是恐龙。根据它嘴巴的形状，科学家给它起了一个形象的名字——鹦鹉嘴龙。

鹦鹉嘴龙身长2米，身高1米左右，由于体型娇小，鹦鹉嘴龙成为恐龙家族中少见的可爱类型。与原角龙一样，鹦鹉嘴龙也是著名探险家安德鲁斯第三次带领中央亚细亚考察队在蒙古国南部的

鹦鹉嘴龙机密档案：

战斗力：★
防御力：★
技能：快速逃跑
生存年代：白垩纪早期（距今1.3亿~1.1亿年前）
生存地域：亚洲中国、蒙古国、泰国
类属：角龙类
身长：2米
食性：植食性

鹦鹉嘴龙的喙和鹦鹉很像，吃食物时它的尾巴会翘起来不停地摆动，起到平衡作用。

戈壁沙漠发现的，这次探险活动除了发现了鹦鹉嘴龙化石外，还发现了很多鹦鹉嘴龙的恐龙蛋化石。除了蒙古，鹦鹉嘴龙在其他地方也有分布。中国著名的化石产地辽西也出土了很多鹦鹉嘴龙化石。在中国辽西发掘出的鹦鹉嘴龙化石中，一个成年恐龙的四周围绕着三十多只小恐龙，身长大约20厘米，这说明它们是一窝幼崽。它们挤在0.5平方米的空间里，嗷嗷待哺。通过这个化石群，科学家推测小鹦鹉嘴龙出生之后，成年鹦鹉嘴龙会照顾它们，直到它们可以自己去觅食。这个发现也是恐龙有养育子女行为的一个清晰证据。

通过出土的化石，科学家复原了鹦鹉嘴龙的形象。鹦鹉嘴龙的头呈方形，这是因为头盖骨的后半部分长有骨嵴。这些骨嵴上有颌肌附着在上面，这使得鹦鹉嘴龙的咬合力特别强。它那强大的咬合力可能超出我们的想象。我们可以通过类似的爬行动物的数据来做个推理。鹰嘴龟是生活在东南亚地区的一种平胸龟，它的嘴巴外层是坚硬的角质，形状与鹦鹉嘴龙的嘴巴很像。十几厘米长的鹰嘴龟一口就能咬断一双一次性筷子。据此可以推断，2

◀ 鹦鹉嘴龙先用鸟一样的嘴把叶子咬断，再用剪刀一样的牙齿把它嚼碎。

米长的鹦鹉嘴龙再加上比鹰嘴龟更大的颌肌，鹦鹉嘴龙的咬合力就更加惊人了。

鹦鹉嘴龙集体生活在低洼的湖泊或者河岸地区，以岸边多汁的植物为食。它鹦鹉般的嘴巴、强大的咬合力可以很轻松地切断植物的根部。鹦鹉嘴龙的嘴巴前端没有牙齿，在上下颌的两侧各有 7 ~ 9 颗牙齿，这些牙齿呈叶状，而且质地光滑，可以初步磨碎植物。为了进一步吸收植物中的营养，鹦鹉嘴龙还会吞下一些石块来帮助消化。另外还有些科学家认为鹦鹉嘴龙的消化道里面可能存在细菌与酶，能够起到帮助消化的作用。

虽然鹦鹉嘴龙的头上并没有角，它却属于角龙类恐龙，这是怎么回事呢？最初，科学家发现鹦鹉嘴龙的喙和原角龙以及三角龙等角龙类恐龙的喙很像，于是科学家根据鹦鹉嘴龙的外形和生存年代推测，认为它应该是角龙类恐龙的一种。后来通过更先进的技术发现，鹦鹉嘴龙的确与角龙类有比较近的亲缘关系。经过研究发现，鹦鹉嘴龙的构造要比其他角龙类恐龙原始，而且出现在地球上的年代要比其他角龙类早一些，所以古生物学家认为鹦鹉嘴龙是其他有角类恐龙的祖先，于是这没有角的鹦鹉嘴龙就这样成了有角家族的一员。不过，正是因为鹦鹉嘴龙没有发展出角龙类独特的尖角和用于防御的颈盾，所以它在遭到袭击的时候只能逃跑。当大量动作迅捷的肉食性恐龙出现之后，鹦鹉嘴龙由于缺乏自我保护能力最终灭绝了，甚至当时还不成气候的哺乳动物都能把鹦鹉嘴龙杀死。中国辽西的热河生物群曾经发现了一具哺乳动物的化石，人们竟然在它的胃里发现了一只鹦鹉嘴龙的化石。可见鹦鹉嘴龙是多么脆弱，它的生活环境可真是危机四伏啊！

不过，鹦鹉嘴龙的后代一扫这种软弱的形象，不仅长出了令人不寒而栗的长角和让人望而生畏的颈盾，而且还发展出了很多种类，把角龙类变成了恐龙中的“名门望族”，一直生活到了白垩纪晚期。有了这么令人骄傲的后代，鹦鹉嘴龙应该也会感到自豪和欣慰吧！

盾板叹为观止的五角龙

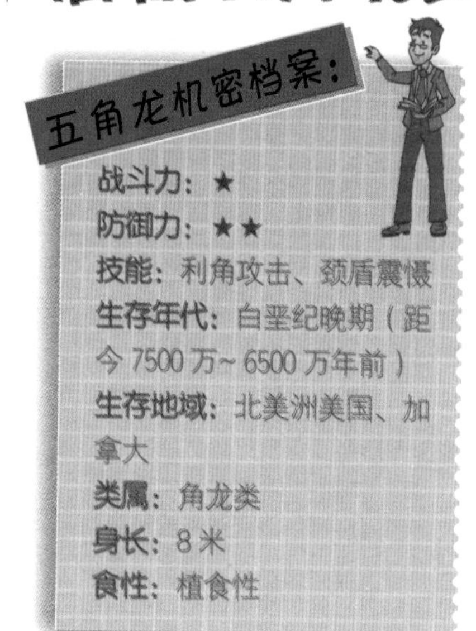

看到“五角龙”这个名字，我们一定会认为这个家伙头上长了五只角。事实上，它头上角的数目与很多角龙类恐龙一样，只有三只——两只眉角和一个鼻角。那么，它为什么得了这么一个不符合事实的怪名字呢？其实，这是科学家犯的一个小错误。

科学家最早开始研究五角龙的时候发现它的脸上长着5只角，于是就把它叫作“五角脸恐龙”。不过，后来科学家发现其实它的脸上只有三只角，原来看到的另外两只角，是颧骨延长而形成的。不过，“五角龙”这个名字已经被广泛应用了，因此科学界也就沿用了这个名字。

五角龙的外形和前面我们介绍过的开角龙相似，不过个头更大一些。五角龙还拥有硕大无比的头，可能比牛角龙的头骨还要大。1988年，科学家曾经复原过一块五角龙的颧骨，这块颧骨长度超过3米。它脖子上的颈盾也很华丽，颈盾的边缘有三角形的骨突，颈盾边的皱褶也很大。它的颈盾应该比开角龙的更加让人叹为观止。为了减轻头部的重量，五角龙的颈盾也是中空的，所以没有防御的作用，应该是用来吓唬敌人或者在繁殖季节用来吸引异性的。

五角龙的整个身体看起来很结实，它的四肢几乎一样长，前肢非常强壮，只有这样，才能够支撑起它那颗巨大而沉重的头颅。五角龙的尾巴比较短，不过末端很尖。虽然这样的尾巴非常有个性，但是所起到的平衡作用实在有限。幸好它的髋部与背部的骨骼已经愈合，后肢粗壮，脚上有蹄状爪，所以走起路来才不会左右摇晃。

五角龙的嘴巴也与鹦鹉嘴巴相似，在面颊的部位长有牙齿。强有力的喙状嘴巴可以与牙齿形成合力，把棕榈和苏铁的厚叶片顺利地切下来。

根据考古发现，五角龙是角龙家族的最后一批子孙，正好赶上了家族最荣耀的时刻，不过它最终还是没能逃脱灭绝的厄运，与无数的恐龙亲戚一起被埋进了大地……

跟开角龙一样，五角龙的颈盾很华丽，甚至比开角龙的更加让人叹为观止。

头颅骨隆起的河神龙

古希腊的神话中有一个叫作阿克洛奥斯的河神，传说他的一只角被英雄海格力斯折断了。恐龙家族中也有这么一个河神，它的学名叫作“阿克洛奥斯龙”，那么，这种恐龙究竟有什么特别之处，竟然以神的名字来命名呢？

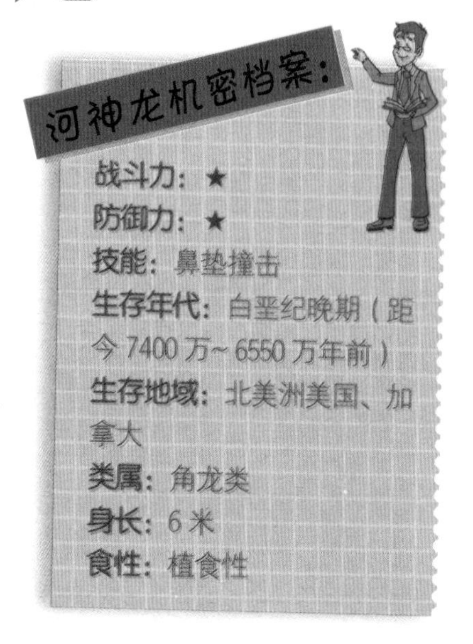

这就要从河神龙的外貌说起了。河神龙属于角龙类，按理说它的脸上应该长着3只角——一对眉角和一只鼻角。但是在其他角龙类恐龙长着鼻角的地方，河神龙的脸上只有一块隆起，并没有角伸出来，看起来就像是它的角被什么人折断了一样。它这种奇特的外形不禁让人想到了古希腊神话中的河神阿克洛奥斯，于是科学家就给这种恐龙起了这么一个充满文化气息的名字。

另外，河神龙与河神阿克洛奥斯之间还有个相似之处。阿克洛奥斯善于变形，而河神龙长得就像是多种角龙的集合体。科学家认为河神龙是牛角龙和厚鼻龙之间的过渡类型。虽然现在还没有确定它们是否是一脉相承的“老中青三代”，但是它们三者之间有亲缘关系这一点是毋庸置疑的。

河神龙属于尖角龙类的恐龙，生活在白垩纪晚期的北美大陆上。同它的鹦鹉嘴龙祖先一样，它也长着鹦鹉一般的弯嘴巴。河神龙除了在鼻端有突起之外，它的眼睛和背部也有隆起的地方。它的颈盾比较小，但是皱褶比较长，在颈盾的顶端还长着两只角。河神龙身长大约6米，在大块头到处都是的恐龙家族中，它顶多算中等个儿。

河神龙的鼻端、眼睛和背部都有隆起的地方在，这让它看起来有些其貌不扬。

没有富有攻击力的鼻角，因此河神龙不能像其他的角龙那样通过助跑把鼻角狠狠戳进来犯者的身体里来保护自己。科学家推测，它是等到来犯者靠近时才用颈盾上的角去顶对方，而它鼻子上的厚垫则是在争夺统治权的时候与同伴进行角力时用的。

河神龙虽然其貌不扬，但它与厚鼻龙和角龙具有特殊的关系，它神秘的鼻部隆起的作用也悬而未定，同时它的防御方式也令人疑惑，这种种谜题让它成了备受古生物学家青睐的宠儿。

额上长角的祖尼角龙

距今 1.5 亿~ 7500 万年前，地球的气候发生了剧烈的变化，天气逐渐变暖，两极的冰雪融化，与现在相比，海平面要高出 300 多米。地球表面因此变得很湿润，干燥的地方大幅度减少。这种环境要比寒冷的天气更适合生物的繁殖和生长，但是不知道什么原因，科学家很少能够发现这一时期的生物化石。由于我们对这段时期的生物了解地很少，因此我们把这段时期称为“白垩纪空隙”。

祖尼角龙机密档案：

战斗力：★
防御力：★
技能：额角攻击
生存年代：白垩纪早期（距今 9100 万年前）
生存地域：北美洲美国、加拿大
类属：角龙类
身长：5 米
食性：植食性

这段时期的生物化石数量不多，而且大部分都是从祖尼盘地发掘出来的。祖尼盘地位于美国的亚利桑那州和新墨西哥州的交界处。这个地方似乎注定成为一块神秘的地方，在这里生活的祖尼人与众不同的习俗以及类似母系氏族的社会构成一直是人类学家研究的重点。而现在，祖尼盘地中发掘出的各种生物化石也成为古生物学家研究白垩纪空隙的珍贵史料。

前面我们提到过的懒爪龙是从这里走向世界的，它与暴龙同宗，却以植物为食。也许，只有祖尼盘地这片神奇的土地上才会有这样奇特的发现，下面讲到的祖尼角龙同样来自这里。

祖尼角龙是 1996 年科学家在祖尼盘地这片神秘的土地上发现的，可惜的是，科学家仅仅发现了一块头骨化石。不过，可别小看这块头骨化石，实际上，它能告诉我们很多事情！通过对头骨化石的研究，科学家发现这种恐龙是三角龙的亲戚，正是这个原因，生物学家才把它命名为祖尼角龙。它是生活在北美洲最早期的有角类恐龙，同时也是世界上最古老的额头上长角的恐龙。

由于祖尼盘地中出土的化石绝大多数都来自不为人所知的白垩纪空隙，因此这里很可能还有很多未曾出现过的恐龙品种，它们将极大地丰富恐龙世界，进一步壮大恐龙家族。

祖尼角龙不但是生活在北美洲最早期的有角类恐龙，而且也是世界上最古老的额头上长角的恐龙。

鼻角大幅度弯曲的野牛龙

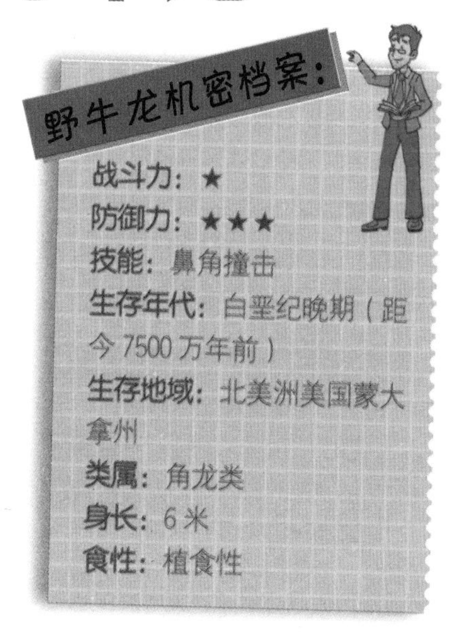

白垩纪晚期的自然环境以及角龙类成员强大的适应能力使得它们盛极一时，在很短的时间内就发展成体型巨大、颈盾和角各具特色的恐龙类群。今天我们要认识的野牛龙就是一种鼻角很有特色的恐龙。

通常情况下，有角类恐龙的鼻角都是向上弯曲的，野牛龙的鼻角却是大幅度向下弯的，看起来就像是一个巨大的老式罐头起子。由于形状不同，野牛龙的鼻角作用也和其他同类的不相同。有科学家研究称，野牛龙是一种食草动物，它的头颅可以贴近地面，向下弯的大角也许可以帮助它把食物钩到嘴巴面前。另外，野牛龙的大角虽然向下弯，杀伤力比那些向上弯曲的角小一些，但是威慑力可不比其他类型的角差。虽然这种角很难刺破敌人的肚子，但是如果野牛龙使足力气去冲撞对手的话，即使要不了对手的命，也会让它变成残疾，估计很长一段时间生活都难以自理了。

野牛龙的化石只出现在美国的蒙大拿州，出土于白垩纪晚期的地层，同样是由发现慈母龙的古生物学家霍纳发现的。目前已经发现最少15具年龄不同的野牛龙化石，现在这些化石都存放在蒙大拿州落基山博物馆。

野牛龙有着类似鹦鹉那样的嘴巴，这样锋利的喙可以轻松地咬断植物的茎叶。同时它的身长可以达到6米，身高大约1米。除了鼻子上那只大角，野牛龙还有另外两只大角长在颈盾上。野牛龙的颈盾比较小，边缘有齿状的骨质突起。

◎ 野牛龙的鼻角是向下弯曲的，这使它在有角类恐龙中成为一个特别的存在。

与其他的植食性动物相似，野牛龙也是群居动物，类似现在的美洲野牛或者角马。白垩纪开花植物的分布范围远没有现在广泛，所以野牛龙的食物可能主要是当时的优势植物，比如苏铁、蕨类以及松科植物等。

野牛龙的出现让人们进一步扩大了对角龙类家族外形的了解，不禁让人感叹大自然鬼斧神工的魔力以及生命力的顽强。野牛龙弯曲的鼻角告诉我们，不论外貌如何，只要能适应环境，就一定能够找到自己的位置。

长着两只小角的厚鼻龙

厚鼻龙机密档案：

战斗力：★
防御力：★★
技能：鼻垫冲撞
生存年代：白垩纪晚期（距今 7500 万年前）
生存地域：北美洲美国、加拿大
类属：角龙类
身长：5～6 米
食性：植食性

顾名思义，厚鼻龙的意思就是“鼻子肥厚的恐龙”。厚鼻龙的头颅骨上鼻子部位有一个巨大、平坦的隆起物，看起来就像一个肥厚的肉垫。这个隆起可能是用来推撞对手的，在争夺首领之位的时候，也是同类之间竞争的武器。

虽然厚鼻龙的鼻子上没有角，但它属于角龙的一种。同其他角龙一样，它的脖子上也长有颈盾，不过与后期出现的角龙相比，它的颈盾可算不上大。颈盾的后方有一对向后方延伸、生长的角。在出土的厚鼻龙化石中，颈盾的形状和大小存在差别，但这可能是性别差异或者其他原因引起的。从外形上看，它与典型的角龙已经没有太大的区别。

厚鼻龙的第一个标本是古生物学家查尔斯·斯腾伯格在加拿大的艾伯塔省发现的，但是在随后的几十年中，与厚鼻龙有关的化石也只有两个头骨而已。幸运的是，在 35 年后的 1985 年，艾伯塔省的河谷中又发掘出了很多厚鼻龙的骨架，其中绝大部分是幼龙，一部分是正在成长中的个体，还有一些则是成年个体。另外，在靠近北极的美国阿拉斯加州也出土了很多厚鼻龙的骨骼化石。这些骨骼化石说明了在北极圈以北的地区曾经有角龙类恐龙群居。

寒冷的天气其实并不适合生物生存，目前的研究表明，厚鼻龙可能像其他的尖角龙一样过着迁徙的生活。当冬天到来的时候，厚鼻龙大部队可能会迁徙到气候温暖、阳光充足、植物生长快的地方去度过食物匮乏的季节。迁徙的时候，如果山洪突然爆发，它们会惊慌失措，出现踩踏情况，一些年幼的恐龙经常会因此丧命。出土的化石年龄构成似乎也证明了这一点。

另外，糟糕的生活环境也让它们的寿命大打折扣。最近的研究表明，即使厚鼻龙没有染上重大疾病和遇到天灾，它们的平均年龄也只有 19 岁。

厚鼻龙与河神龙的鼻子外形相似，二者之间存在亲缘关系，但是要了解它们之间真正的关系，还有待我们更多的发现和研究。

厚鼻龙的体重超过 2.5 吨，如果把背弓起来，它的身高差不多是成年人的两倍。

没有角的古角龙

古角龙机密档案：

战斗力：★

防御力：★

技能：洲际迁徙

生存年代：白垩纪早期（距今 9500 万年前）

生存地域：亚洲中国甘肃、新疆吐鲁番盆地

类属：有角类

身长：4 米

食性：植食性

在中国的甘肃省，有一个叫作“马鬃山”的地方，位于河西走廊的北边，它的北边与蒙古国接壤，东边与阿拉善高原相连，主峰海拔有 2583 米。这里的石块呈深黑色。远处的山脉连绵不绝，看上去就像是马的鬃毛一样。马鬃山不仅外形雄伟，而且还保存着数量众多的恐龙化石、鱼类化石、硅化木化石以及其他的动植物化石，是古生物学家“淘宝贝”的好地方。这次要介绍的古角龙就是中国著名的古生物学家董枝明在马鬃山淘出来的。

在 1992 ~ 1993 年间，中国和日本共同组织了“中日丝绸之路恐龙考察”，在甘肃的马鬃山和新疆的吐鲁番盆地进行了两年的野外考察。在这两个地方，都发现了鹦鹉嘴龙和古角龙的化石。古角龙的化石非常完整，几乎有全副的骨骼，头骨也很精美。通过对化石的研究，科学家发现，古角龙是一种植食性恐龙，主要靠后肢奔跑，体长大约 4 米；头部没有角，也没有明显的颈盾，但是头骨向后延长，有了颈盾的雏形；嘴巴与鹦鹉的相似。据此，董枝明教授提出了“古角龙是角龙类恐龙的直接祖先”的假说，并由此推测亚洲是角龙类恐龙的起源地，而后迁移到北美。

古角龙比三角龙出现的年代足足早了 3000 万年，从时间上推算也符合“古角龙是有角类恐龙祖先”的假说。那么，古角龙是如何从亚洲跑到北美洲的呢？原来那时，连接亚洲和北美洲的白令海峡还不是一片汪洋，而是由一条陆桥相连，科学家把这条陆桥称为“白令大陆桥”。这条陆桥是很多动物进行交流的通道，这也是为什么北美洲和亚洲的同类动物之间亲缘关系比较近的原因。

可以想象，当时的古角龙也是踱着方步，一边观景，一边溜达到了另一个大洲。后来它发现北美洲水草丰美，是个“宜居城市”，于是就在那里安家，繁衍生息，最终有角类恐龙在北美洲发展壮大起来，成为白垩纪晚期的“明星家族”。

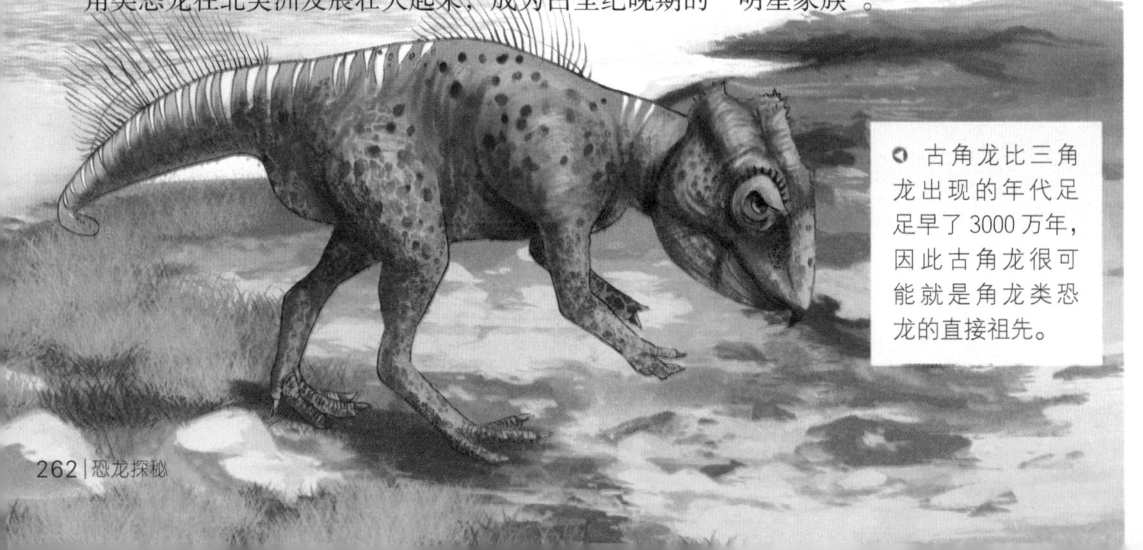

古角龙比三角龙出现的年代足足早了 3000 万年，因此古角龙很可能就是角龙类恐龙的直接祖先。

一只辽宁角龙正在水草丰美的河边进食。

颈盾很短的辽宁角龙

角龙类恐龙主要分为两类，一类是长有类似鹦鹉喙嘴的鹦鹉嘴龙，另一类是长有颈盾的新角龙类。在新角龙类中最古老的物种是辽宁角龙。

辽宁角龙是由美国及中国科学家组成的挖掘队伍在中国发现的，中国科学院古脊椎动物与古人类研究所的徐星教授等人把这一发现发表在2002年的《自然》杂志上。文章称辽宁角龙的发现填补了有角类恐龙进化中缺失的环节。辽宁角龙的发现让古生物学家的目光再次聚焦在辽西这块神奇的土地上。辽西这片土地上充满了丰富的演化资讯，包含恐龙、哺乳类、昆虫以及开花植物等，几乎涵盖了生物的各个类群。

因为角龙类恐龙是恐龙灭绝前最兴旺的家族，所以它们是如何快速适应环境变化的以及如何在短期内演化出如此多的类型等，这些问题都吸引着很多科学家的注意。不过，由于化石材料的缺乏，人们对角龙类恐龙的早期演化过程所知甚少。

辽宁角龙被发掘出来以后，科学家把它与众多的角龙类化石进行了比较，其中包括早期的鹦鹉嘴龙。研究结果表明，辽宁角龙是一种比较原始的新角龙，是鹦鹉嘴龙与其他的角龙类恐龙之间的过渡物种。

此次发现的辽宁角龙生存在大约1.3亿年前的白垩纪早期，它的体型比后期的角龙类恐龙小很多，却为这类谜一般的恐龙的早期演化提供了非常重要的证据。辽宁角龙体长大约1米，与体型较大的狗差不多，是一种植食性恐龙，以四足行走。与后期出现的拥有长长颈盾的三角龙不同，辽宁角龙的颈盾很短，颧骨有些突出。角龙类中最原始的鹦鹉嘴龙与后期的角龙在颈盾和长角方面的差别很大，科学家最初认为这些部位是突然出现的，但是辽宁角龙的出现告诉我们这一变化是渐进的，经历了一个漫长的过程。

辽宁角龙机密档案：

战斗力：★
防御力：★
技能：不详
生存年代：白垩纪早期（距今1.3亿年前）
生存地域：亚洲中国辽宁
类属：角龙类
身长：1米
食性：植食性

智商不高的剑龙

在侏罗纪茂密的丛林中，总是可以看到一座座“小山”缓慢移动，这些“小山”上整齐地排列着很多“山峰”。其实，这不是什么会动的“小山”，而是身体笨重的剑龙在丛林中走来走去找吃的呢！

从1876年发现第一块剑龙化石到现在，科学家对剑龙的研究已经有140多年的历史了。如果不是剑龙完整骨骼化石的出现，我们无论如何也不会相信地球上曾经存在过这样的生物。在所有长有盾甲和骨板的恐龙中，剑龙是最有名的。

剑龙是在侏罗纪中期出现在地球上的，并在侏罗纪晚期繁盛到顶峰，不过到白垩纪早期就灭绝了。它是一种行

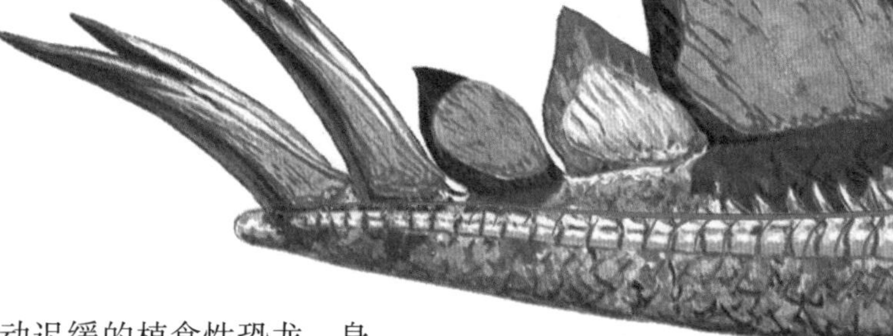

动迟缓的植食性恐龙，身躯十分庞大，长达9米。剑龙最引人注目的特征就是背上两排三角形的大大的骨板，从颈部开始沿着脊背一直到尾巴都有分布，在尾巴的最末端是两对长长的尾钉。

那么，这些骨板是用来做什么的呢？有些人认为，是用来调节体温的，就像豪勇龙的背帆一样；还有人说这些骨板就是剑龙的装饰物。不过，这些解释并不可靠，目前比较容易让人接受的观点是“身份证假说”和“御敌武器假说”。剑龙类的恐龙并不是只有一种，它们有很多长得类似的表亲，而这些骨板就是区分它们的标志。一看到骨板，它们就可以判断出彼此是否属于同一个家族，是亲兄弟还是表兄弟。剑龙行动缓慢，很容易成为暴龙等肉食性恐龙的捕食目标。当肉食性恐龙袭击它时，它会把两排骨板对准进攻者，吓唬它们；如果它们冲上来，它就会用长而尖锐的尾钉去鞭打它们，与它们决一死战。

剑龙机密档案：

战斗力：★
防御力：★★★★★
技能：防御骨板，尖锐尾钉
生存年代：侏罗纪晚期~白垩纪早期（距今1.55亿~1.45亿年前）
生存地域：北美洲美国
类属：剑龙类
身长：9米
食性：植食性

剑龙主要以蕨类的果实和苏铁的花为食。它的嘴巴前端没有牙齿，靠近脸颊的部分有颊齿，这些颊齿的牙冠前后还有锯齿，适合啃食和研磨植物。它的整个头部小得出奇，是已知的恐龙中头部相对比例最小的，因此剑龙的智商应该不高。

剑龙虽然笨笨的，但是脾气很好。正是可爱的性格让人们忽略了它智商上的缺陷，几乎所有被搬上银幕的剑龙故事都与爱和善良有关。

剑龙身上的骨板用来抵御强劲对手的攻击。

剑龙的体重大约为 75 千克，大脑跟一个核桃差不多大。但它的某些神经细胞有 3 米多长，可将神经信号输送到身体较远的部分。

生活在水边的华阳龙

剑龙类恐龙虽然在地球上生活的时间不是很长，却也曾经辉煌无比。剑龙类是在北美洲繁盛起来的，但它们的祖先并不在北美洲，而是在我们中国。有一种恐龙从亚洲走向了世界的另一端，并在那里创造了属于自己的辉煌，它就是来自中国的剑龙祖先——华阳龙。

华阳龙是生活在侏罗纪中期的剑龙，也是迄今为止发现的最早的剑龙。它的发掘地是中国四川自贡市的大山铺恐龙动物群化石点。由于四川在古时候又被称为“华阳”，所以这具古老的剑龙化石被命名为“华阳龙”。自从第一块华阳龙化石出土之后，在随后的十几年里又陆续发现了更多的化石。目前，大山铺这个地方已经出土了 12 具华阳龙的个体，其中有两具骨架十分完整，分别保存在自贡恐龙博物馆和重庆自然博物馆。

剑龙类的恐龙化石最早是在北美洲发现的，而且剑龙家族也是在北美洲壮大的，因此刚刚发现剑龙的时候，科学家都对剑龙起源于北美洲深信不疑。随着华阳龙的出土，剑龙的起源问题再次成为古生物学家关注的话题。华阳龙的出现为剑龙起源于东亚提供了实证。

它的体型在剑龙家族中算得上“小巧”，身长仅有 4 米。华阳龙的头很小，从上往下看的话是一个三角形；从侧面看前低后高，呈楔形。华阳龙的嘴巴和鼻子都很短，嘴巴前端长着一些小牙，呈叶片状，这些叶片状的小牙又被称作“犬状齿”，嘴巴前端长有犬状齿也是华阳龙的原始特征之一。

华阳龙另一个区别于后期剑龙的比较原始的特征就是身上剑板的排列方式。虽然它身上的剑板也是从颈部到尾巴排列的，但是它的剑板接近心形，而且两排剑板是对称排列的，而后期的比较高级的剑龙，它们的两排剑板是交错排列的。

同后期的剑龙一样，华阳龙的尾巴末端也长着四根尖锐的骨刺。

此外，华阳龙的前肢两侧还各长着一根尖刺。这些尖刺和尾刺都是华阳龙的“独门武器”。当饥饿的肉食性恐龙来袭的时候，华阳龙会把身体转到合适的位置，让身上的长刺指向对方，同时，还会甩动尾巴，随时准备把长长的尾刺抽到对方身上。当华阳龙做好战斗准备时，它的剑板颜色会因为充血而变成鲜艳的红色，这是华阳龙给对方的最后通牒：“如果再不后退，我就要给你点颜色看看了！”如果对方还是固执地向前冲，那么华阳龙就会更大幅度地晃动双肩，让前肢两侧的尖刺更加醒目，也会更加猛烈地晃动尾巴，让 4 根骨刺在来犯者面前晃动。除了伺机把尾巴甩到来犯者身上之外，它还可能用四肢用力踢踏地面，用尾巴拍打地面，把河流中的水以及岸上的植物碎屑都扫到半空中。肉食性恐龙看到华阳龙这一系列的动作，内心一定会犯嘀咕：平时看起来很好欺负的恐龙，现在怎么这样恐怖呢？还是躲远一点儿比较好。很多肉食性恐龙都会为了避免受伤而停止进攻，转而去寻找其他的食物。

华阳龙机密档案：

战斗力：★

防御力：★★★

技能：棘刺刺杀、尾钉防御

生存年代：侏罗纪中期（距今 1.65 亿年前）

生存地域：亚洲中国四川自贡

类属：剑龙类

身长：4 米

食性：植食性

这就是华阳龙的生存法则，虽然它属于植食性恐龙，脾气温和，从不会主动招惹其他恐龙，但这并不代表它是一种胆小的恐龙。在华阳龙生存的时代，如果没有饿到一定程度，肉食性恐龙是不会轻易去进攻成年华阳龙的。倒是年幼的华阳龙防御力很差，常常成为捕食者进攻的目标。

由于身材矮小，华阳龙只能以一些低矮的蕨类植物为食，而矮小的蕨类植物通常长在河流的沿岸，因此对华阳龙来说，水边就是它们生活的乐园。当华阳龙尽情地享受美食时，显然就没平时警惕性高，这时候很可能就会有肉食性恐龙乘虚而入，危及它们的安全。

为了让物种延续下去，华阳龙通常集体生活，以更好地御敌。华阳龙的群体不大，一般 3 ~ 5 只组成一群，由一只雄性华阳龙担任首领，其他的成员一般是成年的雌性华阳龙和幼龙。为了保证自己的安全，小华阳龙会寸步不离地紧跟在父母身边。由于成年华阳龙的保护，那些心怀不轨的捕食者会小心翼翼地，不敢轻易进攻小华阳龙。

正是依靠着无畏和团结，华阳龙才成功地保护了自己的种族，并最终开枝散叶，演化出众多的剑龙种类。

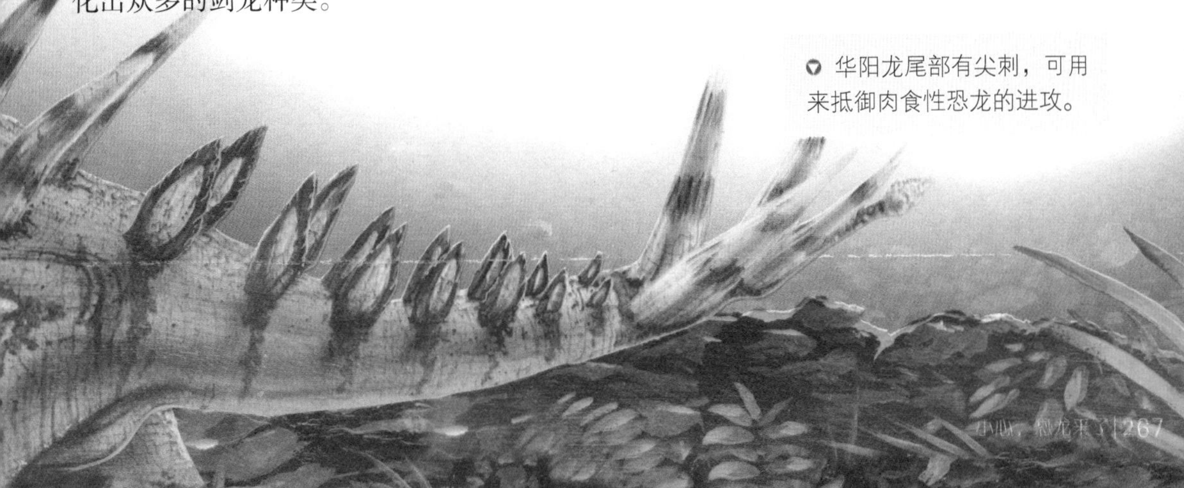

华阳龙尾部有尖刺，可用来抵御肉食性恐龙的进攻。

背着钉刺的钉状龙

我们知道，剑龙类恐龙身上的剑板是它们的“身份证”，不同种类的剑龙有不同形状的剑板。

不过大部分剑龙身上的剑板都只有一种形状，但是有一种剑龙走的路线是“混搭风”，身上的剑板有两种形状，它就是钉状龙。

钉状龙是20世纪初在非洲的坦桑尼亚被发现的。那时候的坦桑尼亚是德国的殖民地。德国除了在这里掠夺资源之外，也对这里的自然环境进行了考察。在1908~1902年之间，德国派出了一个探险队进行环境考察，结果他们竟然在这片土地上发现了堆积如山的恐龙化石，其中最出名的是巨大的腕龙化石，同一批被发现的恐龙中还有钉状龙。最初的钉状龙标本原本保存在德国的一家博物馆中，但大部分在第二次世界大战中被战火毁掉了。

钉状龙生活在1.5亿年前，属于剑龙类恐龙，是剑龙家族中的小个子，与现代的犀牛差不多大。同其他的剑龙一样，相对于身体来说，它的头部很小，说明钉状龙不是一种聪明的恐龙。钉状龙的四肢强壮，前肢有四个手指，指上都有爪，其中第一个指的爪子特别长；而后肢则有三个脚趾，趾前有蹄状的爪子——这样形状的爪子可以更好地支撑体重。

科学研究发现，钉状龙的食物通常是地面上低矮的灌木，不过，这并不代表它最喜欢吃低处的植物。

它之所以选择低矮的灌木丛，主要原因是与它同时代和同地区的恐龙都是像腕龙那样的庞然大物，吃高处的食物显然是这些高个子恐龙的特权。钉状龙的个子实在是太小了，它根本没有实力从腕龙的嘴里夺得高处的食物。不过，钉状龙的后肢比前肢长，有科学家据此推测，钉状龙有时候可能也会站起来去吃高处的树叶。

钉状龙背上的剑板自腰部开始就被尖形的骨刺（大约60厘米长）所代替，并一直延伸到尾巴。

其实，吃高处的树叶只

▲ 科学家认为：剑龙的骨板具有调节体温的作用。

是改善一下伙食，钉状龙并不会忍饥挨饿，它们很善于寻找食物，即使在干旱季节，钉状龙也能很轻松地找到长在湿润土壤中的植物，这可能归功于它敏锐的嗅觉。

与其他的剑龙相比，钉状龙不仅个子小，而且它背部的剑板也显得与众不同。在颈部和脊背前端，钉状龙剑板的形状与其他剑龙的类似——呈菱形，不过要狭窄一些。

从腰部开始一直到尾巴，它身上的剑板就变成了尖尖的骨刺。这种混搭的风格使得在丛林中生活的钉状龙就像一只大号的豪猪。

关于剑龙类恐龙剑板的功能，科学界争论到现在也没有定论。有人认为剑板并不是我们想象的那样颜色单一，而是具有五颜六色的角质层。当吃饱之后休息时，它们背上的剑板看起来就像是一簇簇植物。有了这样的伪装，它们就不容易被发现，可以更好地伪装自己。

关于剑板的功能，美国耶鲁大学的古生物学家提出了一个新的理论。他们把剑龙的剑板做了切片之后，用 X 光进行观察。

结果发现，剑龙的剑板内部有很多类似血管的通道，既能接受血液，也能控制血液的流量。据此，他们认为剑板能够起到体温调节器的作用。

不过，目前接受度最高的说法还是“防御武器说”。绝大多数科学家认为这些剑板是它们在遭到敌人攻击的时候用作防御武器的。

侏罗纪时期，恐龙开始繁盛，肉食性恐龙的体型不断增大，咬合力增加，牙齿也变得更加锋利。肉食性恐龙在捕食的时候越来越凶猛，也越来越容易得手。

为了对付这些肉食性恐龙，植食性恐龙只好在防御装备上做文章。在长期的进化过程中，植食性恐龙形成了各种独特的防御装备，剑龙的剑板就是其中的一种。当钉状龙遭到攻击的时候，它们会挥动尾巴，狠狠扫向来犯者，如果尾巴上的骨钉能够刺进肉食性恐龙的身体，即使捕食者不能一命呜呼，也会痛得撕心裂肺，下次再向钉状龙进攻时一定会心有余悸。如非必要，它可能永远也不会去招惹钉状龙了。

钉状龙与北美洲的剑龙有着很近的亲缘关系，这是因为二者最初生活在同一块超级大陆上。当非洲板块与美洲板块分离的时候，它们只好各自发展，最终演化出不同的模样。幸运的是，它们都在各自的土地上为剑龙家族争得了一席之地。

身世未明的大地龙

前面说到华阳龙是迄今为止发现的最早的剑龙，这是因为华阳龙的骨骼化石比较完整，可以准确无误地判定它属于剑龙。

实际上，在华阳龙出现之前的侏罗纪早期，可能就已经有原始剑龙存在。已经有一些化石材料证明了侏罗纪早期剑龙类的存在，不过在这些化石材料中，有些太残破，有些太零散，因此科学家很难准确地判定这些恐龙是否属于剑龙，推测的成分比较大一些。发现于中国云南禄丰县大地村的大地龙就属于这类。

古生物学家在云南找到一块不完整的下颌骨化石，在这块下颌骨前面有一块鸟臀类恐龙特有的前齿骨，但是上面没有牙齿。

其他部位上的牙齿也不多，而且重叠在一起，前面的小一些，后面的大一些。

大地龙机密档案：

战斗力：不详
防御力：不详
技能：不详
生存年代：侏罗纪早期（距今2亿年前）
生存地域：亚洲中国云南省禄丰县
类属：未确定
身长：1～2米
食性：植食性

1965年，美国古生物学家西蒙得到了这块带有牙齿的左下颌骨，他认为这是一种小型鸟脚类恐龙，把它命名为“大地龙”。

因为这块化石是奥拉尔神父带到芝加哥市博物馆的，所以它的全名叫作“奥拉尔大地龙”，简称“奥氏大地龙”。根据1965年西蒙的研究，这种恐龙的特征与甲龙非常相似，被划归为“甲龙类”。

中国的董枝明教授在四川发现了华阳龙后，又对大地龙的化石重新进行了研究，结果发现大地龙的牙齿和前齿骨的特征与华阳龙的非常类似，因此他认为大地龙是剑龙的一种，而且有可能比华阳龙更为原始。

1996年，美国的卢卡斯博士对大地龙重新进行了研究。他认为，大地龙应该是肢龙的一种。

肢龙的脑袋很小，牙齿呈树叶状，前肢与后肢几乎等长。肢龙的背部和体侧也有很多骨板长在皮肤里面。

古生物学家根据下颌骨推测，大地龙可能与一只大山羊差不多大小，最大的个体也就2米。它的嘴前端有尖尖的牙齿，颊齿呈叶状。它的身上也长有骨板，用四足行走。

不过，大地龙的这些特征与甲龙和剑龙都很接近，由于化石数量的限制，目前还没有确定它究竟属于哪个类群。

希望科学家能够发现更多完整的化石，早日帮助它找到自己的位置，回归自己的家族。

背板尖利的沱江龙

在中国四川自贡市，除发现了迄今为止最古老的剑龙化石华阳龙之外，还发现了另外一种十分古老的剑龙——沱江龙，它是整个亚洲有史以来发掘到的第一具完整的剑龙类骨骼。

1974 年，重庆博物馆主持了一项科研项目，在自贡市附近进行了一系列的挖掘工作。

三个月之后，这里出土了 106 箱骨骼化石，仅重量就达到了 10 吨。著名古生物学家董枝明经过长时间的研究后，成功复原了四具恐龙的骨骼化石，其中包括两具峨眉龙骨架、一具四川龙骨架以及一具沱江龙骨架。

沱江龙生活于侏罗纪晚期，是一类中等大小的剑龙，体长大约 7.5 米。同其他的剑龙类恐龙一样，它的头也小得可怜，头顶低平，嘴巴尖而长。沱江龙的背部高高拱起，就像是一座小山丘。它的尾巴不能翘起来，只能拖在地上。整体看起来，沱江龙的身躯就像一座拱桥。

与其他剑龙科恐龙一样，沱江龙的颅骨很狭长，比剑龙的稍大一些，其末端是无齿的细小嘴喙。颌中两侧的颊齿呈棱形，小而有脊状突起，很适合咬食叶子。丰满的双颊在进食时也许能防止食物由口中掉落。

它主要以低矮的植物为食，而且它的牙齿小而脆弱，不能充分咀嚼那些粗糙的食物。因此它在吃植物的时候会一起吃下一些石块。这些石块被吞下肚子之后就变成了“胃石”，这些胃石可以帮助沱江龙更充分地研磨食物，吸收其中的营养成分。

作为剑龙类的一员，怎么可以没有剑板呢？沱江龙的剑板很大，比北美洲同族的剑板更加尖利，剑板数量也是剑龙家族中最多的，有 15 对之多。同钉状龙一样，它的剑板也是混搭型的，而且形状更加多样。颈部的剑板轻、薄，呈心形；背部的剑板是三角形的；腰部和尾巴的剑板就变成了锥形。

这些剑板逐渐变大、变高，最大和最高的一对长在腰臀部。

同生活在北美洲的亲戚一样，沱江龙的 15 对剑板的功能主要也是用于吓唬来犯者。

当敌人来袭的时候，它会把身体调整到合适的位置，让剑板对着敌人，从而达到威慑的目的。

沱江龙最重要的御敌武器则是尾巴上那两对向上扬起的尾刺，当敌人来犯的时候，它会用尾巴猛击那些肉食性恐龙。

沱江龙是亚洲剑龙类恐龙的重要代表，以它与华阳龙为代表的亚洲剑龙为剑龙家族的发展壮大作出了巨大贡献。

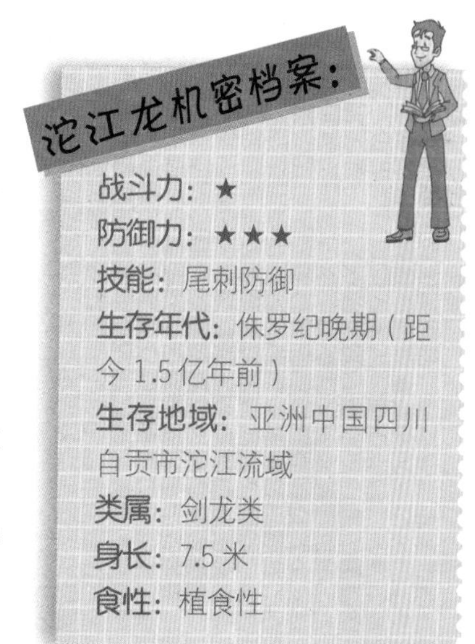

笨拙迟钝的棱背龙

棱背龙机密档案：

战斗力：★
防御力：★★★★
技能：铠甲护卫
生存年代：侏罗纪早期（距今2亿年前）
生存地域：北美洲美国，欧洲英国，亚洲中国
类属：甲龙类
身长：4米
食性：植食性

侏罗纪早期，贪吃的肉食性恐龙无处不在，很多弱小的植食性恐龙都惨遭毒手。但有一种恐龙凭着一身“铠甲”成功地保护了自己，这种恐龙其实是一个非常笨拙迟钝的家伙，它就是棱背龙。

棱背龙是一种极其原始的植食性恐龙，它身体全长大约4米，与一头犀牛差不多大。棱背龙的头部很小，四肢粗短，身体圆圆的，看起来十分笨拙。它生活在白垩纪早期，那时候的肉食性恐龙非常强壮，植食性恐龙面对它们的时候几乎是束手就擒，没有有力的防御工具。而棱背龙为了保护自己，在长期的进化中，演化出了一件甲板做的“外衣”，这“外衣”上面还均匀地分布着一排排的尖刺。

疙疙瘩瘩的皮肤把棱背龙全身保护得很好，因此，虽然同时代的肉食性恐龙很多，但是它们都无法伤害棱背龙。当肉食性恐龙进攻的时候，棱背龙首先会选择奔跑来逃过这一劫，如果实在跑不动了，它就会停下来，把身上的骨板对准对方。这样，即使肉食性恐龙已经把棱背龙抓住，也很难找到地方下口，很多肉食性恐龙只能就此放弃。

由于棱背龙这种甲龙出现的时代是目前所发现的所有甲龙中最早的，因此古生物学家一直认为棱背龙是后来各种各样甲龙的祖先。当然，越发展到后来，甲龙身上的护甲越坚硬，越能更好地防御肉食性恐龙的攻击。

那么，科学家是如何发现棱背龙身上的甲板的呢？这就要感谢棱背龙留下的皮肤印痕化石了。在它的皮肤印痕化石上，可以清楚地看到背上覆盖着的一排排骨质突起。在这些骨质突起之间还有许多圆形的小鳞片。据科学家推测，棱背龙的腹部也覆盖着鳞片。棱背龙的这些鳞片与一种叫作“吉拉毒蜥”的现生爬行动物接近。

也许，正是有了盔甲的保护，棱背龙才有恃无恐，总是慢悠悠地行走在侏罗纪早期的森林中，才会给人留下了笨拙迟钝的印象。

靠着身体表面长满尖刺的甲板，棱背龙成功地躲过肉食性恐龙的捕食，顽强地生存下来。

身体滚圆的结节龙

在形形色色的恐龙中，有一类身披甲胄的恐龙，这种恐龙就是甲龙。甲龙是后期才出现的恐龙类型，白垩纪晚期才登上历史舞台。甲龙类出现之后，逐渐向着两个方向发展，一类是甲龙，另一类是我们今天要介绍的结节龙。

结节龙机密档案：

战斗力： ★

防御力： ★★

技能： 装甲防御

生存年代： 白垩纪晚期（距今 7000 万~ 6500 万年前）

生存地域： 北美洲美国怀俄明州、堪萨斯州

类属： 甲龙类

身长： 4 ~ 6 米

食性： 植食性

结节龙生活在白垩纪晚期，是“化石战争”的时候由著名的古生物学家马什命名的，意思是“有结点的蜥蜴”。

结节龙身长 4 ~ 6 米，个头不算很大，主要生活在北美洲的丛林中。结节龙属于甲龙类恐龙，但是整体样貌有些接近剑龙。结节龙的背部拱起，前后肢差不多一样长，也是用四条腿走路，走路的时候就像一座会移动的拱桥。即使整体形态与剑龙很相似，但是它们还是很好区分的，这是因为结节龙身上并不是长着直立的剑板，而是覆盖着宽而平的甲片，而且在这些甲片上还长有瘤状的突起。这些甲片小而密，看起来就像是坦克的履带。另外，结节龙还有一个特别的装备——长在肩部和脖子处向外突出的骨刺。为了支撑浑身上下的甲片重量，结节龙的四肢和躯干都很强壮。

在结节龙生存的时期有很多肉食性恐龙出没，其中包括最残暴的暴龙。当弱小的结节龙遇到暴龙的时候，它们通常会采取“装死”的对策。看到暴龙冲过来，结节龙就会立刻静止不动，把坚硬的甲片暴露在外。即使暴龙来到结节龙面前，它也无从下口。

根据科学家的研究，结节龙曾经广泛分布在北美洲和南美洲，它们甚至可能通过长途迁徙到达过南极洲。不过南美洲的类群在距今 7100 万年前就灭亡了，这是因为当时南美洲的结节龙大部分生活在较低的海岸线附近，后来天气变暖使海平面升高，从而最终导致南美洲的结节龙葬身水中。

当然，生活在北美洲的结节龙并没有提前退出历史舞台，而是最终坚持到恐龙时代谢幕，与其他的同伴一起灭绝，变成历史的传说。

结节龙头部较小，嘴部狭窄，牙齿呈叶状。

身体笨重的美甲龙

说起美甲龙这个名字，我们脑海中浮现的一定是一个漂亮、可爱的恐龙形象，至少不会很丑。不过，现实可能要让我们大跌眼镜了。

美甲龙的名字上虽然有一个“美”字，但是它真的算不上好看。它是一种非常笨重的植食性恐龙，长着一颗大脑袋。它的身体上面布满了甲片，甲片上长着骨质棘突，身体两侧也长着尖刺，看起来十分恐怖。

在生物世界里，捕食者和被捕食者往往是一起进化的，捕食者的爪子和牙齿越来越尖锐，而被捕食者也不断让自己的盾牌变得更加坚固。甲龙类恐龙的生存策略就是不断优化自己的防御工具——身上厚重的骨质甲板，上面长着利刺。它们正是依靠这些严密的防范武器才最终抵抗住了大部分肉食性恐龙的进攻。而美甲龙为了保护自己，更是把甲板用到了极致。除了背部的甲板，它的腹部也长有盾甲。这应该是由于出现了能够威胁到美甲龙腹部的猎食者，所以在长期的进化中，它演化出了腹部盾甲。

除了甲板，美甲龙还拥有一件保护自己的“武器”，那就是它的尾巴。美甲龙的尾巴末端膨大，就像古代将军使用的大锤一样。在肉食性恐龙进攻的时候，如果周身的铠

甲仍然没能让敌人后退，那么它们就会左右摇晃尾锤，找到合适的位置之后用力一击。不管是多么强壮的敌人，挨上这一下，估计也得疼上十天半个月。即使是暴龙，在成年的美甲龙面前可能也占不到便宜。这是因为美甲龙四肢短粗，重心很低，可以承受更大的来自暴龙短跑的冲击，而且尾部的骨质突起又可以在暴龙腿上狠狠来上一下。如果是一对一的战斗，美甲龙获胜的可能性更大一些。

美甲龙机密档案：

战斗力：★
防御力：★★★
技能：防御装甲、流星尾锤
生存年代：白垩纪晚期（距今6550万年前）
生存地域：亚洲蒙古
类属：甲龙类
身长：5米
食性：植食性

在自卫的过程中，美甲龙非常聪明地找到了敌人的弱点，并充分利用自身的优势战胜了对手。这样看来，美甲龙虽然身体笨重，但是脑子很聪明！

◀ 面对凶猛的捕食者，美甲龙放低身体重心，挥动尾巴，狠狠地给对方来了一下。

性情温顺的蜥结龙

在白垩纪早期的北美洲地区，生活着一种相貌丑陋但是性格温柔的甲龙类恐龙，它就是蜥结龙。

蜥结龙是甲龙类恐龙中比较早出现的，也是最原始的成员之一。蜥结龙的体型较大，因此四肢必须很粗壮才能够支撑起庞大的身体。根据对蜥结龙身体构造的研究以及对它体重的推测，古生物学家认为蜥结龙并不是一种行动敏捷的恐龙。

那么，身体如此笨重的蜥结龙如何才能逃脱敌人的追捕呢？这完全不需要担心，蜥结龙的防御武器可是相当强大的！蜥结龙的全身都披有骨板，能够抵御敌人的进攻。不过，由于蜥结龙比较原始，因此它身上的坚甲也比后来出现的坚甲要原始一些。蜥结龙坚甲的形状会因部位不同而有所区别。脖子处的骨板是向外突出的，就像一根根尖钉一样；身体两侧从肩膀到尾巴末端长着一些小型的三角形骨板；在蜥结龙的背部则长满了骨质甲片，这些甲片有些像锥子一样，被称为“骨锥”；有些则是圆形的瘤状突起物，这些甲片成排排列，有点儿像现代犰狳的坚甲。

蜥结龙机密档案：

战斗力： ★★
防御力： ★★★★
技能： 防御装甲
生存年代： 白垩纪早期（距今 1.15 亿 ~ 1.1 亿年前）
生存地域： 北美洲美国蒙大拿州和怀俄明州
类属： 甲龙类
身长： 7 ~ 8 米
食性： 植食性

当受到天敌攻击的时候，蜥结龙会立即蜷起身体，使背上的骨甲朝向外面，看起来就像一个刺球。那些有经验的肉食性恐龙见到这一阵势，马上就知道自己无法得手，就会去寻找新的目标。而那些“初出茅庐”的肉食性恐龙可能会不甘心地去撕扯蜥结龙，此时它们的嘴巴就会被骨刺刺伤，很长时间不能恢复。经过这次教训，不到万不得已，肉食性恐龙大概不会再去找蜥结龙的麻烦。

虽然蜥结龙长相看起来比较凶恶，却是一种完全没有攻击性的植食性恐龙，是恐龙界善良的代表！看来，以貌取人不可取，“以貌取龙”也会造成误会！

利用自己颈部的尖锐突起，蜥结龙可以轻松刺伤那些妄图袭击自己的肉食性恐龙，并给对方留下一个血淋淋的伤口。

凶猛的肉食性巨龙

头大尾巴长的斑龙

斑龙机密档案：

战斗力：★★★★★
防御力：★★★
技能：无畏
生存年代：侏罗纪中期（距今1.8亿~1.69亿年前）
生存地域：欧洲英国、法国
身长：9~12米
类属：兽脚类
食性：肉食性

斑龙也被称为巨龙、巨齿龙。早在1824年，英国地质学家巴克兰便发表了世界上第一篇有关恐龙的研究报道，而这篇文章的主角便是斑龙，因此它在考古历史上有着举足轻重的作用。

斑龙生活于侏罗纪的欧洲，距今1.8亿~1.69亿年前。斑龙可能以猎食剑龙类与蜥脚类恐龙为食，身长约为9米，拥有硕大的头部。它强有力的上下颌中长着弯曲的牙齿，像切牛排的餐刀一样，顶端有锯齿，用于撕咬新鲜的猎物，而且它的齿根长在颌骨的深处，即使是在最激烈的撕咬争斗中，也不会使牙齿松动。温顺的植食性恐龙根本不是饥饿的巨齿龙的对手。同时，斑龙的颈部非常灵活，便于其观察四周的情况，前肢上长有尖利的爪，能够随时攻击对手。斑龙的脚掌有3个往前的脚趾以及1个往后的脚趾。它的后肢足足有2米长，肌肉发达，可支撑身体的重量。如同其他的兽脚亚目恐龙，它的长尾巴可平衡身体与头部，让它不至于在奔跑中跌倒。

斑龙是侏罗纪最大的捕食者之一，头部近1米长。在高速奔跑时，步态呈内八字状。

虽然斑龙的个头算不上特别高大，但它可以攻击最大型的蜥脚类恐龙，并且它也有可能如清道夫般搜寻动物的腐尸；但这无损于斑龙猎食者的形象，著名的暴龙可能也会搜寻腐尸，毕竟要维持如此大的体型，进食时的效率是必要的，在食物不充足的时候攫取腐肉是比较明智的选择。

斑龙的身体虽然略显笨重，行动不甚敏捷，但是强壮有力。这种肉食性恐龙曾游弋于北美洲、欧洲、亚洲和非洲等广大地区，通常采用小规模的狩猎方式获取食物，是可怕的大型肉食性恐龙。

根据斑龙的脚印化石我们可以判断，它的行走速度大约为每小时7千米，但当它发现温和的植食性恐龙时，它就会加快速度，开始奔跑，准备突然袭击。它的脚趾此时不会朝内弯曲，反而会伸展开，后肢也会立刻做出调整，两只脚开始来回交替奔跑，并且速度越来越快，尾巴也会举起来以维持身体平衡，不过这种冲刺状态不能维持太久，毕竟它的身体太沉重了。

晚侏罗世的冷血杀手：蛮龙

1972 年，古生物学家在科罗拉多州莫里逊一个采石场中发现了一具奇怪的恐龙石，包括肱骨、桡骨、颌骨、尾椎骨、耻骨和坐骨。这就是斑龙的亲戚——蛮龙，意是“野蛮的爬行动物”。

蛮龙是一种强大的捕食者，身长达到 10 ~ 12 米，臀高 2.5 米，体重约 3 吨，被称为侏罗纪晚期恐龙界的冷血杀手。而得到这个外号的原因得益于它那巨大的拇指爪和大而尖锐的牙齿。

蛮龙的头颅很大，与暴龙的头骨相比较也不遑多让，并且呈现中空结构，因此并不是特别沉重，比较灵活；它的颈部呈 S 型，结实的肌肉让它可以肆无忌惮地扭动头部，撕扯猎物的时候也会更加有力量；同时它的上臂很强壮，前肢还长有弯曲的大爪子，便于抓取猎物。令人惊讶的是，它前肢的长度是上臂的一半，前肢上三个锋利的爪子长短不一，第二、三爪的尺寸并不比同时代的异特龙大多少，而拇指上的爪子却出奇的巨大，后面出现的暴龙的爪子长度甚至只有它拇指的 1/5 不到！因此但凡被这个利爪捉住，对方身上起码会留下几个血窟窿。除此之外，蛮龙的速度也很快，它依靠强壮的双腿行走，有点儿疾步如飞的感觉。由于它的前臀较短，长长的尾巴起着维持重心的作用，免得它在快速奔跑的时候跌倒。

蛮龙是一种身形巨大的肉食性恐龙，与其他大型掠食恐龙一样长有尖锐、极具破坏力的牙齿，这是大型肉食性恐龙的共同特点。蛮龙的更加可怕之处是它们并不是独行侠，而是成群出没，共同捕食大型植食性恐龙，如剑龙和大型的蜥脚类恐龙。

前文提到过的剑龙，想必大家已经很清楚它的本领，那就是攻防一体的能力：它的背上有一排巨大的骨质板以及带有四根尖刺的危险尾巴来防御掠食者的攻击。但是面对蛮龙，剑龙这些优势也会消失殆尽，因为蛮龙不仅单兵作战能力极强，还会分工协作，很默契地从各个方向发动进攻！

蛮龙机密档案：

战斗力： ★★★★

防御力： ★★★

技能： 群攻

生存年代： 侏罗纪中期（距今 1.53 亿~ 1.38 亿年前）

生存地域： 北美洲美国

身长： 10 ~ 12 米

类属： 兽脚类

食性： 肉食性

一个炎热的夏天，一只剑龙面对几只蛮龙夹击的时候，它引以为傲的尖刺尾巴也失去了作用。体型稍大的一只蛮龙吸引住了剑龙的注意力，而另外几只蛮龙则在侧面进攻，伺机而动。这只剑龙明显感觉到了危险，然而，面对这么一群凶神恶煞般的蛮龙，它完全没有翻盘的机会。

双方对峙了数分钟，焦躁的剑龙冒失地先出手

巨大的拇指爪和大而尖锐的牙齿为蛮龙赢得了“冷血杀手”的名号。

了，只见它蛮横地向前冲去，试图杀出重围，然而早就将其视为囊中之物的蛮龙岂会轻易放弃？只见一旁的蛮龙一跃而起，将剑龙掀翻在地，不过它也付出不菲的代价——剑龙身上的尖刺也划破了它的身体，几乎同时，稍大的那只蛮龙抬起了自己的一只大脚，狠狠地踩中了剑龙的头颅，剑龙立刻失去了反抗的能力，然后其他蛮龙一拥而上发动进攻，可怜的剑龙最终因为身体流血过多而丧失生命。单个的蛮龙本身就很可怕了，更何况成群的蛮龙呢！科学家认为蛮龙可以杀死体型中等的蜥脚类恐龙（生病或受伤的大型蜥脚类）以及许多其他种类的植食性恐龙。当然，在食物匮乏的季节里，蛮龙也会去吃其他动物的尸体，毕竟生存是任何种族要满足的第一选择。

巧合的是，名声在外的异特龙也和蛮龙生活于同一时期和同一区域，它们也许发生过激烈的冲突。不过就算与著名的异特龙相比，蛮龙也算得上是佼佼者。不过两者分布于不同的生态位，各取所需，就如同今天的猎豹与狮子一样。

称霸晚侏罗世的异特龙

比起不少声名赫赫的恐龙来说，异特龙似乎并不太出名，然而它却真正地称霸了侏罗纪时代。

异特龙是侏罗纪时代最大的肉食性恐龙，它身长 12 米，高 5 米，体重超过 1.4 吨，用“移动城堡”来形容它都丝毫不为过。这种巨兽和暴龙相似，却比后者早出现了 7000 万年。

异特龙有个接近 1 米长的大脑袋，让人不寒而栗。它的头骨由几个分开的模块组成，可以相互镶嵌，从而可以方便地吞咽大块的肉。另外，它头部最突出的特征便是两眼间对称生长的一对角，但非常脆弱，应该起着装饰的作用。它的骨架和其他兽脚亚目的恐龙一样，呈现出类似鸟类的轻巧的中空特征，这大大减少了它身体的负担。异特龙的前肢虽然比后肢短，但非常强壮，并且长有如鹰般巨大的爪子，这无疑是它们用以捕猎的利器。它靠两条高大粗壮的后肢行走，脚上长有 3 只带爪的趾，这种三趾结构看起来有些像鸟类的脚，很适合奔跑，同时它的尾巴又粗又长，也许还能在攻击时起到辅助作用。

凭借一对细长有力的后肢，异特龙可以快速

一只异特龙正在攻击体形硕大的梁龙。梁龙痛苦的表情、无奈的眼神、悲怆的哀号都仿佛在说明一个事实：它很快就会被强大的异特龙吞噬。

行走、奔跑，古生物学家认为异特龙的运动速度为每小时 38 千米。当它像大鸟一样用两条后肢大踏步行进时，正好相当于一个人慢跑的速度。古生物学家通过研究带有异特龙足迹的化石推断：异特龙的一步相当于一辆小轿车的长度。但从异特龙的身体构造不难想象，如果摔倒了，它不但会受伤，想爬起来也会很吃力。根据化石研究，化石中的异特龙就是在一次不成功的捕猎中摔倒导致腿部骨折、脚部受伤。随着伤口的发炎病变，这只可怜的异特龙最终失去了行走能力，死在它生命中的第八年。

异特龙是个凶猛的捕食者，那么它聪明吗？通过研究，我们了解到许多身体庞大的恐龙并不很聪明，比如马门溪龙活着的时候约有四五十吨重，而脑子重量只有 500 克左右。又如剑龙，它的身躯有大象那么大，而脑子却小得如核桃，重约 100 克。异特龙也长着庞大的身体，不过它的智力却很高，根据推测，它的大脑可能相当发达，是侏罗纪时期智商最高的大型肉食恐龙，这也给它们的群居提供了方便，因此捕猎时它们常常是成群出击。

异特龙凭借它那血盆大口、强劲的后肢和健壮的尾巴足以横扫一切猎物。它们的食谱非常广泛，从大型的蜥脚类恐龙到灵活的似鸟类恐龙都是它们喜爱的食物。特别是面对体型巨大的蜥脚类恐龙的时候，团体协作一起攻击成为它们成功的不二法宝。体型最大、最强壮的异特龙负责在前面驱赶，而族群里其他的异特龙则会围成一个包围圈，不让猎物

远离它们的攻击范围，在猎物最后精疲力竭的时候，群起而攻之。在进食的时候，异特龙有着明显的顺序，强壮的先进食，弱小的异特龙最后才有机会去吃剩下的残羹冷炙。

但对于异特龙来说，并不是什么时候都能捕捉到新鲜活物的，所以它们有时也吃那些被其他食肉动物杀死并吃剩下的动物尸体。同时，在食物不充分的情况下，异特龙为了争夺食物，还会同族相残。当聚集在食物周围时，它们会将企图抢先的较小个体杀死，这也可以解释为什么在异特龙化石中幼年与近成年个体所占的比例较高。

古生物学家曾在那个时期的地层里发现了很多植食性恐龙的骨头化石，上面有异特龙牙齿留下的深深痕槽，折断的异特龙牙齿也散布在四周，这都无疑证明了异特龙是个凶猛的杀手。

虽然著名的暴龙比异特龙在体型上要大，但是和暴龙相比起来，异特龙具有比暴龙粗大且更适合于猎杀植食性恐龙的强壮前肢，因此有部分古生物学家认为，异特龙才是地球上有史以来最强大的肉食性恐龙。

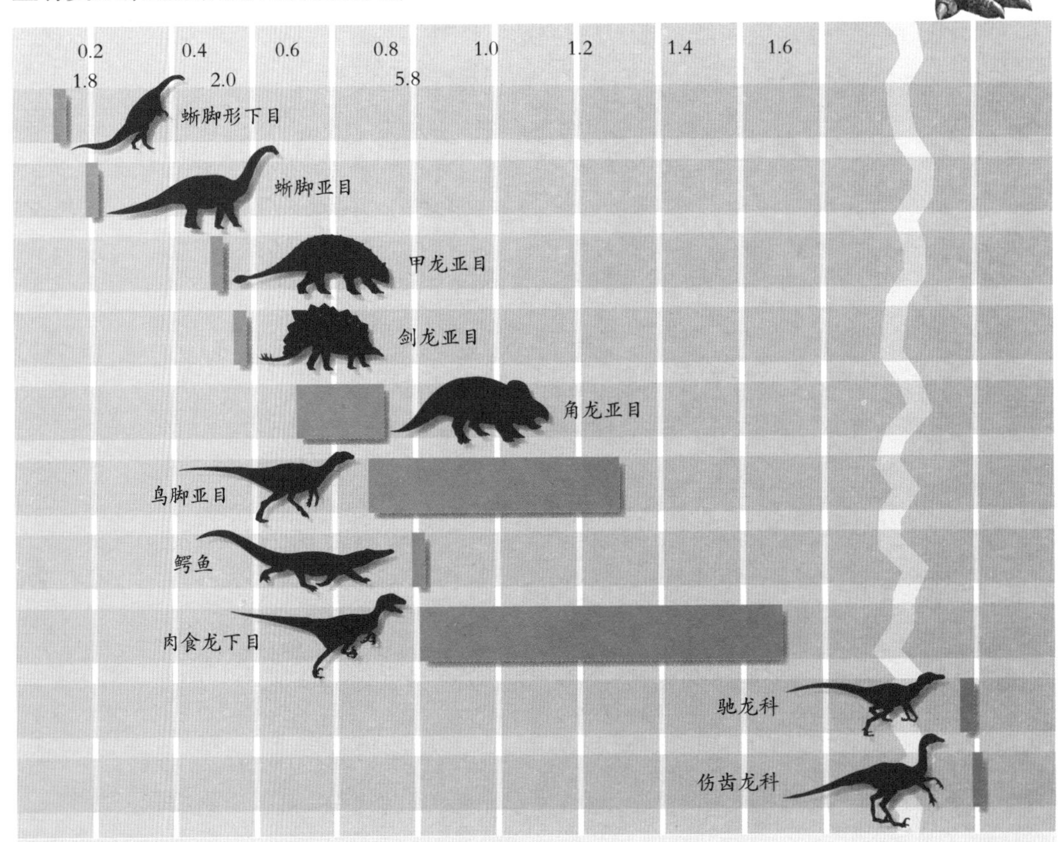

图中展示了恐龙脑智商的指数。

爪子最大的镰刀龙

多年前，古生物学家在蒙古国发现了一个巨大的前臂骨骼化石，大约长 2.5 米，前臂上长有一些长长的钩爪，就像是用来除杂草的长柄大镰刀一样，而直到 1990 年，我们才知道这个“大镰刀”属于一种新的巨型恐龙，人们将它命名为镰刀龙。

镰刀龙作为拥有最大爪子的恐龙是没有任何异议的。化石显示，镰刀龙前肢上的爪子沿着外弯道测量至少有 75 厘米长，这样的指爪结构足以让所有的竞争对手胆寒。

外形奇特的镰刀龙是一种中大型两足行走的兽脚类恐龙，它生活在白垩纪晚期植物繁盛、气候湿润的森林里。它有着一副非常奇怪的长相，头部像植食性动物一样小巧，两颊里有颊囊可以保存食物，颌部里的牙齿也并不锋利，同时它的颈部很长，没有强健的肌肉，显得比较柔弱；但是它的前肢又像凶猛的肉食性动物，长有弯曲尖锐的大爪子，下肢也很粗壮，宽大的脚趾上也长有爪子。与其他同类相比，它的骨骼已经相当进化，显得很紧凑，但它长着一个臃肿肥大的肚子，里面容纳着消化食物所需要的长长的肠子。和不少将尾巴当作武器的恐龙不同，镰刀龙的尾巴不长而且僵直，因为它的尾骨上长着被称为骨棒的支撑物，因此保持着紧绷的状态。它的身上可能覆盖有原始羽毛，但不会飞翔。

科学家分析，镰刀龙应该是杂食性动物，个头高和脖子长是它们天生的优势。它们和今天的长颈鹿一样，可以吃到高处的枝叶，并且它们的大型指爪很轻松就能将树叶从灌木丛上扯下来，然后送入嘴中。借助平坦的牙床它们可以很轻松地咀嚼和碾碎掉硬硬的树叶，同时体内长长的肠子也给了消化食物以足够时间，所以我们判断它主要以植物为食。由于长有锋利尖锐的爪子，它还可以很轻松地挖掘地面的蚂蚁穴，然后从中掏取蚂蚁吃，并且偶尔也会吃一些动物遗落在地面上的卵或者一些小动物的遗体。

关于镰刀龙究竟如何行走，科学界依旧有争议。有人认为它的前肢爪子很长，因此它是以类似如今大猩猩的姿势——四肢并用，向前“爬行”；不过也有人认为，因为它前肢的结构不适合支撑体重，爪也比较碍事，所以它和别的恐龙一样，是用后肢支撑着身体行进的。

一天，一只在东亚大陆上作威作福的特暴龙大摇大摆走进了镰刀龙的领地，而此时镰刀龙妈妈正和自己的孩子在休息。只见特暴龙一声咆哮，森林里的树叶都被震得瑟瑟作响，大地似乎都在颤抖。面对突然而来的危险，镰刀龙妈妈没有逃跑，而是伸开它的臂膀，像一只轻拍翅膀的天鹅一样，展示出它的巨爪，以起到威吓的作用。但是横行霸道惯了的特暴龙怎么可能会轻易放弃眼前的猎物呢，它将自己壮硕的头颅向前猛地一伸，伴以更加猛烈的

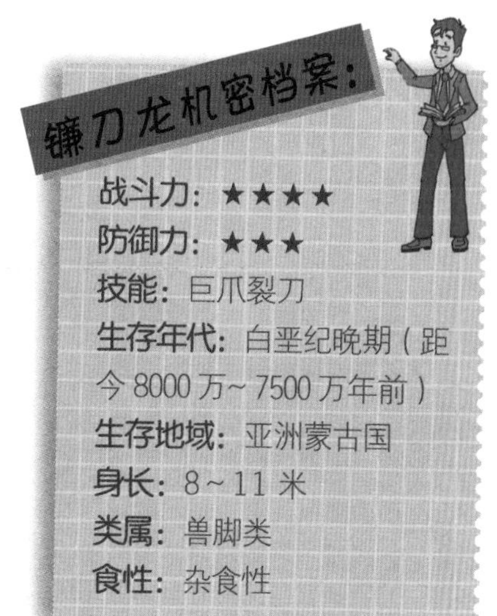

颊囊：

一种特殊的囊状结构，有暂时贮存食物的功能。

吼叫。面对险境，镰刀龙妈妈也展现了自己护子的勇气，它开始慢慢地走向咆哮中的特暴龙，然后猛地一击！

镰刀龙锋利的巨爪一下击中了特暴龙的头部，特暴龙的身体一下就被打得失去了平衡，而头部也被划出了几道血痕，恼羞成怒的特暴龙张开血盆大口向镰刀龙咬去，不过始终没法接触到镰刀龙的脖子，因为镰刀龙的巨爪实在太长了，特暴龙的头部被划得可谓是血肉模糊，吃痛的特暴龙回撤了几步，开始变得有些犹豫，围着镰刀龙母子慢慢地转了起来。然而，它太低估了保护自己孩子的母亲的决心，这只镰刀龙猛地向特暴龙冲过来，边挥舞着自己的巨爪边发出尖利的警告声，一副全力进攻的样子。终于，这只特暴龙打消了继续攻击的念头，转身离开了镰刀龙的领地。看着离去的对手，镰刀龙也松了口气，慢慢踱回了自己孩子身边，于是这么一场惊心动魄的战斗结束了。

直到今天，镰刀龙身上依旧有很多特性不被我们所了解，不少现有的结论都属于我们的推测，更深一步的研究需要我们挖掘出更多的骨骼化石来验证。

镰刀龙能用它的长爪把树枝送到嘴够得到的地方。它可能依靠尖长的喙把树叶扯下来。

行动迟缓的慢龙

慢龙机密档案：

战斗力：★★
防御力：★★★
技能：利刃
生存年代：白垩纪早期（距今 9300 万年前）
生存地域：亚洲蒙古国
身长：4 ~ 9 米
类属：兽脚类
食性：杂食性

“慢生活”是都市白领所憧憬的生活，但其实在 9300 万年前，有一种恐龙早就过上了这样的生活，它便是懒洋洋的恐龙——慢龙。

慢龙是一种非常奇特的两足行走的恐龙，属于兽脚类恐龙中的镰刀龙类，因此具有兽脚类、原蜥脚类和鸟臀目的特征。

它的头部小而且窄，显得很紧凑，下颌单薄，吻部是没有牙齿的喙，而口中长满了类似原蜥脚类的尖牙，并且在脸颊两侧长有肉质颊囊。它的脖子细长而且柔软，前肢较短，长有 3 根指头，指端是弯钩状的大爪，非常锋利。它的后肢则比较长，但是大腿部分比小腿部分要长，看起来有些不协调，足部长有 4 趾，并且有类似鸭子一样的蹼，这样的构造限制了它的速度，因此慢龙不能像其他兽脚类那样快速奔跑，只能慢慢地移动，因此得到了“慢龙”这个名字。慢龙的尾巴不长，能保持平衡，但不够粗壮，无法起到攻击对手的作用。

我们知道，镰刀龙类是杂食性恐龙。而慢龙属于镰刀龙类，它也是杂食性恐龙。慢龙以蚁为食，它有力的前肢和长长的爪子可以轻易地挖开蚁巢取食，然后掏出大把的蚂蚁放在嘴中，捕食方式类似于现今南美的大食蚁兽。此外，慢龙会游泳，因此它的食谱中还包含鱼类，不过，慢龙的下颌无力，对它来说，捕食滑溜溜的水中动物可能不是易事，也许更多都是守株待兔的行为——利用利爪将游动到自己身前的鱼儿捉住，然后送进嘴中。和镰刀龙一样，慢龙也吃植物，它的身体结构让它可以很有效地啃食叶子并切成碎片，而且它耻骨向后的特征，使它腹部有更大的空间，可以容纳消化食物所需的很长的肠子。

慢悠悠的慢龙是当时不少肉食性恐龙袭击的对象，由于它们跑不快，因此面对强敌时，只有奋力抵抗。它们的爪子没镰刀龙的锋利和巨大，并且体重和身高也没有镰刀龙那么占有优势，因此常常被肉食性恐龙所捕食。在竞争激烈的恐龙世界里，“慢生活”显然不是一个特别妙的主意，没什么防身技能而又慢吞吞的慢龙很快就消失灭绝了。

在危机四伏的恐龙时代，慢腾腾的慢龙时刻面临被捕食的危险。

进化史上重要的一环：始暴龙

始暴龙机密档案：

战斗力：★★★★
防御力：★★★
技能：突袭
生存年代：白垩纪早期（1.25亿年前）
生存地域：欧洲英国
身长：4.5～6米
类属：兽脚类
食性：肉食性

1902年，古生物学界惊爆出一个跨世纪的大发现：当时最庞大、最凶猛的食肉恐龙暴龙的化石在北美洲出土了。赫赫有名的暴龙的祖先长什么样子？它们是一出现就这么强大吗？这个疑问曾经让许多人陷入了困惑。

当时的古生物学家依照体型判断，暴龙是由侏罗纪时期的霸主异特龙直接进化而成。不过之后考古上的一项重大发现，让人们否定了以前的猜想。

原来，古生物学家在英国怀特岛早白垩纪的地层中发现了一种新的兽脚类恐龙，并将其命名为朗氏始暴龙，这是一种生活在距今1.25亿~1.2亿年前的暴龙类，体长约4.5米。它可能也是伶盗龙的近亲。

始暴龙长有比暴龙更长的上肢，而头颅在体长中占的比例较暴龙更小。

始暴龙是白垩纪晚期的霸主——暴龙的祖先，不过它比暴龙的体型要袖珍不少，它长约6米，头部不大，长而窄，头颅骨顶部没有冠饰，前上颌骨牙齿横切面呈D形，有极强的咬合力。颅骨上的眼眶呈现椭圆形，里面装着大大的眼珠，便于观察环境的变化。它的颈部短粗，便于撕咬猎物时的剧烈运动，同时它的脊椎很长，身躯结实而又修长灵活。不过始暴龙拥有兽脚亚目中最长的前肢，前肢有三爪，具有一定的抓取猎物的功能，柱子般的后肢强壮有力，具有极大的破坏力。总的来说，尽管始暴龙比暴龙的身长短得多，但颅骨、肩膀和四肢结构与暴龙类似。

虽然和它的后代暴龙相比，它的体型要小得多，不过在当时，它的体型绝对称得上庞然大物，依旧被公认为一种凶猛的猎食者。它以小型的恐龙为食，比如棱齿龙及禽龙等植食性动物。

有科学家指出，始暴龙是暴龙错综复杂的进化史上重要一环。它的化石的发现填补了暴龙家谱的缺口。暴龙出现在7000万~6500万年前的白垩纪晚期，而在那时，这些始暴龙骨骸化石已有5500万年的历史。不过，暴龙类进化的化石资料之中似乎有一段空缺，始暴龙生活在1.25亿年前的早白垩纪，但其他发现的后期暴龙类都是生活在几千万年之后，期间究竟还有什么中间类型的“暴龙”出现，迄今都是一个谜。

最具破坏力的暴龙

暴龙又名霸王龙，是已知的肉食性恐龙中最著名的恐龙之一，也是最大型、最残暴的品种。

暴龙身长约 13 米，肩高约 5 米，平均体重约 9 吨，生存于白垩纪晚期，是白垩纪—第三纪灭绝事件前最后的恐龙种群之一。它的化石分布于北美洲的美国与加拿大西部，分布范围较其他暴龙科更广。科学家发现，暴龙主要的生长期通常在 19 岁时结束，这

暴龙机密档案：

战斗力： ★★★★★

防御力： ★★★★

技能： 蛮力，野蛮撕咬

生存年代： 白垩纪晚期（距今 6850 万~6550 万年前）

生存地域： 北美洲美国、加拿大

身长： 12~15 米

类属： 兽脚类

食性： 肉食性

暴龙的头部是所有恐龙中最大的，它袭击猎物的方式可能是伏击。

暴龙可能生活在森林中，并成群捕猎。

样说来，其实现在发现的很多暴龙生前还没有完全成年便死去了。

如同其他暴龙科的恐龙一样，暴龙是两足的肉食性恐龙，拥有大型头颅骨，仅头部就接近1.5米，最大实体头骨长1.58米，头骨很沉，高而侧扁。暴龙长有两个很大的眼前孔，眼眶呈椭圆形。颌部里的牙齿极为发达，大而厚，被归为香蕉牙。虽然咬力惊人，但暴龙的牙齿并不锋利，牙齿里面藏有细菌，不过其他很多科大型肉食恐龙的牙齿也藏有细菌的纹路和锯齿。它的颈部短而粗壮，有9块颈椎。肩带退化，肩胛骨细长，而肱骨短小，但是末梢粗壮，前肢退化细弱，非常短小，几乎跟人的手臂一样长。暴龙的腰带非常发达，结构极为紧凑，粗壮的腰带结构表明其后肢活动强烈。暴龙依靠长而重的尾巴来保持平衡。

暴龙是顶级掠食者，以鸭嘴龙类与角龙下目恐龙为食，但偶尔也会以腐尸为食。虽然目前有些兽脚亚目恐龙的体型与暴龙相当，甚至大于暴龙，但暴龙仍是最大型的暴龙科动物，也是最著名的陆地掠食者之一。暴龙就像是一台骨骼破碎机，是恐龙世界中名副其实的“暴君”。

硕大的颚骨赋予了暴龙惊人的咬力，根据科学家按照力学模型的推测，一头6吨重的暴龙的一颗牙齿的咬合力就可以达到13500牛，体型更大的暴龙可能拥有更大的咬力，超过10万牛也是完全可以的。那么历史上其他恐怖的肉食动物的咬合力有多大呢？能猎杀恐龙的恐鳄可能拥有接近同体型的暴龙的咬合力，但是恐鳄的最大个体体型远远没有最大的霸王龙大；在泥盆纪，咬力最大的硬骨鱼——邓氏鱼的咬力（6米的个体）可达5600～7400牛，略超同等体重的异特龙，但即便是9米邓氏鱼的绝对咬合力也远不如9米的暴龙强。暴龙的统治力可见一斑。暴龙究竟是动作迟缓的食腐动物，还是动作敏捷的掠食性动物，对于这点科学家仍存疑虑，但无论它的食物是活着的还是死的，它所吃的猎物体型一定非常庞大，这样才能给它提供足够的能量。

虽然化石记录几乎没有提供任何关于暴龙求偶的证据，但我们可以根据现今类似动物的行为去想象其求偶画面。

因为它可以单独捕食，所以极可能过着独居的生活。如今的大型肉食动物比如熊和猎豹也是如此，但暴龙始终要繁衍后代，那么公暴龙如何吸引母暴龙呢？科学家推测公暴龙通过食物来追求母暴龙。这些当作食物的“定情信物”是很重要的。由于三角龙是当时常见的植食性恐龙，并且我们发现在三角龙的髋骨上布满了齿痕，据此可以推测公暴龙供应的食物可能是三角龙的尸体。

如果母暴龙将要筑巢孵蛋，那么她需要吃饱以维持最佳状态来产卵；同时这个“定情信物”也可证明公暴龙对于获得食物很在行。这个“定情信物”还有一个更重要的作用：因为母暴龙的体型比公暴龙大，所以公暴龙为了避免被母暴龙当作食物吃掉，乐于使母暴龙维持在吃饱和高兴的状态。在科学家的想象中，交配行为在“定情信物”的周围持续了一会儿，最后母暴龙会凶猛地强迫公暴龙离开。

暴龙是否会照顾它们的后代呢？有证据显示某些恐龙的确会照顾其后代。但是对于暴龙，它只会照顾刚出生的宝宝。同时个体之间的打斗是暴龙的一项明显特性，因此还在幼年时，暴龙之间就会互相残杀，活下来的则能得到更多的食物，也就能更好地生存。

任何领域里的第一名都会被人们所铭记，暴龙的赫赫大名想必会留在人们脑海中，被一代又一代对恐龙感兴趣的人所提起。

一只暴龙在护食，它正在张开大口吓走偷吃它美食的伤齿龙。

恐龙是怎样灭绝的

压迫学说和自相残杀说

从前文的讲述中我们可以清晰地知道，在二叠纪的物种大灭绝中，将近90%的物种在世界上消失了，从而为爬行动物的崛起扫清了道路。但是造化弄人，在距今6500万年前，所有恐龙都在一场突如其来的灭顶之灾中灭绝了，究竟是什么原因让称霸地球如此之久的恐龙神秘消失的呢？

从发现恐龙化石的那天起，古生物学家便提出了各种理论来论证恐龙的灭绝之谜，我们先讲讲其中的一种：压迫学说。

压迫学说是指，在白垩纪晚期的某一个时刻，恐龙的数目激增，而它们生存的地域可供食用的植物有限，因此造成了很多植食性恐龙没有充足的食物，最终大批大批地死亡。食物链一下子断裂了，依靠食用植食性恐龙为生的肉食性恐龙也因为食物的不足而跟着死亡。就这样，一个地方接着一个地方，恐龙纷纷倒下，并最终演变成为大灭绝的惨状。

这种假说一时间得到了很多人的认可，毕竟在环境恶化、资源短缺的今天，不少人忧心，人类最后会没有足够的粮食来保持体能，没有足够的能源来抵御寒冬，落得种族灭绝的下场。

不过这种理论有一个明显的问题：何以恐龙会在历经了长达约2亿年的生态平衡之后数量会突然增加？如果没办法搞清楚这个问题，那么这种学说就没法成立。

与压迫学说类似的还有自相残杀说，有人认为造成恐龙灭绝的真正原因是恐龙自相残杀的结果：肉食性恐龙以植食性恐龙为食，但在某一个时期肉食性恐龙大量增加，对食物的需求自然大大增加，植食性恐龙自然越来越少，最后终于消失。而饥肠辘辘的肉食性恐龙因无肉可食，就开始互相攻击，强壮的去吃弱小的，而到了最终，为了生存开始自相残杀，最后终于同归于尽。不过这种学说和压迫学说存在同一个问题，就是无法解释为什么恐龙数量之前保持平衡，却在某一个时间节点，忽然出现肉食性恐龙数目远

两只肉食性恐龙在互相攻击。

远超过植食性恐龙。

在这个问题得到解决前，这两种学说都只能是假设，没有确切的证据，因此不能成为主流观点。

温血动物说和物种老化说

科学家还提出不少其他学说来论证恐龙的消失之谜，其中一种便是温血动物说，有些人认为恐龙是温血动物，就和今天我们见到的哺乳动物一样，因此它们可能禁不起白垩纪晚期的寒冷天气而导致无法存活。温血动物和冷血动物不一样的地方就是如果体温降到一定的范围之下，就要消耗体能以提高体温，身体也就很快变得虚弱，所以我们可以看见不少动物在冬天冬眠，以降低身体的消耗。

因为恐龙本身的体温不高，可能和现在树懒的体温差不多，而要维持这样的体温，它只能生存在热带气候区，或者温带气候区。同时恐龙的呼吸器官并不完善，不能充分吸收空气里的氧气，而它们又没有厚毛避免体温丧失，而且恐龙身体表面积大，容易从其长尾和长脚上丧失大量热量。其庞大的身躯又使得它们很难能进入洞中避寒，所以如果寒冷的日子持续几天，它们可能就会因为体力耗尽而遭遇冻死的命运。但是地球的温度变化是受到冰川期影响的，到目前为止，一共有 7 次比较大的冰期，分别是新太古代大冰期（前 26 亿~前 25 亿年）、前寒武纪早期大冰期（前 9.5 亿年前后）、前寒武纪中期大冰期（前 7.7 亿前后）、前寒武纪晚期大冰期（前 7 亿~前 6.5 亿年）、奥陶—志留纪大冰期（前 4.70 亿~前 4.10 亿年）、石炭—二叠纪大冰期（前 3.5 亿~前 2.7 亿年）、第四纪大冰期（前 0.02 亿年以来），并且大冰期之间还有小冰期。恐龙灭绝时候的白垩纪却不在其中，因此当时的温度是否真的低到让恐龙无法生存，至今还有争议。

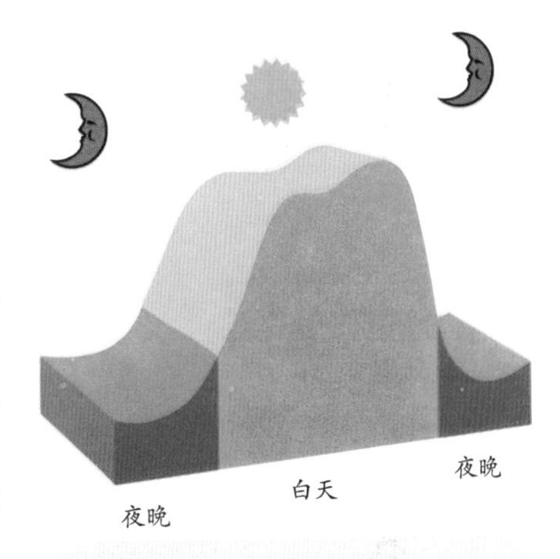

冷血动物一天的体温变化。

另外还有一种假说也占有一席之地，这便是物种老化说。这种学说认为，恐龙发展了 1 亿多年后，进化方向出现了问题，它们的体积越来越庞大，身体器官也相应变得越来越大，从而导致反应迟钝，因此丧失了生活能力，使得它们走向了灭亡。不过这种假说常被人诟病，原因所在：第一，根据进化论，生物的进化是适合环境变化的，为何会最终出现“物种老化”呢？第二，在恐龙家族中，还有不少体积小的成员，甚至有的恐龙还不到 1 米长。因此这种假说已经渐渐地被

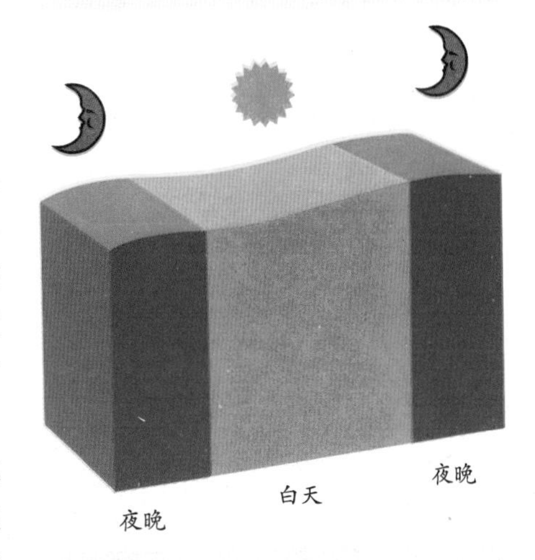

温血动物一天的体温变化。

人们否定掉了。

造山运动说和海洋潮退说

我们都知道，由于地壳运动的原因，造山运动在地球形成过程中便一直存在。地球板块间最常发生的运动方式是互相碰撞，碰撞时的强大力量常使地层发生抬升、倾斜或褶皱等现象，造成高大的山脉；与褶皱运动同时发生的还有大规模的逆断层及其他断层作用，有时也会产生岩浆，以及一系列的火山喷发现象。

有科学家提出，在白垩纪末期发生的造山运动使得当时大地的沼泽干涸，许多以沼泽为家的恐龙就无法再生活下去。同时由于气候变化，植物也相应进化出不同的形态，种类和数目都大大减少，植食性恐龙不能适应新的食物，从而相继灭绝。植食性恐龙灭绝，肉食性恐龙也失去了依持，结果也灭绝了。此灭绝过程持续了1000万~2000万年。到了白垩纪末期，恐龙最终在地球上绝迹。

此外，还有一种很有趣的假设，那就是海洋潮退说。持这类想法的科学家认为，随着大陆漂移、海洋潮退，不同的陆地接壤时，生物彼此相接触，也许是产生了新的天敌，也许是微生物感染，总之造成某些种类的生物绝种，进而引发连锁反应，使得恐龙最终灭亡。

这种现象在我们今天屡见不鲜，我们将它称为“外来物种入侵”，对于一个特定的生态系统与栖息环境来说，非本地的生物（包括植物、动物和微生物）通过各种方式进入此生态系统，就会对这个生态系统带来威胁。在今天，澳大利亚的“兔灾”、地中海的“毒藻”、美国五大湖的“斑马贻贝”、夏威夷的“蛙声”以及入侵中国的“紫茎泽兰”“大米草”“松材线虫”，“加拿大一枝黄花”“克氏螯虾”“美国白蛾”，等等，外来物种入侵的事例举不胜举。由于缺少自然天敌的制约，这些外来入侵者不仅破坏食物链，威胁其他生物的生存，而且还给全球带来了巨大的经济损失。

但是海洋潮退说低估了生物的适应性，毕竟恐龙种类繁多，就算有一些品种因为物种入侵的原因灭绝，但是整个恐龙大家庭因为这种原因灭绝让人难以信服，因此这种假说只能作为一种奇妙的构想，得不到大多数人的认可。

▲ 干裂的大地上，一只植食性恐龙伸长脖子去吃树顶上的叶子。

火山爆发说

我们都知道，火山爆发能够引起二氧化碳浓度的大幅度提高，这会使地球表面的温度迅速提高，导致植物死亡。除此之外，火山爆发还会释放出大量的氯气，这些氯气与水结合之后会破坏臭氧层。而臭氧层的漏洞会让大量有害的紫外线直接照射到地球表面，这会使生物的遗传物质受到损坏，畸形后代大量产生，最终引起生物灭亡。这会不会是恐龙灭绝的原因呢？

意大利的著名物理学家安东尼奥教授就陷入了这样的思考中。他提出，恐龙大灭绝的原因很可能就是大规模的海底火山爆发引起的，这就是恐龙灭绝假说中的“火山爆发说”。

浓烈的火山灰下，一只断掉四肢的畸形恐龙奄奄一息地躺在地上，另一只失去前肢的恐龙正凄惨地嚎叫。

安东尼奥教授提出，现代海底火山的爆发对于海洋和大气所产生的影响是众所周知的，但是它的影响程度比起白垩纪晚期发生的海底火山爆发程度小多了。当时的海底火山爆发改变了海水的热平衡，并影响了需要依靠大量食物维持生命的恐龙等大型动物的生存。

在安东尼奥教授关注海底火山之前，科学界对于海底火山爆发的情况了解得很少。安东尼奥教授认为，现在需要对这种严重影响地球环境的现象进行更加深入的研究，以最大的岛屿格陵兰岛为例。格陵兰岛上曾经生长着茂盛的植被，但是当全球性的海洋水温平衡产生变化、寒流改变方向之后，这个曾经覆盖着植被的岛屿变成了冰雪覆盖的大地。这是海洋水温平衡被破坏之后，对气候产生巨大影响的一个典型事例。

而海底火山的爆发是影响海洋水温平衡的一个重要原因，所以安东尼奥教授认为当时大规模的海底火山爆发引起的水温平衡变化导致了气候上的巨大变化，而这个变化让气候变得寒冷，植物大量死亡，恐龙因为缺乏食物最终灭亡。除了食物方面的影响，火山爆发引起的臭氧层破洞也会让恐龙的抵抗力下降，畸形恐龙大幅度增加，最终由于无法适应自然而灭亡。

哺乳类侵犯说和生物碱学说

关于恐龙的灭绝，有科学家认为是恐龙的种群内部出了问题，据此提出了“物种老化说”。恐龙家族发展到后期，大块头频频出现，骨骼和肌肉都异常发达，因此在生活上产生了极大的不便，最终绝种。有些人则认为是由于恐龙家族数量骤增，食物无法

一只植食性恐龙大口吞噬着眼前的树叶，在它旁边，另一只中毒倒地的植食性恐龙正试图警告它不要吃这些有毒的叶子。

满足植食性恐龙，导致它们大量死亡，而肉食性恐龙也因为缺乏食物而逐渐灭绝了。那么，除了这些来自恐龙家族内部的原因，还有没有其他的原因呢？有科学家反其道而行之，从恐龙家族外部的生物群体寻找原因，据此提出了两种学说：哺乳类侵犯说和生物碱学说。

提出“哺乳类侵犯说”的科学家把恐龙灭绝的原因归结于恐龙的新对手——哺乳动物。哺乳动物的祖先早在中生代后期就出现了，不过，在恐龙的阴影下，它们一直小心翼翼地生活在不起眼的角落里。根据化石记录推测，当时的哺乳类动物体型非常小，而且数量有限。但是由于哺乳动物强大的适应能力和更加先进的繁殖方式，后代的成活率不断提高。哺乳动物的数量在白垩纪后期出现了大爆发。科学家推测这些哺乳动物可能是以昆虫等为主要食物的杂食性动物。当遇到可口而营养丰富的恐龙蛋时，它们一定不会放过。随着数量的激增，它们消耗的恐龙蛋也越来越多，恐龙数量锐减，最终灭绝。

另外一种恐龙灭绝假说的提出则聚焦于植食性恐龙的食物。在恐龙生活的白垩纪，显花植物开始出现，它们的光合作用方式与以前的植物有着明显的区别，合成的物质也变得不一样。在显花植物中，有些种类能够合成有毒的生物碱，由于恐龙的嗅觉和味觉不那么灵敏，可能因此摄入过量的生物碱而大批中毒死亡。而哺乳动物则拥有更加灵敏的味觉和嗅觉，因此幸免于难。不过，“生物碱学说”有一个漏洞，那就是含有生物碱的植物并不是在白垩纪后期出现的，而是在恐龙灭绝前 500 万年就存在了，那么在这 500 万年中，恐龙为什么没有中毒灭亡呢？

陨石碰撞说和彗星碰撞说

1980 年，美国物理学家路易·阿尔瓦雷兹在白垩纪晚期的地层中发现了高浓度的铱元素，含量超过正常含量的几十倍甚至几百倍，这样高浓度的铱元素只有在陨石中可

这个在美国亚利桑那州的坑洞直径为 1.2 千米，有 170 米深。这是一颗小陨星撞击的结果。然而，K-T 分界期的小行星撞击地球表面形成的坑洞，直径应在 180 千米左右。

犹加敦半岛上的其克苏鲁陨石坑，由直径约 10 千米的陨石造成。图中的坑是位于美国亚利桑那州的一个类似的陨石坑。

以找到。原本只是一个物理学方面的研究，但是这个地层的时期如此敏感，很容易让科学家把这件事与恐龙灭绝联系起来。这就是著名的“陨石碰撞说”，这也是目前接受度最高的一种假说。

路易根据铱元素的含量，推算出当时的撞击物体应该是一颗直径大约有 10 千米的小行星，如果以地震来形容这次撞击，几乎可以与里氏十级地震相媲美。这样一次巨大的撞击，产生的陨石坑直径可以超过 100 千米。在随后的 10 年里，科学家们一直在寻找这个陨石坑，希望能够找到恐龙灭绝的证据。最终他们在南美洲和北美洲交界的犹加敦半岛的地层中找到了这个大坑，这个坑的直径在 180 千米~ 300 千米之间，刚好符合科学家对于小行星撞击力度的推测。目前，科学家对这个陨石坑的研究还在继续。

不过，科普作者已经开始用这个大坑来解释恐龙的灭绝：在 6500 万年前，恐龙无忧无虑地尽情吃喝，忽然天空中落下了一颗直径 10 千米的巨石，这块巨石几乎相当于一座中等城市。巨石一头撞进近海处，留下一个深坑。海水瞬间变成蒸汽喷射到数万米

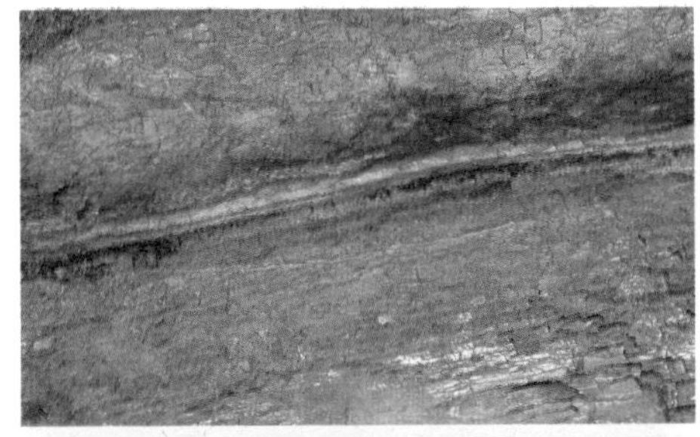

小行星的“签名”

一层铅笔粗细的黏土层标志了白垩纪和第三纪岩石的分界。其中高含量的铱元素只可能从两个地方来——通过大规模的火山爆发从地球内部的岩浆中喷涌而来；通过小行星的撞击，从太空中来。这两种情况都会给恐龙带来巨大的灾难。

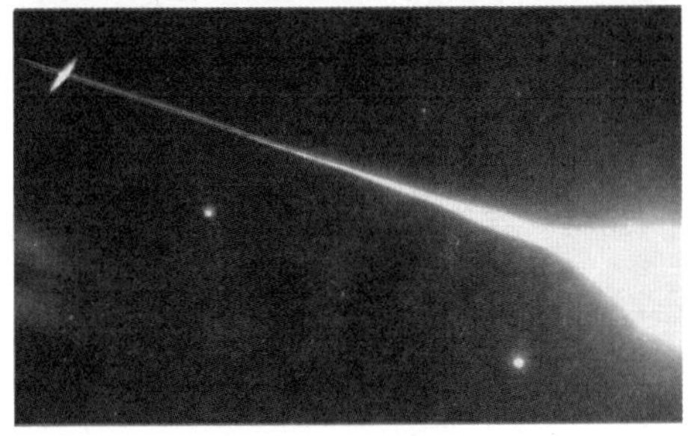

来自太空的“死神”

穿过地球大气层的火球留下一条尾迹，逐渐变亮，最后在视野的边缘爆炸。这是 1991 年 9 月时拍摄于南极的图片。这种陨星撞击地球的结果可能是：相当于上千颗核弹爆炸产生的冲击波；火山爆发的连锁反应；灰尘和气体充满大气层，阻挡阳光长达数月并下酸雨；潮汐对海岸的反复冲击。

的高空，随后掀起了高达5千米的海啸，大水无情地吞噬了地面的一切。最终这些水汇聚在陨石坑中，巨大的海水力量引起了德干高原强烈的火山喷发，同时改变了地球上板块的运动方向，气候因此而改变。

同时，陨石撞击地球的过程中产生了铺天盖地的灰尘，一时间暗无天日、气温骤降、大雨滂沱。陨石散发的巨大热量引起了极地的冰雪融化。雪水融化之后引起了泥石流、山洪等地质灾害，这些泥石流将恐龙的尸体卷走并且埋葬起来。在以后的几年里，天空依然尘埃滚滚、乌云密布，地球在很长时间内都见不到太阳，整个大地一时间陷入沉寂。恐龙大批大批地死去，最终在很短的时间内灭绝了。

与“陨石碰撞说”相似的还有“彗星碰撞说”。古生物学家戴维·劳普和约翰·赛普柯斯基曾经发表过一篇文章，文章中提出了这样的论点——古生物的绝种是每2600万年发生一次的。后来，陨石碰撞说的提出者路易·阿尔瓦雷兹把这个观点和自己的“陨石碰撞论”送给天体物理学家查理·缪拉，与他一起讨论。在这两个观点的启示下，缪拉提出了自己的观点——彗星碰撞说。他认为太阳系存在很多彗星，而每隔一段时间就会有彗星撞击地球，这段周期就是2600万年。缪拉认为这是太阳的伴星复仇女神星的引力周期性地把彗星推向地球的原因。每2600万年，复仇女神星对太阳系中彗星的引力会发生变化，可能会有很多彗星同时向地球冲过来，但是大部分都在坠落的过程中被消耗光了。不过，由于太阳系中存在小行星带，其中的行星和彗星不计其数，总有一两个“幸存者”会到达地球，而这一两个“幸存者”就会变身为冷酷无情的恶魔，影响地球上的气候，改变地质环境，引起大规模的生物灭亡。

不过，上面的说法能否解释恐龙的灭绝，还需要时间来检验，当然也要面对其他科学家提出的质疑和挑战。

恐龙灭绝存在哪些谜团

在地球的历史上曾经出现过种类繁多的爬行动物，其中最有名的莫过于恐龙了。

目前世界上已经出土了几百种恐龙化石。但是这种主宰地球长达 1.6 亿年之久的庞大动物类群在白垩纪晚期突然灭绝，成为世界上最令人费解的谜团之一。

目前古生物学家虽然提出了各种各样的假说来推测恐龙灭绝的原因，但是任何一种观点都不能完美地解释恐龙灭绝的原因，不管哪一种观点都会有其他科学家提出质疑。

近年来最受关注的恐龙灭绝假说是美国的物理学家路易·阿尔瓦雷兹提出的陨石撞击地球的假说，同时这也是目前最受认可的假说。不过，这种假说中也依然存在许多疑点。首先，小行星大多数是由硅或铁元素组成的。能够造成大规模生物灭亡的行星，应该不会很小。即使经历了如此漫长的岁月，也不可能销声匿迹，完全不见踪影，但是目前世界

爬行动物是从距今3.2亿年前开始进化的。

上从来没有发现这样的大型陨石。其次，恐龙都埋在几千米以下的岩层中，而仅仅一颗小行星撞击所扬起的尘埃很难把当时绝大多数动植物埋入如此深的地层中。最后，这颗小行星中所含的铱元素是如何均匀分散在世界各地的呢？而且，铱元素在地球深处也有发现，地表的铱元素也有可能来自地球内部。如果小行星撞击假说能够解决以上几个问题，那么它的可信度会大大提高。

还有一种假说认为不是小行星撞击造成了恐龙的灭绝，而是其引起了生态环境的变化。比如由于撞击扬起的尘埃遮天蔽日，植物由于无法进行光合作用而死亡，植食性恐龙首先死亡，最终是肉食性恐龙由于食物缺乏也大量死亡。不过这种说法也有漏洞。根据其他古生物学家的研究，当时的很多昆虫也属于植食性动物，但是它们的种类和数量并没有明显的变化。这就很难解释为什么只有恐龙没有逃过这样一劫。

另外，如果说恐龙是在很短的一段时间内大量灭绝的，那么应该会有很多恐龙尸体堆积在一起。而目前发现的恐龙化石，很少有大量恐龙化石堆积在一起的现象。

当然，质疑并不能阻碍假说的产生，质疑也只是为了帮助我们接近真相。总有一天，我们会拨开恐龙灭绝的迷雾，让科学告诉我们白垩纪晚期发生的一切。

一只惊恐万分的暴龙四下张望，希望找到容身之地，无奈陨石与地球碰撞产生了巨大的冲击波，无法逃脱。

恐龙“失踪”之后

征服天空的鸟类“飞行员”

鸟类的祖先：始祖鸟

因为渴望像鸟儿般飞翔，人类发明了早期的飞机。那么，最早的鸟类又是什么样子的呢？

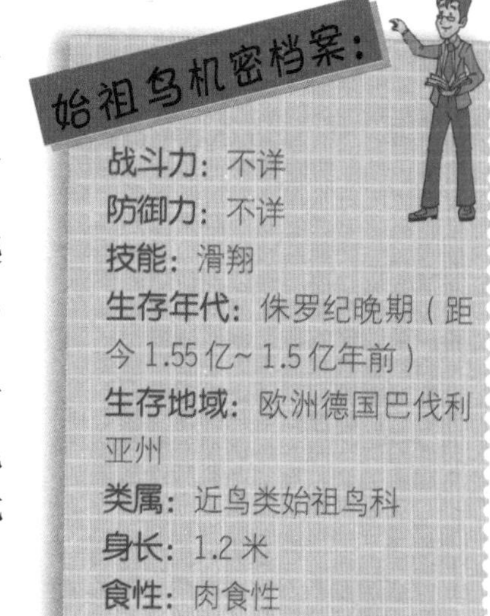

始祖鸟的名字来源于希腊文，意为“古代的翅膀”。它生活在恐龙时代，却与恐龙有着很大区别，并拥有一些鸟类的特征。科学家一般认为，它是爬行动物到鸟类的中间类型，是曾经“失落的一环”。它是鸟类的祖先，也是最早的原始鸟类。

始祖鸟的外形有些奇特，它并没有喙嘴，上下颌突出，当中布满了细小的牙齿，有利于其捕食昆虫及其他细小的无脊椎生物。它的躯干也并不是优美的曲线形，而是不适合飞翔的扁平形。

和同时代的恐龙一样，始祖鸟依旧长有四肢，并且还有三趾长爪。不过，既然被称为“始祖鸟”，就表明它同样拥有一双翅膀，上面长满了羽毛，只不过它的前肢和两翼的翅膀是连在一起的。

令人惊奇的是，当始祖鸟展开翅膀的时候，它的前爪会随着翅膀一同伸开。更为奇特的是，虽然没有尾翼，但它拥有比躯干还长的人字形尾骨，上面同样覆盖着茂密的羽毛。

从体形来说，始祖鸟并没有多少可称道的地方，但翅膀的出现使其在弱肉强食的恐龙时代觅得一席之地。它既可以通过飞行来躲避猎食者的袭击，又能够悄无声息地飞临猎物上方，并完成致命一击。

对于始祖鸟的飞行能力，科学界的观点并不完全一致。有的学者认为，因为缺乏飞翔所需的强健肌肉，始祖鸟的“飞行”实际上是从高处飞向低处的滑翔。有的学者则认为，其实始祖鸟连滑翔的机会也不多，因为其脚趾构造决定了它无法在树干的高处生活，只能在地面上奔跑捕食及躲避强敌。

不论如何，始祖鸟的出现的确改变了地球上动物的布局，天空也因此变得不再那么寂寞了。

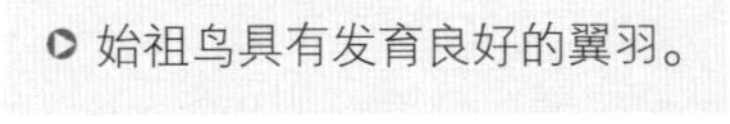

始祖鸟具有发育良好的翼羽。

最早长有喙嘴的孔子鸟

◀ 尾椎上拥有23块骨头的孔子鸟，比之前的鸟类更擅长飞翔。

在关于鸟类起源的研究中，中国是一个非常重要的地方，其中辽宁省西部的四合屯被古生物学家称为“鸟类化石库”。也正是这个化石库，让中国一跃成为世界古鸟类研究的中心。今天，我们就来认识一种从这里走向世界的鸟类化石——孔子鸟。

辽西出土的孔子鸟化石标本十分完整，羽毛印迹也很清晰，它也因此变成了白垩纪时代最出名的鸟之一。孔子鸟的名字是为了纪念中国古代的思想家、教育家孔子。其化石于1996年发现于辽宁省西部北票市的四合屯，是迄今为止发现的具有角质喙的最古老的鸟类，在鸟类进化史的研究中有着重要的地位。

孔子鸟首次被描述的时候，人们认为发现孔子鸟的四合屯所属的热河组所处的地质年代与发现始祖鸟的索伦霍芬石灰岩所处的地质年代应该是一样的。不过，科学家于1999年利用放射性碳同位素对地层年代进行了测定，从得到的结果来看，四合屯的化石层要比索伦霍芬的地层年轻一点。另外，孔子鸟和始祖鸟的解剖学对比也证明了孔子鸟的辈分更低一些。

孔子鸟与现在的鸡大小相近，在形态上有许多和始祖鸟相近的特征，比如头骨和前肢上的掌骨没有完全愈合在一起。不过与始祖鸟相比，孔子鸟更进化一些，多了一些接近现代鸟类的特征，比如为了减轻体重，嘴里面的牙齿已经退化，上下颌也变成了角质的喙；胸骨出现了最初的突起，这有利于飞翔肌肉的附着；孔子鸟的尾椎骨愈合成一根短短的尾综骨，而始祖鸟的尾椎上则有23块骨头。这些进步的身体结构说明孔子鸟要比始祖鸟更加适合天空中的生活，飞翔技术更高。

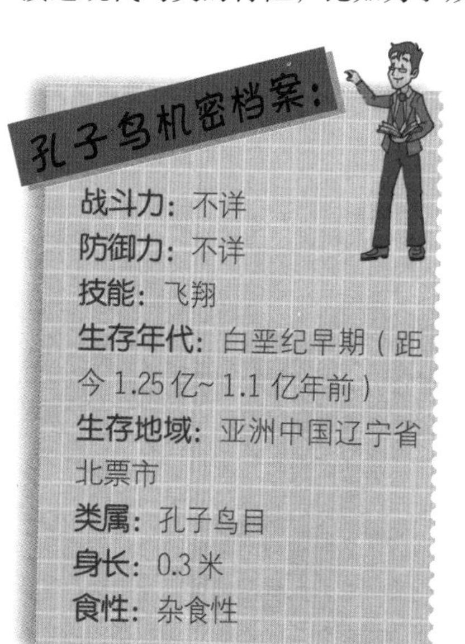

关于孔子鸟的食性，目前科学界还没有定论。在化石中人们曾经发现它的颈部有鱼类的残体，但是也有科学家坚信它是以植物为食的。到底孔子鸟是喜欢吃肉的动物还是素食者，这个问题还需要科学家继续进行研究。

孔子鸟的出现具有重要意义，不仅为科学家重建鸟类的关系提供了证据，更重要的意义在于打破了始祖鸟的霸主地位，让人类对鸟类研究的眼光变得更开阔和客观。

头部骨骼很少愈合的鸟类：华夏鸟

目前科学界对于始祖鸟的分类仍然存在很多争议，有些人坚持认为它与恐龙关系更近，是恐龙的一种。如果说始祖鸟身上还具有恐龙的特征，那么今天要介绍的这种华夏鸟，我们无论如何也不能把它划入恐龙大家族了。

始祖鸟的发现揭开了鸟类演化研究的序幕，它生活在距今约 1.5 亿年前；而 19 世纪晚期在北美发现的鱼鸟和黄昏鸟则生活在距今 9000 多万年前，这两种鸟已经是非常进步的鸟类，其形态几乎已经可以和现在的鸟类联系在一起了。可是，从 1.5 亿年前到 9000 多万年前的白垩纪早期，鸟类经历了什么？它们是如何在恐龙统治的世界上生存下来的呢？

对于这个问题，人们几乎一无所知，直到 20 世纪 90 年代才揭开这个谜底。那时候，著名的古生物学家周忠和还是一个年轻的学生，他在寻找鱼类化石的过程中来到了中国辽宁省的朝阳市。在这里，他发现了两块与众不同的化石，似乎不属于鱼类。他把这些化石带回研究所之后，请教了很多专家，最终竟然发现这就是生活在白垩纪早期的鸟类化石。就这样，一位研究古鱼类的科学家捡到了鸟类发展史上那神秘的一环——一种新的鸟类，而他也弃鱼从鸟，走上了研究古鸟类的道路。周忠和发现的这种鸟正是著名的华夏鸟。

华夏鸟是在中国辽宁省朝阳市发掘出来的中生代鸟类之一，是世界上已知的最早会飞的鸟类之一。华夏鸟的个头很小，还没有常见的麻雀大。它骨骼最大的特征是头部骨骼几乎没有愈合。华夏鸟的身上已经有了明显的鸟类特征，其中最突出的特征就是宽阔的胸骨，这样的胸骨适合胸大肌的附着，而发达的胸大肌正是飞行所必需的；华夏鸟适应飞行的另外一个特征就是骨骼开始变薄，这样可以有效地减少体重，在飞行的时候可以减少能量的消耗。虽然它已经可以算是真正意义上的鸟类，但是它依然保留着很多爬行动物的特征，比如嘴里有牙齿，翅膀上还有爪子，骨盆的构造与爬行动物有相似之处。

虽然华夏鸟的个子小，但是它的出现对鸟类的发展历史，乃至整个地球的地质变迁研究都具有重大的作用。

华夏鸟是目前已知最早会飞的鸟类之一。

骨骼轻巧、飞羽发达的长城鸟

中国辽宁西部的朝阳市被称为“世界古生物化石宝库”，保存了距今1.5亿~1亿年前的很多动植物化石，今天我们要介绍的长城鸟也是辽西化石大家族的成员。

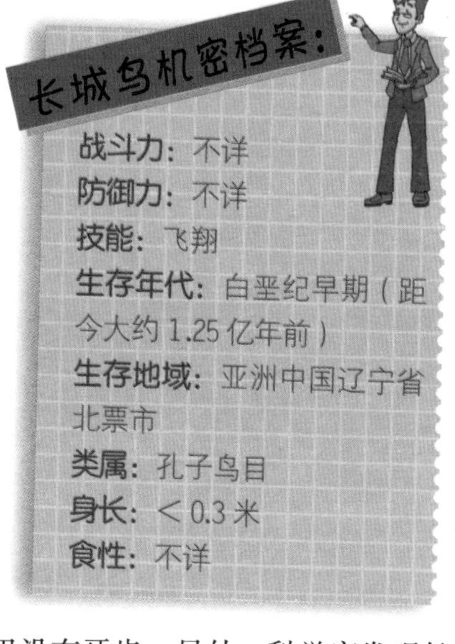

白垩纪早期的长城鸟化石是在辽宁省北票市被挖掘出来的，与发现孔子鸟的地方距离很近，可以说这两类鸟是亲密的邻居，事实上，它们不仅生活环境相似，身体的结构也十分接近。科学家通过对长城鸟化石的研究，认为长城鸟和孔子鸟属于同一个大家族——孔子鸟目。

虽然长城鸟和孔子鸟是亲戚，但这两种鸟既有相似的地方，也有自己独特的地方。

首先来看一下这两种鸟的相似之处。同孔子鸟一样，长城鸟的嘴同样是角质喙；为了减轻体重，嘴里没有牙齿。另外，科学家发现长城鸟和孔子鸟的头骨、前肢、胸骨以及尾综骨的结构几乎完全相同。也就是说，长城鸟的骨骼也已经变得比较轻巧；头骨和前肢上的掌骨尚未愈合；胸骨稍微有些突起，为飞翔肌肉提供了附着点；尾椎骨也愈合在一起，变成了一根短短的尾综骨。这一切都表明长城鸟的飞翔能力比较强，飞翔技术也比较高。

向后生长的脚趾使长城鸟抓取的能力非常强，更加适合在树上生活。

那么长城鸟和孔子鸟有哪些区别呢？虽然长城鸟与孔子鸟的骨骼结构十分相似，但是它也有自己独有的骨骼特点，其中最明显的就是它的脚趾：长城鸟拥有一个向后的脚趾。根据对这根脚趾长度的测量，科学家推测长城鸟的抓取能力要强于孔子鸟，更适合在树上生活。长城鸟和孔子鸟的另一个主要区别是外形上的差异。虽然二者都是角质喙，但是长城鸟喙的位置要比孔子鸟靠下，短小而且有明显的弯曲。长城鸟的头上可能还有一簇冠状的羽毛，尾巴上则有长长的飞羽，看起来就像系了丝带一样。

不过目前发现的长城鸟化石非常少，除了一副破损的骨骼化石之外，只有少量的局部遗骸被发现。因此，想彻底了解长城鸟的生活细节，科学家还需要发现更多的化石，进行更多的研究。

鸟类中的“进步者”：朝阳鸟

在进化的历史长河中，鸟类是一类非常成功的动物。它们与恐龙是同时期的地球成员，但是在恐龙全部灭绝之后，它们一直飞翔到今天，而且种类繁多，家族兴旺。不过，研究鸟类的起源可不是那么简单的事情，不仅需要努力，有时候还需要一点点运气。

朝阳鸟机密档案：

战斗力：不详
防御力：不详
技能：飞翔
生存年代：白垩纪早期（距今大约 1.1 亿年前）
生存地域：亚洲中国辽宁省朝阳市
类属：朝阳鸟目
身长：0.3 米
食性：不详

那么为什么鸟类的起源问题这么难研究呢？其实这与鸟类的身体结构以及化石的保存难度有关。在空中飞翔的鸟类死亡之后变成化石非常困难。这是因为鸟类为了飞上蓝天，首先进行了“减肥”，连骨骼都变成中空的了。不过，这虽然对飞上蓝天很有好处，却成了变成化石的最大阻碍。因为当鸟类死亡之后，它那纤细的小翅膀和小腿经过风吹日晒很容易变得支离破碎，最后化为尘埃。最悲惨的是，如果它们死后落在阴暗的地方，骨骼则会被腐食动物吃掉。如果这些鸟儿想要“永垂不朽”，必须要选择好自己的“坟墓”：最好生活在细腻的淤泥中，而且这些淤泥在漫长的岁月中逐渐被压实，变成石头，然后温度和压力都要刚刚好，我们才能看到那只鸟儿的骨骼化石。正是因为鸟类化石要完整保存需要很苛刻的条件，所以几乎每一件鸟类化石都是价值连城的。

而中国辽宁省西部的朝阳市，则用众多的鸟类化石震惊了世界，科学家把这里称为“中生代原始鸟类研究的灯塔”。这里出土了孔子鸟、长城鸟、华夏鸟等化石，为世界鸟类史的研究作出了巨大的贡献。

晚霞满天，一只朝阳鸟站在一截木头上，如同浴火凤凰。

朝阳鸟的发现过程证明了运气的重要性，因为它的发现是意外的收获。1991 年的秋天，几个古鸟类专家正准备结束在波罗赤乡的发掘工作，一位名叫侯连海的专家却从即将被扔掉的废石中找出了一件鸟类化石。虽然这件鸟类化石保存得并不完整，缺失了头骨、前肢和后肢下部，但是科学家发现了它胸廓中的钩突结构，这是在中国中生代鸟类中第一次发现这样的结构。这种鸟后来被命名为“北山朝阳鸟”，这种鸟形体较大，飞行能力很强，是鸟类中的“进步者”，代表了比较高级的一种鸟类。

朝阳鸟是现存鸟类的祖先之一。如果有机会，我们可以到辽宁省的朝阳鸟化石地质公园参观一下，近距离观看那穿越时空而来的神秘精灵。

具有真正飞行能力的辽宁鸟

辽西是个神秘的地方，这里保存了很多鸟的化石。通过这些化石，我们似乎能够看到白垩纪那生机勃勃的景象。辽宁鸟就是白垩纪时代天空的霸主之一。

它是 1995 年由著名的古鸟类学家侯连海发现的，他根据化石的出产地和形态特征，把这种鸟类命名为“长趾辽宁鸟”。

辽宁鸟机密档案：

战斗力： 不详
防御力： 不详
技能： 飞行能力
生存年代： 白垩纪早期（距今大约 1 亿年前）
生存地域： 亚洲中国辽宁省朝阳市
类属： 辽宁鸟目
身长： 0.2 米
食性： 肉食性

科学研究发现，鸟类从爬行动物分化出来之后逐渐演变成了两大支系，一支是以始祖鸟、孔子鸟为主要代表的反鸟类，反鸟类的形态保守，适应能力差，没有演化出更适应新环境的生理特征，最终与恐龙家族一起消失在时间的长河里；另外一支就是以辽宁鸟和朝阳鸟为代表的现代鸟类，身体结构更高级，更加适合飞行，是目前已知的鸟类中与现存鸟类关系最近的祖先，可以说如今这绚丽多姿的鸟类世界都是由辽宁鸟和朝阳鸟演化而来的。中生代的大灭绝事件没有给它们造成影响，反而由于众多竞争者的灭亡它们得以迅速分化出各种形态，占领了天空、水域等各种空间。

辽宁鸟是现代鸟类的祖先之一，不过它的化石并不完整，科学家只能通过残存的部分判断辽宁鸟具有明显的进步特征。它体型不大，仅有 20 厘米左右，体重大约 3 千克。在鸟类学的研究中，跗跖骨是鸟类脚踝部分的骨骼，属于脚骨的部分，而胫跗骨是鸟类的小腿部分，这两种骨骼的比例是确定鸟类栖息习性的依据。在对辽宁鸟的研究中，科学家发现它的跖短而粗，长度大约为胫跗骨的一半，这种比例与后来出现的黄昏鸟以及鱼鸟的比例非常接近，因此辽宁鸟很有可能与这两种鸟一样是生活在水域附近的游禽，以鱼类为食。

不过，辽宁鸟化石发现的意义不止于此，在它的胸骨上已经出现了真正的龙骨突，这是鸟类是否具有飞行能力的重要标志。通过化石显示的发育良好的龙骨突，科学家断定辽宁鸟是真正具有飞行能力的鸟类，它可以在任何地方起飞，而不需要利用高度差来辅助滑翔或者起飞。

辽宁的朝阳市被称为“第一只鸟起飞的地方”，而辽宁鸟就是最先真正掌握了飞翔本领的鸟类之一，从那以后，鸟类的飞行变得更加自由洒脱。

一只辽宁鸟正从水中抓鱼。

飞翔在白垩纪上空的鱼鸟

从侏罗纪晚期到白垩纪早期是鸟类开始出现的时期，鸟类一出现，便显示出极强的生存优势。它们的适应能力是如此之强，从天空到水边，到处都可以看到它们自由的身影。经过几千万年的发展，白垩纪晚期的鸟类类型已经非常丰富，它们不但可以自由地在天空翱翔，而且飞行的技巧也有了大幅度的提高，下面将要讲到的便是掌握了俯冲抓鱼技巧的鱼鸟。

鱼鸟的喙中长有尖利的牙齿，这是它区别于现代燕鸥的标志。

鱼鸟是北美洲的一种鸟类，生活在白垩纪晚期。早在1872年的时候，地质工作者就已经在美国堪萨斯州的白垩纪石灰岩层中第一次发现了它的化石，不过由于此次发现的化石缺少头骨，仅仅保存了部分下颌骨，而且这些下颌骨还受到挤压，发生了错位。发现这块化石的科学家错误地认为这块下颌骨属于一种小型爬行动物。后来又有科学家否决了这种分类，认为它属于一种海生蜥蜴——沧龙。直到一百多年后的1975年，科学家在亚拉巴马州的白垩纪晚期地层中发现了一块完整的鱼鸟化石。把1872年的化石与这次发现的化石对比之后，科学家确定这是同一种鸟类的骨骼化石，于是那块下颌骨终于回到了自己原本的位置。

由于发现了完整的骨骼化石，所以对鱼鸟的研究变得比较顺利。这种鸟个头中等，高度大约有1米。长有明显的龙骨突，翅膀强健有力，因此可以推测它的飞行能力很强。鱼鸟的脚很小，但是喙很长。作为鸟类，鱼鸟最特别的地方是嘴里生有牙齿，从它的骨骼化石中可以清晰地看到颌骨内长有后倾型的牙齿，这样不是无形中增加了体重吗？但是这些牙齿对它来说是具有重要意义的。它生活在海洋附近，以鱼类为食。鱼鸟在海洋上空疾速飞行的时候，看到食物之后会迅速俯冲，用尖锐的牙齿叼住食物，这样可以防止鱼类的挣扎影响身体的平衡。它那长长的喙以及相对比较小的脚也可以很好地适应白垩纪的海洋生活。

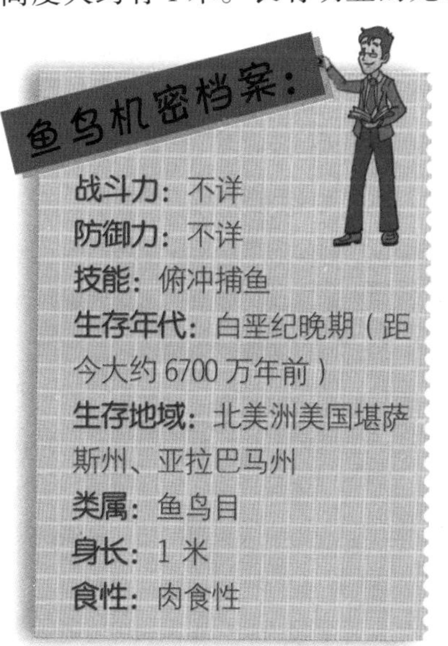

鱼鸟是现代具有龙骨突的鸟类进化史上的一个旁支，也就是说，鱼鸟的这一支系没有继续进化，而是最终走向了灭绝。这对鱼鸟来说是一个悲剧，对人类来说也是一个永远的遗憾。

不能飞行的恐鸟

古老的新西兰大地上，曾经生活着一种巨大的鸟——恐鸟。它与鸵鸟和鸸鹋一样都属于不能飞行的大型鸟类，而且这三种鸟类是由同一个祖先演化而来的。恐鸟是这三种鸟中最大的一种，但巨大的它灭绝了。究竟是什么把恐鸟推向了灭亡的境地呢？

科学研究揭示，早在距今8000万~7000万年前，恐鸟就已经来到了新西兰。对于它们来说，那时候的新西兰就像天堂一样，食物丰富，生活惬意。虽然恐鸟属于温顺的植食性动物，由于身材高大，岛上的小动物也不会主动去招惹它这种庞然大物。

恐鸟机密档案：

战斗力： 不详
防御力： 不详
技能： 快速奔跑
生存年代： 白垩纪晚期（距今8000万~7000万年前）
生存地域： 大洋洲新西兰
类属： 鸵形目
身长： 3米
食性： 植食性

可是，它不可能永远处在无敌的状态。有一天，忽然有不速之客到访，它们就是凯艾鹦鹉和哈斯特鹰。这两种鸟的到来给恐鸟的生存带来极大的威胁。别看凯艾鹦鹉的名字很好听，却是名副其实的"丛林吸血鬼"。这种鹦鹉个头非常大，喙又长又尖。进攻恐鸟的时候，它们会采取群体战术，一大群一起飞到恐鸟背上，用喙猛刺，随后吸食它的肾脂。另一种天敌哈斯特鹰属于巨型猛禽，翅膀展开的时候可以达到3米。它也从背部攻击恐鸟，首先用尖锐的爪子击倒恐鸟，然后撕食恐鸟的肌肉。这两种天敌还经常联合作战，一起对付恐鸟。

白垩纪晚期的一天，一只在旷野中漫步的恐鸟遭遇凯艾鹦鹉和哈斯特鹰的双重夹击。

不过，恐鸟最大的天敌是人。1000多年前，波利尼西亚人乘船来到了新西兰，他们的后裔是毛利人。由于恐鸟长期生活在和平环境中，缺乏防范意识，虽然外表看起来很强悍，实际上非常脆弱，不堪一击。人类几乎毫不费力就可以抓住恐鸟，把它变成美食。

毛利人为了生存，大肆烧荒，开垦森林，恐鸟的栖息地被人类抢占。失去了庇护所的恐鸟就更容易变成人类的盘中餐了。当年波利尼西亚人还把狗和一种鼠类一同带到了岛上，它们同样也会攻击恐鸟。在多种因素的共同作用下，恐鸟最终在地球上彻底消失了。

目前，依然有人认为恐鸟生存在某个神秘的角落，并派人去寻找。科学界虽然已经否定了这种说法，但是人们内心依然期望这些巨鸟在某个不为人知的角落里悠闲地生活。

长着牙齿的黄昏鸟

黄昏鸟机密档案：

战斗力： 不详
防御力： 不详
技能： 潜水捕食
生存年代： 白垩纪晚期（距今7000万~6700万年前）
生存地域： 北美洲加拿大、美国堪萨斯州
类属： 黄昏鸟目
身长： 1.5~2米
食性： 肉食性

白垩纪晚期，美国的堪萨斯州有一部分地区是汪洋，黄昏鸟就生活在这片水域中的岛屿上。

黄昏鸟个头比较高，大部分在1.5米以上，还有一些则在2米以上。同鱼鸟一样，黄昏鸟也是一种嘴里面长有牙齿的鸟类，它的牙齿很锋利，分布在上下颌的齿槽中，但嘴的前端没有牙齿分布。

它的喙细长，尖端可能有倒钩。科学家观察它的化石发现，它的牙齿结构与那些原始的鸟类不同，因此推测黄昏鸟的牙齿可能是晚期为了适应环境才长出来的。黄昏鸟虽然被称为鸟类，但是它的翅膀几乎已经完全退化，只剩下短短的一节肱骨支撑着皮肤；而且黄昏鸟的胸骨处没有龙骨突，因此它不能飞行。

黄昏鸟的身体结构决定了它不能在天空翱翔，但它可以在另一片领域大有作为——海底世界。黄昏鸟的生理结构告诉我们，它是一种水生鸟类。嘴里那些小而尖利的牙齿表明它是一种肉食性动物，而科学家也证实黄昏鸟的主要食物是鱼类、菊石和箭石。黄昏鸟的体表覆盖着一层光滑的羽毛，这有利于减小它游泳时的阻力。它那退化的翅膀也可以辅助水中前行，保持平衡。黄昏鸟的后肢十分强壮，在身体比较靠后的位置，鸟爪上有蹼，适合划水。黄昏鸟大部分时间都漂浮在海面上，游泳和漂流是它们最常用的行动方式。它们的游泳速度很快，能够通过迅速的潜水来捕食鱼类和其他猎物。

在水里，它们堪称游泳健将，但是到了陆地上，那可真的是寸步难行。在陆地上，它的翅膀帮不上任何忙，腿也不能支撑起身体，因此只能用腹部向前移动，有点儿像虫子一样一拱一拱地前进。到了岸上，黄昏鸟显得笨拙而脆弱，而恐怖的肉食性恐龙却对它们虎视眈眈，所以到了岸上它们总是聚集在一起寻求安全，并且喜欢到石头很多的地方，因为这样的地形难以接近。不过，通常它们也不会到陆地上去，据说只有繁殖的时候才会去陆地。有科学家曾经在北极附近发现了黄昏鸟幼年时期的化石，因此我们可以推测黄昏鸟最远可能会去北极附近产卵。

如今黄昏鸟已经灭绝，但是它的化石依然默默地为科学界解开鸟类之谜作着自己的贡献。

黄昏鸟身体表面光滑的羽毛有助于它在水中游动，捕食各种鱼类。

胸肌发达的伊比利亚鸟

只有麻雀大小的伊比利亚鸟是一种非常凶猛的鸟类。

通过前面介绍的几种鸟我们了解到远古时代的亚洲和北美洲是鸟类家族最繁盛的地方，那是不是其他的地方不适合鸟类发展呢？答案当然是否定的，今天我们就认识一下来自欧洲的一种小鸟——伊比利亚鸟。

伊比利亚鸟又被称作伊比利亚中鸟，它是一种比较原始的鸟类。说它原始是因为这种鸟类生活在白垩纪早期，喙上生有牙齿，翅膀上还有爪子，这些特征都表明它与爬行动物祖先的关系。但是相对于同时期的鸟类，它又是一种比较进步的类型，因为同时期的鸟类大部分拥有爬行类的长尾巴，但是伊比利亚鸟的脊椎末端只是一根短短的尾综骨，上面长着尾羽。

它的个子不大，与现在的麻雀差不多，翅膀展开之后也只有 10~15 厘米，体重只有几十克。它看起来很柔弱，却是一种十分凶猛的鸟类，胸部肌肉发达，飞行技术很高，可以做出多种飞行动作，比如快速转向和迅速俯冲。不过伊比利亚鸟可是个十足的急性子，要是让它们在天空慢慢飞行看看风景，那对它们来说可真是一件非常为难的事情。其实这也与它们的飞行能力有关，如果让伊比利亚鸟低速飞行，它们可能会因为失去平衡而从空中坠落。

最早的伊比利亚鸟的化石是于 1985 年在欧洲西班牙的昆卡省发现的，地质年代属于白垩纪早期。当时昆卡省是一片大森林，中间是一个湖泊。科学家推测伊比利亚鸟不会发出现在鸟类婉转的歌声，只会发出简单的尖叫声。它是生活在森林中的精灵，爪子非常适合抓握树枝，所以是一种在树上栖息的鸟类。不过它们最喜欢的地方是靠近湖边的树林，因为这样可以很方便地去捕捉水面上的昆虫或者湖边上的甲壳类动物。由于目前发现的伊比利亚鸟化石缺乏头颅骨，因此对它的食性依然只是一个推测，也有科学家认为它是一种杂食性的鸟类。

伊比利亚鸟用自己利落的身姿装点了白垩纪时期欧洲的天空，让欧洲大陆变得更加绚丽多彩。

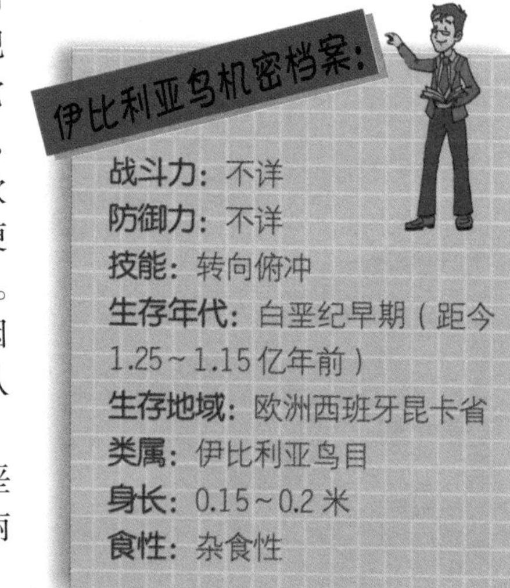

鸭子和鹅的亲戚：维加鸟

关于鸟类的分化问题，目前的主流说法主要有两种。一种认为鸟类是在恐龙灭绝后迅速“上位”的，恐龙的灭绝为它们提供了充足的食物和发展空间，鸟类依靠这些优势，迅速发展和分化成种类繁多的超级大家族；而持另外一种观点的科学家则坚持认为，早在白垩纪时期，鸟类已经分化成了非常多样的形态，几乎与现在的分类相似，主要包括平胸鸟类和突胸鸟类。平胸鸟类是以恐鸟、鸵鸟和鸸鹋为代表的没有龙骨突的鸟类，它们不能飞翔，善于奔跑；另一类则包括了具有龙骨突的鸟类，善于飞翔，常见的鸟类大多数属于突胸鸟类。那么，白垩纪时代的天空，究竟是由数量有限的几种鸟占领着，还是种类繁多的鸟类一同起舞呢？

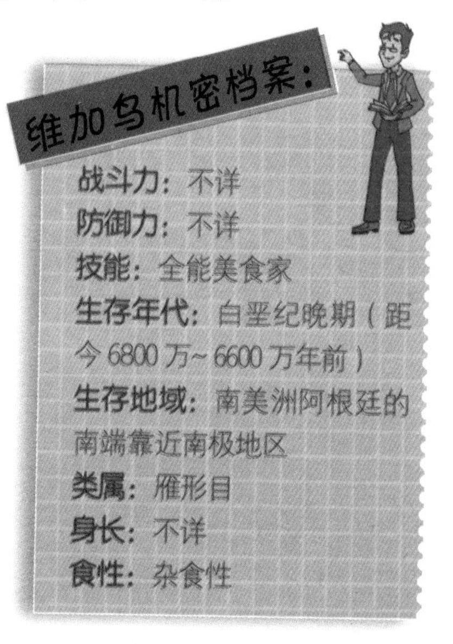

20世纪90年代，维加鸟的出现解开了这一谜底。维加鸟的化石是在阿根廷南端靠近南极的部分被发现的，维加鸟是白垩纪晚期的鸟类。虽然维加鸟化石在20世纪90年代就已经被发掘出来，但是藏在石头里面的秘密，直到2005年才被揭开。

2005年，美国的克拉克教授和同事一起发表了一篇论文，他们通过对维加鸟形态的研究发现，维加鸟和鸭子、鹅是亲戚，它们同属于突胸类的雁形目，身体相似特征为宽阔的肩带骨以及骨盆。维加鸟证实了在白垩纪晚期恐龙尚未灭绝的时候，鸟类已经分化成了平胸类和突胸类，而不是人们以前所认为的恐龙灭亡之后，鸟类才开始迅速分化。

另外，科学家综合研究了很多化石之后认为，与鸭子类似的鸟是唯一确定从白垩纪时代顺利走向现代的鸟类，这其中也包括维加鸟。科学家认为鸟类的竞争力主要来自觅食习惯。这些生活在潮湿环境中的鸟类，是典型的全能觅食者，能适应各种食物。而那些没能熬过大灭绝的鸟类，它们的化石则出现在许多不同环境的岩石中。

长相酷似鸭子的维加鸟是全能的觅食者，能捕食陆地和水中的多种动物。

维加鸟的出现为鸟类的分化问题提供了很重要的证据，不过要真正解决这个问题，我们还需要更多来自地下的线索。

体型巨大的 阿根廷巨鹰

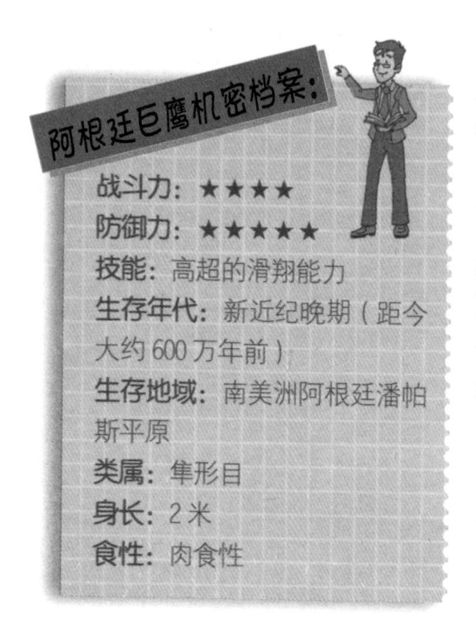

600万年前，它曾在南美洲上空翱翔，是令地上各种动物都感到恐惧的“空中之王”，它就是阿根廷巨鹰。

阿根廷巨鹰是目前已知的人类历史上最大的飞鸟，它生活在新近纪晚期，站立的时候身高超过2米，双翼展开的长度为6~8米，最长能够达到14米，就像一架小型飞机。它的平均体重为70千克，最重可以达到150千克。由于化石是在阿根廷境内被发现的，因此它被命名为阿根廷巨鹰。

它生活在广阔的潘帕斯平原上，不过它的颌骨并不强壮，因此很难撕裂大中型的猎物，所以体型较小的动物是它们最爱的美食。

不过也有科学家指出，这些阿根廷巨鹰虽然看起来强壮，而且有捕食的能力，但是很懒，不喜欢自己去捕猎。那么它们吃什么呢？也许它就像今天的秃鹫一样，不会放过任何动物的尸体。

除了庞大的身体，阿根廷巨鹰还是鸟类世界中的寿星，寿命短的可以活50年，有些则能够活到100岁。不过，一般寿命比较长的动物，生长发育都比较缓慢，阿根廷巨鹰也是如此。

它们每两年下一次蛋，每次只有1~2颗。在16个月之前，雏鸟需要由父母来照顾，而完全成年则需要10年以上的时间。

阿根廷巨鹰还有一项很特别的能力——高空滑翔。别看它的翅膀又大又宽，但是由于体型太大，它是不能利用翅膀原地起飞的，要想飞上天空，它必须充分利用潘帕斯草原的上升气流。

科学家利用计算机对阿根廷巨鹰的滑翔过程进行了模拟，发现阿根廷巨鹰在空中滑翔时需要依靠直径超过100米的上升暖气流。在阿根廷巨鹰生活的时代，潘帕斯草原的温度比今天要高出10℃，所以如此大的上升暖气流并不难寻找。那么滑翔之前，它是如何起飞的呢？这就要依靠它那强有力的双腿了。阿根廷巨鹰是依靠助跑起飞的，助跑速度可以骤然间达到每小时30千米。

科学家总结说，飞离地面和降落对阿根廷巨鹰而言可能是很大的挑战，但并非不可能完成的任务。阿根廷巨鹰被认为是诸如鹳、兀鹫等现代大型猛禽的祖先。通过对它化石的研究，科学家认为阿根廷巨鹰明显具有适于飞行的生理特征。不过，揭开阿根廷巨鹰翱翔于天空的细节之谜却是困难重重。

如今，这“空中之王”已经变成巨大的化石，只能躲在博物馆的橱窗里向人们展示自己曾经的辉煌和霸气。

在湖边聚居的普瑞斯比鸟

前面我们介绍了在南极生活的维加鸟，它是现存的鸭子和鹅的亲戚，属于雁形目。实际上，雁形目的鸟类分布很广，遥远的北美洲也同样有这样一群鸟——普瑞斯比鸟。

普瑞斯比鸟机密档案：

战斗力： 不详
防御力： 不详
技能： 水中滤食
生存年代： 古近纪早、中期（距今 6500 万~3600 万年前）
生存地域： 北美洲美国怀俄明州
类属： 雁形目
身长： 0.4~1.5 米
食性： 杂食性

普瑞斯比鸟属于雁形目，家族中“人丁”稀少，只有两个已经确定的成员。其中一种化石数量比较少，不过个头大一些，可能比天鹅还要大，身长接近1.5 米；另外一种外形和大小都与鹅十分相似，区别就是它的脚要比鹅的长一些。还有一些鸟类化石也被归类在普瑞斯比鸟大家族里面，不过科学界对其争议比较大，无法确定其是否真正属于这个大家族。

比天鹅还要大的普瑞斯比鸟是在美国的马里兰州被发现的，化石仅仅包括肱骨和指骨。科学家发现它们的时候以为是另外一种鸟类。随着研究手段的进步，它们最终回到了自己的家族中。而与鹅相似的那种普瑞斯比鸟的化石比较多，而且大多数比较完整，都是在美国怀俄明州的古近纪地层中发现的，这对研究普瑞斯比鸟的历史，推测它们的生活习性具有重要的意义。

科学家通过对化石的研究并参考雁形目的特征提出了普瑞斯比鸟的大致形态。普瑞斯比鸟的脖子和脚都很长，一度曾经被误认为是火烈鸟。后来科学家对它们头颅骨和喙的特征进行了仔细的测量和分析之后发现这种鸟属于雁形目。不过雁形目的鸟类大部分是游禽，很少拥有长腿和长脖子，因此普瑞斯比鸟可能是雁形目演化至涉禽的过渡形态。

普瑞斯比鸟喜欢群居生活，常常成群结队地在湖中觅食。

另外，发掘普瑞斯比鸟化石的地方在古近纪的时候是个湖泊，而且这些化石彼此之间距离很近，因此科学家认为这种鸟是在浅湖边聚居在一起生活的，以湖水中的浮游动植物为食。它们的嘴巴阔而扁平，可以滤食水里的食物。

在鸟类家族中，普瑞斯比鸟算是研究得比较清楚的鸟类，不过还是希望科学家可以发掘出更多的化石，丰富这个家族，让它们的“人丁”兴旺起来。

有奇特大喙的加斯顿鸟

20世纪90年代以来，从中国辽西“飞出”的鸟类一种接一种，不过它们都没能彻底动摇始祖鸟头上“已知最早鸟类”的桂冠。那么，在始祖鸟发现之前，这顶桂冠属于哪种鸟呢？就是加斯顿鸟。它也叫戈氏鸟，这种鸟生活在大约5000万年前，也是当时陆地上最大的肉食性动物。

加斯顿鸟机密档案：

战斗力：★★★★★

防御力：★★★★★

技能：钩状大喙

生存年代：古近纪早期（距今大约5000万年前）

生存地域：欧洲以及北美洲

类属：未定

身长：1.75米

食性：肉食性

经过白垩纪的大灭绝事件，地球终于在5000万年前的古近纪时期渐渐恢复了元气，森林逐渐繁茂，爬行动物统治地球的时代已经一去不复返了。虽然哺乳类的适应能力很强，种类也迅速增加，不过体型依然很小，仍然受制于大型动物，加斯顿鸟就是其中之一。它凭借着庞大的身躯取代了恐龙，暂时成为地球的统治者，这也是唯一一次鸟类统治地球。

那是个鸟吃马的时代。加斯顿鸟的身高有1.75米，体重有半吨左右，而且它的喙特别大，呈钩状。加斯顿鸟的腿粗壮有力，脚掌大，上面还长着锋利的爪子。而生活在同一时期的始祖马体态娇小，比猫稍微大一些，具有攻击性的蹄子还没有发展成熟，只有四个像蹄一样的趾头。它们非常容易成为加斯顿鸟的攻击目标，一旦被加斯顿鸟的喙衔住，始祖马就会悬在半空中，在加斯顿鸟无数次大幅度的甩动中晕倒或死去，成为它的食物。

不过，作为地球霸主的加斯顿鸟也不是无敌的，生物界的法则之一就是“一物降一物”。庞大的加斯顿鸟的天敌竟然是小小的蚂蚁——食肉蚁。由于身材高大，加斯顿鸟只能在树下做窝、孵蛋。如果小鸟在父母外出的时候破壳而出，那么它就没有机会见到自己的父母了。因为看到小鸟破壳而出后，食肉蚁就会倾巢而出，围攻小鸟，喝干它的鲜血。

一只加斯顿鸟正在捕食始祖马。

善于行走和奔跑的鸵鸟

战斗力：★★

防御力：★★★

技能：飞速奔跑

生存年代：古近纪至今（距今 6500 万年前至今）

生存地域：非洲，大洋洲

类属：鸵形目

身高：2 米左右

食性：杂食性

史前时代的巨鸟并不少见，但是能够活到现在的只有鸵鸟。鸵鸟是现存的最大的鸟，身高可以达到 3 米，一步可以迈 8 米，最重的能达到 155 千克。

现存的鸵鸟主要有两种，一种是非洲鸵鸟，一种是澳洲鸵鸟。澳洲鸵鸟还有一个好听的名字叫作“鸸鹋”。我们所说的鸵鸟通常是指非洲鸵鸟。

相对于庞大的身躯，鸵鸟的头非常小。它的颈部很长，头部、颈部和腿部没有羽毛，裸露在外，呈现淡粉红色。鸵鸟的喙直而短；眼睛很大，拥有陆生动物中最大的眼球，只有鲸的眼球比鸵鸟的大；在眼睛上方长着长而浓密的黑色睫毛，其用途可不是为了好看，而是为了对付沙漠中常见的大风沙。

鸵鸟的胸骨没有龙骨突，因而不能飞行。不过有句话是这么说的，“上帝为你关上一道门，也会为你打开一扇窗”。鸵鸟的“那扇窗”就是快速的奔跑能力。它的后肢十分粗大，只有两个趾头，是鸟类中趾数最少的。当它向前疾驰的时候，时速可以达到 65 千米。

鸵鸟的繁殖季节开始于三四月份，一直持续到 9 月。在寻找配偶的时候，雄鸵鸟会进行求偶炫耀，炫耀的资本就是舞蹈。它会在很大范围内跳舞，为之倾心的雌鸵鸟会逐渐聚集，随后这群雌鸵鸟会通过打斗来确定与雄鸵鸟的交配顺序。

雄鸵鸟拥有众多的妻妾，虽然我们无法知道后宫是否也会出现宫斗，但是可以确定的是“大老婆”拥有至高无上的地位。在产卵的时候，“大老婆”的蛋会产在中间，“小妾”的蛋围在四周。而孵化则是由雄鸵鸟和“正室”完成，其他的鸵鸟产完卵就可以随便去逛。不要以为“正室”看起来很吃亏，其实这正是它的策略。它认识自己的蛋，当蛋滚到一边时，它会细心地把蛋弄回中间放好，而对其他的蛋则不会如此细心。“正室”愿意帮忙孵化的原因也是因为这么多蛋放在一起可以减少自己的蛋被偷吃的概率。当小鸵鸟可以跟着成年鸵鸟觅食的时候，成年鸵鸟还会去别人家“拐骗”小鸵鸟，这么做的原因同样是为了减少自己的孩子被捕食者吃掉的概率。

历史上曾经出现了那么多体型巨大的鸟类，只有鸵鸟打赢了与自然的战争，活到了现在，相信这种看似非常“阴险”的生存策略也起到了非常重要的作用吧。

▶ 鸵鸟的奔跑能力非常惊人，一个小时可以跑出 65 千米。

取代恐龙的陆地霸主

现代生物初现的古近纪和新近纪

恐龙灭绝之后，地球上开始出现新的优势物种，最终形成了与现代的生物种类非常相似的格局，科学家把这段时间划分为两部分，分别是古近纪和新近纪。古近纪的时间是距今 6600 万~ 2303 万年前，而新近纪的时间是从 2303 万~ 258 万年前。曾经有科学家把这两个时期合称为“第三纪”，意思是“第三个衍生期”，不过，现在的科学研究中已经废弃了“第三纪”这种说法。在古近纪和新近纪时期，生物类型与现存的生物类型已经十分类似，同时地质环境也发生了重大的变化，大洲和大洋的位置也与现代接近。

白垩纪的时候，各个大陆之间相互连接。在古近纪早期的时候，地球上陆地和海洋的分布格局出现了巨大的变化：古陆逐渐解体，古地中海消失，亚洲大陆最终形成；地球上各个重要的山脉也逐渐隆起，包括阿尔卑斯山、喜马拉雅山、落基山和安第斯山等。到了新近纪结束的时候，全球的海陆轮廓已经和现在非常接近。

由于地质环境的改变，这个时期的气候也发生了变化，全球的气候带逐渐形成。气候的显著变化首先引起了植物世界的变化，热带与干燥气候带的植被出现了明显的不同，自然环境和景观也开始朝着多样化的方向发展。虽然早在白垩纪，被子植物就已经出现，但是一直处于“非主流”状态，到了古近纪和新近纪，它们终于打败了裸子植物，成为植物世界的主宰。

地质环境、气候以及植被的变化，最终影响了大陆上和海洋中动物的形态。为了适应环境，这些动物们开始向着最有利于生存的方向进化。

白垩纪气候温暖，干湿季交替。在这种气候的影响下，植物生长繁茂。由于当时火山喷发活跃，平均温度比现在要高很多。

古近纪早期，最先繁盛起来的动物是鸟类，随后哺乳动物开始崛起。哺乳动物的崛起标志着生物世界开始进入一个新的时代。虽然原始的哺乳动物早在大约 2 亿年前就已经出现，但是个体很小，数量也不多，所以不占据主导地位。到了古近纪，由于无处不在的天敌——爬行类的大量灭绝，因此空出了广阔的生存空间，于是劫后余生的哺乳类抓住机会迅速发展，在新近纪的时候它们终于成为地球上的霸主，直到现在还称霸地球；在海洋中，白垩纪时期繁盛的软体动物菊石灭绝，取而代之的是很多近代类群，包括牡蛎等腹足类以及真骨鱼类。

总之，古近纪和新近纪是一个重塑地球的时代，地质、气候以及生物都有了重大变化，这些变化为现代地球的形成打下了基础。

身体恒温的哺乳动物

2 亿多年前，恐龙家族登上了历史舞台，几乎同时一群不起眼的小生物也出现在地球上，它们就是哺乳动物。

白垩纪晚期的大灭绝事件对恐龙家族来说是毁灭性的灾难，但是对于哺乳动物大家庭来说则算得上是最好的一个消息。随着恐龙的大灭绝，结构先进的哺乳动物迅速发展。由于体温恒定，它们不需要利用外界的温度来保证体内正常的血液循环，因此适应环境的能力很强。从海洋到高山、从热带到两极，几乎到处都可以看到哺乳动物的身影。另外，为了适应不同的环境，哺乳动物的外形也进化出了不同的样子，其中既有只有 3 厘米长的会飞的凹脸蝠，也有世界上最大的海洋动物蓝鲸。我们人类同样也是哺乳动物家族中的一员。自从新近纪中晚期哺乳动物成为世界的霸主以来，目前还没有出现比哺乳动物更先进的动物类群，人类也幸运地统治着地球，直到现在。

虽然现在哺乳动物种类繁多、外形多样，不过它们的发展过程也并不是我们想象中的那么简单。曾经的研究认为哺乳动物是在恐龙消失之后出现了爆发式发展，不过目前新的研究揭示哺乳动物的发展可能要复杂得多。科学家利用遗传基因对现存的哺乳动物进行了分析，发现有的哺乳动物是由 9300 万年前的祖先进化而来，有的则是来自 3500 万年前。这也就是说，在 9300 万年前，哺乳动物的种类就已经出现过一次大爆发，而白垩纪的灭绝事件也并不是只对恐龙造成了重大打击，很多种类的哺乳动物也在那次灭绝事件中遭遇不测。另外一次哺乳动物大爆发则发生在恐龙灭绝之后，这次大爆发更为重要，因为它造就了现在哺乳动物家族的雏形。

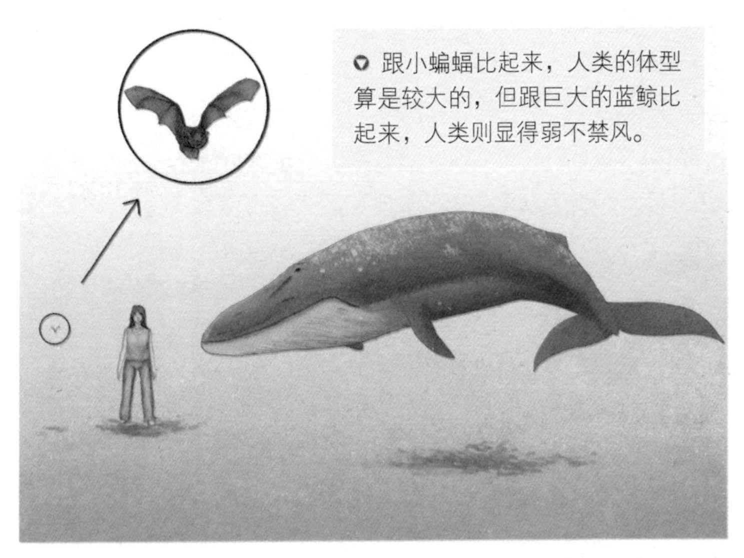
跟小蝙蝠比起来，人类的体型算是较大的，但跟巨大的蓝鲸比起来，人类则显得弱不禁风。

匍匐前进的盘龙类

第一批爬行动物出现在大约3亿年前的石炭纪。这一批爬行动物后来分别朝着三个方向发展。第一类是无孔类，包括原始的杯龙类、中龙类以及后来的龟鳖类。另外一类就是双孔类，这是爬行动物的主干，后来的恐龙就属于这一类；除了恐龙之外，翼龙和除了龟鳖类之外的其他现代爬行动物也属于这一类。最后一类是单孔类，盘龙就属于早期的单孔类，这一类的爬行动物最终开始向哺乳动物的方向进化，它们四肢外张，只能在地上匍匐前进。

盘龙类机密档案：

战斗力： ★★★

防御力： ★★★

技能： 不详

生存年代： 石炭纪晚期至二叠纪早期（距今大约3亿年前）

生存地域： 欧洲，北美洲，俄罗斯，南非

类属： 爬行动物

身长： 3米（最大的类群）

食性： 肉食性或植食性

盘龙类最早出现石炭纪，一直到二叠纪快结束的时候才完全灭绝。下面来介绍一下属于盘龙类的几种代表动物。异齿兽生活在二叠纪早期的北美洲和欧洲一带，最大的特点就是巨大的背帆，这背帆是脊椎骨上面的脊椎壳针延展而成的。它的头颅很高，嘴里长有剑形的牙齿。它行动起来十分敏捷，那些不灵活的动物常常成为它的猎物，甚至与它的体型非常接近的动物也可能成为它的美食，这在当时的陆栖动物中是非常少见的。基龙是另外一种盘龙类爬行动物，在恐龙出现之前它就已经灭绝了。它与异齿兽生活在同一个时代、同一个地区，两者的身材、体型甚至长相都很相似。不过，基龙的性情要比异齿兽好得多，它是以植物为食的爬行动物，而且它的天敌就是处处都与它很接近的异齿兽。克色氏龙是二叠纪最后出现的一批盘龙类动物，体型要比前期的盘龙类小得多。它的身体很胖，四肢向外伸开，趴在地上的时候全身着地，只能匍匐前进，与现在的鬣蜥很相似。它也是植食性动物，但是牙齿接近肉食性动物的牙齿，可是这并没有给它的生活带来不便。二叠纪的时候，克色氏龙数量很多，不过它没有逃过二叠纪晚期的物种大灭绝事件。

盘龙竖起它们的脊帆，异齿兽露出尖利的牙齿。

在新近纪的时候，哺乳动物终于成为世界的霸主。这看起来似乎是爬行动物的退位，不过既然哺乳动物是爬行动物的子孙，也许爬行动物的让位并非如我们想象的那么不情愿。

哺乳动物的直系祖先：犬齿兽类

犬齿兽类是一系列小型到中等体型的肉食性动物，它们个头都很小，几乎没有超过90厘米的。相对于兽孔类的其他动物，犬齿兽类与哺乳动物有更多的共同点：比如都有不同功能的牙齿，而且类型非常相似；同哺乳动物一样，犬齿兽类也可以在咀嚼食物的时候呼吸。此外，犬齿兽类的四肢位于身体之下，相对于早期匍匐前进的哺乳动物祖先，这是一个很大的进步，这样它不仅可以快速奔跑以逃避危险，也可以更有效地捕食猎物。

犬齿兽类机密档案：

战斗力：★★★

防御力：★★★

技能：不详

生存年代：三叠纪早期（距今大约3亿年前）

生存地域：南非，南极洲，亚洲

类属：爬行动物到哺乳动物的过渡类群

身长：＜1米

食性：肉食性

犬齿兽类是实行一夫一妻制的动物类群，而且这种配偶关系相当牢靠。雌性和雄性结合在一起之后，通常会一生相伴。不过犬齿兽类毕竟还不是真正的哺乳动物，因此它们也是靠产卵来繁殖后代的。孵化出来的幼兽依靠父母的抚养来度过最初的日子。雄性犬齿兽类此时就变成了“保姆”和“保安”，白天要守在洞口确保安全，找到空闲时做一些“家务”；只有晚上才能放心地出去捕食，填饱自己的肚子。

发现于南非的一种犬齿兽——犬颌兽，算是犬齿兽中的大块头，体长大约有1米，和成年的狗差不多大小。别看它个子不高，很多大型动物都不是它的对手，它是那个时期最危险的肉食性动物之一。犬颌兽四肢长在身体两侧，后腿关节向前，前腿关节向后，已经能够像兽类那样行走了。所以，犬颌兽已经在很多方面接近哺乳动物了。

三叉棕榈龙同样是一种分布于南非的小型犬齿兽。从它的骨骼化石来看，它身上既有爬行动物的特征，也有哺乳动物的特征，比如牙齿的分化以及身体上覆盖的体毛，等等。

除上面介绍的早期哺乳类外，卞氏兽是另外一种犬齿兽类，它诞生于三叠纪晚期的云南地区，直到白垩纪早期才灭绝。卞氏兽的头骨结构比较原始，不过它的后脑勺发育得很完善。它的牙齿已经出现了门齿和颊齿的分化，不过没有前臼齿和臼齿之分。另外，卞氏兽四肢的骨骼和哺乳动物极为相似，这也暗示着哺乳动物与这种犬齿兽类动物有着极为密切的关系。

由于犬齿兽类动物与哺乳动物存在着太多的相似之处，因此古生物学家把犬齿兽类看作哺乳动物的直接祖先。

出现在三叠纪晚期的卞氏兽，已经跟哺乳动物非常相似了。

毛茸茸的早期哺乳类

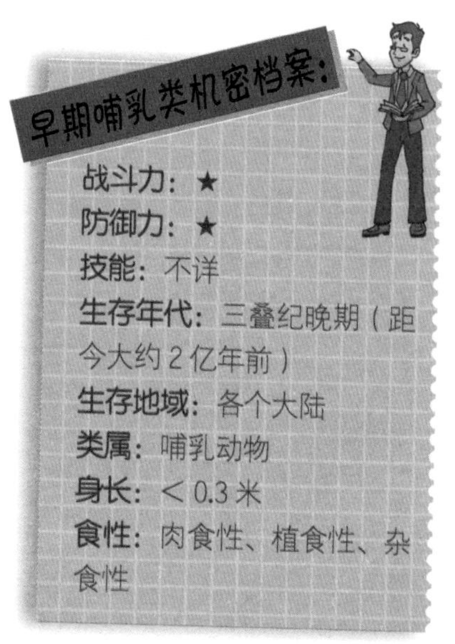

哺乳动物最早出现在三叠纪晚期到侏罗纪早期。虽然哺乳动物早在侏罗纪早期就已经经历过一次大发展，但是直到白垩纪晚期，恐龙灭绝之前，哺乳动物也没有体型大一些的种类。据科学家估算，它们中最大的也就和现在的兔子差不多。

在早期的哺乳动物大发展过程中，多瘤齿兽是其中最成功的动物。它得名“多瘤齿兽”的原因是其臼齿上存留的“瘤尖”，这种小型哺乳动物类群前后生存时间达到了1.3亿年之久。在这个类群中，最小的就像现在的老鼠一样大小，最大的接近河狸。多瘤齿兽的中耳内有三块听骨，身体上覆盖着毛发，骨盆的结构显示它可以直接产下幼兽，这些特征证明了多瘤齿兽的确是哺乳动物家族中的一员。

摩根锥齿兽也是毛茸茸的早期哺乳类一员，它生活在三叠纪晚期，化石是在英国出土的。古生物学家根据化石对摩根锥齿兽进行了复原。这种兽类体表覆盖着毛发，四肢上有锋利的爪子，科学家推测这些爪子是用来捕捉猎物和挖掘洞穴的。摩根锥齿兽类与现代哺乳动物的骨骼结构基本相似。不过它的身上也残留着一些爬行动物身上的特征，其中最明显的就是它的颌骨内侧存在一条沟，其中保留着关节骨的残余，这关节骨与爬行动物的颌骨结构相似。因此摩根锥齿兽的存在也是爬行动物向哺乳动物过渡的证据之一。

前面我们提到过中国的辽西地区是“第一只鸟起飞的地方”和“第一朵花开放的地方”，不过这片神奇的土地上可不光只有鸟类和植物，热河兽则是这片区域内哺乳动物的代表。热河兽是1999年在辽宁发现的，骨架十分完整。科学家推断它来自白垩纪早期，是最接近现存哺乳动物共同祖先的类型。可以说，它并不是现存哺乳动物的祖先，但是它与这位祖先是最亲密的兄弟。

由于早期的哺乳动物体型很小，因此化石很难保存下来。热河兽的发现为研究早期哺乳动物带来了一线曙光。

热河兽虽然被称为“兽”，但它的体型非常小。

容易早产的有袋类

对于大多数哺乳动物来说，怀孕的时候，胎儿是生活在雌性的肚子里面的，所需要的营养由联系胎儿与母体的胎盘来供给。直到胎儿的器官发育好之后，母亲才会把它产下来。不过，在哺乳动物王国中，还有一个非常特别的家族，这个家族的特征就是早产。它们为什么会出现早产的情况？早产的孩子又是如何生存下来的呢？下面我们就来认识一下这个特别的家族——有袋类家族。

有袋类机密档案：

战斗力：★★
防御力：★★★
技能：超级好妈妈
生存年代：白垩纪早期至今（距今1.25亿年前至今）
生存地域：大洋洲，南美洲
类属：有袋类哺乳动物
身长：0.06（最小）~3米（最大）
食性：肉食性、植食性

有袋类哺乳动物出现在白垩纪早期，在长期的进化过程中，它们没有出现胎盘这一结构，因此胎儿在肚子里根本得不到足够的营养。为了延续自己的种族，它们选择早早把孩子生出来，在体外用乳汁来给孩子提供食物，用后天营养丰富的乳汁来弥补孩子先天的不足。这些孩子生下来之后会直接落进母亲的袋子里面。袋子就像是一块布，遮住了母亲的乳头。孩子一生下来就会自己寻找乳头吮吸，当孩子长到能够自己面对外面的世界时，它就会从袋子里面钻出来，自己去闯荡世界。

在现存的哺乳动物中，有袋类算得上是个“异类”，但是在白垩纪早期，它们可是与胎盘类的哺乳动物平分秋色的。当时的有袋类动物遍布世界各地，是哺乳类家族中的古老类群。不过后来随着地质变迁，胎盘类的动物由于很快适应了这种变化而变得强大起来，有袋类动物在竞争上逐渐败下阵来，很多有袋类动物成为肉食动物的捕食对象，有袋类在亚洲、欧洲和非洲等大陆上绝迹。幸运的是，大洋洲在此之前就已经与其他大陆分开，孤立地存在于太平洋和印度洋之间，食肉的高等哺乳动物没有侵入这个大洲，而且气候环境变化也不大，最终有袋类动物在这个“世外桃源”生存至今。大洋洲也因此被称为“活化石的博物馆”。除了大洋洲外，南美洲也有少数地区存在有袋类动物，大约有70多种。南美洲的有袋类动物是如何起源的呢？对此科学家还没有找到最好的答案。

◀ 躲在袋鼠妈妈肚子里的小袋鼠，估计是世界上最幸福的宝宝了。

由于世界的交流日益频繁，有很多物种侵入了有袋类动物生活的区域，威胁着它们的生存。为了保护这些神奇的物种，我们应该积极行动，为保护它们作出自己的贡献。

袋狼身上体现着好几种动物的特征，体型像狗，头部像狼，背部的毛发与老虎相似，腹部还有一个开口向后的育儿袋。

大嘴巴的袋狼

袋狼机密档案：

战斗力： ★★★
防御力： ★★★
技能： 碎骨术
生存年代： 新近纪晚期至20世纪30年代（距今200万年前~1936年）
生存地域： 大洋洲
类属： 哺乳动物有袋类
身长： 1~1.3米
食性： 肉食性

提起有袋类动物，袋鼠应该是其中最有名的一个，不过，我们今天要认识的是袋鼠的天敌——袋狼。

与袋鼠一样，袋狼也属于有袋类哺乳动物。袋狼是一种非常奇特的动物，体型像狗，头像狼；身上披着土灰色或者棕黄色的毛，背部的后半部分长着14~18条黑色的斑纹，与老虎身上的斑纹类似，因此袋狼又被称为“塔斯马尼亚虎”。袋狼站着的时候有60厘米高，体长1~1.3米。袋狼还有一条细长的尾巴，长度50~65厘米。之所以被称为“袋狼”，是因为雌性个体腹部有一个育儿袋，与袋鼠不同的是，这个育儿袋开口向后，里面有2对乳头。

在四足的食肉动物中，袋狼是一个非常有个性的“杀手”。它的嘴巴结构很特殊，可以大幅度地张开，最大可以到180°，这样它撕咬猎物的时候范围可以更大。如此大的口裂，让落入袋狼手中的猎物的死亡变得格外惨烈，它们的头骨常常被袋狼咬碎。不过，袋狼的骨骼并不像外表看上去那么强悍，它的骨骼十分纤细，因此附着其上的肌肉爆发力很差，所以遇上稍强一点的对手，它根本没有任何优势。

大洋洲在很早以前就已经与其他的大陆分离，有袋类在这里没有其他捕食者的威胁，因此善于趁着黑夜捕捉小型袋鼠的袋狼可以悠然地生活在这里。那段悠闲的时光里，在澳大利亚和新几内亚随处都可以找到它们的足迹。

袋狼喜欢生活在开阔的林地和草原上，白天在石堆中休息，晚上则外出捕食。袋狼捕猎的时候可能单独行动，也可能以家族为单位活动。袋狼奔跑的速度并不快，但是耐性很好，一旦锁定目标就会紧追不舍，直到猎物疲惫不堪。此时袋狼就会冲上去，一口咬碎猎物的头骨，结束它的生命。在每年的夏季，袋狼会进行交配，每胎会产 3~4 个幼崽。幼崽出生之后会落入母兽的育儿袋内，生活 3 个月之后会爬出育儿袋单独活动，不过此时它们并不能单独面对复杂的世界，还要在母亲身边待 9 个月左右。在这期间，它要跟随母亲学习捕猎的本领，照顾自己，保证自己在离开父母之后可以凭借自己的能力生存下去。

不过，我们现在已经无法看到袋狼哺育孩子的场景了，因为袋狼的生活已经被殖民者破坏了。1770 年，英国人对外宣布这块土地归他们所有，而且把这里变为了监狱，用来关押和流放国内的罪犯。这个政治事件却为澳大利亚的自然环境带来了巨大的影响，袋狼也因此遭遇了灭顶之灾。这到底是怎么回事呢？首先，漂洋过海的不仅有罪犯，还有一种后来被命名为“澳洲野狗”的犬科动物。这些野狗生性残暴，比袋狼更加凶猛，于是袋狼的生存环境受到威胁，种群数量有所下降。同时，澳洲野狗还带来一些威胁袋狼健康的病菌。

这种野狗还经常趁着深夜攻击居民的羊群，但是居民并不知情，反而把这笔账算在了袋狼的头上，袋狼就这样变成了“杀羊魔”，惨遭毒手。过了很长时间之后，人们研究了袋狼的骨骼结构，这种结构是很难战胜羊那样的脊椎动物的。人们发现真相之后，呼吁停止捕杀袋狼，但是为时已晚，袋狼的种群已经很难恢复。由于袋狼的衰减，草原上的食草动物开始泛滥，当地的畜牧业一蹶不振，人们不得不引进外来物种保护草原。1933 年的时候，有人在野外捕获了一只袋狼，它被命名为“本杰明”，它被认为是地球上最后一只袋狼。本杰明被饲养在霍巴特动物园，1936 年死亡。

袋狼消失之后，人们的心情久久难以平复。1966 年，怀着满心忏悔，澳大利亚人在塔斯马尼亚岛的西南设立了一个袋狼保护区，保护着已经不存在的袋狼。对于袋狼，澳大利亚人心怀愧疚，因此他们从来没有放弃寻找袋狼，坚信袋狼一定藏在澳大利亚的某个角落，安静地生活。1967 年，有人在山洞中发现了一具动物尸体，经过专家鉴定后证实的确是袋狼，不过这尸体是多年前留下的干尸还是最近死亡的个体，科学家并没有达成一致。1999 年，澳大利亚又启动了袋狼克隆计划，他们期望能够用袋狼身上的遗传物质让这个物种重新复活，但是这个计划最终因为技术原因破产了。

澳洲野狗比袋狼更为凶猛，是袭击很多羊群的“元凶”。

现在，澳大利亚人仍然在为恢复袋狼的生命而做着不懈的努力。我们在肯定他们这种努力的同时，更应该学会珍惜现存的生物，不要让袋狼的悲剧重演。

爬树时，欧食蚁兽的长尾巴会缠绕在树上，保护自己不跌落。

嗅觉和听觉发达的虫食性动物家族

早期出现的哺乳类动物，很多既不是肉食性也不是植食性，它们以昆虫、蠕虫或者蜗牛以及小型的动物为生，因此又被称为“虫食性动物”。不过这种分类方法是按照它们最喜欢的食物为标准的，在实际生活中，它们分别属于自己的大家庭，彼此之间并没有密切的亲缘关系。

虫食性动物家族机密档案：

战斗力： ★
防御力： ★
技能： 捕虫高手
生存年代： 古近纪早期至今（距今 5000 万年前至今）
生存地域： 欧洲，南美洲
类属： 哺乳动物
身长： 0.5 ~ 2.4 米
食性： 虫食性

虫食性动物以昆虫或者蠕虫等为食，虽然彼此之间不是亲戚，但是为了适应相同的生活方式，它们彼此之间长得很像，这种进化方式又称为“趋同进化”。虫食性动物大多数长着尖尖的吻部，腿短短的，四肢前端长有适合攀爬或者挖掘的爪子。它们捕食虫子的时候主要依靠听觉和嗅觉，所以虫食性家族的听觉、嗅觉都很敏锐。不过，美中不足的是这类动物的视觉都非常差。虫食性动物喜欢住在地下的洞穴里面，还有一些喜欢住在树林间。虫食性动物攻击力不强，所以一向采取“躲”的方式来保护自己。为了躲避那些凶猛的肉食动物，它们喜欢白天休息，晚上觅食。

目前发现的最早的虫食性动物叫作“欧食蚁兽”。看到名字我们就能猜到它是在欧洲被发现的。这种动物是仍然存在的穿山甲的近亲，生活在 5000 万年前的德国。它体长大约有 1 米，主要以林地中的白蚁和蚂蚁为食。它们没有牙齿，当用爪子翻开蚁穴之后，就会把长长的布满黏液的舌头伸进蚁穴里面去舔食其中的蚂蚁或者白蚁。欧食蚁兽还有一条灵活的尾巴，尾巴上的肌肉很发达，爬树的时候，它会把尾巴缠在树上保护自己，防止出现意外。

另外一种比较古老的虫食性动物是两足猬，它的化石同样是在欧洲出土的，生活在距今4000万年前。这种动物四肢发达，外表就像一个缩小版的袋鼠，它的运动方式也和袋鼠一样，不过它是用四肢一起向前弹跳。科学家仔细研究了它的头骨化石，做出了它的复原图。两足猬长着一个长长的鼻子，可以嗅到昆虫或者其他小动物。在它的胃里，科学家不仅发现了昆虫，还有蜥蜴和小型的哺乳类动物。这些胃容物化石似乎在悄悄地告诉我们这个小动物并不像我们想象中那么脆弱。

随着时间的推移，科学家在意大利发现了一种新的虫食性动物——恐毛鼩猬。这种动物的体型比较小，只有0.5米，生活在距今1000万年之前。它名字的意思是“可怕的刺猬”，不过它与现在的刺猬外表并不相像，它的体表覆盖的不是刺，而是粗硬的毛发，看上去更像是个大块头的老鼠。这种动物不仅以昆虫为食，鸟类和小型的哺乳动物也在它的菜谱中。恐毛鼩猬不会去追捕猎物，它喜欢采取守株待兔的手段猎食。通常，它会躲在树下，等猎物经过的时候突然冲上去袭击它们。

经历长时间的演化和适应之后，我们今天依然可以见到很多种类的虫食性动物，食蚁兽就是其中比较出名的一个。食蚁兽生活在南美洲的森林中，它的身体结构与捕食昆虫的一系列活动紧密相连，拥有高度特化的爪子和吻部。它的前肢第三指上具有镰刀一样的钩爪，后肢的4～5指上也有爪子，这样可以顺利地掘开蚁穴。它的吻部又尖又长，嘴巴就像一根管子，舌头有60厘米，上面密布钩刺，富有黏液，蚂蚁或者白蚁被粘住之后根本无法逃脱。食蚁兽的舌头伸缩速度也非常惊人，每分钟能够伸缩150次。食蚁兽的个头大小相差很大，其中一种叫作小食蚁兽的种类大小与松鼠相似，而个头最大的大食蚁兽身长平均在1.8米左右，最大的可以超过2米。小型食蚁兽是在树上生活的，为了躲避狩猎者，它们过着昼伏夜出的生活。大食蚁兽属于“艺高胆大”的类型，是唯一一种生活在地上的食蚁兽，它白天觅食，有些捕食者根本不是它的对手。当遭遇攻击的时候，它会用后腿站起来，用前掌上的钩子狠狠地插进对手的身体。只要保护好没有防御装备的头部，大食蚁兽基本不会输掉战斗。

虫食性动物的外形都很奇特。这奇特的外形让很多人对它们心怀好奇，甚至觉得它们拥有神奇的力量而大量捕杀，致使很多虫食性动物已经面临绝种的危机。

保护野生的动植物是我们每个人的责任，否则总有一天地球会变得满目疮痍，人类则会陷入孤独的境地。

处于攻击状态的大食蚁兽。

身体灵活的伊神蝠

毫不夸张地说，蝙蝠是唯一真正实现了飞翔梦的哺乳动物。其实早在5500万年前，蝙蝠家族就已经有了飞上天空的类群，它们就是伊神蝠，可以说是最早飞上天的蝙蝠之一。

早在5500万年前，蝙蝠家族的伊神蝠就拥有回声定位能力了。

伊神蝠的学名来自古希腊传说中工匠达罗斯的儿子伊卡洛斯。达罗斯和伊卡洛斯被关进监狱之后，父亲想了个绝妙的主意逃跑。达罗斯开始收集飞过的海鸥掉落的羽毛，后来用这些羽毛编织了两副翅膀，一副给自己，一副给儿子。后来他用熔化的蜡油把翅膀分别黏在了自己和儿子身上。他们靠着这两副翅膀飞出了监狱，但是在飞翔的途中，伊卡洛斯忘记了父亲的叮嘱，一直向着太阳飞去，最后高温把连接翅膀的蜡晒化了，他不幸掉进水里淹死了。

虽然伊神蝠的名字来自伊卡洛斯，但它的飞行技能可比伊卡洛斯强多了。伊神蝠是已知最早的蝙蝠种类之一，以它为代表的史前蝙蝠已经和如今常见的蝙蝠没有明显的区别了。伊神蝠体长大约14厘米，双翼展开的时候可以达到37厘米。它的前肢与后肢之间存在皮膜，这皮膜相当于鸟类的翅膀，帮助它飞翔并保持身体平衡。伊神蝠与现代蝙蝠唯一的区别在于身体的后半部分——它有一条长长的尾巴，而且这尾巴没有与后肢连接在一起。

同现代的蝙蝠一样，伊神蝠也是一种昼伏夜出的动物，睡大觉的时候也倒吊在树枝或者洞顶。科学家认为蝙蝠的夜行性是为了躲避白天时候猛禽的猎杀。我们都知道，现代的蝙蝠有一种“特异功能”——回声定位，它主要是依靠这种回声定位系统来捕食的。其实早在史前时代，伊神蝠就已经具备了这种功能。科学家通过研究伊神蝠的化石发现，它的内耳结构已经和现代的蝙蝠相差无几，可以熟练运用回声定位系统确认猎物的准确位置。

由于蝙蝠相貌丑陋，世界各地也都存在着很多关于蝙蝠的可怕传说。但是，蝙蝠实际上是一种对人类有益的动物，我们要抛弃以貌取物的坏习惯，为保护这种奇特的哺乳动物而努力。

伊神蝠机密档案：

战斗力：★
防御力：★
技能：飞翔的哺乳动物
生存年代：古近纪早期（距今5500万~5000万年前）
生存地域：北美洲林地
类属：翼手目
身长：0.14米
食性：以昆虫为食

超级猎手：猫科动物

说起猫，我们脑子里一定会浮现出很多小猫咪可爱的卖萌图片，有些人的脑子里则会出现它们在太阳下眯着眼睛的慵懒身影。不过，这只是它们生活中的一个方面，到了晚上，它们就会变身为凌厉的“杀手”，为主人消灭前来偷盗的老鼠。其实，不仅猫是这样，它所属的猫科动物大家族，几乎全部都是狩猎的顶级高手，这个家族是最成功的肉食性动物家族，其中的大型成员几乎都是当地的顶级食肉动物。

在距今3500万年前的时候，地球上出现了一种被称为“类猫科”的哺乳动物，随后它们逐渐演变成后来的猫科动物。根据化石资料显示，真正的猫科动物始猫是在古近纪晚期出现的。

猫科动物一出现，就以发达的肌肉、矫健的身躯以及可以轻易撕裂猎物的尖锐牙齿而出名，很快它们就成为地球上效率最高的杀手。

由始猫演化而来的假猫被认为是已经灭绝的剑齿虎亚科的共同祖先。短剑剑齿虎属于剑齿虎亚科，是比较早的一类猫科动物，出现在距今1200万年前的地球上，足迹遍

身体如美洲豹般大小的恐猫，是当时捕猎水平很高的超级猎手。

布世界各地，包括美洲、非洲、欧洲和亚洲。它生活在林地中和草地上，身长可以达到2米。短剑剑齿虎是一种非常凶猛的动物，它的牙齿形状就像一把短剑一样。

不过，早期的猫科动物身躯可不像现在的猫科动物那样矫捷。相对于身体，它们的四肢都很短，短剑剑齿虎也不例外。正是由于这个限制，短剑剑齿虎没有办法迅速追捕猎物，而是采取伏击的方式进行捕猎。猫科动物的身上大多长有花纹，可以与周围的环境融为一体。短剑剑齿虎就是利用身上的花纹把自己隐藏在草原中，等到有猎物经过的时候，它就会快速冲上去，用尖利的牙齿杀死猎物。生活在草原上的猫科动物外形逐渐发生了变化，最明显的就是四肢变得修长起来，这表明猫科动物扩大了狩猎的范围，并且锻炼出了强劲的腿部肌肉去追捕猎物。

剑齿虎则生活在距今500万~1万年前的北美洲和南美洲，它比短剑剑齿虎稍微短一些，大约有1.8米。至今为止，科学家已经发现了100多种具有剑齿的猫科动物，剑齿虎是其中最出名的一个。剑齿虎是一种凶猛的掠食者，能够直接把猎物扑倒并撕裂它们的咽喉。不过剑齿虎的牙齿并不是最坚硬的，不能直接咬穿动物的脖子。剑齿虎的猎食范围十分广泛，包括熊、马和幼小的猛犸。科学家发现的剑齿虎化石大多是集中在一起的，因此可以确定剑齿虎是一种喜欢过群居生活的动物。

在剑齿虎生活的时代，还有一种可怕的大猫，被称为“恐猫”。这种猫可不像我们印象中乖巧可爱的猫咪，它的个头几乎和现在的美洲豹差不多。和其他的猫科动物一样，恐猫身上也布满斑点和花纹，在丛林狩猎的时候可以帮助自己隐藏身影。猫科动物的尖牙有个专门的名字“犬牙”，恐猫的犬牙比剑齿虎类的犬牙要短一些，不过牙齿长度短可不代表捕猎水平差，它同样能够用牙齿让猎物一命呜呼。另外，恐猫在500万~100万年前的非洲也有分布，而且它的骨骼化石分布在早期人类的聚居地，这说明早期的人类可能也是恐猫的捕猎对象之一。

猫科动物不仅是世界上进化得最完美的肉食动物，而且是一种非常聪明的动物，这一点从它们的捕食对象就可以看出来。捕猎的时候，几乎所有的猫科动物都会选择老弱病残者，因为这样的猎物要比强壮的个体更容易抓到。另外，它们也会避免那些强大的对手，不去捕捉可能会伤害自己的猎物，比如非洲野牛、大象、长颈鹿等个头很大的猎物。只有当群体的食物非常短缺的时候，它们才会冒着巨大的风险去攻击较大的猎物。独居的猫科动物更善于观察，它们能够迅速地捕捉猎物，并且不被猎物伤害，这里面最典型的就是美洲虎。

猫科动物属于顶级捕猎者，但是种类很少，全世界仅有41种猫科动物，它们非常需要我们的尊重和爱护。

草原上最凶狠的清道夫：鬣狗

在苍茫的非洲草原上，传说有一种非常胆小奸诈的动物，自己从来都不努力去捕猎，而是以狮子剩下的食物为生，这种动物就是鬣狗。

不过，胆小奸诈并不是它们的个性，是人们对它们的误解，实际上鬣狗是非常勇猛的动物。那么它们的行为为什么会遭到大家误解呢？

鬣狗原本是一种非常强悍的中型猛兽，它们喜欢集体行动，猎食瞪羚、斑马等大中型食草动物，有时候连半吨重的非洲野水牛也不是它们的对手。鬣狗是夜行性动物，白天的时候它们躲在草丛中或者洞穴中休息，晚上出来猎食。捕获猎物之后，由于情绪亢奋和彼此争食，鬣狗会发出一种“哧哧”的声音，这种声音在整个草原上回荡，往往让人感到毛骨悚然。不过这种声音同样会引起狮子的注意，狮子到来之后会把鬣狗赶到一边，享用它们辛辛苦苦捕获的美食，而鬣狗只能在一旁围观。等到狮子吃完，鬣狗才可以享用一些残羹冷炙。而此时天已大亮，映入人们眼帘的就是鬣狗在等着捡狮子没吃完的剩肉。

鬣狗机密档案：

战斗力：★★★★
防御力：★★★★
技能：清理草原
生存年代：新近纪中期至今（距今 1500 万年前至今）
生存地域：亚洲，非洲
类属：食肉目
身长：0.95～1.6 米
食性：肉食性

为了防止狮子抢夺食物，鬣狗在捕获猎物之后会迅速进食。整个家族的鬣狗会一哄而上，同时撕咬猎物的肚子、颈部、四肢及全身各处。数十分钟之内，它们就可以把猎物消灭得干干净净。如果整个家族的鬣狗都非常饥饿，而狮子又不识时务地来抢吃的，那么鬣狗在这种情况下也会毫不犹豫地反击，此时狮子丝毫占不到便宜，常常被鬣狗打

辛苦捕到的猎物被狮子占有，鬣狗只能悻悻离开。

跑。鬣狗也是草原上唯一能够与狮子抗衡的动物。

虽然鬣狗和狮子在草原上是竞争者，但实际上它们在血缘上是非常近的亲戚。科学家的研究表明鬣狗与猫科动物拥有共同的祖先，它们在早期并没有很大的区别，同时具备彼此的特性，也许正是因为知己知彼，鬣狗和狮子之间才会成为最大的对手。

面对敌人的进攻，土狼会放低身体，放出恶臭的液体来还击。

鼬鬣狗是早期的鬣狗家族成员，生活在距今 1300 万~ 500 万年前，身长有 1.2 米。如果真的能够穿越时空见到鼬鬣狗的话，我们一定不会把它们与现在的鬣狗联系在一起，因为它的外形更接近现在的灵猫。鼬鬣狗仅仅以昆虫为食，当时的鬣狗还算不上一个真正的肉食者。

洞鬣狗是斑鬣狗已灭绝的一个亚种，它生活在距今 200 万~ 1 万年前，是真正的肉食者，食性与现代的鬣狗相同。而且从那个时候开始，鬣狗就已经成了草原清道夫。除了鲜肉，它们还会吃掉路上遇到的动物尸体，这在很大程度上保护了草原的生态环境，防止了瘟疫横行。直到今天，这些草原清道夫仍然恪尽职守地保护着草原环境。科学家提取了洞鬣狗的遗传物质之后发现，它们与现在的非洲斑鬣狗没有很大差别，只是外形更大，四肢更修长。

经过 1000 多万年的演化，目前鬣狗科共有四个成员：斑鬣狗、棕鬣狗、缟鬣狗、土狼。

斑鬣狗生活在非洲撒哈拉以南的开阔地区，是鬣狗家族中体型最大的一种，同时也是最出名和捕食性最强的一种。我们前边提到的可以与狮子抗衡的鬣狗，就是斑鬣狗。

棕鬣狗的体型比斑鬣狗小，站起来与德国牧羊犬差不多大。它们是鬣狗家族中的贵族，是四种鬣狗中最珍贵的品种。棕鬣狗能够很好地适应南非干旱地区的气候，所以在卡拉哈里沙漠中保持着很可观的数量。

缟鬣狗又叫“条纹鬣狗”，有时候群居，有时候独居。它们生活在亚洲西南部和非洲东北部，是唯一一种可以在非洲大陆之外见到的鬣狗科成员，它们是著名的食腐动物，“清道夫”的美名非它们莫属。

土狼是整个鬣狗家族中最弱势的一群，体长只有 55 ~ 80 厘米，以白蚁为食。土狼只在夜间活动，所以很难见到它的身影。土狼非常爱惜自己的牙齿，进餐之后，它会把长舌头拼命缩进、伸出或者卷曲，以此来清洁牙齿。大多数食肉动物在遭到威胁的时候都会露出血盆大口吓唬敌人，而土狼似乎此时也舍不得自己的牙齿，它会选择紧闭嘴巴，将毛竖起，靠增大体型来吓唬敌人。当敌人上前袭击时，它也不会用牙齿还击，而是从肛门放出恶臭的液体来还击。

虽然鬣狗外貌不佳、叫声难听，却是草原最好的清洁工。它与草原相互依存，为草原的和谐作出了巨大的贡献。

家族庞大的犬形类

小古猫修长的身体和短小的四肢让它在树上来去自如。

提到“犬”，我们每个人都知道是“狗”的意思。不过“犬形类”指的可不单单是狗，这个词的意思是“一类体型像狗的动物”。这个家族非常庞大，是肉食性的哺乳类大家族，包括狗、狐狸、黄鼠狼等犬科动物，还包括浣熊、熊这类动物，另外还有一批看起来似乎完全不沾边的动物类型也属于这一家族——海豹、海狮和海象。那么为什么这类动物都被称为犬形类呢？这是因为它们都有共同的祖先，后来大部分都演化成了类似狗的样子，因此把这批同一祖先的动物类群统称为“犬形类”。

犬形类最早出现在距今约 5500 万年前的古近纪，迄今为止发现的最早的犬形类化石是小古猫。它生活在 5500 万年前欧洲和北美洲的热带雨林地区，体型很小，只有 30 厘米左右。别看小古猫个头不大，来头可不小。它来自一个非常显赫的大家族，现存的所有肉食性哺乳动物都是从这个家族的不同成员演化而来的。小古猫身体修长，但是四肢很短，生活在高高的树上，利用敏捷的四肢在树林间攀爬跳跃。小古猫的爪子很尖，在树上攀爬的时候，爪子就像钉子一样，可以紧紧地抓住树干，让它站得稳稳的。另外，小古猫还有一条长长的尾巴来帮助自己保持平衡。虽然“小古猫”这个名字透露着一点儿可爱，但它是个无情的“杀手”。

它以小型哺乳类、爬行动物以及鸟类为食，它的上下颌长有尖利的牙齿，当它咬住猎物之后，锋利的牙齿就会像剪刀一样撕下猎物身上的肉块。有时候，小古猫可能还会换换口味，吃些水果和蛋类。小古猫的视力水平在它们那个年代算是非常棒的，但是与现在的狗相比差得很远。

犬形类机密档案：

战斗力：★★★★★
防御力：★★★★★
技能：颌部碎骨
生存年代：古近纪早期至今（距今 5500 万年前至今）
生存地域：除南极洲外的所有大陆
类属：犬形类
身长：0.3 ~ 3 米
食性：肉食性或杂食性

到了距今 3000 万 ~ 2000 万年前的时候，小古猫所在的家族有了更大的分化。犬熊就是出现在那个时期的一种犬形类动物。犬熊生活在北美洲和欧洲的平原上。它还有另外一个名字叫作“熊犬”，从这个名字我们可以猜测它与狗和熊一定有关系。没错，这个家伙长得就像是狗和熊的综合体。它身长有 2 米，巨大的身躯让它看起来就像是现生的灰熊。但是这个“灰熊”长着狼一样的牙齿、强有力的四肢和一条长长的尾巴。犬熊体型很大，追逐猎物的时间稍长或者距离很远的话就会气喘吁吁，所以犬熊是以伏击的方式来捕猎的，等到猎物经过的时候，它就会冲出去，

水中，一只海熊兽正睁大眼睛紧紧盯着眼前的鱼。

用强有力的颌部和牙齿把猎物杀死。

几乎与犬熊同时期的海熊兽同样是犬形类的一员。它的外形就更特别了，与现代的海豹、海狮很相似。

海熊兽是最早的鳍足类动物之一，体长大约 1 米。它的脚上长着脚蹼，是个“游泳健将”，不过它并不会把所有的时间都花费在水里，在海岸上晒晒太阳同样也是它喜欢的生活。

它总是把生活安排得井井有条，可以把陆上和水中的时间分配得清清楚楚。不过它的食物都是水生动物，比如鱼类和贝类等。

捕食的时候，它那双大大的眼睛会目不转睛地注视着深海中的猎物，而且它的特殊内耳也很适合在水底听声音。

与其他的犬形类相同，海熊兽的上下颌也非常有力，牙齿也很适合切割肉类。当它捕到鱼类或者贝类之后就会返回岸上晒着太阳享受美食。

到了新近纪的时候，犬形类已经逐渐分化成了不同的家族，科学家也为它们重新进行了分类。恐狼被划分到“犬科动物”家族，这也是犬形类分化后的最大家族。恐狼并不是现生狼的祖先，最多算得上是远亲，它们还曾经共同生活在北美洲的平原上。恐狼的学名意思是“可怕的狼”，是一种大型动物，体长可以达到 1.5 米。恐狼的上下颌比现生狼的更大更有力，牙齿也更锋利。不过恐狼的四肢要短一些，这说明它同样不能长距离奔袭，主要依靠伏击来捕获猎物。美国洛杉矶的拉布雷亚沥青坑曾经出土过 350 万件各种类型的化石，其中恐狼的化石有几千具，科学家据此推测恐狼应该是集体狩猎的动物。

犬形类动物经过几千万年的自然选择以及适应，出现了各种各样的家族，演化出了丰富多彩的外形，可以说为世界变得更加多姿多彩作出了巨大的贡献。

门牙被磨短的 啮齿类和兔类

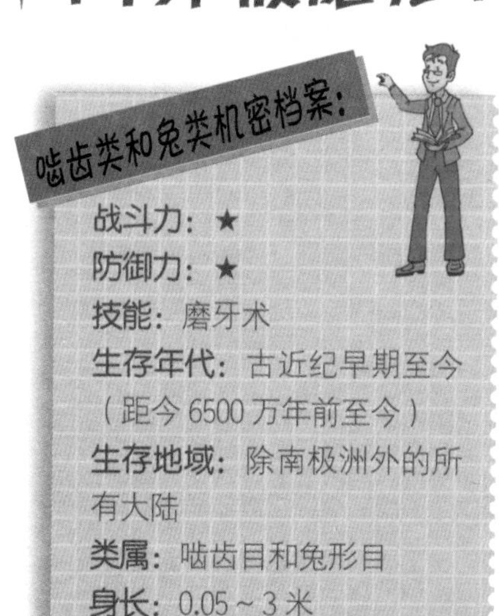

老鼠和兔子分别是啮齿目和兔形目的代表，为什么要把这两类动物放在一起呢？它们的共同之处就是都有几颗"大板牙"。啮齿目的动物有4颗用于啃咬的门牙，兔子则有8颗。这几颗门牙会不断生长，为了让牙齿保持合适的长度，它们需要不停地用硬东西磨掉新长出的牙齿。

发展到现在，啮齿类已经是哺乳动物中种类和数量最多的家族了。其实早在史前时期，啮齿类就已经遍布天下。那时候的兔子和现代兔子的子孙后代基本没什么两样，经常穿梭在森林草丛间。

古兔是已知化石中最古老的兔类动物，生活在距今3300万～2300万年前。不过，古兔的体型比现在的兔子要小，身长只有10厘米左右。它已经有了长长的耳朵，在头上高高竖起，时刻倾听着周围的声音，只有这样，它才能及时躲避危险。我们都知道现代的兔子尾巴短短的，就像在屁股后边挂了一个毛茸茸的小球，但是古兔的尾巴要长得多。另外，古兔的后肢要短于现生的兔子，所以当时它的运动方式可能是奔跑，而不是像现在的兔子一样蹦来蹦去。

现生的兔形目动物主要可以分为两个家族，一个是"兔科"，兔科的动物耳朵长，前腿短，后腿长，适于奔跑和跳跃；另一个是"鼠兔科"，耳朵短圆。四肢几乎等长且都比较短，尾巴几乎没有。

鼠兔的外形酷似兔子，但是身材和神态又很像鼠类。鼠兔体型很小，身长在10.5厘米～28.5厘米之间；兔科的动物后肢比前肢长，但是鼠兔的后肢与前肢接近等长。古近纪的时候，鼠兔广泛分布在除了南极洲之外的各个大陆上，在内陆及水边也有分布。但是现在，鼠兔已经变成十分珍稀的动物，仅仅分布在高原上，其中中国的青藏高原是鼠兔的重要分布地和演化区。不过，鼠兔家族究竟是如何衰落的，这个问题到现在依然是个谜。

在哺乳动物中，兔形目算是一个比较独特的目，长期以来它一直被放在啮齿目下，这种分类也是根据二者牙齿的相似性为标准的。但

跟现在的兔子相比，古兔身长只有10厘米，而且尾巴明显更长。

是后来的研究表明，兔形目与啮齿目的相似性是趋同进化造成的。虽然两个目下的动物现在看起来已经没有什么关系，但是二者实际上有一个共同的祖先，那就是发现于安徽古近纪地层的模鼠兔。后来兔形目与啮齿目分道扬镳，形成了两个家族。

啮齿目动物大多数是小巧玲珑的，不过也有一些啮齿类是令人望而生畏的“巨无霸”。生活在距今 300 万~ 1 万年之前的巨河狸就是这样一个“巨人”。它的体型可以达到 3 米，与黑熊的体型差不多，是有史以来体型最大的啮齿类之一。现生河狸的牙齿都是凿状的，而巨河狸的牙齿又宽又大；后肢相对更短；尾巴也不是宽宽扁扁的，而是又窄又长的。它与现生河狸的相似之处就是它也生活在水体中及其周边，住的“房子”可能也是蒙古包一样的穹庐状巢穴。

巢鼠常常用尾巴攀住树枝，在树木草丛中攀爬。

古海狸生活在 2500 万年前，它比巨河狸要古老，但是体型要小得多。与其他海狸不一样，古海狸生活在陆地上，不筑堤坝，也不建造穹庐状的巢穴，它的巢穴是一些狭窄的螺旋形洞穴。

1891 年，人们发现了这些奇怪的洞穴，里面还保留着古海狸的牙印和骨架。这弯弯曲曲的洞穴被当时的人们称为“魔鬼的开瓶器”。不过，更神奇的是，这样复杂的地洞主要是依靠古海狸那发达的门牙掘出的。

与古海狸同时期的啮齿动物中，还有一种能“飞”的老鼠——古鼠。古鼠生活在欧亚大陆，大量已经出土的古鼠骨骼化石告诉我们，这种小型啮齿动物的前后肢之间长有翼膜，它可以利用这副翼膜在空中滑翔，但并不是真正的飞行。它的这项能力与现代的鼯鼠非常相似，不过它与常年生活在地面的囊地鼠和大颊鼠有更近的亲缘关系。

现生的最小的啮齿动物是一种叫作巢鼠的小动物，它的体长只有 5.5 ~ 7.5 厘米。巢鼠的体型小到可以在植物的茎秆上造巢。它的尾巴非常灵活，具有缠绕性，可以帮助它在茂盛的禾草中自由攀爬。尽管长着大大的眼睛，但是巢鼠的视力很差，接近失明状态，几乎无法看清物体。

那它如何“看”路呢？它几乎完全依赖听力来探路，7 米之外轻微的震动也逃不过它的耳朵。巢鼠曾经被认为是一种濒危动物，通过合理的保护，它的数量目前正在逐渐恢复。

兔形目和啮齿类的动物都非常聪明，尤其是啮齿类动物。曾经有科学家预言，人类灭绝之后，数量多、智商高的啮齿类极有可能成为世界的霸主。灭绝之后的事情，我们暂时不去想它，但是目前来说，人类有责任保护好这些可爱的动物们。

在硬地上行走的有蹄类

马是一种性情很温和的动物，但是它如果发起脾气来，把前腿高高抬起、狠狠落下也是非常有杀伤力的，那是因为它的脚趾趾端有蹄。蹄是指生长在某些动物趾端的角质保护物，可以帮助动物支撑身体，在硬地上行走。

现生的有蹄类可以根据足趾个数的不同分为两类：其中马、犀牛和貘的脚趾是奇数，称为奇蹄目；羚羊、鹿、河马和猪的脚上则长着偶数的蹄子，所以这个家族得名偶蹄目。奇蹄目和偶蹄目的动物都是由长着五个脚趾的祖先演化而来的，不过随着时间的推移，有些脚趾消失了。

虽然现在的有蹄类几乎都是大块头的动物，但是早期的有蹄类动物个头不大，有些就像大猫一样袖珍。

生活在北美和欧洲草原的原蹄兽就是这样一种小小的有蹄类动物，它的体长只有1米左右，生活在距今5500万~4500万年前的古近纪早期。科学家对原蹄兽的骨骼化石进行研究之后发现它的骨骼结构与现代的马有些相似，由于原蹄兽拥有比其他早期的有蹄类都修长的身形，因此非常适合奔跑。

原蹄兽有5根脚趾，但主要用中间的3根脚趾来承担身体的体重，这种特征让它的发现者认为原蹄兽是马的祖先。关于这个假说，目前科学界还有争议，要更清楚地研究这个问题，需要发现更多的原蹄兽化石。原蹄兽的牙齿呈方形，是咀嚼、研磨植物叶片的绝佳工具。即使面对比较坚韧的小树枝，原蹄兽也可以毫无压力地把它们消灭殆尽。

原蹄兽生活在草原或者开阔的林地，攻击力和防御力比较差，所以科学家推测：为了保护自己，原蹄兽的皮毛上可能有点状或者条状的花纹，这样的毛色可以帮助它在林地和灌木丛中更好地隐藏自己，躲过捕食者的搜寻。

尤因它兽是另外一种早期的有蹄类动物，生活在距今4500万~4000万年前。尤因它兽生活在北美洲或者亚洲的草原上，体型庞大，长度大约3米，是已知的最早的可以称得上巨大的哺乳动物。

因为化石最早发现于美国尤因它山区，所以科学家将它命名为尤因它兽，不过它的足迹可不仅仅限于北美，在中国的部分地区也有发现。尤因它兽的外形很像现在的犀牛，躯干就像一只巨大的圆桶。虽然身躯庞大，但是脑容量很小，可以推测它的智商不高。尤因它兽的颅骨扁平，上面依次排列着三对钝圆的角，最后面的角最大最长。雄性的角比雌性的要大，科学家推测这些角可能是用来进行同类间的搏斗和求偶炫耀的。雄性尤因它兽的上颚上长有一对长达30厘米的獠

△ 一只巨角犀正在地面上寻找细小柔软的植物。

牙，看起来很有威慑力。不过这对獠牙并不是致命的捕猎武器，也不能用来剥开树皮以及掘土，这对獠牙可能仅仅与求偶炫耀有关。尤因它兽外表狰狞，如果它会唱歌，最喜欢的一首歌也许会是“我很丑但是我很温柔”。不过，不佳的外貌以及庞大的身体也给它带来了很多好处，很少有食肉动物敢于挑战体型巨大的它们。

随着时间的流逝，在尤因它兽消失 200 万年之后，距今 3800 万年前，地球上出现了另外一种类似犀牛的动物，科学家把它命名为“巨角犀”。巨角犀的化石最早是由居住在美国的印第安人发现的，他们以为找到了传说中奔驰于云间的神秘生物，因而称之为“雷马”。

实际上，科学家发现“雷马”的确与马有些关系，不过它身上覆盖着厚厚的皮，体型和身体结构让它看起来更接近犀牛。巨角犀虽然身形彪悍，体长可以达到 3 米，吃的食物却很精细，只能吃柔软的植物，甚至连坚韧一些的草木都难以下咽。根据它的食性，科学家估计巨角犀长有一条长长的舌头用来挑选合口味的食物。

有蹄类的出现进一步丰富了地球上的生物种类，同时也扩大了生命的分布范围。坚固的硬地也成了生命的乐园，有蹄类用自己的存在显示了生命的潜力和无穷的力量。

飞奔在灌木丛中的细鼷鹿

如果某件物体个头小又很可爱的话，我们经常会用“小巧玲珑”来形容它。今天我们就来介绍一种小巧玲珑的“迷你鹿”——细鼷鹿。

虽然也叫鹿，但是细鼷鹿与我们在动物园里面见到的梅花鹿和长颈鹿有很大的区别。成年的细鼷鹿与刚出生的梅花鹿差不多大，身长仅有 30 厘米左右。站在身高 5 米多的长颈鹿面前，细鼷鹿就真的算是一个小不点儿了。

细鼷鹿还有两个与其他鹿不同的地方：一是它的头上没有长长的鹿角；二是雄性细鼷鹿的犬齿伸出嘴外，变成小小的獠牙。细鼷鹿生活在距今 3800 万~2500 万年前，在这期间，全球的气候发生了变化，草原逐渐被森林取代。为了适应环境变化，细鼷鹿的牙齿也随之发生了变化。由于纤维素含量增加，食物变得更加粗糙，叶片中所含的草酸钙结晶可能会伤害细鼷鹿，为了适应这种变化，细鼷鹿的牙齿变得更加强壮有力了。

细鼷鹿机密档案：

战斗力：★
防御力：★
技能：飞速奔跑
生存年代：古近纪晚期（距今 3800 万~2500 年前）
生存地域：北美洲美国
类属：偶蹄目
身长：0.3 米
食性：主要以植物为食

细鼷鹿体型袖珍，行动敏捷，奔跑速度很快。它至少在北美洲的森林和草地间活跃了 130 万年，常用它的小蹄子飞奔于灌木丛中。这种小动物虽然战斗力和防御力都不高，但是整个家族曾经繁盛一时，数目众多。估计细鼷鹿当时也是掠食者们非常容易获

战斗力和防御力都不高的细鼷鹿，奔跑起来却很快。

一只麝香鹿正警惕地盯着前方。

得的一种美味点心。

细鼷鹿属于有蹄类动物，这类动物大多数是食草动物。有蹄类根据脚趾的个数可以分为偶蹄类和奇蹄类，鹿类动物都属于偶蹄目。在偶蹄目大家庭中，有一类比较奇特的动物，这类动物拥有 4 个胃。在进食的时候，它们首先把草衔进嘴里，不加咀嚼地全部吞下去，觉得酒足饭饱之后就停止进食。可是咽下未经咀嚼的食物，其中的营养并不能被充分吸收，这个问题怎么解决呢？接下来只见它们咽进胃里的草又分批返回了嘴里，此时这些动物就不像刚才那样整个咽下去了，而是嚼得细细的，然后再慢慢咽下去，一副享受生活的悠闲样子。这种奇特的偶蹄类动物叫作反刍动物，细鼷鹿就是反刍动物。进食的时候，它先是抓紧时间把草装进肚子里面，不考虑消化的问题，随后才会找个安静又安全的地方细细品尝这些美味的食物。

细鼷鹿在 2500 万年前就已经灭亡了，可是它有个亲戚却一直活到了今天。通过这个亲戚，我们可以对细鼷鹿的样貌和习性进行一些推断，这个亲戚就是麝香鹿。麝香鹿又叫鼠鹿，科学家认为它的长相是与细鼷鹿最相似的一种。麝香鹿比细鼷鹿稍微大一点儿，成年鹿的体长有 45 ~ 55 厘米。它的外形是鹿、鼠和兔的综合体，四肢细长。与细鼷鹿一样，它没有鹿角，雄性有发达的獠牙。这些小鹿经常成群结队地在丛林中奔跑。麝香鹿生活在东南亚和非洲的热带雨林中，生活区域的海拔高度可以达到 2438 米。不过，目前这种形似细鼷鹿的小动物的生存已经受到了严重的威胁。这是因为雄麝香鹿的下腹部和生殖器之间有一个名叫“麝腺”的腺体，可以产生浓烈但令人愉悦的气味，这种物质叫麝香酮，可用在香水中，是世界上最昂贵的动物制品。也正是这个原因，冒险捕猎的人比比皆是，麝香鹿的数量因此急剧减少，群体是否能够延续面临着严峻的挑战。不过，现在人们已经认识到了这种趋势，因此严格限制从麝香鹿身上取得麝香酮。如今的化学家也已经发现了其他的麝香酮来源，比如麝香花、麝香木以及麝香梨等，而且化学家也已经找到了人工合成麝香酮的办法，所以目前最提倡的就是用合成的方法来获得麝香酮。

随着时间发展，有些动物由于不适应环境被自然淘汰是不可避免的过程，比如细鼷鹿的灭亡；但是对于那些受到人为干扰而数量锐减的动物，人们应该尊重其生存权，让它们自由地生活。

多种动物的综合体：后弓兽

后弓兽机密档案：

战斗力：★
防御力：★
技能：奔跑中随意改变方向
生存年代：新近纪至第四纪更新世（距今700万～2万年前）
生存地域：南美洲，南极洲
类属：滑距骨目
身长：3米
食性：植食性

700万年前，在南美洲的平原上生活着一种相貌怪异的植食性动物。这种动物分布广泛，随处可见，看上去就像是多种不同动物的综合体，它的身体就像马一样，脖子和骆驼一样长，鼻子却像大象一样，不过鼻子长度要比大象的鼻子短很多，它就是后弓兽。后弓兽同样属于有蹄类，不过已经灭绝，人们仅在南美洲和南极洲发现过后弓兽的化石。

最早的后弓兽化石是著名的生物学家查尔斯·达尔文发现的。20多岁的时候，达尔文在导师的推荐下，登上了双桅横帆船“贝格尔”号去周游世界。在这次旅行中，达尔文从一个考试勉强及格的大学生，蜕变为一名严谨认真的科学家。这次旅行影响了他的一生，他的著作《物种起源》也是在这次过程中逐渐酝酿出来的。他在旅行中发现了大量稀奇古怪的动植物以及灭绝的动植物化石。1834年，“贝格尔”号到达南美洲阿根廷，在这里稍事休息。勤奋好学的达尔文没有放弃任何一次接触当地动植物的机会，船一靠岸，他就带着工具走进了丛林中。在这里，他找到了半具动物的骨骼化石，这些骨骼似乎并不属于现生的任何动物，看上去比较接近史前的骆驼或者美洲鸵。事实上，这就是世界上最早被发现的后弓兽化石。

后来，在南美洲和南极洲又出土了很多后弓兽的化石。随着化石种类和数量的增加，人们发现后弓兽并不是指一种动物，而是一类动物。在早期的南美动物群中，这类动物不仅数量多，而且形态多样，不过由于自然环境的变化，它们的多样性不断减少，最终只延续到大约2万年前就全部灭绝了。后弓兽类动物普遍有三个脚趾，它们最特别的地方就是拥有非常灵活的踝关节，这灵活的踝关节同时也是后弓兽类动物在逃命时唯一的优势。由于后弓兽类动物体型都很大，科学家还发现它的股骨很短，因此后弓兽不可能拥有很快的速度，而相对于大型的捕食者，它们的体型又太小，根本无法吓跑敌人。不过，由于它的踝关节十分灵活，它在奔跑的过程中可以随意改变姿势和方向，所以它在受到剑齿虎等掠食者追击时，可以机智地调整方向，顺利逃脱。

在后弓兽家族中，长颈驼是最年轻的成员，而且是唯一一种在南北美洲生物大迁徙中生存下来的后弓兽类。南美洲原本像大洋洲一样是与其他的大陆分离的，生活在这块大陆上的哺乳动物进行了独立的演化过程。随着地质变迁，南美洲和北美洲逐渐连在一起，两个大洲上的动物开始进行迁徙，其中南美洲的后弓兽类动物几乎都被北美洲比较进步的动物取代了，长颈驼是后弓兽动物中最末端的一支，同时也是这个世系最后灭绝的动物。

长颈驼虽然曾经在南美洲广泛分布，但是被发现后并没有得到太多的研究。科学家只是对长颈驼的样子做出了一些假设。他们认为长颈驼的头上方有鼻孔，有些人认为这个鼻孔像鲸的喷气孔一样具有呼吸管的作用。由于长颈驼长期生活在大草原上，所以科学家认为它们的毛皮颜色应该与干草的颜色一样，起到隐藏自己保护自己的作用。

在当时，长颈驼的主要敌人是剑齿虎和泰坦鸟等大型肉食性动物。和它的亲戚们一样，长颈驼的脚可以承受很大的压力，这是因为它们拥有非常灵活的踝关节，可以经常摇晃和改变方向。这正是对剑齿虎这种掠食者的主要防御策略。剑齿虎体型巨大，所以不喜欢长途追捕猎物，而是擅长伏击，它们在尝试扑倒猎物的时候，无法快速改变方向。而对付泰坦鸟这样的捕食者，长颈驼常常是孤注一掷，把全身的力气集中在腿部，然后用长且强壮的腿来踢蹬敌人。虽然这种方法不能次次奏效，但是有时候也能侥幸逃脱，保住自己的生命。

达尔文在阿根廷发现的后弓兽化石正是长颈驼的化石，他最初认为这是一只巨大的羊驼，后来才发现它并不属于当时的任何一种动物类群。随后南美洲出土了很多这样的化石，除了阿根廷，玻利维亚和委内瑞拉也有发现。

后弓兽的灭绝告诉我们，只有适应自然环境才不会被自然淘汰。即使可以对自然进行改造的今天，这个法则依然适用，人类应该从这个法则中领悟到有关人与自然关系的真谛。

达尔文发现的后弓兽化石。

长颈驼拥有非常灵活的踝关节，这在危险来临时有助于它摇晃和改变方向。

食草和树叶的马类

提起马，我们都不陌生。它有时候奔驰在辽阔的草原上，恣意张扬；有时候出现在乡村的小路上，任劳任怨；有时候它又成为艺术家创作的灵感之源，灵动潇洒。

马是奇蹄目的哺乳动物，长有单趾足和修长的四肢，绝大多数擅长奔跑。马的脸窄长，尾巴很长，有鬃毛从头顶一直延伸到颈部。奔跑的时候，这些鬃毛随风飘扬，能够给人带来令人振奋的美感。如今世界上有400多种驯养的马类，比如赛马、家驴等，不过野生的马类仅有7种，包括斑马和野驴。如今，野马仅分布在非洲，其他地区非常少见。

现生的马类绝大多数都体型硕大，但是它们的祖先可不是这样的庞然大物。在5200万~4500万年前，北美洲出现了一种叫作“原古马”的马类。

它是已知的最早的马类之一，体型娇小，身长只有0.3米。原古马的四肢短小，后肢比前肢要长一点，这一点与兔子相似，因此可以推测原古马可能擅长跳跃，而不是奔跑。

原古马有三个脚趾，其中中趾比其他的脚趾都粗大，它承担了原古马的大部分体重。原古马还有一点与现生马类不同，现生马基本上都生活在草原上，被驯化的品种与人类生活在一起，但是原古马生活在森林里，以树木的嫩叶为食。

距今4000万~3000万年前，北美洲出现了一种新的马类——中马。与原古马一样，它也生活在美国的森林中，很可能是在灌木和树丛之间觅食，主要以嫩叶为食。不过它的个头大了一点儿，有0.5米左右。

中马比原古马更接近现代的马类，它同时拥有早期马类和晚期马类的特征。

中马的脸已经变得很长，前后齿之间出现了空隙。中马已经不是一种善于跳跃的动物，它拥有修长的四肢，善于奔跑，这点与现生的马类相似。与现生的马类不同的是，它的脚上有三个脚趾，而现生的马类绝大多数只有一个脚趾。

在距今2300万年前的时候，马类的足迹已经遍布北美洲、欧洲、亚洲和非洲，其

草原古马与原古马相比体型更大，每只脚上支撑体重的脚趾只有1根，不同于现代的马有3根或4根。

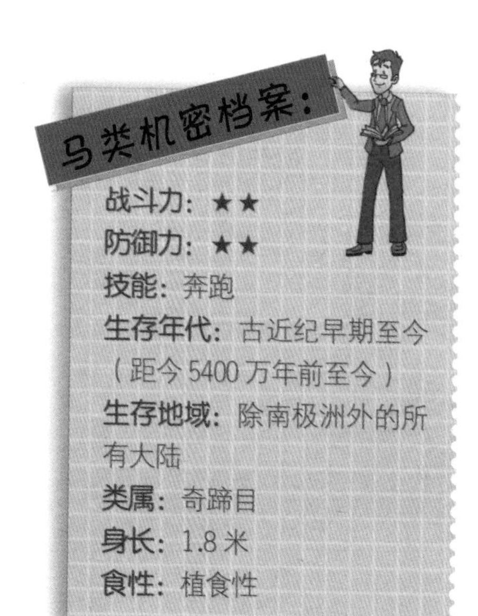

中最出名的成员是身轻如燕的三趾马。

三趾马一名自 1924 年就在中国广泛使用。随着化石的不断发现和研究的深入，现在人们认识到这是一个相当庞杂的类群，可能包括多个属。广义的三趾马还包括北美的祖三趾马、新三趾马和矮三趾马。旧大陆的三趾马过去多认为都属于狭义的三趾马而分成若干亚属，但有人认为它们也应该分成若干属，例如长鼻三趾马、柱齿三趾马等。

三趾马已经长成了一个大块头，身长可以达到 2 米，与现生的马类差不多，甚至还要大一些。

顾名思义，三趾马脚上有三个脚趾，这也是三趾马与现生马类的区别之一。在三个脚趾中，只有粗壮的中趾末端有蹄，起到主要的承重作用，其他的脚趾都不与地面接触，这样的结构减少了三趾马脚趾离地时的阻力，可以帮助它更快地向前奔跑。三趾马的主要食物是树叶和草。为什么它们会吃草呢？不是生活在树林里面吗？其实，在三趾马生活的年代，地球上的植被发生了变化，很多森林逐渐被草原取代，马类也开始逐渐适应草原生活，不仅四肢变得越来越长，成为善于奔跑的动物，而且消化系统也开始发生变化。

不过三趾马还没有完全适应草食生活就在 200 万年前灭绝了，在它们的粪便化石中常常会出现没有消化的草梗。

出现在 1700 万年前的草原古马是真正只以草为食的马类动物，也是目前发现的最早的只吃草的马。它的面部与现代的马类已经非常相似，包括长而突出的吻部、深深的双颌以及眼睛的形状。草原古马的颈部修长，所以可以很悠闲舒适地享用地上的青草。草原古马是群体生活的动物，它们经常成群结队地长途迁徙来寻找食物。

修长的四肢让草原古马可以快速奔跑，当与掠食者正面遭遇的时候，它们会发力狂奔，从而逃离险境。

由于草原开阔，一望无际，草原古马需要长距离地觅食，寻找水源，以及躲避肉食性兽类侵袭等，又逐渐增强了快跑的能力。草原古马的四肢加长了，中趾也长成了唯一着地的趾。

上新马生活在距今 1200 万~200 万年前的美国，身长大约 1 米。上新马的每只脚上只有一个脚趾，所以很多科学家认为它是现生马类的直系祖先。可是上新马的牙齿是弧形的，现生马类的牙齿都是直的，而且脸上的凹陷也与现生马类有很大差别，因此上新马更有可能是马类动物在进化过程中的一个旁支，没有子孙后代存留在世上。

马是人类最好的朋友之一，也是人类最早驯服的家畜之一。自从 4000 多年前被人类驯服之后，它们就一直陪伴在人类左右，为人类社会的发展贡献着自己的力量。

外表奇特的砂犷兽

如果握紧拳头在地上爬行，用手指的关节来支撑身体，大概爬不了多远，手指关节就会被磨破，我们大概都会发誓以后再也不做这样的傻事了。可是在远古动物界，就偏偏有这样一个喜欢用指关节来走路的家伙，它就是砂犷兽。

砂犷兽属于比较原始的奇蹄目动物之一。这种动物在欧洲、亚洲和非洲都有发现，但是化石数量并不多。它是由其他动物在亚洲演化出来的。砂犷兽的前脚很长，上面长着长而弯曲的爪子，因此它没有办法把前脚平放在地面上，为了能够向前行走，它们只能把长着爪子的前脚趾向后弯，然后用趾关节向前行走，这种行走方式被称为“跖行”。以我们现在的眼光来看，这种行走方式真是太奇怪了，但是在那个年代，这种方式是很常见的。

◀ 行走时，砂犷兽会把长着爪子的前脚趾向后弯，然后用趾关节前行。这被称为“跖行”。

砂犷兽的上颚没有前牙，科学家曾经推测它们主要用分布在后面的牙齿来磨碎食物。这种观点流行了很久。不过，后来科学家对砂犷兽的后齿进行了更为仔细的研究，研究发现，砂犷兽的后齿也没有多少磨损的痕迹。由此可以推测，它们一定是非常挑剔的进食者，就像如今的大熊猫一样，它们只挑选最鲜嫩的枝叶做食物。但是对食物如此挑剔，也极有可能造成砂犷兽家族的灭绝。砂犷兽体型巨大，利用后腿和前肢关节行走，靠长臂拉下高处的树枝来获取最鲜嫩的树叶。它们行动缓慢，大部分时间都是在进食中度过的。由于砂犷兽体型巨大、行动缓慢，所以它们唯一的防御手段就是依靠巨大的体型恐吓敌人，并用前肢上的利爪来攻击敌人。

砂犷兽属于爪蹄兽大家族，这个家族是有蹄类动物中唯一长有爪子的。爪蹄兽主要分两种，其中一种就是砂犷兽这样的跖行动物，另外一类主要包括石爪兽、钩爪兽和黄昏爪兽，这一类动物生活在平原，外形颇似山羊。黄昏爪兽是爪蹄兽类中最后灭绝的动物。

多元化的犀牛家族

现在的犀牛是最大的奇蹄目动物，也是仅次于大象的体型最大的陆地生物。如今，世界上只生存着白犀、黑犀、爪哇犀、印度犀和苏门答腊犀五种犀牛，无论是在外形还是生活习性上，这五种犀牛都非常接近。

不过，在遥远的史前时代，犀牛家族的成员可比现在多得多。这些史前犀牛有的天生一副小骨架，大小和狗差不多；有的则比现在的大象还要大，高如大树。

我们都知道，犀牛最有名的标志就是鼻子上顶着的那只大角，但在史前的犀牛家族中，有些种类并没有这样的长角。它们有的长着修长的四肢，可以像马一样狂奔；有的则四肢粗短，喜欢像河马一样在水里打滚。

生活在距今 3300 万年前的长颈副巨犀是有史以来地球上体型最大的陆生哺乳动物，身体长度可以达到 8 米，体重可以达到 15 吨，4 头大象的体重加在一起也比不过它。这种犀牛主要生活在亚洲，是最原始的犀牛种类之一。比较原始的犀牛头上都没有角，长颈副巨犀也不例外。

从它的名字我们就可以知道，这种动物脖颈很长。这长长的脖子对它来说有什么意义呢？与现生的犀牛不一样，它以树顶的枝叶为食，有了这长长的脖子，它们就可以自由地取食树顶的枝叶。长颈副巨犀的嘴唇又长又灵活，这就可以让它在扫过树枝的同时把上面的树叶都收进嘴里。

在同一时代，遥远的北美洲也生活着一种原始的犀牛，这种犀牛同样没有角，它的名字叫作“副跑犀”。虽然生活年代相同，它的个头可比长颈副巨犀小得多，它仅有 3 米长，站立高度也就有 1 米左右。副跑犀还是犀牛家族中的“异类”，犀牛家族大部分成员都很笨重，而副跑犀则是一名运动健将。它的四肢修长，可以利用快速的奔跑来逃离险境。副跑犀的牙齿边缘是波浪状的，而且十分锐利，是把叶片从树枝上剥离下来的绝佳工具。

那么犀牛家族是从什么时候拥有标志性的犀牛角的呢？科学家在美国的内布拉斯加州 1700 万年前的火山落灰沉积物中发现了一具完整的犀牛骨架，并把它命名为“远角犀”。远角犀身长大约 4 米，鼻子上面有一个小小的圆锥形的尖角，这大概就是犀牛家族长角的雏形。

不过，远角犀的身体又大又笨重，四肢粗短，乍一看，还会误以为它是河马家族的成员呢！远角犀的化石大多数是在史前的河流和湖泊沉积物中发现的，因此它们可能也像河马一样喜欢在水中打滚。

与前面的两种犀牛以树叶为食不一样，远角犀主要以草为食物，在远角犀骨架喉部发现的草种子

化石也证明了这一点。

不过，最出名的犀牛非披毛犀莫属。披毛犀生活在距今 300 万~ 1 万年前的欧亚大陆上。石器时代遗留的史前岩洞壁画中有很多披毛犀的形象，因此它们的形象是史前犀牛中最清晰的。披毛犀生活于冰川时期，身上长满了又厚又长的体毛，这些体毛可以帮助它顺利地度过漫漫寒冬。

披毛犀与现生的白犀差不多大，身长有 4 米左右，躯干庞大，四肢粗短笨重。它的鼻子上长有两个大小不一的角，雄性披毛犀的前角可以长达 1 米。披毛犀是一种植食性动物，它吃草的时候喜欢把草连根拔起之后再放进嘴里慢慢咀嚼。

板齿犀出现得比披毛犀晚，却比披毛犀更早灭绝，它生活在距今 200 万~ 12.6 万年前，可能是早期人类的美食之一。它们头上只有一只角，不知道传说中那神秘的独角兽的原型是不是就是它。

不过，板齿犀消失得太早，人们只能在想象中建造它的形象。科学家通过化石的研究，已经使它的形象变得越来越清晰。板齿犀的四肢要比现在的犀牛更长，所以它们可以快速行走。板齿犀牙齿很大，可以有效地磨碎植物。它可能与披毛犀有同样的爱好，那就是通过摇晃头部把植物连根拔起后再慢慢享用。

如今，地球上仅剩下 5 种犀牛，而这 5 种犀牛由于生有珍贵的犀牛角，总是成为盗猎者的目标，目前它们的数量已经非常少。如果我们不想让它们全部成为画面中的形象，那么就要从现在做起，抵制野生动物制品的买卖，用自己的行动来保护这些动物。

披毛犀生活在北方的冻原和遥远的南方草地，与现代犀牛一样，原始披毛犀的犄角进化，部分是为了给对手留下印象，部分是为了保护自己。

庞然大物：大象家族

地球上最凶猛的动物是猫科的狮子、老虎等，但即使是号称最凶猛的动物，它们也不会主动去攻击大象，因为大象是陆地上体型最大的动物。光是那庞大的身躯就足以吓跑敌人，如果它被激怒，抬起脚掌来狠狠跺上一脚，后果更是不堪设想。因此，无论自己武功多么高强，狮子、老虎等动物见到大象也会尽量绕着走。

大象是群居性动物，以家族为单位生活，通常由雌性大象做首领，每天活动的时间和路线都听从雌象的指挥；雄性的大象只负责保卫家庭安全。大象的嗅觉和听觉都很灵敏，科学家发现大象之间也有交流，不过它们的交流方式不是语言，而是次声波。如果有胆大的动物来挑战大象，它们面对的将是无数的铁蹄和长牙。

不过，大象并不是一开始就是这样的庞然大物，那庞大的身躯是长期演化的结果，已知最早的一种象身高只有 60 厘米，而且它们刚出现的时候，鼻子也不像现在这么长。大象最终长成如今这副威武的样子，是前辈们不断适应自然的结果。

始祖象算得上现生大象的前辈。它出现在距今 3700 万年前的埃及，3000 万年前消失在地球上。人们发现它的化石时，发现它有很多特征与象开始进化时的特征很相似，认定它是大象的祖先，于是把它命名为“始祖象”。随着大象家族出土的化石越来越多，科学界普遍认为大象的祖先另有其象。虽说始祖象并不是现生大象的直系祖先，但也算得上大象家族最近的亲戚。始祖象的大小与现在未成年的亚洲象差不多，身长大约 3 米。它的躯干很长，四肢短小。实际上始祖象的生活习性与河马更为相近，喜欢在溪流和湖泊中洗澡。当它在沼泽地中打滚的时候，它的眼睛和耳朵仍然会露出水面来观察周围的环境。由于长年生活在水中，水生植物是始祖象的主食。它的嘴唇很灵活，可以自由取食水中植物的枝梗。始祖象嘴里的牙齿很大，尖端会从

帝王猛犸象

恐象

铲齿象

◎ 大象和它们的亲缘动物起源于 4000 多万年前同一个物种。一些化石表明，在这 4000 多万年的进化过程中，起码产生了 350 多个不同的种类。上图展示了其中的几个类，从左至右依次是：恐象，下颌处的獠牙向后弯曲；铲齿象，下颌处的牙齿像一个铲子；而拥有“帝王猛犸象”之称的巨象猛犸则有着长长的鼻子和向前弯曲的獠牙，看起来更接近于现代大象。上述这些动物分属于几个不同的支系。

△ 始祖象以水生植物为生，它的耳朵、眼睛、鼻孔沿着头顶呈一条直线，身体的大部分都潜在水中。

嘴里露出，这应该就是象牙的雏形。另外，始祖象的鼻子虽然没有现代象的那么长，但是也已经有了延伸。始祖象生活的年代并不算短，离开历史舞台的时候，它称得上功成身退。因为由始祖象所演化出来的长鼻目子孙开始遍布世界各地，大象家族逐渐繁盛起来。

在1500万~500万年前广泛分布的嵌齿象与现代的大象外形已经十分相似。嵌齿象的颈部灵活，长有和今天的大象一样的长鼻子。嵌齿象长有两对长长的象牙，从上颌伸出的牙齿比较长，主要是用来与敌人搏斗和求偶炫耀；而下颌伸出的牙齿比较短，就像铲子一样，可能主要用于把植物从土里挖出来或者把树皮剥离。嵌齿象在新近纪的时候一度兴盛，但是最终在新近纪晚期走向灭绝，灭绝的主要原因是真象科的崛起，真象科包括猛犸和今天的亚洲象、非洲象等。

诞生于1000万年前的铲齿象跟嵌齿象的外形很相似，它也有两对象牙，下颌的牙齿扁平，而且紧紧并在一起，看起来就像铲子一样。科学家推测它可能是用这奇特的下牙来铲起水中或者沼泽间的植物，而它牙齿上的磨痕似乎也在告诉我们：它奇特的下牙可不只是一个简单的铲子，同时也是切割树枝的利器。

大象家族如今只剩下了3种成员，分别是非洲草原象、非洲森林象和亚洲象。

非洲草原象是现存最大的陆生哺乳动物，在非洲的西部、中部、东部和南部都有分布。原本非洲北部也有分布，但是由于人类的入侵和捕杀，它们丧失了栖息地，最终彻底绝迹了。非洲草原象体长在6~7.5米。非洲草原象体型巨大，无论雌雄都长有长而弯曲的象牙，而且脾气十分暴躁，经常主动攻击其他的动物。非洲森林象比草原象的个头稍小，耳朵比较圆一些，而且森林象的象牙比较直，还呈现淡淡的粉红色。亚洲象是这三种大象中个头最小最苗条的，也是脾气最好的一个。它们性情憨厚、智商很高，所以很容易被驯化。东南亚的很多国家，比如泰国和印度，都驯养亚洲象来帮助人们干活或者进行表演。

大象家族从遥远的时代走来，从只有0.6米高变成最大的陆地动物。如今环境的恶化使得这个家族人丁日益稀少，希望它们能够度过艰难的时期，延续种族的辉煌。

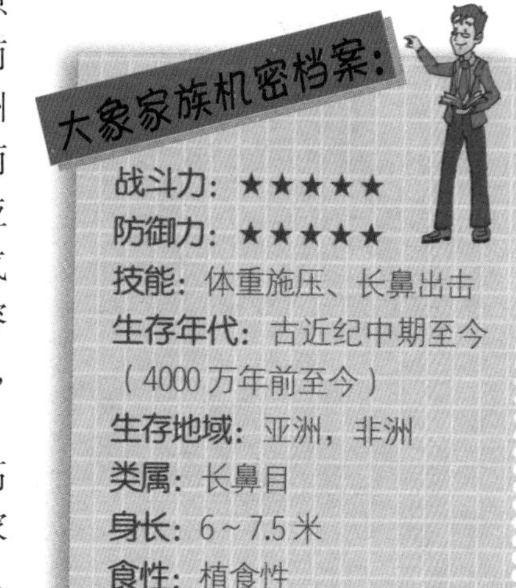

仪表威严的真猛犸象

真猛犸象家族机密档案：

战斗力： ★★★★★

防御力： ★★★★★

技能： 长牙出击

生存年代： 新近纪晚期至第四纪更新世（距今 400 万~1 万年前）

生存地域： 亚洲，北美洲，欧洲，非洲

类属： 长鼻目

身长： 5 米

食性： 植食性

《冰河世纪》这部电影如今已经出了 4 部，长毛象曼尼一直是史前动物超级组合中的绝对主角，它忠厚老实且富有爱心的形象也得到了很多人的喜爱，尤其是小朋友们。实际上，曼尼就是真猛犸家庭中的一员。

冰期时，威严的猛犸象经常成群结队地游荡在北美洲、欧洲和亚洲的广袤平原上。猛犸象家族与现生的大象家族有很亲密的亲缘关系，这一点从猛犸象的外表就可以看出来，科学家对猛犸象家族 DNA 的研究也证明了这一点。科学家从西伯利亚冰封的猛犸象尸体上提取了它的 DNA 之后，将这份 DNA 与现生大象的 DNA 进行比对，发现它们与大象的 DNA 基本相同。目前已知的猛犸象有 8 种。这 8 种猛犸象的祖先出现于 400 多万年前的非洲，而后慢慢迁徙，不断适应各地的环境，最终形成了种类繁多的猛犸象，有南方型的温带猛犸象，也有北方型的寒带猛犸象。南方的猛犸象体型比较小，而北方的猛犸象体型大一些。

在猛犸象家族中，最出名的一个就是长毛象曼尼所在的家庭——真猛犸象。真猛犸象才是这个家族的大名，长毛象只是人们给这个家族的昵称。

真猛犸象家族是猛犸象家族中数量最多、灭绝最晚的一个种。它们生活在寒冷的冰川地带，是冰河时期的典型标志。为了适应寒冷的生活环境，它们全身覆盖着又长又

真猛犸象进化于欧洲和亚洲，却经由横跨白令海的大陆桥，扩展到了北美洲。它们头上的隆起物中含有大量的脂肪，相当于一种食物储备。

密的长毛，这些毛发的长度几乎可以达到 90 厘米。为了对付寒冷的环境，光有这些长毛是不够的，它们的长毛下面还有一层细密的绒毛，而且还有厚厚的皮下脂肪来帮助它们对抗寒冷，这些脂肪的厚度可以达到 9 厘米。另外，在它的肩部还有一个高耸的“肉峰”，这个“肉峰”中同样储存了大量的脂肪，它的作用和骆驼的背峰差不多，储存其中的营养物质可以帮助真猛犸象度过食物匮乏的艰难时期。

真猛犸象生活在冰期的草原上，它最里面的牙齿上有脊，这样的牙齿能够更有效地磨碎坚韧的野草等小型植物。真猛犸象的象牙也很奇特，不仅很长，而且形状特别，呈螺旋形向内卷，两根象牙的尖端相对。科学家推测这长长的象牙可能起到雪铲的作用。觅食的时候，它的长牙可以用来移开覆盖在地面上的冰雪。对于雄性猛犸象来说，漂亮的象牙还是它吸引雌性猛犸象的资本。

别看长毛象曼尼脾气温和善良，事实上，真正的长毛象可不是这样的！成年的长毛象体型庞大，在平原上，其他的动物根本无法对它们构成威胁。长毛象虽然是吃素的，但是脾气十分暴躁，它们会突然攻击任何在它们看来是威胁的动物。其速度之快往往让对手在反应过来之前就已经命丧黄泉。长毛象是毋庸置疑的北极霸主，不过，幼象从出生到成年需要 15 年的时间，因此幼象常常成为掠食者的捕猎对象。

大象家族从远古时代就开始发展，到 2300 万年前左右成为一个显赫的大家族。进入第四纪之后，猛犸象以及亚洲象、非洲象等三种大象都同时存在，其他两种象都幸运地活到了现在，而猛犸象却在 1 万年前左右忽然神秘地消失了。

如何解释猛犸象消失的神秘事件，科学界目前也是众说纷纭。目前比较受推崇的主要有以下三种假说。第一种假说是气候变暖导致长毛象被迫北移，生活区域缩小，食物有限，最终灭绝；第二种原因是长毛象自身的原因造成的。它们的生长速度缓慢，雌象怀孕期以及幼象的生长期都很长，在这期间由于猛兽和人类的追捕，数量锐减，最终灭绝；最后一个原因就是早期人类的过度猎杀。人类诞生以后，由于智力水平比较高，迅速占领食物链顶端，他们猎取长毛象做食物，长毛象的骨骼也被早期的人类用来建造房屋。科学家曾经在东欧发现过大约 30 处这样的白骨棚屋。

长毛象是一种外形十分奇特的物种，而且由于生活在北极冻土上，化石不仅数量多，而且都保存得十分完好。科学家甚至还从它们的毛发中提取出了有活性的 DNA。这极大地鼓舞了科学工作人员，目前他们正在试图用克隆技术让这种神奇的生物重返人间。

如果科学家能够突破瓶颈，成功复活长毛象，让它们重回北极，那是一件多么有趣的事情！

一只有 1 万年历史的幼年猛犸象被科考队员从冻土中挖掘出来，幼年猛犸象的躯体保存完整如初。

巨大如象的大地懒

前面我们了解了《冰河世纪》中的长毛象曼尼，现在我们来调查一下那个眼睛长在两边、经常做些奇怪事情的希德究竟来自什么样的大家庭。

片中有人叫希德“树懒”，树懒可是世界上动作最慢的哺乳动物，每小时最多爬 2000 米。古灵精怪的希德可不是这样的慢性子啊！实际上，希德属于地懒家族，这是一种已经灭绝的古兽，按照现代的分类标准地懒属于“贫齿目”，意思就是没有牙齿的动物。不过，这个没有牙齿指的是它们没有真正的齿根，并不是没有用于咀嚼的牙齿。动画片中的希德不就长着两颗大大的门牙吗？而且，这些牙齿能够再生。

大地懒家族机密档案：

战斗力： ★★★★

防御力： ★★★★

技能： 利爪杀敌

生存年代： 新近纪晚期～第四纪更新世（距今 500 万～1 万年前）

生存地域： 南美洲

类属： 贫齿目

身长： 6 米

食性： 植食性

地懒家族最显著的特征是长着无比结实的长爪，这一点在希德的身上就可以看出来。地懒大家族的身上覆盖着一层柔软的长毛，后腿粗壮，前肢相对比较纤细。它们最喜欢的动作就是蹲坐在地上，利用前肢摘取树枝上的嫩叶。

在远古时代，懒兽家族曾经十分繁盛，从小型、中型到大型，应有尽有。在地懒家族中，块头最大的一种名叫“大地懒”，它的身长可以达到 6 米，与猛犸象差不多大。显然，希德不是大地懒中的一员，它应该属于某种中型的懒兽。

说起大地懒，它在古生物学史上那可真算得上是赫赫有名。大地懒又被称作“大树懒”，与现生的树懒是表亲。最早的大地懒化石是 1788 年在阿根廷发现的，当时它还没有获得如今的名字，人们只能称呼它为“史前巨兽”。后来在南美洲又发现了许多地懒化石，这些化石后来大多都传到了著名的古生物学家居维叶手上。居维叶当时正致力于脊椎动物比较解剖学的研究，他发现这种动物与现生的三趾树懒非常相似，因此将之命名为“美洲大树懒”，简称“大树懒”。居维叶一生中完成了无数件古生物化石的复原和组装，而他的第一件作品就是美洲大树懒。

大地懒是一种巨型的懒兽，是生活在南美洲大陆上最大型的哺乳动物之一，重量可以达到 4 吨，和一头非洲象的重量差不多。由于体型庞大，它的行动非常迟缓，不过它不会像树懒那样不爱动，当然也没有“希德”那样多动。

它长有厚实但是短而高的头颅，鼻孔位于高处。大地懒全身覆盖着一层浓密的毛发，在毛发的下边还隐藏着一层“盔甲”，这盔甲是由许许多多的骨性甲片构成的。大地懒的臀部骨骼十分强壮，这些骨头在它依靠后腿站立的时候能够起到承载体重的作用。同时，它还拥有一条粗壮的尾巴，在站立的时候这尾巴能够起到很大的辅助作用。大树懒的前肢和后肢上都长有强壮而尖锐的爪子，方便它攀握树枝以及与其他掠食者搏斗。不过这样尖锐的爪子有一个缺点，由于大树懒的爪子又长又弯，因此它没有办法把

△ 大地懒体形高大，与大象差不多，它们可以后肢站立行走，前肢勾下高耸树木上的树枝。

爪子平放在地面上，于是就形成了它独具特色的行走方式——足侧着地、弯爪朝内。

事实上，根据科学家对大地懒化石的研究发现，大地懒并不喜欢四足着地爬行，它最喜欢的行走方式是两足前进。它首先利用两条粗壮的后腿形成两足的站立姿势，此时它那强壮的尾巴就派上了用场。

当大地懒站立行走的时候，它的身高是大象的两倍。这样它就可以轻松地够取高处的树枝和嫩叶。大地懒的牙齿发达，适合磨碎叶片。不过大地懒的牙齿表面没有珐琅质保护，磨损之后，深埋颚中的方柱就会继续生长，让牙齿重生。科学家对地懒的粪便化石研究后发现，大地懒的粪便中包含了几十种不同的植物，它可真算得上是一个不挑食的“好孩子”。

在大地懒生存的年代，由于它身躯庞大，几乎没有天敌。即使是非常凶猛的霸王刃齿虎和泰坦鸟也要对它退避三舍。不过幼年大地懒的防御力很差，因此凶猛的动物经常会以幼小的大地懒为袭击目标。

不过，自然界最可怕的敌人并不是那些庞然大物，而是有着高度发达大脑的人类。人类进入南美洲之后不久，大地懒就慢慢绝迹了。如今，我们只能站在地懒的骨架前追思当年的故事……

种类繁多的鹿、长颈鹿和骆驼

大约5400万年前，地球上出现了最早的偶蹄类动物。大约2000多万年前，由于气候变化，地球上的森林面积慢慢缩小，取而代之的是一种新的植被——草原，嫩叶等食物来源随之减少。这个巨大的变化促使食草的有蹄类动物逐渐演化出新的胃部结构，这种胃可以消化草类等非常坚韧的食物。随着草原的春荣秋枯，这类新型的动物也慢慢适应了迁徙的过程。它们的生理特征和生活习性很好地适应了自然环境，并因此成为自然选择的胜出者，并一直生活至今。

反刍动物家族机密档案：

战斗力：★

防御力：★★

技能：充分利用食物

生存年代：古近纪早期至今（5400万年前至今）

生存地域：除南极洲之外的所有大洲

类属：偶蹄目

身长：0.6～3米

食性：植食性

这些很好地适应了自然环境的动物就是隶属于偶蹄目的反刍类动物。所谓“反刍”，就是先把食物囫囵吞下，不仔细咀嚼，过一段时间之后，这些食物能够再次从胃里返回嘴里，待食物被仔细咀嚼之后，它们才会进入胃里被消化，这样食物中的营养就可以被充分吸收了。

反刍类的动物种类繁多，包括绵羊、山羊、水牛等常见的家畜，也有一些常年在野外生活的动物，今天我们以这些野外生活的动物为主来介绍一下反刍类动物。

鹿科动物是哺乳动物中种类繁多的一个科，大约有50种。个头最大的驼鹿有2米多长，高度接近1.8米，而最小的鼷鹿只有42厘米左右，高度仅有20厘米。鹿科不仅种类多，而且分布广泛，除了南极洲和非洲之外，世界各地均有分布。鹿科动物大多数四肢细长，尾巴比较短，雄性的体型比雌性体型大。雄鹿头上大多有角，雌鹿根据种类不同，有的有角，有的没角。

三角始鼷鹿是早期鹿类和长颈鹿的近亲。

三角始鼷鹿出现在距今2000万年前的古近纪，是早期鹿类和长颈鹿的近亲。雄性三角始鼷鹿的头上长着一个又直又短的角，头部后方则长着一个又粗又钝的弯角。三角始鼷鹿属于早期的鹿类，所以它的角并不是骨质的，反而更接近长颈鹿毛茸茸的角。在科学家发现的化石中，有些雄性三角始鼷鹿的角上有很明显的伤痕，所以它们的角可能是求偶、搏击或者争夺领地时候的武器。

在新近纪晚期的时候，地球上出现了一类体型非常大的鹿，它也是迄今为止发现的体型最大的鹿类之一，体长有 3 米，这种鹿被称作“大角鹿”。顾名思义，这种鹿不仅体型很大，而且头上的角也非常醒目。雄性大角鹿长着有史以来最大的鹿角，鹿角之间的距离比老虎的身长还要长。它的鹿角既是求偶炫耀时候的资本，也是吓唬对手的武器。不过这样的大鹿角也可能成为它生存的障碍，在遭遇敌害逃跑时，如果大鹿角卡在树枝上，它就无法逃脱变成“盘中餐”的命运了。

长颈鹿虽然也叫“鹿”，但是与其他的鹿并不属于一个家族，它们属于长颈鹿科，同样也是反刍类的一员。现生的长颈鹿家族只有两组成员，长颈鹿和欧卡皮鹿。在历史上，长颈鹿家族可是人丁兴旺。其中始长颈鹿是家族中早期的一员，生活在距今 1600 万~ 500 万年前，它的头上长着两对毛茸茸的尖角，有一对长在头顶，另外一对则在鼻子上方。此外，它长着长而灵活的舌头，可以用来挑选鲜嫩可口的树叶。

与始长颈鹿同时代的古骆驼同样也是一种反刍类的动物。它虽然属于骆驼家族，但是一眼看上去与长颈鹿长得很像，脖子和四肢都很修长。古骆驼虽然和现生的骆驼差不多高，可以达到 3 米，但它可不像现在的骆驼那样稳重，而且也不生活在沙漠地区。古骆驼是生活在林地和草原的动物，擅长奔跑。与其他的骆驼和长颈鹿一样，它走路的时候总是迈动同侧的前后肢，要是有人这样走路，我们就说他“顺拐”了。对于动物来说，这种行走方式有个专门的名字叫作“溜蹄”。

在远古时期，骆驼家族的外貌非常多样化，在美国的草原上还有一种长得像瞪羚的骆驼，脖子、四肢和躯干都相当纤细和修长，这种骆驼有个很好听的名字叫作“小古驼”。小古驼的个子很小，站起来的时候只有 60 厘米高。科学家发现的小古驼的牙齿化石磨损程度很严重，这说明它更喜欢吃坚韧的植物。

鹿、长颈鹿和骆驼这几个家族，从遥远的历史中一路走来，直到今天依然繁盛。它们用自己的经历告诉我们：如果改变不了周围的环境，适应也许是最好的生存方式。这些反刍类动物正是由于适应了环境的变化，才最终成为自然选择中的成功者。

⊙ 个子小小的小古驼喜欢吃坚韧的植物。

狂野凶猛的原牛

原牛机密档案：

战斗力：★★★★
防御力：★★★★
技能：尖角冲刺
生存年代：第四纪更新世至17世纪20年代（距今200万年前~1627年）
生存地域：欧洲，亚洲，非洲
类属：偶蹄目
身长：2.8~3米
食性：植食性

牛是我们非常熟悉的一类家畜，它性格温顺，任劳任怨。不过，它的祖先可不是这副温柔的样子，它体型庞大，性情狂野凶猛，曾经是欧亚大陆上最常见的动物类群之一。牛的这位狂野凶猛的祖先就是原牛。

原牛生活在距今200万~500年前的欧、亚、非三块大陆上，以树林中的植物及其果实为生。原牛体态魁梧，比现在的家牛大得多，身长可达3米，体重可以达到1吨，站立的时候身高可以达到1.8米，而一头比较大的家牛站立的时候身高也仅有1.5米左右。

它的肩颈部肌肉发达，粗壮有力。它具有多种家牛已经消失的特征，其中最明显的就是原牛长着向前弯曲的长角。原牛的脚很长，踝关节很高，这些特征表明原牛是一种善于奔跑的动物，它甚至能够进行短距离的游泳。

欧洲有很多故事都与原牛的形象有关，甚至关于欧罗巴大陆这个名字的由来都有原牛“客串演出”。因此原牛身上颇有点传奇色彩。传说万神之王宙斯看中了腓尼基的漂亮女儿欧罗巴，就想娶她做妻子，但是又怕她不愿意，于是一直等待机会。有一天，欧罗巴和一群姑娘去大海边游玩，这时候宙斯就化身为一头威风凛凛、形体健美的公牛，它慢慢走到欧罗巴面前。欧罗巴见到这么漂亮的公牛，忍不住骑上了牛背。此时宙斯马上起立前行，带着欧罗巴跳进了海中，最终把她带到了远方的一块陆地，共同生活。后来这块陆地就以女主人公的名字命名，这就是欧罗巴，也就是我们今天所说的欧洲。而故事中那头雄健的公牛，原型正是我们今天的主人公原牛。

▲ 跟现在的家牛相比，原牛不仅更大，而且更加凶猛。

欧罗巴中的原牛形象只是人们嘴里的传说，而在恺撒大帝的《黑森林》一书中，则有着对原牛的真实描述：“原牛略小于象，色彩独特，体型巨大，速度超群，无论面对人还是兽，它们都不示弱，无法被驯化，就是幼牛也很难被驯服。”当然这还只是文字的描述，如果我们想要直观地了解原牛的样子，最好去拉斯科岩洞观察一下。这个岩洞是1940年的时候，几个法国男孩一起发现的。这就是举世闻名的拥有1.7万年历史的拉斯科岩洞壁画。这个岩洞的壁画中有很多野生动物的形象，其中也包括已经灭绝的猛犸象和原牛。

岩洞壁画上的形象都是当时令人望而生畏的动物。在那个时候，能够杀死一头原牛是勇敢的象征。为此，人们长期不懈地设计陷阱捕杀原牛。随着时间的推移，人类的工具越来越先进，原牛逐渐不再是人类的对手。很多好斗的年轻人就把捕杀原牛当作锻炼身体的一种方式，牛角个数的多少也成了地位和身份的象征。还有些人为了显示自己的财富，还把搜集到的牛角镶上银边，做成酒杯。这种近乎疯狂的猎杀，使得欧洲大陆的原牛在10～11世纪的时候几乎灭绝，仅仅在欧洲中部的立陶宛和波兰还有分布。1299年，一个名叫鲍莱斯劳斯的波兰公爵下令禁止在自己的领地上捕杀原牛；1359年，泽姆维特公爵也效仿鲍莱斯劳斯公爵保护原牛，最终波兰成了原牛最后的庇护地。1550年，波兰西部的森林中还有原牛出没，到了1590年，世界上仅剩下20只原牛，此时，原牛已经无法逃脱灭亡的命运了，而人类对此也已经无力回天，只能眼睁睁地看着这一物种消失在地球上。1620年的时候，波兰仅剩下1头原牛，这头原牛最终于1627年去世，至此原牛整个种群就彻底消失在地球上了。

不过，也许是原牛的吸引力太大了，20世纪20年代的时候，依然有人在为原牛的复活努力。他们就是德国的黑恩兹·海克和鲁特兹·海克兄弟俩。他们从家牛中选取了拥有与原牛相似特征的品种来进行杂交，希望以此获得最接近原牛的种类。他们所做的实验中，最接近原牛形象的是苏格兰的大角高原牛和凶猛的西班牙斗牛杂交培育出来的新品种——赫克牛，它看起来就像是迷你版的原牛。这种牛拥有与原牛那样的向前伸的长角，不过个子比原牛小得多。

虽然人类为了复活原牛而做出的努力值得肯定，但是一个物种一旦消失，以现在的技术水平来说几乎是不可能复活的。因此对于人类来说，比起复活某些物种，更重要的是保护现有的生物，不要等到失去才后悔。

实验培育出来的赫克牛。

巨大的掠食者：安氏兽

在树林中觅食的安氏兽。

我们都很熟悉这样一个故事：一匹狼为了吃羊，披上羊皮，扮成羊的样子接近羊群。生活中我们也常用“披着羊皮的狼”来形容一个人奸诈狡猾。不过，在自然发展的过程中，曾经出现过一种动物，人们叫它“披着狼皮的羊”。这是怎么回事？它是披着狼皮卧底去为家族复仇吗？

事实上，这种“披着狼皮的羊”与狼和羊家族的恩恩怨怨完全没有关系。它是一种巨大的肉食性动物，叫作“安氏兽”。这种野兽看上去就像一头巨大的狼，但是它与山羊或者绵羊有着更近的亲缘关系，因此科学家把它戏称为“披着狼皮的羊”。

安氏兽的名字来源于美国探险家、化石猎人罗伊·普查曼·安德鲁斯。在20世纪20年代的时候，安德鲁斯领导了多次对蒙古戈壁沙漠的探险考察活动。1923年是美国自然历史博物馆资助的第三次中亚野外考察的第三个年头，安德鲁斯当时是这个探险队的领队。在之前的三年中，这个探险队收获很大，不仅在一个叫作曼汗的蒙古戈壁上发现了闻名于世的伶盗龙化石，而且也第一次证明了恐龙是卵生繁殖的动物。6月份的时候，探险队的队员乔治·奥尔森发现了化石的痕迹，他马上招呼安德鲁斯过来检查，紧接着整个探险队投入挖掘工作，最终一个巨大的头骨化石展现在人们面前。安德鲁斯经过鉴定，认为这是一种未知的史前大型肉食性动物的头骨化石。他将化石的轮廓图寄回美国之后，有科学家对它进行了初步的研究，并把它的食性定义为杂食性。

由于安氏兽仅有那一块长83厘米、宽56厘米的化石，所以科学家只能将这块化石与其他动物的化石进行对比才能大致确定它的外形和生活习性。安氏兽可能看上去像一头巨大的狼，也可能看上去像一头熊。它的吻部很长，双颌强壮有力。安氏兽的口腔前端长满了锋利的尖牙，这些牙齿可以轻而易举地刺穿猎物的身体，但是嘴巴后部的牙齿很钝，科学家推测这是用来啃咬骨头的。关于安氏兽的食性，古生物学家有很多讨论，有的认为安氏兽的牙齿很钝，这不是掠食者的特征。它可能杂食性多于肉食性，会吃腐肉、植物或者软体动物，可能并不喜欢新鲜的肉。如果安氏兽是吃腐肉的，那么它可能主要依靠庞大的身躯来吓走其他的掠食者，让它们丢下猎物的尸体落荒而逃。

安氏兽像其他许多史前动物一样，有着和身体不成比例的大头。如果对它的整个头部进行观察，我们可以发现它的吻部所占的比例最大，但是头颅骨的比例不大，这也就是说它的大脑很小，智力大概不会很高。

而在安氏兽生活的蒙古草原上，科学家在蒙古还发现了另外一种巨大的肉齿目动物——裂肉兽。它与安氏兽生活在同一时代、同一地区，是蒙古草原上唯一一种能够与安氏兽抗衡的动物。这两种动物无论从身高、身长还是体重都堪称“绝代双雄”，因此它们之间可能经常爆发激烈的竞争。裂肉兽属于比较进步的肉食性动物，爪子锋利无比，身形很大，力大无穷；安氏兽则属于比较原始的有蹄类动物，与裂肉兽相比，力气不是很大，但是它的咬合力很强，因此二者势均力敌。不过，安氏兽比裂肉兽早灭绝。这是因为当时的地质变化影响了气候，使中亚变得干燥，而安氏兽由于不适应环境变化，最终被自然淘汰了。

虽然与安氏兽有关的资料很少，化石也仅有一块头骨而已，但是在史前的科普作品中，安氏兽的名气几乎超越了它所有的亲戚，是古生物读物中无法绕过的一段历史。这可能与它的神秘身世和历史地位有关。不管怎么样，安氏兽消失在这个世界之前，已经成功地把食物链顶端的宝座交给了真正的肉食性动物——食肉目，完成了大自然赋予自己的进化使命。安氏兽灭亡之后的肉食性动物变得更加专业，牙齿也特化为专门的食肉性牙齿——裂齿。

如今科学家们正在为彻底揭开安氏兽的神秘面纱而做着不懈的努力，当然，这也需要更多的化石资料来做保证。

裂肉兽拥有锋利的爪子和庞大的体型，这让它更加适应当时的生存环境。

从陆地再次回归海洋的鲸类

我们知道，生命起源于海洋，所有的陆地动物都是从生活在海洋中的祖先演化而来的，这些祖先脱离海洋后，逐渐适应了陆地上的生活之后，演化出了多姿多彩的陆上生物世界。

不过，偏偏有些非常有个性的动物，不走寻常路，它们适应了陆地生活之后再次回归了海洋。

我们很熟悉的鲸类就是这种不走寻常路的动物。鲸类是从陆生的有蹄类演化而来的，是牛和猪的远亲，与现生的河马则是亲缘关系最近的兄弟。

巴基鲸是鲸类家族已知最古老的成员，生活在距今5200万年前的巴基斯坦，因此被命名为“巴基斯坦鲸”，简称为“巴基鲸”。

科学家最先发现的巴基鲸化石只有一个长头颅骨，开始的时候科学家把这个头颅骨归入中爪兽目，可是后来发现这个化石的内耳特征与鲸类的内耳特征一样，因此它可能是陆上哺乳动物和现代鲸鱼之间的过渡物种。

2001年，科学家发现了巴基鲸的完整骨骼化石，这具化石告诉人们巴基鲸是一种生活在陆地上的动物，大小和现生的狼差不多。

陆行鲸则出现在距今5000万年前，同样是早期的鲸类成员。陆行鲸同样是在巴基斯坦附近发现的，与巴基鲸不同的是，它一半时间生活在陆地，一半时间生活在水中。陆行鲸同样是一种过渡物种，它显示了鲸是如何从陆地上的哺乳动物演化到现在这个样子的。陆行鲸的外表很像鳄鱼，与水獭也有相似之处，身长大概有3米。它的前肢上长着用来在陆地上行走的短蹄，后肢则适合游泳，可能是像现代的鲸一样依靠摆动背部来游泳。

陆行鲸的化石比较完整，科学家对它的牙齿进行化学分析之后发现，陆行鲸的食物主要来自淡水或者海洋。

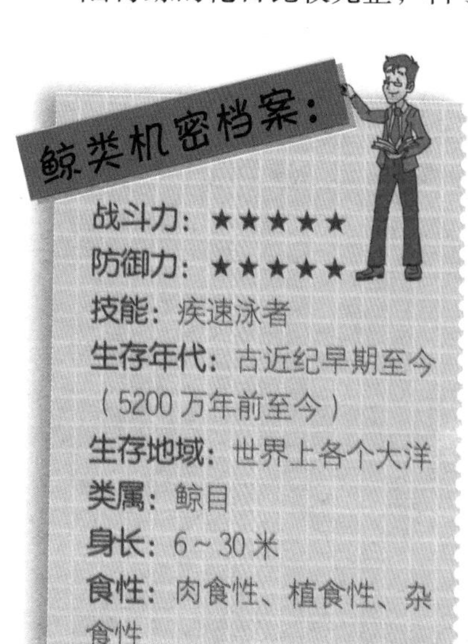

陆行鲸的双颚强壮有力，牙齿锋利，可以捕捉大型猎物；发达的尾巴则可以帮助它快速游动，迅速接近目标猎物。它也可能会像鳄鱼那样潜伏在浅水地区，然后出其不意地攻击猎物。

它的耳骨结构与鲸鱼非常相像，可以在水中听声。在捕猎之前，它会把头贴近地面，通过感受震动来追踪猎物。

生活在距今4700万年前的罗德侯鲸又有了进一步的变化，它长着巨大而扁平的四足，这种形状的脚很适合在水中推进。

它的尾巴很强壮，可以作为游泳时候的舵来保持身体平衡以及改变方向。

罗德侯鲸的耳朵构造已经和现生的鲸类一样了。

巴基鲸是最早的鲸目动物，是其所属的哺乳动物群中的元老。

罗德侯鲸的化石也是在巴基斯坦出土的，这说明巴基斯坦这个地方与鲸类的演化有着非常紧密的联系。

龙王鲸生存在距今 3900 万~ 3400 万年前，它的化石最早是在美国的路易斯安那州被发现的，科学家误以为它是巨大的海洋爬虫类。直到埃及和巴基斯坦又陆续出土了其他的化石，科学家才把龙王鲸正确归类。

当它最初从沙漠中被发掘出来的时候，它的骨骼化石告诉人们它拥有一个很长的身体。事实上，它身体的长度让人们误以为这是一种海蛇。龙王鲸最大的特征是身体细长，被称为“最细长的鲸”。它的胸部、腰部和尾部粗细差不多，因此它游动的时候可能更接近海蛇。

龙王鲸的前肢已经变成了鳍状，后肢则退化成了短小无用的残肢，外形已经有些接近现代的鲸类。龙王鲸庞大的身躯需要大量的食物来维持，它可能常年在浅海游弋，寻找潜在的猎物。龙王鲸的听力和视力都非常敏锐，这也是它捕食时最强有力的武器。

龙王鲸是不挑食的“好孩子”，鱼类、乌贼、海龟和其他的海洋动物都是它喜欢的食物。这一点也已经从化石中得到了证明。科学家曾经在龙王鲸化石胃部的位置发现了一些小型鲨鱼以及其他海洋动物的化石。

恐龙灭绝的时候，那些曾经生活在海洋中的巨大海生爬行动物也随之消失了。从那以后，在 2500 万年的时间里，鲨鱼成了名副其实的海洋霸主，几乎没有任何天敌。但是随着鲸类从陆地回归海洋，鲨鱼的霸主地位遭到了挑战。直到现在，在海洋世界中，鲸鱼依然与鲨鱼平分秋色。

头脑发达的灵长类

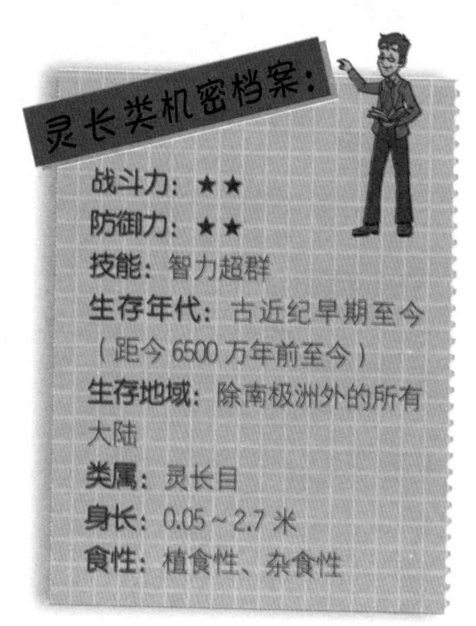

如果有人问这世界上最聪明的动物类群是哪个家族，那一定非灵长类动物莫属。这不仅是因为人类属于这个家族，实际上，与其他种类的动物相比，灵长类的其他动物智力水平也不低。

灵长类动物是最大的树栖动物家族，成员包括猴类、类人猿类和人类。这个家族的主要特征是脑容量大，智商高；具有能够灵活抓握树枝的手和脚；灵长类的动物大部分都没有爪子，而是以指甲代替。

最早的灵长类动物出现在距今6500万～6000万年前的白垩纪晚期到古近纪早期。由于白垩纪晚期依然是恐龙家族的天下，为了保护自己，当时的灵长类动物体型都比较小。

目前所发现的最早的灵长类动物是更猴，它广泛分布在北美洲、欧洲和亚洲，是植食性的动物。它的身材很小，身长仅有60厘米。虽然它的名字中有个“猴”字，不过它的外形看起来更像一只小松鼠。它长着一条毛茸茸的长尾巴，还有像老鼠一样的门牙。它的眼睛位于头部两侧，这样可以更迅速地发现掠食者，及时逃跑。虽然外表与啮齿类动物相似，但是它的后齿扁平，这一点与现生的灵长类动物一样。这说明它的食谱中已经包含了水果等比较柔软的食物，摆脱了仅仅以草为食的命运。

恐龙灭绝之后，哺乳动物的发展进入全盛时期，灵长类也趁着这个时期逐渐发展起来。此时的德国分布着一种被命名为“达尔文猴”的灵长类动物。达尔文猴这个种类目前只发现了一具化石，被起名为“艾达”。艾达的化石十分精美，不仅骨骼完整，而且身上的细软毛发都可以清晰地看见，甚至艾达的最后一顿晚餐——树叶和水果，都完整地呈现在我们面前。达尔文猴的外形与现生的狐猴很相似。它是一个敏捷的攀爬者，长有对生的拇指，这种拇指非常适合它握紧树枝，摘取树上的果实。

在史前的中国林地中，一种名叫曙猿的灵长类动物非常活跃。恐龙灭绝之后出现的哺乳动物基本都是体型很大的种类，但是曙猿反其道而行之，身材十分迷你，身长仅有5厘米，看起来就像一团毛茸茸的线球。如果它还活着的话，它可以轻而易举地坐在小孩子的掌心中。别看曙猿个体小，它可是灵长类动物的“长辈”，在4500万年前就已经在丛林中四处奔跑了。曙猿的眼睛很大，可以帮助它及时发现掠食者，尤其是在晚上更有奇效。由于曙猿个子很小，所以它的食物也不大，科学家推测它最可能以花蜜或者昆虫为食。

随着哺乳动物登上历史舞台，灵长类动物的发展也进入了快速发展时期。距今1500万年前，在非洲、欧洲和亚洲的林地中，森林古猿出现了。森林古猿与现生的黑猩猩外形相似，但是体型稍小，体长大约60厘米。它的胳膊很长，肌肉结实，经常拽着树枝在森林中荡来荡去。森林古猿也可以四足着地行走，不过行走的时候是整个脚掌都着地，这一点与指关节着地的黑猩猩不同。

在历史上曾经出现过的灵长类动物中，也有一些体型巨大的物种。在尼泊尔、巴基斯坦和土耳其发现的西洼古猿就是一类比较大的灵长类动物。西洼古猿的身体看起来就像是一个大号的黑猩猩，不过它的脸与现生的红毛猩猩更接近。西洼古猿生活在林地中，不过科学家认为它更喜欢待在地面上，以地面上的草籽为生。为了适应草籽这种坚硬的食物，西洼古猿的臼齿很大，这样可以很容易就磨碎草籽。不过，它可能也会爬树去摘取果实，为了躲避危险，西洼古猿睡觉的时候也会待在树上。

不过，与巨猿比起来，西洼古猿顶多算得上中等身材。在中国、越南和印度发现的巨猿身高可以达到2.7米，是名副其实的“巨无霸”。它的身材是大猩猩的两倍，是已知体型最大的类人猿。在喜马拉雅山地区，一直流传着关于“雪人”的传说，人们认为那是一种介于人和猿之间的神秘动物。科学家认为巨猿就是“雪人”的原型，这么多年以来，科学家一直没有放弃寻找神秘的雪人。在找到“雪人”，确定其身份之前，科学界达成共识，认为巨猿已经于25万年前灭绝。

灵长类动物是动物界与人类关系最亲近的，可是如今它们的生活环境却遭受着人类的破坏。如果我们不想在今后的亿万年中孤独地行走在世界上，最好从现在开始保护好我们的“亲戚”。

生活在土耳其地区的安卡拉古猿在寻觅食物，它们注意着身边的一切动静。

能直立行走的南方古猿

现在，所有的类人猿都生活在森林中，但是在400万年前的地球上，情况却大不一样。那时候，在非洲开阔的平原上，生活着很多和我们人类一样直立行走的类人猿，其中最有名的就是南方古猿了，而南方古猿中的纤细型古猿极有可能是我们人类的祖先。

南方古猿的化石最早发现于1924年，地点是南非的金伯利。那时候发现的是一个幼年古猿的头骨。后来，在非洲大地上，又陆续有新的古猿化石出土。这些化石包括头骨、下颌骨、髋骨、牙齿以及四肢骨等。

科学家曾经认为我们的祖先在掌握直立行走的技能之前就已经演化出比较大的脑容量了，但是南方古猿的化石告诉我们，事实是完全相反的。南方古猿的头骨窄小，而且前额平坦、倾斜，这样大脑的容量就进一步减少了。

根据南方古猿的化石，科学家推测它们的脑容量比现存的黑猩猩大不了多少，而且它们的智力水平十分有限，还达不到可以发展出语言的高度，南方古猿之间的沟通可能更多的是简单的咆哮、呐喊和尖叫。

1974年，一个年轻的雌性南方古猿化石在埃塞俄比亚出土，这个化石保存完好，被命名为“露西”。

根据这具骨骼化石，科学家推断南方古猿已经能够用脚直立行走，不过可能不会像我们现在这样轻松。1976年，科学家在非洲坦桑尼亚发现了疑似人类脚印的遗迹化石，不过通过地址测量，发现这个足迹至少已经有360万年的历史了。最终科学家断定这是3个南方古猿走过火山灰的时候留下的足迹，化石遗迹清晰地证明了南方古猿已经可以用双脚直立行走。

后来科学家又对南方古猿的肩胛骨和上肢的骨骼进行了分析，发现南方古猿依然能够像灵长类的远祖一样自由攀缘。

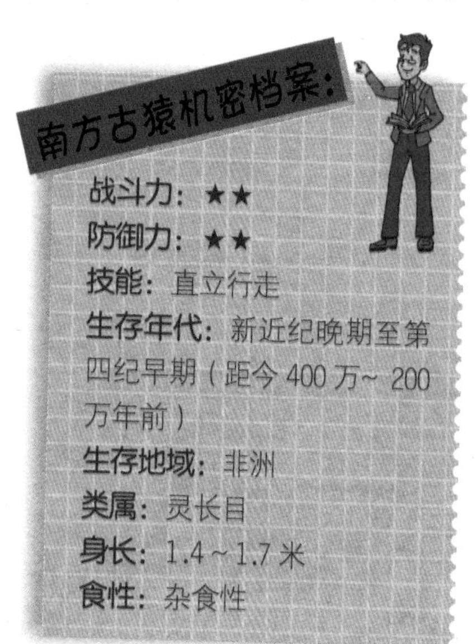

1975年，科学家在埃塞俄比亚的一处化石发掘地发现了至少13具南方古猿的遗骸。科学家认为这可能是人类历史上最早出现的家庭，这13具遗骸也被统称为“最早的家庭”。

但是后期的研究揭示，这13个南方古猿之间可能并没有任何亲缘关系，都只是丧生于狮子口中的受害者。

南方古猿在很多方面都与它的近亲黑猩猩相似。它们和黑猩猩一样，拥有小巧的覆满毛发的身体，双臂有力而善于攀爬。黑猩猩还可以利用石头和木棍制作简单的工具，比如它们会用石头敲开胡桃，会用木棍“钓”白蚁等，南方古猿可能也会使用一些天然的工具，不过它们肯定不像后来的人类一样可以自己制造工具。由于南方古猿可以和人类

粗壮型南方古猿拥有明显的社会关系，懂得制造简单的工具和分工协作。

一样直立行走，因此它们的骨盆和双腿结构与现在的人类非常相似。

虽然所有的南方古猿都可以直立行走，但是科学家发现南方古猿并不完全一样，大致可以分为粗壮型和纤细型两种。其中粗壮型的体重大致在 40 千克左右，身材比较高，可以达到 1.4 米；而纤细型的比较瘦小，体重在 25 千克左右，身高在 1.2 ~ 1.3 米之间。

粗壮型南方古猿长有发达的臼齿，说明它们是以硬质且多纤维的植物为食。在遗址处还发现了兽骨和角器等物品，这表明粗壮型南方古猿已经有明显的社会关系，能制造简单的工具。

粗壮型南方古猿的灭绝是由于天灾的降临。300 万年前，一场意外的火山爆发让南方古猿葬身于东非大裂谷的火场中，这可以称得上是人类进化史上的一次大浩劫。

幸运的是，在热带和亚热带地区，还有一类以采集植物的块茎和野果为食的纤细型南方古猿。它们是最接近人的古猿。如果食物不充足，它们还会进行狩猎，草原上的一些中小型动物都是其猎杀的对象。

为了保护自己，纤细型南方古猿集体生活在一起的，这样它们就可以轮流站岗，防止大型肉食性动物的侵袭。

最终这些南方古猿成功地适应了环境，赢得了与自然的战争，朝着人的方向演化。当它们可以用双脚稳稳地站在大地上的时候，人类征服自然的进程就已经开始了……

进化到现代面貌的第四纪生物

6500万年前，恐龙灭绝之后，地球进入了新生代。新生代是地球历史的最新阶段，可以划分为古近纪、新近纪和第四纪，其中第四纪又可以划分为更新世和全新世。

在第四纪，生物面貌已经与现代非常相似，其中最为明显的是哺乳动物的进化，而人类的出现则是第四纪最重要的事件。全球的气候也出现了明显的冰期、间冰期交替的模式。

第四纪的地质运动主要是新构造运动。所谓新构造运动就是地震和火山引起的地质变化，地震主要发生在板块的边界和地质活动引起的断裂带上，比如环太平洋地震带；火山主要分布在板块边界或者板块内部的活动断裂带上，五大连池、海南等地都有第四纪火山分布。

第四纪的气候变化主要是冰期和间冰期的交替。冰期极盛的时候，地球的赤道附近甚至都有冰覆盖。在气候回暖的时候，冰川会退向两极，两个冰期之间的温暖时期就是间冰期。

由于地质的变迁和气候的变化，第四纪的生物类群也发生了很大的变化。与古近纪和新近纪相比，生物的分布和组成都发生了明显的变化。在冰期的时候，冰盖由两极向赤道方向延伸，动植物为了生存，只好不断南迁，寻找适合生存的温暖地带，这个适合生存的地带被科学家形象地称为“冰期避难所”；而到了间冰期的时候，在冰期避难所躲避的动植物又会以避难所为起点逐渐向其他的地方迁移。在不断的迁移和避难中，生物的分布和种类逐渐出现了新的变化。

▲ 为了生存，恐龙只好不断迁移，来躲避冰期。

其中植物受到冰期和间冰期的影响，在第四纪不同的地层内，可以明显地看到喜冷和喜暖植物群交替的现象。高等的陆生植物在第四纪中期以后与现代的种类已经基本一致，而且形成了寒带、温带、亚热带和热带植物群。

在第四纪，海洋动物依然以鱼类、双壳类、腹足类为主，陆地上的鸟类、两栖类和爬行类变化不大。对于地球的霸主哺乳动物来说，大的类群虽然变化不大，但是每个大家族中都有新的类型产生，也有不适应环境改变的类型灭亡。在第四纪早期，哺乳动物中的偶蹄类、长鼻类依然繁盛，到了第四纪的全新世阶段，哺乳动物的面貌已经与现代基本一致。其中最重要的事件就是真正的人类出现在地球上，并且占领了除南极洲之外的所有大陆。

身材高大的直立人

直立人机密档案：

战斗力：★★★
防御力：★★★
技能：制作工具、用火
生存年代：第四纪更新世早、中期（距今200万~10万年前）
生存地域：非洲，欧洲，亚洲
类属：灵长目
身长：1.8米
食性：杂食性

经过大约200万年的发展，南方古猿已经完全适应了在地面上的生活，也已经能够稳稳当当地直立行走，此时它们踏上了新的演化之路。随后出现了很多外表与现在的人类更加接近的新物种，其中最有名的一类就是直立人。

直立人还有另外一个常见的名字叫作“猿人”。猿人这个名字是德国动物学家海克尔定下来的，不过他并没有见过猿人的化石，而是在发现打制石器的时候推测人类曾经有这样的祖先，他把这种自己推测出来的祖先称为“猿人”。

1891年，一个荷兰的外科军医尤金·杜布瓦在印度尼西亚的爪哇岛上果然发现了“猿人”的化石。最初发现的化石有一具头盖骨，还有其他一些骨骼化石。在头盖骨附近，杜布瓦还发现了一根大腿骨。这根腿骨长且直，与现代人类的股骨很相像，杜布瓦断定这种人一定能够直立行走，而且这些骨骼应该是属于同一个人的。同时他据此认定最早演化成人类的是亚洲的类人猿，而不是非洲的。不过此后在非洲发现的南方古猿的化石证明了他的观点是错误的，而杜布瓦所发现的化石是比南方古猿更加进步的物种，后来杜布瓦所发现的这些化石被定名为“直立人”。

人类发展的历史目前可以分为如下几个阶段：古猿、南方古猿、直立人和智人。直立人的出现标志着人类历史上的一次重大进步，目前科学家认为直立人起源于非洲，而后依靠顽强的毅力走出了非洲，最后散布到世界的各个角落。

直立人的外表与现代人类很接近，他们身材高大，平均身高能够达到1.6米，最高的有1.8米。与南方古猿相比，直立人在脑容量、面部特征等许多方面都有了明显的变化。

在这些变化中，对人类的发展来说，最重要的就是脑容量的扩大。直立人的头骨化石告诉我们，他的脑容量至少是南方古猿的2倍，相当于现代人类脑容量的70%。实际上，直立人的大脑变化要复杂得多，不仅体积有所增大，而且结构也变得更加复杂了。此时他们的脑半球已

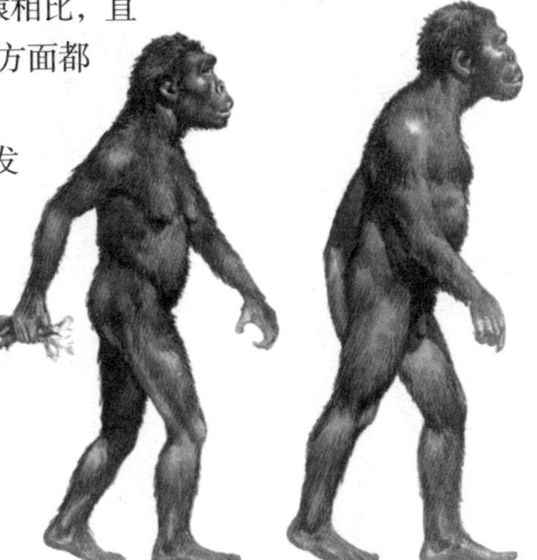

经出现了明显的不对称性，而这种不对称与语言能力的发展有着密切的关系。大脑的变化让一些科学家相信直立人拥有非常复杂的社会结构。

直立行走解放了双手，而大脑的发展则进一步使双手变得灵活。直立人已经可以利用石头制造简单的工具，因此直立人所处的时代被历史学家称为“旧石器时代”。这个阶段的直立人最擅长制造的工具是“手斧”。他们会选择一块比较重的石头充当“锤子”，去敲击另一个石块，使得这块石头上的碎片慢慢剥落，并最终形成尖锐的边缘。手斧的应用很广，在宰杀猎物、剥皮挖骨以及搜集树根等工作中都可以应用。在那个年代，手斧的重要性不亚于现在的电脑和手机，甚至可能更加重要。

除了制造工具，直立人可能还会生火，不过这一点并没有得到证实。虽然各地发现的洞穴中都有灰烬的遗迹，但是这火究竟来源于直立人还是自然界并无定论。唯一可以确定的是，直立人已经懂得用火。这是人类进化史上的重要一步，从此，人类可以享受烤熟的食物，不仅更容易消化，而且更加安全卫生；火还能吓跑各种猛兽，也可以给生活在寒冷地区的人们带来持久的温暖。

直立人与现代人的区别主要表现在头骨和牙齿上，四肢的骨骼结构差别不大。直立人的头骨扁平，骨骼很厚。他们的眶上脊，即眼眉上面的骨骼，两块眉骨连在一起而且粗壮。这也是我们看到的直立人复原图中眉骨突出的原因。

与现代人相比，直立人主要以肉类为食。他们的后部牙齿小、前端牙齿扩大，这是因为前端牙齿主要用来撕咬肉类，把肉食分割成小块；后部牙齿通常是用来咀嚼以及磨碎粗硬的食物。从这点来看，直立人似乎对植物类食物的兴趣并不大。

直立人在外表上已经与现代人非常接近，他们正朝着成为真正人类的方向大踏步前进。

人类是通过进化而来的。

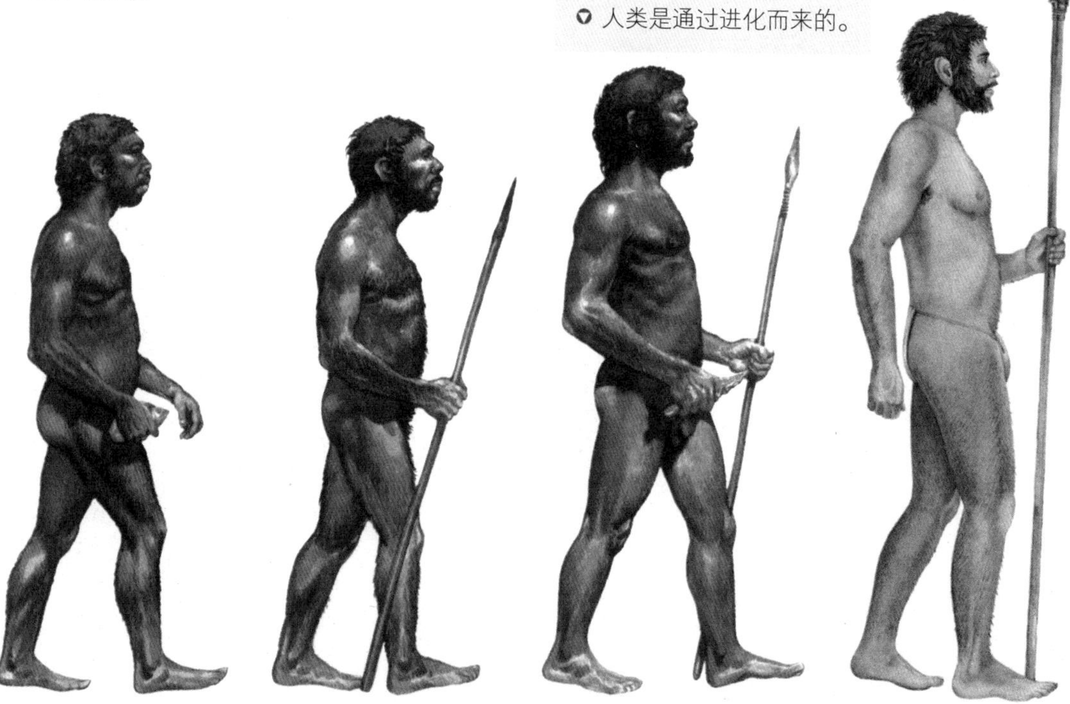

头脑聪明的尼安德特人

在冰期的欧洲大陆上，曾经生活着这样一群人，他们身体强壮、头脑聪明，这些人被称为“尼安德特人”。不过，尼安德特人只是人类进化史上的一个分支，他们没有进化到更先进的阶段。也就是说，尼安德特人并不是我们的直系祖先，他们与现代人类的直立人祖先曾经共同生活在地球上。虽然尼安德特人并不是我们的祖先，但是他们的生活充满了神秘的色彩，一直吸引着无数的科学家进行深入的研究。

尼安德特人机密档案：

战斗力：★★
防御力：★★
技能：制作和使用工具
生存年代：第四纪更新世（距今35万~3万年前）
生存地域：欧洲，亚洲
类属：灵长目
身长：1.66米
食性：主要为肉类

尼安德特人是在德国的尼安德特河谷发现的，他们是现代欧洲人祖先的近亲。大约在20万年前的时候，他们统治着整个欧洲和亚洲，但是在大约3万年左右，这种古老的人类在地球上神秘消失了。

科学家至今已经发现了大约275具尼安德特人的遗骸。通过这些遗骸以及生活遗址，我们对尼安德特人的生活有了一定的了解。尼安德特人的身材比现代人矮小，但是更加粗壮有力。矮小的身材有利于更好地节省体内的能量，以便度过漫长酷寒的环境，而超乎寻常的健壮身材也让他们敢于与猛犸象这样的巨型猛兽面对面搏斗。不过，为了保存体力，动物尸体也可能是他们的食物来源之一。

尼安德特人生活在欧洲，因此肤色应该是接近白种人的浅色。他们的大脑和现代人的差不多大，不过形状比较扁平，额头低矮倾斜，眉弓粗大，鼻子巨大，双颌向前突出。尼安德特人的胸部较宽，手和脚比较大，看起来四肢粗笨。

尼安德特人的大脑比较发达，他们与直立人一样，能够自己制造工具。他们同样是通过敲击石块、剥落比较小的石头碎片来制作边缘

◀ 尼安德特人身材比较矮小，但更加粗壮有力。

锐利的石器。不过他们的工具比直立人的更加多样，不仅有直立人群体中常见的手斧，而且还有更加精巧的石刀和矛尖。甚至有科学家推测尼安德特人还能够利用木头制造工具，不过由于木头器具很难保存，因此无法证明这一猜想。

此外，对于尼安德特人来说，火的重要性不言而喻。冰期的寒冷天气促使他们对火的使用变得十分熟练，他们已经可以很熟练地用火来保持他们的居室温暖。而且他们还会用动物的毛皮制作衣服，甚至可能用兔子的皮毛来铺设自己的床铺。

电影中出现的尼安德特人形象。

科学家目前发现的将近 300 具遗骸上，几乎都有磨损或者受伤的痕迹，这些痕迹说明他们活着的时候可能受过巨大的痛苦，从侧面反映了暴力冲突在当时十分常见。研究者们还在尼安德特人的遗骨上发现了与跃马牛仔很相似的伤口，这说明他们的狩猎手段可能是与野兽近身搏斗。还有些尼安德特人的遗骨上存在石器工具的刮痕，一些研究者称这是因为尼安德特人可能有同类相食的传统，另一些人则认为这是一种特殊的殉葬方式。

说到殉葬，这是考察一种文化是否先进的重要方面。科学家曾经在类似墓穴的地方发现过尼安德特人的骨架，这说明他们已经知道埋葬死者，这不仅体现出尼安德特人对死者的尊重，同时也说明尼安德特人可能已经有了比较原始的信仰。

尼安德特人的遗迹分布非常广泛，从西亚到英国，再向南延伸至地中海北端都有发现。那么，曾经分布如此广泛的尼安德特人怎么会灭绝呢？科学家对此并无定论，不过流行着几个假说。早期有学者认为天气突然变化是尼安德特人灭绝的原因。天气变化之后尼安德特人为了躲避寒冷躲进了不同的山谷，因此不同的群体之间缺乏交流，近亲交配增多，最终体质变差，疾病增多，再加上现代人与之竞争，最终他们全部灭亡。还有一些证据表明，尼安德特人与现代人曾经发生过多次争斗，但是由于现代人比较聪明，尼安德特人最终成为现代人的食物而惨遭灭族。不过，最容易让人接受的大团圆结局是，尼安德特人并不是被现代人灭绝，而是由于两族通婚之后，尼安德特人被现代人同化了。

与恐龙一样，尼安德特人也是突然之间消失的，灭亡的原因一直是学者们争论不休的话题，同时他们也都是大众文化的宠儿，经常出现在漫画中。不过，人们对尼安德特人有很多误解，认为他们是智力不足的低等人种，因此在电影或者漫画中他们经常是蠢笨的形象。

事实上，尼安德特人非常成功地面对气候的挑战至少 20 万年，比延续至今的现代人时间还要长。

起源于非洲的现代人类

近些年来，分子生物学的发展对我们寻找祖先提供了很大的帮助。有些事情听起来十分神奇，在我们体内的DNA中竟然保存着远古时期祖先的痕迹。不过这却是科学证明了的。

现代人类机密档案：

战斗力： ★★★★★

防御力： ★★★★★

技能： 直立行走

生存年代： 第四纪更新世至今（20万年前至今）

生存地域： 几乎所有的陆地，除了南极洲和一些偏远的岛屿

类属： 哺乳动物灵长类

身长： 1.8米

食性： 杂食性

我们都知道父母的遗传信息可以通过DNA传递给孩子，这样在孩子的DNA中就可以找到父母的遗传信息。目前科学界有一个被普遍接受的理论，那就是在遗传信息传递的过程中，可能会发生微小的变化，而经历的年代越久远，储存遗传信息的DNA变化就越多。根据这个理论，我们可以选择几种动物来进行对比，这样就可以了解这几个物种之间的关系，可以知道它们之间哪两个物种关系更近。同样的道理，如果是生活在不同地方的同一个物种，我们同样可以利用这些信息来研究哪两个地方的群体关系更近。

对于人类的进化路线而言，对科学家最有价值的DNA是这两条，一条是线粒体DNA，它只能来自女性；另一条则是只能来自男性的Y染色体DNA。科学家抽取了不同地域人群的线粒体DNA，随后又测定了不同人群的Y染色体DNA。最终，这两项研究得到了几乎一致的结论：现代人类的确拥有共同的祖先，而这个祖先生活在很久很久以前的非洲。

为什么这么说呢？这是因为这两段DNA在非洲的人群中多样性最高，而DNA构造的变化是与这个物种在该地区停留的时间有关的。停留时间越长，多样性越高。这说明人类在非洲停留的时间最长。另一方面就是其他所有地区人群的DNA好像都是由某个非洲的基因类型遗传而来。除了基因上的证据，种种化石证据也表明现代人起源于20万年前的非洲。

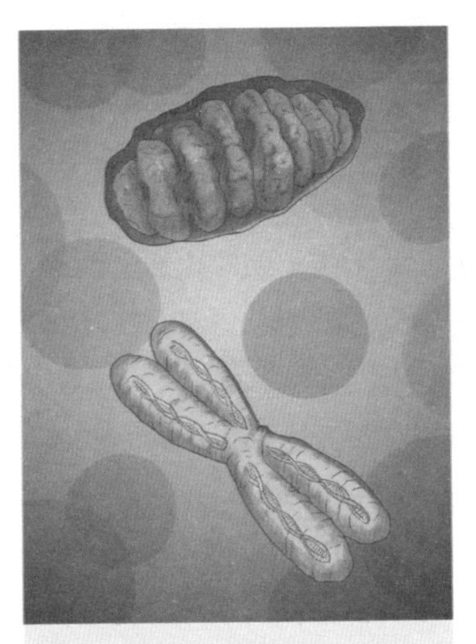

▲ 线粒体DNA和Y染色体DNA。

与其他的类人猿和原始人类相比，从非洲发展起来的现代人的脸更小；眉弓也不像尼安德特人一样是连在一起的，现代人的眉弓更加低矮，而且分成两段；其他的类人猿或者原始人类，他们的下巴很少向前突出，而是与面部齐平。不过，这些并不是最大的区别，与前期的类人猿相比，现代人拥有高高的额头和比较大的球形颅骨，这样形状的头颅骨可以容纳更大的大脑，同时球形颅骨也可以更好地保护我们的大脑不受伤害。

现代人的大脑不仅容量扩大，机能也开始变得复杂。智力的发展让我们的祖先学会了发明新颖独特的狩

7.3 万年前人类制作的项链。

猎工具，比如掷矛杆、鱼叉以及矛尖等，有了这些工具，我们的祖先就不用与野兽近身搏斗，这样也能够更好地保护自己，使种群得以繁衍。除了制造武器，我们的祖先还学会了建造房屋，由此过上了定居的生活。他们还学会了制作衣服，很多古人类的遗迹中都发现了用动物的骨头制成的骨针。

由于拥有发达的大脑，我们的祖先不仅在物质生活上得到了提高，而且也逐渐学会了享受精神生活。早在 7.3 万年前，居住在非洲南部的人类已经知道对一些外观独特的骨头和贝壳进行加工，制成饰品佩戴。丧葬的习俗也开始变得复杂且充满神秘感。科学家曾经在意大利的一个洞穴里面发现了一位青年男子的遗骸，他的尸体上装饰着一顶帽子，脖子上则挂着一串由贝壳做成的项链。这说明当时的人类已经具有“人有来生”的想法，虽然这个观点在我们现在看来是可笑的，但是在当时是思想上的巨大进步，而这遗骸已经至少有 2.4 万年的历史了。

除了制造工具，对人类的发展同样起到重要作用的是语言的产生。有了语言之后，一个人的经验和知识就可以分享给其他的人，这样就摆脱了每个人都要自己去摸索的阶段，这样就提高了知识传播的效率，无形中加快了人类的历史进程。同时，这些经验的分享也可以更好地保护同类，提高人类的存活率。

其实，如果我们早出生四五十年，还有机会亲身去感受一下史前的文明是什么样的。这是因为，20 多年前，非洲的南部可以说是一块世外桃源，在那里生活的布须曼人不仅“不知有汉，无论魏晋”，他们甚至都没有走出史前的生活状态。在这里，依然是妇女采集，男子外出打猎。布须曼人的语言也与众不同，是靠舌尖和唇齿摩擦产生，这种奇特的发声方法产生于发音器官还没有成型的时候，所以布须曼语言可以说是世界上最早产生的语言之一。可惜的是，自从 20 个世纪 70 年代以后，外界的文明之风迅速刮到了这些原始的部落，同时也刮走了他们的传统文化。目前他们中的绝大多数已经融入现代社会，成为“地球村”的村民。

自从 6 万年前，现代人类的祖先带着自己的工具走出非洲，凭借自然界最聪明的大脑，几乎横扫一切，很快成为世界的主人，地球从此走进了灿烂辉煌的文明时代。不过，在这个发展过程中，我们要学会尊重其他的生灵，保护不同的文化，让世界在多姿多彩中继续向前……